“十三五”普通高等教育本科部委级规划教材

纤维化学与物理（第2版）

蔡再生　主　编
葛凤燕　副主编

U0242025

中国纺织出版社有限公司

内 容 提 要

本书简明地介绍了高分子化学、高分子物理的基础知识；概要地总结了纺织纤维的一些基本理化性能；系统地阐述了纤维素纤维、蛋白质纤维、合成纤维的化学组成、形态结构、聚集态结构和性能。本书的内容既突出纺织纤维的基本知识和性能，又兼顾到纺织纤维的最新发展状况。

本书是轻化工程（染整工程）专业系列教材之一，对于在相关领域从事学习和研究的硕士生、科研工作者、工程技术人员也有很好的参考作用。

图书在版编目(CIP)数据

纤维化学与物理/蔡再生主编 . -- 2 版 . --北京：
中国纺织出版社有限公司，2020.3（2024.11重印）
"十三五"普通高等教育本科部委级规划教材
ISBN 978 - 7 - 5180 - 6612 - 4

Ⅰ.①纤…　Ⅱ.①蔡…　Ⅲ.①纤维化学－高等学校－
教材②纤维－物理性能－高等学校－教材　Ⅳ.①TS102.1

中国版本图书馆 CIP 数据核字(2019)第 186460 号

责任编辑：范雨昕　责任校对：高　涵　责任设计：何　建

中国纺织出版社有限公司出版发行
地址：北京市朝阳区百子湾东里 A407 号楼　邮政编码：100124
销售电话：010—67004422　传真：010—87155801
http://www.c-textilep.com
中国纺织出版社天猫旗舰店
官方微博 http://weibo.com/2119887771
三河市宏盛印务有限公司印刷　各地新华书店经销
2024 年 11 月第 6 次印刷
开本：787×1092　1/16　印张：20.25
字数：423 千字　定价：72.00 元

　　纤维科技十余年发展的一些新理论、新技术已逐步成熟并得到广泛的应用,开发的一些新纤维产品正在为人类服务;当今高素质工程技术人才培养强调知识的自主掌握和应用,《纤维化学与物理》教材作为轻化工程(染整工程)专业人才培养的重要工具迫切需要适应这一需求;原有教材在一些知识点的解释、教学内容的设置方面有些滞后,需要与时俱进、更新完善。

　　《纤维化学与物理》(第 2 版)作为一本应用技术型专业教材,在编写过程中,主要关注如下方面:

　　1. 重视基础,注意理论与实际结合,精选内容

　　强化基础,精炼阐明基本概念和基本理论,修改了第 1 版中一些模糊不清、不够确切的表达方式,使一些内容阐述更系统、透彻;注重对不同纤维品种的理解和分析。

　　2. 重点突出,吸纳新的纤维科技成果,拓展知识

　　《纤维化学与物理》(第 2 版)进一步反映高分子科学,特别是纤维科技领域发展的新成果及社会、纺织行业关注的热点问题。

　　3. 注重自主掌握知识,培养创新能力,发挥职业潜能

　　在网络咨询、信息传播高度发达的今天,本教材既按照循序渐进的认知规律,又突出重点使用跳跃式思维方法,引导读者学习科学的思维方法,自主取舍所需内容,提高创新能力。

　　具体修改、补充的主要内容:第一章专业术语"高分子化合物""高分子""高聚物"(除特别释意除外)均统一成"高分子物","链式聚合反应"的内容提到"逐步聚合反应"前面进行介绍;第二章"高分子物的结构层次"做了新的陈述,删减了"聚集态和相态"部分的一些内容;第三章删除"空气湿度的表示方法"部分;第四章参阅国内教材重新编排"原棉的种类、棉纤维形态结构及组成"一节,修改、补充"再生纤维素纤维"一节,增加"木棉纤维、汉麻纤维、菠萝叶纤维";第五章修改、补充"丝素蛋白的远程结构""丝胶的结构及其变性""甲壳素纤维";第六章删除"常见术语",增加"化学纤维的分类",增加"PTT 纤维"的内容,删除"高性能合成纤维"一节。全书篇章结构改成多级目录。

　　本教材在修订过程中参考了大量的国内外专著、教材、论文、报告,由于篇幅有限,有些文献资料未能列入参考文献,在此向文献资料的作者表示诚挚的歉意。

　　本教材修订时得到了浙江理工大学、江南大学、苏州大学、西安工程技术大学、

天津工业大学、武汉纺织大学、南通大学、河北科技大学和东华大学等学校有关老师的大力支持，他们为修订提出了多方面的宝贵意见，在此表示衷心的感谢！东华大学纺织化学与染整工程专业 2017 级研究生翟世雄、张韩芬、眭瑜瑾、罗玫因、华鑫、季成龙、唐丽萍、贾常林、邹尾容等参与了资料收集和书稿校对工作，在此一并表示感谢！东华大学蔡再生任主编，负责全书的统稿和审校，葛凤燕任副主编，审校了部分章节。

由于高分子、纤维材料科技发展很快，产品种类繁多，在服用、家用、产业用领域应用广泛，加之编者水平有限，难免有疏漏之处，敬请广大读者、同行专家给予批评指正。

编　者

2019 年 3 月 15 日

纤维化学与物理是纺织化学与染整工程的专业基础。

轻化工程(染整工程)专业教学的核心之一是使学生理解和把握纺织纤维的结构、性能及它们的相互关系。纺织纤维的发展很快,内容很丰富,一本教科书不可能涵盖所有的内容;加上专业教学的改革,学时数趋于紧缩,一门课也不可能涉及所有内容;旨在以培养能力为主的高校本科生的教学理念也不提倡面面俱到。为此,在编写本书的过程中,以贯彻突出重点、兼顾最新发展为原则。

《纤维化学与物理》(第2版)是编者参考国内外的众多专著和研究资料,结合多年教学、科研体会编写而成的。它是轻化工程专业系列教材之一,对于在相关领域学习和研究的硕士生、科研工作者、工程技术人员也有很好的参考作用。

高分子化学与物理是纺织纤维科学的基础,为了使学生能很好地掌握纤维科学的知识和理论,更好地为纺织染整生产和科研服务,必须有高分子化学和物理方面的基础知识作为铺垫。因课时数所限,大多数高校染整工程专业的教学大纲中不专门开设高分子化学、高分子物理课程,为此,本书前两章首先介绍高分子化学基础和高分子物理基础。

全书共分六章:高分子化学与物理基础两章,纤维共性知识一章,纤维素纤维、蛋白质纤维和合成纤维各一章。东华大学的葛凤燕老师编写了第五章第二节羊毛纤维;浙江理工大学的郑今欢老师编写了第五章第三节蚕丝纤维;河北科技大学的崔淑玲老师编写了第四章第五节中的彩棉纤维、竹纤维,第六节中的 Lyocell、Modal,第六章第九节高性能合成纤维;东华大学的蔡再生老师编写了全书的其余部分,并负责全书的统稿和审校。

另外,本书编写过程中参考了大量国内外文献资料和专著,限于篇幅只列出了主要的参考文献。研究生程曼丽、曹振博参与了部分文字输入和资料收集工作,在此表示感谢!

为了便于教学和自学,除了在首次出现专业术语或名词的地方加注英文、每章后附有思考题外,还附有复习指导。另外,本书还配备课堂教学 PPT 课件,以供授课教师教学参考。

由于编者水平有限,书中难免存在不足或不妥之处,欢迎读者批评指正。

蔡再生

2009 年 1 月

课程名称 纤维化学与物理

英文名称 Chemistry & Physics of Fibers

适用专业 轻化工程（染整工程）

总 学 时 48

课程性质 本课程是高等工科大学轻化工程专业教学计划中的一门重要专业基础课,是必修课。

课程目的

通过这门课程的学习,使学生获得必要的高分子化学及物理的基础知识,熟悉和掌握各类常用纺织纤维的分子结构、形态结构、超分子结构以及它们的力学、化学、染色等性能和性质,为学习后续的染整工艺原理课程以及今后从事科研和生产奠定必要的理论基础。

课程基本要求

1.熟悉和掌握高分子化学与物理的基本概念、基本理论。

2.了解高分子物的聚合方法。

3.理解各种纺织纤维的理化性能。

4.熟悉和掌握各种常规纤维的化学组成、结构和性能。

5.了解各种纺织纤维的鉴别方法。

6.了解常见特种纤维的结构和性能特征。

课程教学基本要求

1.本课程教学要求学生应具有一定化学和物理的基础知识。

2.理论教学和实验教学可分开进行,也可以结合进行,视各校具体情况而定。

3.进行课堂教学过程中,最好组织学生参观化纤厂、纺织厂、染整厂,增加学生对纺织产业链的感性认识,以提高教学效果。

教学环节学时分配表

章　　目	讲授内容	学时分配
第一章	高分子化学基础	7
第二章	高分子物理基础	15
第三章	纺织纤维总论	3
第四章	纤维素纤维	8
第五章	蛋白质纤维	7
第六章	合成纤维	8
合　　计		48

第一章 高分子化学基础

高分子化学是研究高分子物合成和反应的一门科学。高分子合成涉及高分子物的合成机理、动力学、合成反应与高分子的分子结构、相对分子质量及其相对分子质量分布之间的关系等内容。高分子反应涉及高分子的化学反应、改性和防老化等内容。作为轻化工程(染整方向)专业的学生掌握高分子化学的基本理论知识是非常重要的。本章主要介绍高分子化学的基本概念、主要合成反应及其实施方法,高分子物的相对分子质量以及相对分子质量分布等内容,突出高分子科学与纺织、染整等学科的关系。

第一节 高分子物的基本概念

高分子化合物(macromolecule),简称高分子(物)是一种由许多结构相同的简单单元通过共价键重复连接而成的相对分子质量很大的通常为 $10^4 \sim 10^6$,分子链较长(一般为 $10^3 \sim 10^4 nm$)的化合物,亦称大分子、大分子化合物、聚合物(polymer)或高聚物。与低(小)分子化合物相比,高分子化合物显示出许多特殊的性能:

(1)高分子物固体的力学性质是固体弹性和液体黏性的综合,且在一定条件下又表现出相当大的可逆力学变形(高弹性)。

(2)恒温下,能抽丝或制成薄膜,即高分子材料会出现高度各向异性。

(3)高分子物在溶剂中能表现出溶胀特性,高分子物溶液的黏度大。

(4)高分子物通常只能呈黏稠的液态或固态,不能汽化。

这些特性取决于组成高分子的原子或基团的本性及其数量(相对分子质量)、空间的排列(几何结构)、大分子形态(运动中的大分子的统计特性)以及聚集态结构。

对于大多数高分子物,尤其是合成高分子物均有相同的化学结构多次重复连接而成的特点。

对于聚氯乙烯 $\begin{array}{c} \text{—CH}_2\text{—CH—} \\ | \\ \text{Cl} \end{array}_n$ 这样的聚合物,括号内的化学结构称为结构单元(structure unit),由于聚氯乙烯分子链可以看成由相同结构单元的多次重复而构成,因此,括号内的化学结构也可称为重复单元(repeating unit)或链节(chain element)。n 代表重复单元的数目,称为聚合度(degree of polymerization,DP)。

合成高分子物的起始原料叫单体(monomer)。聚氯乙烯是由氯乙烯合成的,因此,氯乙烯是聚氯乙烯的单体。对比聚氯乙烯的链节与单体氯乙烯的结构,两者的原子种类、个数相同,仅电子结构不同。因此,其结构单元也称为单体单元(monomer)。对于有些非人工合成或不能直接由单体合成的高分子物,与单体单元相对应的单体只能称为假想单体。如纤维素的假想单体是葡萄糖,聚乙烯醇的假想单体是乙烯醇。但锦纶66,其化学结构式有另一种特征:

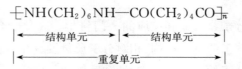

式中的结构单元分别是—NH(CH₂)₆NH—和—CO(CH₂)₄CO—,比其单体己二胺和己二酸要少一些原子,因此,这种结构单元不宜再称为单体单元。另外,结构单元和重复单元(链节)的含义也不再相同。

由聚合物的分子式可以看到,聚合物的相对分子质量 M 等于重复单元的相对分子质量 M_0,与聚合度 DP(链节数 n)的乘积。即:

$$M = n \cdot M_0 \tag{1-1}$$

当结构单元是一种单体组成时,例如,聚氯乙烯相对分子质量为 $5 \times 10^4 \sim 15 \times 10^4$,其重复单元的相对分子质量为 62.5,由式(1-1)计算得平均聚合度为 800~2 400,就是说一个聚氯乙烯分子约由 800~2 400 个氯乙烯单元构成。

但当结构单元是由两种单体组成时,如锦纶66等,根据分子式来计算相对分子质量 M 时,情况较复杂,一般有两种不同的计算方法:一种是把—NH(CH₂)₆NH—CO(CH₂)₄CO—视为锦纶66的重复单元,计算该重复单元的 M_0 值,再按式(1-1)求出大分子的相对分子质量 M;另一种是既不用—NH(CH₂)₆NH—的 M_0,也不用—CO(CH₂)₄CO—的 M_0,而是用这两种结构单元 M_0 的平均值来计算相对分子质量。例如,锦纶66的结构单元总数 n' 为 120,可以按下列方法求它的相对分子质量 M。因为—NH(CH₂)₆NH—的 M_0 为 114;—CO(CH₂)₄CO—的 M_0 为 112,则两种结构单元的平均值 $M_0 = \dfrac{114+112}{2} = 113$,因此,$M = n' \cdot M_0 = 120 \times 113 = 13\ 560$。这里,两种结构单元数 n' 为重复单元数 n 的 2 倍,即 $n' = 2n$。在计算时应注意。

总之,聚合度、链节数和相对分子质量,都可作为表征聚合物分子大小的参数。聚合物包括高聚物和低聚物。若聚合物的一系列物理性能不再随分子链中重复单元数的增减而变化时就称为高聚物,反之为低聚物。

第二节　高分子物的命名和分类

一、高分子物的命名

高分子物种类繁多,为便于研究和应用,必须进行命名,但迄今高分子物的命名尚无统一的方法。下面介绍几种常用高分子物的命名方法。

1. 习惯命名法 天然高分子物都有其专门的名称,如纤维素、淀粉、木质素、蛋白质等。

由一种单体合成的高分子物,其习惯命名是在对应的单体名称之前加一个"聚"字。如聚乙烯、聚丁二烯、聚甲醛、聚环氧丙烷、聚 ε-己内酰胺、聚 ε-氨基己酸等。此法虽然简便,但易混淆。如聚 ε-己内酰胺和聚 ε-氨基己酸虽由不同单体合成,却是同一种聚合物。又如聚乙烯醇这个名称是名不副实的,因为乙烯醇单体事实上并不存在。聚乙烯醇实为聚醋酸乙烯酯的水解产物。

由两种单体合成的聚合物,有的只要在两种单体名称上加词尾"树脂",有的加词尾"共聚物"即可,如苯酚—甲醛树脂(简称酚醛树脂),尿素—甲醛树脂(简称脲醛树脂)、三聚氰胺—甲醛树脂等。

另外可按聚合物的结构特征来命名。如聚酰胺以酰胺键为特征,类似的有聚酯、聚氨基甲酸酯(简称聚氨酯)、聚碳酸酯、聚醚、聚硫醚、聚砜、聚酰亚胺等。这些名称都分别代表一类聚合物,如聚酰胺中有聚乙二酰乙二胺、聚癸二酰癸二胺、聚己内酰胺等。

习惯命名法中还有一种简单而被普遍采用的商业名称命名法,其命名更是五花八门。即使同种聚合物,不同国家就有不同的商业名称;甚至同一国家生产的,也往往因生产厂家不同而不同。我国习惯以"纶"作为合成纤维的词尾,如涤纶(聚对苯二甲酸乙二醇酯纤维)、锦纶(即聚酰胺纤维,锦纶66就是聚酰胺66,锦纶6就是聚酰胺6)、氯纶(聚氯乙烯纤维)、氨纶(聚氨酯纤维)等。以"橡胶"作为合成橡胶的词尾,如丁苯橡胶、顺丁橡胶、丁腈橡胶等。

2. 系统命名法 为了避免高分子物命名中的一物多名或命名不确切而带来的混乱,1972年国际纯化学和应用化学联合会(IUPAC)制订了以聚合物的结构重复单元(CRU,constitutional repeating unit,即聚合物最小的重复单元)为基础的系统命名法。IUPAC命名的基本原则和程序是:

(1)确定结构重复单元。

(2)排好重复单元中次级单元的顺序。有取代基的部分或所连接的侧基元素最少的写在前面。

(3)按小分子有机化合物的IUPAC命名规则给结构重复单元命名并加括号。

(4)在名称前冠以"聚"字。

如聚氯乙烯,按IUPAC命名法,其次级单元为:—CHCH$_2$—   ,应称为聚(1-氯代乙烯)。
                                                          |
                                                          Cl

聚丁二烯的次级单元为:—CH=CHCH$_2$CH$_2$—,则应称为聚(1-次丁烯基)。

必须注意,聚乙烯和聚四氟乙烯的结构重复单元分别是—CH$_2$—和—CF$_2$—。IUPAC命名虽然比较严谨,但因其烦琐而至今未被广泛采用。IUPAC希望在学术交流中尽量采用这种命名。

二、高分子物的分类

至今为止,高分子物的分类目前也尚无统一的方法。下面列举几种常见的分类方法。

1. 按来源分类　高分子物按来源可分为天然和合成两大类。如棉、麻、毛、丝等纤维及淀粉等糊料都属于天然高分子物,涤纶、锦纶、腈纶等纤维及聚乙烯、聚氯乙烯等塑料都属于合成高分子物。

2. 按性能分类　高分子物按其性能大致可分为结构材料和功能材料两大类。前者主要有塑料、橡胶、纤维三大类材料。而后者主要可分为反应型高分子物(如高分子试剂、高分子催化剂)、光敏型高分子物(如光致变色材料、感光材料)、电活性高分子物(如导电高分子)、吸附型高分子物(如离子交换树脂、吸水树脂)和膜型高分子物(如分离膜、缓释膜)等。

3. 按受热性能分类　高分子物按其受热性能可分为热塑性和热固性两大类。前者是指受热可以软化或变形,能受多次反复加热模压的高分子物,如聚氯乙烯、聚苯乙烯、聚酰胺、聚酯等,它们都是线型高分子物;后者是指模压成形后,再受热不能软化,不能进行多次加热模压的高分子物,如酚醛树脂、脲醛树脂等,它们都是体型高分子物。

4. 按主链结构分类　高分子物按其主链结构可分为碳链、杂链、元素有机高分子物和无机高分子物等。

5. 按反应类型分类　单体经加聚反应得到的产物称为加聚物,经缩聚反应得到的产物称为缩聚物。如果只用一种单体进行聚合,所得到的聚合物称为均聚物。如果用两种或两种以上单体进行聚合,所得到的聚合物称为共聚物。共聚物可分为无规共聚物、嵌段共聚物、交替共聚物和接枝共聚物等。

6. 按分子链形状分类　高分子物根据其分子链的形状可分为线型、支链型、星型、交联型和梳形、梯形、半梯形等。

第三节　高分子物的基本合成反应

由低分子单体合成聚合物的反应称为聚合反应(polymerization)。对于各种各样的聚合反应,可以从不同的角度进行分类。目前,较多采用以下两种分类方法。

1. 按照单体和聚合物在反应前后组成和结构上的变化分类　1929 年,Carothers 借用有机化学中加成反应和缩合反应的概念,根据单体和聚合物之间的组成差异,将高分子物的合成反应分为加聚反应(addition polymerization)和缩聚反应(condensation polymerization),与之对应得到的聚合物称为加聚物和缩聚物。不饱和乙烯类单体及环状化合物,通过自身的加成聚合反应而生成高聚物,称为加聚反应。含有两种或两种以上官能团,通过缩合聚合反应而生成高聚物,称为缩聚反应。

2. 按照聚合反应的反应机理和动力学分类　1951 年,Flory 从聚合反应的机理和动力学角度出发,将聚合反应分为链式聚合反应(chain polymerization)和逐步聚合反应(step polymerization)。这两种反应主要差异在于反应机理不同,表现为形成每个聚合物分子所需时间不同。

一、链式聚合反应

链式聚合反应,也称连锁聚合反应。这类反应需要先形成活性中心(如自由基、阳离子、阴离子等)。反应中心一旦形成单体活性中心,就能很快传递下去,瞬间形成高分子物,平均每个大分子生成时间很短(零点几秒到几十秒)。

自由基型聚合反应属于链式聚合的一种类型。烯类单体的加成聚合反应绝大部分属于链式聚合,而链式聚合机理一般由链引发、链增长、链终止等基元反应组成,其反应可简单表示如下:

链引发反应:　　　$M(单体) \longrightarrow M\cdot(活性单体或活性中心)$　　　　　(1－2)

链增长反应:　　　$M\cdot + nM \longrightarrow M_n—M\cdot(增长链或活性链)$　　　　(1－3)

链终止反应:　　　$M_n—M\cdot \longrightarrow M_{n+1}(终止链)$　　　　　　　(1－4)

1. 链式聚合反应的特征

(1)反应速度很快。反应活性中心一旦形成,在很短的时间内就有很多的单体聚合在一起,形成大分子。在反应过程中不能分离出稳定的中间产物,而且链增长反应是通过电子的转移以链式反应方式进行的,其反应速度要比链引发及链终止反应快得多,所以单体一经活化,即刻与很多单体反应形成高聚物。

(2)产物相对分子质量高。链式聚合的反应体系中主要是单体和高聚物,而且单体的浓度很大,活性中心的浓度很小,高聚物又是瞬时形成的,可见,产物的相对分子质量很高($10^4 \sim 10^7$)。在这类反应中,产物的相对分子质量与反应时间无关,而单体的转化率则随反应时间的延长而增加。

2. 链式聚合反应的类型

(1)按参与反应的组分分类。按照参与反应的组分可将链式聚合分为均聚合和共聚合反应两类。均聚合反应(homopolymerization)是指参与反应的单体为同一种不饱和化合物,通过互相反应聚合成高聚物。共聚合反应(copolymerization)是指参与反应的单体为两种或两种以上的不饱和化合物,通过不同单体间的互相反应聚合成高聚物,其分子中含有不同的单体链节。

(2)按反应活性中心分类。根据链增长反应活性中心不同,链式聚合反应可分为自由基型聚合(free radical polymerization)和离子型聚合(ionic polymerization)。自由基型聚合反应的活性中心是自由基,而离子型聚合反应的活性中心可以是阳离子(cation)、阴离子(anion)、配位阴离子(coordination anion),因此,而离子型聚合又可分为阳离子型聚合及阴离子型聚合(包括配位阴离子聚合)。

自由基型聚合反应是合成高聚物的一种重要的反应类型。很多塑料、合成橡胶、合成纤维是以自由基型聚合反应合成的。如用作塑料的聚乙烯、聚氯乙烯、聚甲基丙烯酸甲酯、聚苯乙烯、聚醋酸乙烯酯、聚四氟乙烯;用作橡胶的丁苯橡胶、丁腈橡胶,氯丁橡胶等;用作合成纤维的聚丙烯腈。下面重点讨论自由基型聚合反应。

3. 自由基型聚合反应

（1）自由基的产生与活性。共价化合物在适当的条件下，可发生键的异裂或均裂。异裂是构成共价键的共用电子对全部归于某一原子(或基团)而成为阴离子；另一原子(或基团)缺电子，成为阳离子。均裂是共价键断裂时，共用电子对分为两个"独电子"且均分给两个原子(或基团)，而形成自由基。异裂和均裂可用下式表示：

$$\text{异裂(heterolysis)：} \qquad A : B \longrightarrow A^+ + B^- \qquad\qquad (1-5)$$

$$\text{均裂(homolysis)：} \qquad R : R \longrightarrow 2R \cdot \text{(自由基)} \qquad\qquad (1-6)$$

自由基(或称游离基)就是带有未配对独电子的基团。其性质不稳定，可进行多种反应。但自由基的活性差别很大，这与其结构有关。烷基和苯基自由基活泼，可以成为自由基型聚合的活性中心。而像三苯基甲基这样的带有共轭体系的自由基比较稳定，稳定自由基不但不能使单体引发聚合，反而能与活泼自由基结合，使聚合终止。

（2）引发剂和引发作用。自由基型聚合反应历程分为链引发、链增长、链终止三步基元反应。其中，链引发是最关键的一步。链引发是指单体分子在外界因素作用下，首先生成活化单体(即单体自由基)，这种活化单体很活泼，一经生成，便以极快的速度与单体反应，直到生成高聚物。

烯类单体在光、热、辐射能的作用下，其分子中 π 键均裂生成自由基：

$$CH_2{=}CH \xrightarrow{\ \text{光}\ } CH_2{-}CH \qquad\qquad (1-7)$$

（X 在上方，下方两个自由基点）

这样生成的自由基有两个活性中心，每一个活性中心都能与单体反应。但目前只有热引发聚合的聚苯乙烯实现了工业化。

现在工业上自由基型聚合多采用引发剂来引发。引发剂是一种受热易于分解成自由基的物质。引发剂分子结构上具有弱键，在热能或辐射能的作用下，沿弱键均裂成两个自由基。引发剂和催化剂一样，加入少量即能迅速增加反应速度。但与催化剂不同的是，一般的催化剂并不存在于反应终了的产物中，而引发剂则存在于高聚物的端基上。

引发剂是一类易分解成自由基的化合物，在 40~100℃ 时，要求其离解能为 125~147kJ/mol。常用的引发剂有无机过氧化物、有机过氧化物和有机偶氮化合物等，可归纳为如下两个体系：

① 热引发体系。这类引发剂加热时直接分解成初级自由基。常用的热引发剂是偶氮化合物和过氧化物两类。这类引发剂分解时，键的断裂一般发生在键能最小的地方。如偶氮二异丁腈的均裂就发生在 C—N 键处，从而产生自由基：

$$N{\equiv}C{-}\underset{CH_3}{\overset{CH_3}{C}}{-}N{=}N{-}\underset{CH_3}{\overset{CH_3}{C}}{-}CN \xrightarrow{\ \triangle\ } 2NC{-}\underset{CH_3}{\overset{CH_3}{C}}\cdot \ +N_2\uparrow \qquad (1-8)$$

式中：键上的数字为键能，单位是 kJ/mol。

②氧化还原引发体系。在过氧化物引发剂中加入还原剂，可使其分解活化能降低，从而提高引发和聚合速度，或降低聚合温度。这些还原剂又称促进剂或活性剂。常用的还原剂有亚铁盐、亚硫酸盐、硫代硫酸盐等。未加还原剂时，过氧化氢、过硫酸盐、过氧化异丙苯等的分解活化能分别为 218kJ/mol、140kJ/mol、126kJ/mol。加入还原剂亚铁盐后，即降为 39kJ/mol、51kJ/mol、50kJ/mol。如过氧化氢—亚铁盐产生自由基的反应如下：

$$HOOH + Fe^{2+} \longrightarrow HO \cdot + OH^- + Fe^{3+} \tag{1-9}$$

无机过氧化物能溶于水，常配制成水溶性氧化还原体系，用作乳液聚合的引发剂。有机过氧化物，如偶氮二异丁腈及过氧化碳酸酯类常用于氯乙烯的聚合反应。很多有机过氧化物除了作为聚合反应引发剂外，还可以作为橡胶硫化剂、聚乙烯的交联剂、不饱和聚酯固化的引发剂等。偶氮二异丁腈分解时放出 N_2，因而还可以用作发泡剂。

此外，光化聚合反应，由于使用光敏剂引发聚合，可使聚合温度降低 50～80℃，使反应能在 −30～−10℃的条件下进行。光敏剂是在紫外光作用下能生成自由基的化合物。凡能被紫外光激发的物质均适宜作光敏剂。如安息香及其衍生物、羰基化合物、含硫化合物、有机过氧化物、偶氮化合物等。

（3）自由基聚合的基元反应。自由基聚合反应主要包括链引发、链增长、链终止和链转移等基元反应。

①链引发反应（chain initiation）。形成单体自由基的过程，称为引发反应。引发剂、热、光、辐射均能使单体生成单体自由基。用引发剂引发时，链引发包含以下两个反应：

a. 引发剂均裂成一对初级自由基 R·，即：

$$I \longrightarrow 2R \cdot \tag{1-10}$$

b. 初级自由基与单体加成，生成单体自由基：

$$R \cdot + M \longrightarrow RM \cdot \tag{1-11}$$

I 代表引发剂分子，M 代表单体分子。引发剂的分解［式（1-10）］是吸热反应，其活化能较高，约为 125kJ/mol，反应速率小。反应式（1-11）是放热反应，活化能低，一般为 21～33kJ/mol，反应速率高。所以引发剂的分解速率决定着引发反应速率。

由于 k_i 远远大于 k_d，所以理论上引发速率与初级自由基形成速率相等，但由于存在副反应，只有部分初级自由基参加引发反应，因此，需引入引发效率 f，故引发速率方程变为：

$$v_i = \frac{d[RM \cdot]}{dt} = 2fk_d[I] \tag{1-12}$$

单体自由基形成以后，继续与其他单体加成，这就进入链增长阶段，形成长链自由基（活性链）。

②链增长反应（chain propagation）。链引发产生的单体自由基不断地和单体分子结合生成

链自由基,如此反复的过程称为链增长反应,即:

$$RM \cdot \xrightarrow{M} RMM \cdot \xrightarrow{M} RMMM \cdot \longrightarrow \cdots \qquad (1-13)$$

$$RM_n \cdot \xrightarrow{M} RM_{n+1} \cdot \qquad (1-14)$$

链增长是放热反应。链增长的活化能较低,增长速率很快,单体自由基在瞬间可结合上千甚至上万个单体,生成聚合物链自由基。在反应体系中几乎只有单体和聚合物,而链自由基浓度极小。

③链终止反应(chain termination)。链自由基失去活性,形成稳定聚合物大分子的反应过程称为链终止反应。具有未成对电子的链自由基非常活泼,当两个链自由基相遇时,极易反应而失去活性,形成稳定分子,这个过程称为双基终止。双基终止又分为偶合终止(combination termination)和歧化终止(disproportion termination)。

两个链自由基的独电子相互结合形成共价键,生成一个大分子链的反应称为偶合终止。如:

$$\sim CH_2\overset{\cdot}{C}H + \overset{\cdot}{C}HCH_2 \sim \longrightarrow \sim CH_2CH - CHCH_2 \sim \qquad (1-15)$$
$$\qquad\ \ |\qquad\ \ |\qquad\qquad\qquad\qquad |\qquad\ |$$
$$\qquad\ \ X\qquad\ X\qquad\qquad\qquad\qquad X\qquad X$$

如果一个链自由基上的原子(多为自由基的 β - 氢原子)转移到另一个链自由基上,生成两个稳定的大分子链的反应称为歧化终止。如:

$$\sim CH_2\overset{\cdot}{C}H + \overset{\cdot}{C}HCH_2 \sim \longrightarrow \sim CH_2CH_2 + HC = CH \sim \qquad (1-16)$$
$$\qquad\ \ |\qquad\ \ |\qquad\qquad\qquad\qquad |\qquad\quad |$$
$$\qquad\ \ X\qquad\ X\qquad\qquad\qquad\qquad X\qquad\quad X$$

究竟采取哪种终止方式,与单体结构有关。偶合反应是两个自由基的独电子相互结合成键,由于自由基不稳定,易与另一自由基结合,所以反应活化能低;歧化反应涉及共价键的断裂,反应活化能高。从能量角度看,偶合终止易于发生,特别在反应温度低时。从结构对终止方式的影响分析,有利于歧化终止的因素为:

a. 链自由基没有共轭取代基或弱的共轭效应,易发生歧化终止。如醋酸乙烯酯。

b. 空间位阻较大。如甲基丙烯酸甲酯。

c. 可发生转移的氢原子数目多。如甲基丙烯酸甲酯就有五个氢原子可发生转移。

④链转移反应(chain transfer reaction)。链自由基除了进行链增长反应外,还能发生向体系中其他分子转移的反应,即从其他分子上夺取一个原子(氢、氯)而终止,失去原子的分子又成为自由基,再引发单体继续新的链增长。此时,体系中自由基数目没有减少,只要转移后的自由基活性与单体自由基差别不大,则对聚合反应速率无明显影响,从动力学角度讲,没有发生链终止。

a. 向单体转移:链自由基将独电子转移到单体分子上,产生的单体自由基开始新的链增长。发生链转移可能性的大小与单体结构有关。

b. 向溶剂或链转移剂转移:有时为了避免产物相对分子质量过高,可加入十二烷基硫醇等链转移剂以调节产物的相对分子质量。链转移剂是具有较强链转移能力的化合物,如四氯化碳、硫醇等,以限制链自由基的增长,达到调节聚合物分子链的目的。

c. 向引发剂链转移:向引发剂链转移,也称为引发剂的诱导分解。其结果是自由基浓度不变,聚合物的相对分子质量降低,引发剂效率下降。

d. 向高分子链转移:链自由基也可从高分子上夺取原子而终止,产生的新链自由基又进行链增长,形成支链高分子。

(4)自由基聚合反应速率方程。自由基聚合反应动力学主要是研究反应机理以及聚合反应速率对各种因素的定量依赖关系,借以有效地控制聚合速率、产物的相对分子质量及其分布。

测定聚合速率的方法很多,通常可分为化学方法和物理方法两类。前者的缺点是费时,且很难跟踪快速反应。后者是测定反应过程中体系物理性能的变化,如压力、体积、黏度、吸收光强、折射率等,其优点是可连续测定和可跟踪快速反应。其中,膨胀计法能测定体积变化,是常用的方法。一般动力学研究只限于低转化率阶段(如 $5\% \sim 10\%$)。

聚合反应过程很复杂,影响因素众多,为了简化动力学方程,做以下基本假设:

①推导过程暂不考虑链转移,终止方式为双基终止。

②单体总消耗速率等于聚合反应总速率。由于生成的是高分子链,链引发所消耗的单体远远少于链增长过程单体的消耗。所以链增长速率可看成聚合反应总速率,即:

$$v_p = \frac{-d[M]}{dt} = v_i + v_p \approx v_p \qquad (1-17)$$

③链自由基活性与链长无关,各步链增长速率常数相等,可用 k_p 表示。

④反应开始很短时间后,体系中自由基浓度不变,进入了稳态,即链自由基的生成速率等于其终止速率,即:

$$\frac{d[M\cdot]}{dt} = 0, v_i = v_t \qquad (1-18)$$

各基元反应的动力学方程如下:

a. 链引发:

$$M \longrightarrow M\cdot \qquad (1-19)$$

链引发速率:

$$v_i = \frac{d[M\cdot]}{dt} \qquad (1-20)$$

b. 链增长:

$$M_1\cdot + M \xrightarrow{k_p} M_2\cdot \qquad (1-21)$$

$$M_2\cdot + M \xrightarrow{k_p} M_3\cdot \qquad (1-22)$$

$$\vdots$$

$$M_n\cdot + M \xrightarrow{k_p} M_{n+1}\cdot \qquad (1-23)$$

链增长速率：

$$v_p = k_p[\text{M} \cdot][\text{M}] \tag{1-24}$$

式中：k_p——链增长速率常数。

    c. 链终止：

$$\text{M}_n \cdot + \text{M}_m \cdot \xrightarrow{k_{t,c}} \text{M}_n \text{—} \text{M}_m \quad \text{（双基结合）} \tag{1-25}$$

$$\text{M}_n \cdot + \text{M}_m \cdot \xrightarrow{k_{t,d}} \text{M}_n + \text{M}_m \quad \text{（双基歧化）} \tag{1-26}$$

链终止速率：

$$v_t = 2k_{t,c}[\text{M} \cdot]^2 + 2k_{t,d}[\text{M} \cdot]^2 = 2k_t[\text{M} \cdot]^2 \tag{1-27}$$

式中：k_t——双基终止速率常数；

$k_{t,c}$、$k_{t,d}$——分别为双基结合和双基歧化终止速率常数。

则：

$$k_t = k_{t,c} + k_{t,d} \tag{1-28}$$

根据假设②，聚合反应速率为：

$$v_p = \frac{-d[\text{M}]}{dt} = k_p[\text{M} \cdot][\text{M}] \tag{1-29}$$

在稳态时，

$$v_i = v_t, \quad v_i = 2k_t[\text{M} \cdot]^2, \quad [\text{M} \cdot] = \left(\frac{v_t}{2k_t}\right)^{1/2} \tag{1-30}$$

代入式（1-29），得：

$$v_p = k_p\left(\frac{v_i}{2k_t}\right)^{1/2}[\text{M}] \tag{1-31}$$

这是聚合速率与引发速率的普遍关系式。由式（1-31）可见，聚合速率与引发速率的平方根成正比。引发方式不同，v_i 不同，只要分别代入 v_i 值，即可得到相应的聚合速率公式。

    • 当引发剂引发时：

$$v_i = 2k_d f[\text{I}] \tag{1-32}$$

$$v_p = k_p\left(\frac{k_d f}{k_t}\right)^{1/2}[\text{I}]^{1/2}[\text{M}] \tag{1-33}$$

某些情况下，当引发效率较低时，单体浓度对引发速率也有影响，即：

$$v_i = 2f k_d[\text{I}][\text{M}] \tag{1-34}$$

这时的聚合速率 v_p 与单体浓度的 3/2 次方成正比，即：

$$v_p = k_p\left(\frac{f k_d}{k_t}\right)^{1/2}[\text{I}]^{1/2}[\text{M}]^{3/2} \tag{1-35}$$

    • 直接光引发时：

$$v_i = 2\beta\varepsilon I_0[M] \tag{1-36}$$

式中：ε 为摩尔消光系数；β 为受照射反应体系的厚度系数；I_0 为入射光强度。

则：

$$v_p = k_p\left(\frac{\beta\varepsilon I_0}{k_t}\right)^{1/2}[M]^{3/2} \tag{1-37}$$

各速率常数为定值。稳态时，如引发剂浓度变化不大，且引发效率与单体浓度无关，则式 (1-33)积分后得：

$$\ln\frac{[M_0]}{[M]} = k_p\left(\frac{fk_d}{k_t}\right)^{1/2}[I]^{1/2}t \tag{1-38}$$

式中：$[M_0]$、$[M]$ 分别为反应开始时和 t 时的单体浓度。

4. 离子型聚合反应（催化聚合反应） 离子型聚合反应是借助于催化剂的作用，通过离子反应使单体聚合成大分子的过程，属链式聚合的一种类型。根据活性中心离子的特征，离子型聚合可分为如下三种：

（1）阳离子型聚合反应（cationic polymerization）。

$$A^+ B^- + CH_2\!\!=\!\!\underset{\overset{|}{X}}{CH} \longrightarrow A\!-\!CH_2\!-\!\underset{\overset{|}{X}}{\overset{+}{CH}}B^- \longrightarrow \sim CH_2\!-\!\underset{\overset{|}{X}}{CH}\sim \tag{1-39}$$

（2）阴离子型聚合反应（anionic polymerization）。

$$A^+ B^- + CH_2\!\!=\!\!\underset{\overset{|}{X}}{CH} \longrightarrow B\!-\!CH_2\!-\!\underset{\overset{|}{X}}{\overset{-}{CH}}A^+ \longrightarrow \sim CH_2\!-\!\underset{\overset{|}{X}}{CH}\sim \tag{1-40}$$

（3）配位离子型聚合反应（coordination ionic polymerization）。

$$[cat]^- R + CH_2\!\!=\!\!\underset{\overset{|}{X}}{CH} \longrightarrow [cat]^- CH_2\!-\!\underset{\overset{|}{X}}{CH}\!-\!R \longrightarrow \sim CH_2\!-\!\underset{\overset{|}{X}}{CH}\sim \tag{1-41}$$

式中：$[cat]^- R$ 表示聚合反应中使用的配位阴离子络合催化剂。

许多橡胶、工程塑料和高强纤维都是通过离子型聚合反应制得的。离子聚合一般采用溶液聚合方法，只有部分采用本体聚合法。

5. 定向聚合反应 在有机化学中，曾研究过小分子有机化合物的异构现象，主要可分为：

$$
异构现象
\begin{cases}
结构异构（构造异构、同分异构）\\[4pt]
立体异构（构型异构）
\begin{cases}
几何异构（顺—反异构）\\[2pt]
光学异构（对映体异构）
\end{cases}\\[10pt]
构象异构
\end{cases}
$$

这些异构现象在聚合物中同样存在。

（1）结构异构（constitutional isomerism）。化学组成相同，分子链中原子或原子基团相互连

接次序不同的聚合物称为结构异构,也称为构造异构或同分异构。这种异构现象在聚合物中很普遍,如:

$$\begin{array}{c} CH_3 \\ | \\ +CH_2-\overset{|}{\underset{|}{C}}\!+_n \\ | \\ CO_2CH_3 \end{array} \qquad \begin{array}{c} \\ \\ +CH_2-CH\!+_n \\ | \\ CO_2C_2H_5 \end{array}$$

聚甲基丙烯酸甲酯 聚丙烯酸乙酯

(2)立体异构(stereoisomerism)。分子式相同,分子中原子或原子团相互连接次序相同,但分子中原子或原子团在空间的排列方式不同的聚合物称为立体异构或构型异构。立体异构又分为几何异构和光学异构。

①几何异构(geometrical isomerism)。分子链中由于双键或环形结构上取代基在空间排列方式不同造成的立体异构称为几何异构,也称顺—反异构。如:

$$\begin{array}{ccc} \sim CH_2 & CH_2\sim \\ \diagdown & \diagup \\ C\!=\!C \\ \diagup & \diagdown \\ H & H \end{array} \qquad \begin{array}{ccc} \sim CH_2 & H \\ \diagdown & \diagup \\ C\!=\!C \\ \diagup & \diagdown \\ H & CH_2\sim \end{array}$$

顺式 反式

②光学异构(optical isomerism)。带有四个不同取代基的碳原子具有两种构型。这两种构型互为镜像,对偏振光旋转的方向相反。除非键断裂,两种构型不能相互转换,通常称这两种构型为光学异构,也称对映体异构。带有四个不同取代基的碳原子称为手性碳原子,使偏振光按顺时针方向旋转的称右旋异构体,记为 R-构型;使偏振光按逆时针方向旋转的称左旋异构体,记为 S-构型。如:

$$\begin{array}{c} H \\ | \\ \sim\!-\!\overset{|}{\underset{|}{C^*}}\!-\!\sim \\ | \\ R \end{array}$$

(3)构象异构(conformational isomerism)。大分子链中原子或原子团绕单键自由旋转所占据的特殊空间位置或单键连接的分子链单元相对位置的改变称为构象异构。构象异构体之间可以通过单键的旋转而互相转换。

凡具有高度立体结构规整性的高聚物统称为定向聚合物(stereospecific polymer)。能够制备定向聚合物的聚合反应统称为定向聚合反应(stereospecific polymerization)或有规立构聚合(stereoregular polymerization)。聚合反应过程中立体定向程度取决于单体分子相对于前一个单体单元以相同的立体构型,还是以相反的立体构型加成的速率之比。

1953 年,德国科学家齐格勒(Ziegler)用三乙基铝和四氯化钛配合物作催化剂,在较低压力(小于 1MPa)和较低温度(50~70℃)下,将乙烯聚合成低压聚乙烯(高密度聚乙烯)。1955 年意大利科学家纳塔(Natta)发展了齐格勒的方法,用三乙基铝和三氯化钛配合物(图 1-1)作催化剂,成功地将丙烯聚合成立体规整的聚丙烯(图1-2),并创立了定向聚合的理论基础。

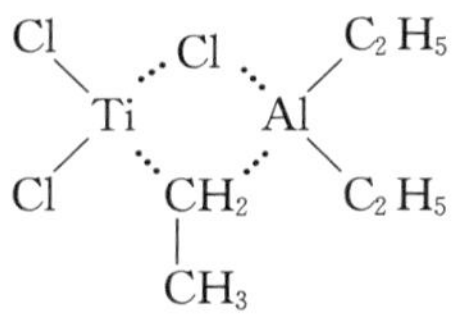

$$
\begin{array}{ccc}
Cl & Cl & C_2H_5 \\
& Ti \cdots Al & \\
Cl & CH_2 & C_2H_5 \\
& CH_3 &
\end{array}
$$

图1-1 三乙基铝和三氯化钛配合物结构图

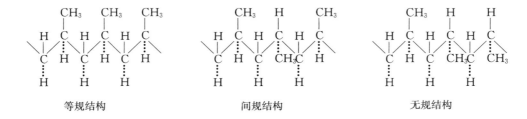

等规结构   间规结构   无规结构

图1-2 各种结构的聚丙烯

在丙烯聚合时,催化剂不溶于溶剂,反应是在固体表面上进行的,是一种非均相聚合。催化剂的活性与定向性能,不仅与催化剂的组成,而且与其物理状态也密切相关。

目前,聚丙烯生产就是采用 $TiCl_3$ 为催化剂,三乙基铝或一氯二乙基铝作为助催化剂。

二、逐步聚合反应

逐步聚合反应在高分子合成工业中占有很重要的地位,是合成高分子物的重要方法之一。通过这一反应已经合成了大量的有工业价值的聚合物,如人们所熟知的涤纶、锦纶、环氧树脂、聚氨酯、酚醛树脂等。特别是近年来,逐步聚合反应的研究无论在理论上,还是在实际应用上都有了新的发展,一些高强度、高模量及耐高温等综合性能优异的高分子材料不断问世。如聚碳酸酯、聚砜、聚苯醚、聚酰亚胺及聚苯并咪唑等。

1. 逐步聚合反应的分类 可根据不同原则对逐步聚合反应进行分类,常见的有以下几种分类方法。

(1)按聚合反应机理分类。

①缩合聚合(缩聚反应)(condensation polymerization)。缩聚反应是缩合反应的多次重复,在官能团之间的每一步反应过程中,都有小分子副产物生成。这是最典型、最重要的逐步聚合,许多重要的聚合物(如聚酯、聚酰胺等)的合成反均属此类。本教材主要讨论这类逐步聚合反应。

②逐步加聚反应(step addition polymerization)。若逐步聚合的每一步反应都是官能团间的加成反应,并且在反应过程中,无小分子析出,称为逐步加聚反应。如二元醇和二异氰酸酯合

成聚氨酯的反应就属此类。

③逐步开环聚合(grad ring – opening polymerization)。环状单体的开环聚合,机理上也有属于逐步聚合的情况。如己内酰胺,以水作为催化剂可开环聚合为聚酰胺。链的增长过程具有逐步性。

④ Diels – Alder 加成反应(Diels – Alder addition reaction)。将某些共轭双烯加热即发生 Diels – Alder 反应,生成环状二聚体,然后继续生成环状三聚体、四聚体直至多聚体。

(2)按主链结构分类。

①线型逐步缩聚。参加聚合反应的单体均只有两个官能团,聚合过程中,分子链成线型增长,最终获得的聚合物结构是可溶、可熔的线型结构。本教材主要讨论线型逐步缩聚反应。

②体型逐步缩聚。参加聚合的单体至少有一种含有两个以上官能团,在反应过程中,分子链从多个方向增长,可以生成支化和交联的体型聚合物,如丙三醇和邻苯二甲酸酐的反应。

(3)按参加反应的单体种类分类。

①均缩聚(homogeneous poly – condensation)。只有一种单体参加的缩聚反应。这种单体本身含有可以发生缩合反应的两种官能团。

②混缩聚(mixed poly – condensation)。两种单体(aAa 和 bBb)分别含有两个相同的官能团,自身不能进行均缩聚,但彼此间可以反应,如己二酸与己二胺合成锦纶 66 的反应。

③共缩聚(co – poly – condensation)。在均缩聚中加入第二种单体或在混缩聚中加入第三甚至第四种单体进行的缩聚反应。按单体相互连接的方式可分为交替共缩聚物、嵌段共缩聚物和无规共缩聚物。

2. 逐步聚合反应的单体及其特征　在单体分子中,把能参加反应并能表征反应类型的原子团叫作官能团(functional group)。单体的官能度(functionality)是指在一个单体分子上,参加反应的官能团数目,即分子中所包含的能发生化学反应而生成新键(共价键)的"活性点"的数目。当从单体合成高聚物时,形成高分子长链的合成反应就是利用多官能度(两个或两个以上的官能度)低分子物质分子间的相互化合。反应条件不同时,同一个单体可能表现出不同的官能度。

依据单体的官能度不同,由其所生成的高聚物的大分子可以是线型的,也可以是支链型或交联型(网状或体型)。当具有单官能度的分子间相互作用时,不能生成高聚物。但是,双官能度分子间相互聚合或反应,则可生成线型长链大分子;官能度大于 2 的单体分子间相互化合,则可随着反应条件的不同,生成线型、支链型、网状或体型高聚物。

逐步聚合反应通常是通过单体所带的两种不同官能团之间的化学反应而进行的。它有两个显著的特征:一是相对分子质量随反应程度的提高而逐步增大;二是在反应程度较高的情况下才能生成高分子量的聚合物,这是逐步聚合反应区别低分子缩合反应的一个重要特征。常见的逐步聚合单体见表 1 – 1。

表 1－1 逐步聚合常用的单体

官 能 团	二 元	多 元
醇羟基,—OH	乙二醇 HO(CH₂)₂OH 丁二醇 HO(CH₂)₄OH	丙三醇 C₃H₅(OH)₃
酚羟基,	双酚A HO——C(CH₃)₂——OH	—
羧基,—COOH	己二酸 HOOC(CH₂)₄COOH 对苯二甲酸 HOOC——COOH	均苯四甲酸 HOOC——COOH HOOC——COOH
酯基,—COOR	对苯二甲酸二甲酯 H₃COOC——COOCH₃	—
氨基,—NH₂	己二胺 H₂N(CH₂)₆NH₂ 间苯二胺 H₂N——NH₂	均苯四胺 H₂N——NH₂ H₂N——NH₂

另外,通过缩聚反应不仅可在聚合物主链中引进多种杂原子(如 O、S、N、Si 等),还可使之含有环状、梯形、网状和体型结构形式,这将给聚合物带来优良的耐热性、尺寸稳定性、高模量和高强度等特性。所以缩聚反应为合成具有各种优异性能的高分子提供了一条重要途径。随着新的合成方法不断出现,由缩聚反应制得的高分子物越来越多。缩聚反应正在为现代科学技术的发展不断提供具有各种特殊性能的新型高分子材料。

3. 线型缩聚反应

(1)线型缩聚的历程。缩聚反应中持续的缩合反应的进行使产物的聚合度不断增大。通常,缩合反应的发生使得体系有小分子物质析出,如水。现以 aAa 和 bBb 表示 2—2 型单体体系中的单体,官能团 a 和 b 可相互发生缩合反应,以 aABb 表示二聚体、aABAa 或 bBABb 表示三聚体……再以 ab 表示小分子副产物,则缩聚中链增长的过程可表示为:

$$aAa + bBb \longrightarrow aABb + ab \qquad (1-42)$$

$$aABb + aAa \longrightarrow aABAa + ab \qquad (1-43)$$

$$aABb + bBb \longrightarrow bBABb + ab \qquad (1-44)$$

$$aABb + aABb \longrightarrow aABABBb + ab \qquad (1-45)$$

$$aABAa + aABb \longrightarrow aABABABAa + ab \qquad (1-46)$$

……

上述机理表明,缩聚反应中,链的增长是由单体缩合生成二聚体、三聚体……生成的这些低聚体不仅可与单体发生缩合反应,而且它们相互之间也可发生缩合反应,生成具有更高聚合度的聚合体,因此,也就形成了缩聚反应中单体与单体之间、单体与低聚体之间和低聚体与低聚体之间的混(缩合)增长过程。聚合体的聚合度恰恰是通过这种混增长而提高的。在聚合体系中单体很快消失而转变成为低聚体,随着聚合过程的进行,体系中聚合产物的聚合度不断增加,而体系中的总分子数目不断减少。可见,线型缩聚过程具有逐步性。其反应通式可表示为:

$$a[AB]_i b + a[AB]_j b \longrightarrow a[AB]_n b + ab \quad (i, j = 1, 2, 3, \cdots; n = i + j) \tag{1-47}$$

(2)线型缩聚的平衡性。线型缩聚除具有逐步性这一典型特征外,通常缩聚反应还具有可逆性,可以用生成聚酯的过程加以说明。聚酯形成的基元反应是羟基与羧基发生的多次缩合反应。假设:无论官能团与单体结合在一起,还是与聚合体连接在一起,也不论聚合体的聚合度有多大,该官能团的反应能力是相同的,即官能团是等活性的。则有:

$$-OH + -COOH \underset{k_{-1}}{\overset{k_1}{\rightleftharpoons}} \overset{\overset{O}{\|}}{-CO-} + H_2O \tag{1-48}$$

$$\quad\quad\;\; 醇 \quad\quad\;\; 酸 \quad\quad\quad\;\; 酯$$

反应式(1-48)的平衡常数为:

$$K = \frac{k_1}{k_{-1}} = \frac{[酯][水]}{[醇][酸]} \tag{1-49}$$

缩聚反应的可逆程度可由平衡常数的大小来衡量,根据平衡常数的大小将线型缩聚大致分为三类:

①平衡常数小。如聚酯的生成反应 $K \approx 4$,低分子副产物水的存在对聚合度影响很大,应设法除去。

②平衡常数中等。如聚酰胺的生成反应 $K \approx 300 \sim 500$,水对聚合度影响不大。

③平衡常数很大。如聚碳酸酯和聚砜一类的生成反应,平衡常数 K 在几千以上,此时可看作不可逆反应。

逐步性是缩聚反应所共有的,但平衡性则因缩聚反应体系的不同而有很大差别。另外,2—2型或官能度为2的单体体系是线型缩聚的必要条件,但不是充分条件,这是因为要考虑一些副反应,如成环反应、官能团消去反应、化学降解反应、链交换反应、热降解及交联反应等。

缩聚反应速度比较复杂,在官能团等活性假设的基础上,可以就非平衡缩聚的速度和平衡缩聚的速度进行讨论。

(3)线型缩聚物的聚合度及其分布。

①反应程度与聚合度。反应程度(p),即已参加反应的官能团的数目($N_0 - N$)在起始官能团数目 N_0 中所占的比例。即:

$$p = \frac{N_0 - N}{N_0} = 1 - \frac{N}{N_0} \tag{1-50}$$

式中：N 为 t 时体系中官能团的数目。

反应体系中共有 N 个大分子重复结构单元数目为 n，则数均聚合度 $\overline{X_n} = n/N$；当体系中只有一个分子时，则聚合度 $X_n = n$。为了方便起见，均以 aRb 类单体所得的缩聚物 a—[R]$_n$—b 为例来分析缩聚过程。

②聚合度方程。

a. 非平衡缩聚反应的聚合度：

• 官能团等当量比：当所用的起始反应官能团等当量比时，聚合度与反应程度的关系为：

$$\overline{X_n} = \frac{1}{1-p} \tag{1-51}$$

• 官能团非等当量比：当所用的起始反应官能团非等当量比时，聚合度就不仅与反应程度有关，而且还与官能团配料比有关。官能团的配料比常用当量系数 r 来表示，r 可定义为：

$$r = \frac{\text{起始的 a 官能团的总数 } N_a^0}{\text{起始的 b 官能团的总数 } N_b^0} < 1 \tag{1-52}$$

式中：规定 $r<1$，即意味着 b 官能团过量。由于每消耗两个官能团形成一个结构单元，因此，总的结构单元数 N_{su} 为：

$$N_{su} = \frac{(N_a^0 + N_b^0)}{2} = \frac{N_a^0}{2} \cdot \frac{(1+r)}{r} \tag{1-53}$$

官能团 a 和 b 是一对一地参与反应，即官能团 a 和 b 的消耗量彼此相等。假定 t 时 a 官能团的反应程度为 p，结合当量系数的定义可知 b 官能团在 t 时刻的反应程度为 rp。在任意时刻链端未反应的官能团数目的总和 N_{ce} 为：

$$N_{ce} = (1-p)N_a^0 + (1-rp)N_b^0 \tag{1-54}$$

按当量系数的定义知：

$$N_b^0 = \frac{N_a^0}{r} \tag{1-55}$$

则：

$$N_{ce} = N_a^0 \cdot \frac{1+r-2rp}{r} \tag{1-56}$$

线型缩聚中，链端官能团总数是分子总数的两倍，故分子总数 N 为：

$$N = \frac{N_{ce}}{2} \tag{1-57}$$

因此,体系中的总分子数为:

$$N = \frac{N_a^0 \cdot (1 + r - 2rp)}{2r} \tag{1-58}$$

由于在 aAa＋bBb 单体体系中,一个重复单元是由两个结构单元组成的,即重复单元数为总的结构单元数的 1/2,故:

$$\overline{X}_n = \frac{N_{su}}{2N} = \frac{1 + r}{2(1 + r - 2rp)} \tag{1-59}$$

式(1-59)为一般表达式,有几种特例需说明:

- 当 $r = 1$ 时,官能团是等当量比,则式(1-59)变为 $\overline{X}_n = \frac{1}{2(1-p)}$。

- 当 $r < 1, p \rightarrow 1$ 时,意味着官能团 b 是过量的,a 完全反应后过量的 b 不能再反应,达到了平均最高聚合度。此时

$$\overline{X}_{n,max} = \frac{1 + r}{2(1 - r)} \tag{1-60}$$

b. 平衡缩聚反应的聚合度:对于平衡常数比较小的缩聚反应,如聚酯化反应,如过程中不及时除去低分子副产物,则逆反应将非常明显,达不到很高的反应程度和聚合度。正、逆反应达到平衡时,总的聚合速度为零。

- 封闭体系:在两官能团等当量比,且不除去低分子副产物水时,则:

$$(1 - p)^2 - \frac{p^2}{K} = 0 \tag{1-61}$$

解得:

$$p = \frac{K^{1/2}}{1 + K^{1/2}} \tag{1-62}$$

则:

$$\overline{X}_n = \frac{1}{1 - p} = K^{1/2} + 1 \tag{1-63}$$

聚酯化反应的 $K = 4$,在密闭系统中,2—2 体系的最高 p 值为 2/3。聚酰胺生成反应的 $K = 400$,最高 p 值也只有 0.95,$\overline{X}_n < 21$。如果 $K = 10^4$,则 $\overline{X}_n = 101$,这一体系才有可能考虑为不可逆体系,不必排除低分子副产物。

- 开放体系:一般情况下,缩聚体系均采用减压、加热或通入惰性气体等措施来排除副产物,以减少逆反应。要获得高聚合度,p 值至少要大于 0.99。

③聚合度分布。Flory 利用统计方法,依据官能团等活性假设,以 ω-氨基酸缩聚为例推导出线型缩聚物的聚合度分布方程。当缩聚反应达到平衡状态,即缩聚、水解以及链交换反应之间处于平衡状态时,产物的聚合度分布与自由基聚合歧化终止时,聚合度分布相同,所不同的是以反应程度 p 代替链增长概率。

线型缩聚物的数均聚合度为:

$$\overline{X}_n = \frac{1}{1-p}$$

线型缩聚物的重均聚合度为：

$$\overline{X}_w = \frac{1+p}{1-p} \qquad\qquad (1-64)$$

聚合度的多分散系数为：

$$\frac{\overline{X}_w}{\overline{X}_n} = 1 + p \approx 2 \qquad\qquad (1-65)$$

锦纶 66 经凝胶色谱分级后，由实验测得的聚合度分布情况与上述理论推导结果很接近。许多逐步聚合的聚合度多分散系数的实验值都接近 2，说明上述结论具有指导意义。当然，如果官能团的活性随分子大小而变，即官能团等活性假设不成立，则聚合度分布就复杂得多。

④聚合度的影响因素。

a. 反应程度：在任何情况下，缩聚物的聚合度随反应程度而增加。正如式（1－51）和式（1－59）所定义的关系。欲得到聚合度极高的聚合物，其反应程度必须很高。

由于缩聚反应具有逐步性，因此可以采用适当的方法，如将物料冷却，使反应暂时停在某一反应程度上，以获得相应的聚合度。对体型预聚物的制备往往采用这一措施，即继续加热，聚合度将随反应程度的增加而增加。

b. 官能团非等当量比：在官能团非等当量比的情况下，式（1－59）表示体系的反应程度与聚合度的定量关系。从实际情况看，严格的等当量比是很难做到的。这涉及计量技术和体系副反应的发生，实施聚合中应认真加以考虑和控制。

c. 体系的平衡常数：前已述及，缩聚反应或多或少都存在可逆性，特别是对平衡常数较小的体系。故在大部分缩聚反应中，都必须设法破坏缩聚平衡，才能获得较高的聚合度或较高相对分子质量的聚合物。最常用的方法就是除去低分子副产物，如水等。根据反应物官能团数目和形成新键的数目，导出如下关系式：

$$\overline{X}_n = \sqrt{\frac{K}{r_{ab}}} \qquad\qquad (1-66)$$

式中：$\overline{X}_n$——平衡时所形成的聚合物的数均聚合度；

　　　　K——该反应的平衡常数；

　　　　r_{ab}——平衡状态下体系中低分子副产物的物质的量与反应开始时原料单体物质的量
　　　　　　　的比。

式（1－66）就是平衡缩聚反应的数均聚合度与平衡常数以及平衡时低分子含量三者之间关系的近似表示式——缩聚平衡方程式。由式（1－66）可见，平衡常数越大，缩聚物的数均聚合度就越大，即 $\overline{X}_n$ 与 $\sqrt{K}$ 成正比；残留的低分子副产物越少，缩聚物数均聚合度亦越大，即 $\overline{X}_n$ 与 $\sqrt{r_{ab}}$

成反比。所以,在同一条件下进行缩聚时,平衡常数大的反应,其缩聚产物的聚合度就较高;平衡常数较小的反应,如欲得到较高聚合度的产物,则必须尽量除去析出的低分子物质。正由于这个原因,对于平衡常数小的聚酯缩聚反应必须采用高温,并要求很高的真空度,以尽可能除去水分,这样才能得到高聚合度的产物。如用酯交换法合成涤纶时,反应温度为 223℃,K 值为 0.51。

平衡常数很小的缩聚反应,要使产物的聚合度提高,在反应后期,排除体系中的低分子副产物是关键。例如,聚酰胺 66 的缩聚反应,平衡常数 K 值为 300,要使数均聚合度达到 50 左右,允许留有 0.5% 的水分。对于 K 值很大的缩聚反应,如酚醛缩聚反应,即使在水中进行,仍可得到聚合度较高的产物。

4. 体型缩聚反应　　官能度是一个单体分子中能参与反应的官能团数。2—2 型或官能度为 2 的单体体系进行缩聚只能形成线型聚合物。当其中一种或多种单体具有 3 个或 3 个以上实际能参与反应的官能团时,反应的结果是先形成支链,再进一步反应交联形成体型聚合物。

例如:丙三醇单体与二元酸酐反应,每一个丙三醇上的三个羟基若能完全反应,则一个丙三醇可形成一个支化点。现用 b 表示丙三醇上的羟基,a 表示二元酸酐的羧基,且取 4mol 的丙三醇和 9mol 的二元酸酐完全反应,反应方程式如下:

$$4 \quad \overset{b}{\underset{b}{\diagup}}b + 9\ a \text{—} a \longrightarrow \qquad\qquad +12H_2O \qquad (1-67)$$

在产物分子中含有 6 个未反应的羧基,如果再加入丙三醇,这些羧基就能继续反应。这样的缩聚反应开始生成支化聚合物,然后在合适的条件下聚合度迅速增长,最终生成无限大的三维交联网络结构,即体型聚合物,此类聚合反应称为体型缩聚。需指出的是体型聚合物只能被溶剂溶胀而不能溶解,也不能受热熔融。交联程度很高的聚合物完全不受溶剂的影响。

体型缩聚反应往往分为三个阶段:第一阶段的聚合反应程度很小,聚合度也很小,生成的聚合物称为预聚物。它是线型或支链型低聚物,聚合度约为 50～500,预聚物有良好的溶解性和熔融性;第二阶段的聚合反应程度接近凝胶点(gel point),即开始出现凝胶的临界反应程度,此时聚合物的溶解性能变差,但能熔融,可以加工成型;第三阶段是固化交联,即随凝胶化作用的继续,溶胶逐渐减少,凝胶逐渐增加,最终生成尺寸稳定,耐热性好的热固性聚合物。

5. 其他逐步聚合反应　　所有的逐步聚合反应中,除缩聚反应外,还有许多其他逐步聚合的反应类型,接下来简单地介绍一下逐步开环聚合和逐步加聚反应。

(1)逐步开环聚合。环状单体的开环聚合,机理上也有属于逐步聚合的情况,如己内酰胺,以水作催化剂可开环聚合为聚酰胺,链的增长过程具有逐步性。己内酰胺开环聚合的产物聚己内酰胺,俗名为锦纶6,其产量仅次于锦纶66,主要用作纺织纤维。总合成反应式如下:

$$n\text{NH(CH}_2)_5\text{CO} \longrightarrow \begin{array}{c}\text{NH(CH}_2)_5\text{CO}\end{array}_n \qquad (1-68)$$

以水或酸作催化剂时为逐步聚合反应机理。工业上己内酰胺水解开环是将单体和5%~10%的水加热到250~270℃,经12~14h即可制得用于纺制纤维的聚己内酰胺。聚合中有三种平衡反应:

①己内酰胺水解开环制得氨基酸。

$$\text{H}_2\text{O} + \text{O=C}\underset{(\text{CH}_2)_5}{\overline{\qquad}}\text{NH} \Longrightarrow \text{HOOC(CH}_2)_5\text{NH}_2 \qquad (1-69)$$

②氨基酸自身逐步缩聚。

$$\sim\text{COOH} + \text{H}_2\text{N}\sim \Longrightarrow \sim\text{CONH}\sim + \text{H}_2\text{O} \qquad (1-70)$$

③氨基上的氮原子向己内酰胺进行亲电进攻,导致己内酰胺的聚合。

$$\sim \text{NH}_2 + \text{O=C}\underset{(\text{CH}_2)_5}{\overline{\qquad}}\text{NH} \Longrightarrow \sim\text{NHCO(CH}_2)_5\text{NH}_2 \qquad (1-71)$$

(2)逐步加聚反应。二异氰酸酯和二元醇加成获得聚氨酯的反应是典型的逐步加聚反应。反应式为:

$$n\text{OCNRNCO} + n\text{HOR'OH} \longrightarrow \begin{array}{c}\overset{O}{\overset{\|}{\text{C}}}\text{NHRNHC}\overset{O}{\overset{\|}{\text{O}}}\text{R'O}\end{array}_n \qquad (1-72)$$

该反应中,醇的活性氢最后加成到异氰酸酯基的氮原子上,属于逐步聚合机理。不同于缩聚反应的是无低分子产物析出,是一种加成型聚合反应。

三、链式聚合与逐步聚合的比较

如上所述,根据反应机理,聚合反应可分为链式聚合反应和逐步聚合反应两大类,其中绝大部分加聚反应属链式聚合反应,绝大部分缩聚反应属逐步聚合反应。逐步聚合(如缩聚反应)与链式聚合的机理存在明显的差异,其特征比较见表1-2。

表1-2　链式聚合和逐步聚合反应的特征比较

链式聚合反应	逐步聚合反应
有链的引发、增长、终止三个基元反应,且大多数反应不可逆。其中,引发一步最慢,成为控制速率的反应	无所谓链的引发、增长、终止等。各步反应速率常数和活化能基本相同。一般是可逆反应

续表

链式聚合反应	逐步聚合反应
在整个反应过程中单体浓度逐渐减小,单体转化率随时间延长而不断增加	反应初期单体浓度很快下降,形成低聚物,以后,再由低聚物转变成高聚物。转化率变化慢,反应程度逐渐增加
只有链增长才使聚合度增加。从单体增长到高聚物时间极短,不能停留在中间聚合度阶段。在聚合全过程中,由于凝胶效应,先后得到的聚合物的聚合度稍有变化	单体、低聚物、高聚物间任何两分子都能反应,使相对分子质量逐步增加,反应可以暂时停留在中等聚合度阶段
反应过程中,大分子一开始就迅速形成,不随时间而变。延长聚合时间,主要是提高转化率,对相对分子质量影响较少	反应过程中,大分子逐渐形成,相对分子质量随时间而变化。延长缩聚时间主要是提高相对分子质量,而转化率变化不大
反应混合物中含有单体、高聚物及微量活性中心	任何阶段都由聚合度不等的同系物组成
微量阻聚剂即可使活性消失,而使聚合反应终止	如果平衡限制,两种单体非等当量比或温度过低而使缩聚暂停。平衡限制一经消除,反应又将继续进行

四、共聚合反应

1. 概述　在加聚(链式聚合)反应中,只用一种单体进行聚合的反应称为均聚合反应(homopolymerization),所得的高分子链中只有一种单体单元,这种聚合物称为均聚物(homopolymer)。将两种或两种以上不同单体共同参与聚合的反应称为共聚合反应(copolymerization),生成的高分子链中包含两种或两种以上的单体单元,这种聚合物称为共聚物(copolymer)。由两种单体进行的共聚反应称为二元共聚,依此类推可有三元共聚、多元共聚等。根据参加反应的单体、引发剂种类及聚合机理的不同,可将共聚合反应分为自由基共聚、阳离子共聚、阴离子共聚、配位共聚和共缩聚等。共聚物中各种单体的含量称为共聚组成(copolymer composition)。不同单体在大分子链上的相互连接情况称为序列结构(sequence structure)。

假如从 A 和 B 两种单体出发,根据高聚物的链结构,聚合后可以得到如下产物:

(1)均聚物(homopolymer)。A、B 不可发生共聚,得到 A 聚合物和 B 聚合物两者的混合物。

(2)无规共聚物(random copolymer)。在高分子链中 A 和 B 的排列没有一定顺序,没有一种单体在分子链上形成单独的较长链段,如:

$$\sim ABBBAABAAB\sim$$

(3)交替共聚物(alternative copolymer)。高分子链中 A、B 呈有规则的间隔排列,如:

$$\sim BABABABA\sim$$

(4)嵌段共聚物(block copolymer)。高分子链中 A 和 B 成段出现,如:

$$\sim AAAABBBBAAAABBBB\sim$$

(5)接枝共聚物(graft copolymer)。聚合物中,以某一单体(如 A)组成的长链为主链,而另

一单体 B 形成支链与之相接,如:

$$BBBBB \sim$$
$$|$$
$$\sim AAAAAAAAA \sim$$
$$|$$
$$BBBB \sim$$

2. 共聚合的意义

(1)改进聚合物性能。共聚物的分子链包含一种以上单体单元,共聚物的物理力学性能取决于其结构、相对数量和排列方式。因此,通过共聚可制取一系列不同性能的产物。如苯乙烯含量为 23.5 %(质量分数),并通过自由基聚合制得的苯乙烯—丁二烯共聚物就是通用的丁苯橡胶。如果增加苯乙烯的含量,就可制得高抗冲聚苯乙烯,或可制得耐寒性较好的橡胶。用阴离子聚合的方法,并分批加入单体,可制取苯乙烯—丁二烯—苯乙烯(SBS)嵌段热塑性弹性体。共聚物与均聚物的混合物(也叫作聚合物的掺和物)有着不同的结构,当然其物理性能也不同。由此可见,共聚物不仅可吸取两种均聚物的长处,而且也可制得具备特殊性能的新品种,所以共聚物犹如金属中的合金。当前,共聚是发展高分子材料的三种重要手段之一。

(2)扩大单体的使用范围。有些本身不能聚合的单体却可与其他单体共聚得到共聚物。如顺丁烯二酸酐、丁烯二酸二乙酯和二氧化硫本身都不能聚合,但前两者可与苯乙烯共聚,后者可与许多带有斥电子取代基的烯类单体共聚而得到聚砜。因此,通过共聚扩大了单体的使用范围,增加了聚合物的品种,并开辟了聚合物新的用途。三种甚至四种单体的多元共聚物,在实际应用中越来越显得重要,丙烯腈—丁二烯—苯乙烯(ABS)树脂就是其中一例。

(3)有助于聚合反应的理论研究。通过共聚合反应的研究,可以了解不同单体和自由基的聚合活性大小、有关单体结构与聚合能力的关系、聚合反应的机理以及更多的其他信息。

3. 共聚合组成方程与竞聚率　按照活性链不同,共聚合反应分为自由基型共聚、离子型共聚和配位共聚等。本节重点讨论自由基共聚。

(1)二元共聚合方程。共聚物的性能与其组成有着密切关系。但通常原料单体与共聚物组成并不相同,而共聚合的机理却与均聚反应基本相同,也有链引发、链增长、链终止和链转移等,当然情况会复杂得多。由于链引发和链终止这两步基元反应对共聚物的组成影响较小,所以确定共聚物组成与原料单体之间的关系时,可不考虑,而应把注意力集中到决定共聚物组成的链增长反应上。如果用两种单体 A 和 B 共聚,则可能产生两种活性链～A·及～B·,这两种活性链末端的单体单元分别由单体 A 和 B 组成,当它们和两种单体作用时,链增长反应共有下列四种竞争反应:

$$A \cdot + A \xrightarrow{k_{11}} \sim A \cdot , \quad v_{11} = k_{11}[A \cdot][A] \tag{1-73}$$

$$A \cdot + B \xrightarrow{k_{12}} \sim B \cdot , \quad v_{12} = k_{12}[A \cdot][B] \tag{1-74}$$

$$B \cdot + B \xrightarrow{k_{22}} \sim B \cdot , \quad v_{22} = k_{22}[B \cdot][B] \tag{1-75}$$

$$B \cdot + A \xrightarrow{k_{21}} \sim A \cdot , \quad v_{21} = k_{21}[B \cdot][A] \tag{1-76}$$

式中:k_{11}、k_{12}、k_{22}、k_{21}分别为各链增长的速率常数,k 的下标中左边数字表示活性链,右边数字表示单体,其中,k_{11} 和 k_{22} 分别等于单体 A、B 均聚反应的链增长速率常数;v_{11}、v_{12}、v_{22}、v_{21}分别为各链增长反应速率;[A]、[B]、[A·]、[B·]分别表示相应单体和链长长短不一的活性链的总浓度。

为求得共聚合方程,通常做如下假设:

①活性链的类型($\sim$A·和$\sim$B·)及其反应性能完全取决于末端结构单元(A 或 B)的性质,而不受其他结构单元和长度的影响。

②当分子链相当长时,则引发以及向单体转移消耗的单体非常少,所以共聚物组成由链增长反应所决定。

③与均聚反应相同,应用稳态处理。即在反应过程中 A·转变为 B·的速率必等于 B·转变为 A·的速率,[A·]及[B·]保持恒定。因为式(1-73)、式(1-75)并不改变活性链的浓度,式(1-74)是减少[A·],增加[B·],而式(1-76)则恰恰相反。显然 A·和 B·也通过引发生成或通过终止反应消失,但这些反应的速率与反应式(1-74)和式(1-76)相比小到可以忽略,所以在稳态情况下有:

$$k_{12}[A\cdot][B]=k_{21}[B\cdot][A] \qquad (1-77)$$

即:
$$[A\cdot]=k_{21}[B\cdot][A]/(k_{12}[B]) \qquad (1-78)$$

在链增长过程中,两种单体 A 和 B 的消耗速率分别为:

$$-d[A]/dt=k_{11}[A\cdot][A]+k_{21}[B\cdot][A] \qquad (1-79)$$

$$-d[B]/dt=k_{12}[A\cdot][B]+k_{22}[B\cdot][B] \qquad (1-80)$$

链增长过程中所消耗的单体都进入共聚物中,故某一瞬间进入共聚物中两种单体之比,即等于两种单体的消耗速率之比,即:

$$\frac{-d[A]/dt}{-d[B]/dt}=\frac{-d[A]}{-d[B]}=\frac{k_{11}[A\cdot][A]+k_{21}[B\cdot][A]}{k_{12}[A\cdot][B]+k_{22}[B\cdot][B]} \qquad (1-81)$$

由式(1-78)和式(1-81),可得:

$$\frac{d[A]}{d[B]}=\frac{k_{11}k_{21}[B\cdot][A]^2/(k_{12}[B])+k_{21}[B\cdot][A]}{k_{22}[B\cdot][B]+k_{21}[B\cdot][A]} \qquad (1-82)$$

式(1-82)的分子、分母各除以 $k_{21}[B\cdot][A]$,并令 $r_1=k_{11}/k_{12}$,$r_2=k_{22}/k_{21}$,则有:

$$\frac{d[A]}{d[B]}=\frac{[A](r_1[A]+[B])}{[B](r_2[B]+[A])} \qquad (1-83)$$

式(1-83)称为共聚方程,表示某一瞬间,所得共聚物的组成对竞聚率或称单体活性比(reactivity ratio)r_1、r_2 的依赖关系,也叫共聚物组成微分方程。应当指出,不用稳态假设,用统计方法同样能推导出共聚方程。

式中:d[A]/d[B]是某一瞬间生成的共聚物中两种单体单元组成的比例;[A]及[B]分别是该时刻共聚反应体系中单体 A 和 B 的浓度;r_1、r_2 分别为单体 A、B 的竞聚率,一般可从有关手册中查得或通过实验测定,或用 $Q-e$ 方程近似估算。如果已知[A]、[B]和 r_1、r_2,就可应用式(1-83)计算某一瞬间所生成的共聚物的组成。

为研究和使用方便,多数情况下采用物质的量分数或质量分数来表示两种单体的比例。设 f_1、f_2 分别为原料单体混合物中单体 A 及 B 的物质的量分数;F_1 和 F_2 分别为共聚物中 d[A] 及 d[B]所占的物质的量分数,则:

$$f_1 = 1 - f_2 = \frac{[A]}{[A]+[B]} \tag{1-84}$$

$$F_1 = 1 - F_2 = \frac{d[A]}{d[A]+d[B]} \tag{1-85}$$

将上述二式代入式(1-83),简化后可得:

$$F_1 = \frac{r_1 f_1^2 + f_1 f_2}{r_1 f_1^2 + 2 f_1 f_2 + r_2 f_2^2} \tag{1-86}$$

式(1-86)称为物质的量分数共聚合方程。

设两种单体总质量为 W,总体积为 V,W_1、W_2 分别为某一时刻原料单体混合物中 A 及 B 所占的质量分数,$W_1+W_2=1$,M_A,M_B 分别为单体 A 及 B 的相对分子质量,则:

$$[A] = \frac{W_1 \cdot W}{V \cdot M_A} \tag{1-87}$$

$$[B] = \frac{W_2 \cdot W}{V \cdot M_B} \tag{1-88}$$

代入式(1-83),简化后则得:

$$\frac{dW_1}{dW_2} = \frac{W_1}{W_2} \cdot \frac{r_1(M_B/M_A)W_1 + W_2}{r_2 W_2 + (M_B/M_A)W_1} \tag{1-89}$$

设 W_1 为该时刻所得共聚物中单体单元所占的质量分数,令 $k = \frac{[A]}{[B]}$,即单体浓度比,则式(1-89)可表示为:

$$W_1 = \frac{dW_1}{dW_1 + dW_2} = \frac{r_1 k(W_1/W_2) + 1}{1 + k + r_1 k(W_1/W_2) + r_2(W_2/W_1)} \tag{1-90}$$

式(1-90)称为质量分数共聚合方程。

(2)竞聚率的意义。共聚方程[式(1-83)]中,引入两个参数 r_1 和 r_2,其中 $r_1 = k_{11}/k_{12}$,它表示以 A· 为末端的活性链加本身单体 A 与加另一个单体 B 的反应能力的比值。A·加 A 的能力即为均聚能力,而加 B 的能力即为共聚能力,两种反应互为竞争反应,故称 r_1 为单体 A 的竞聚率,也称为单体 A 的活性比。即 r_1 是单体 A 和 B 分别与末端为 A·的增长活性链的相对活性。同理,r_2 为单体 B 的竞聚率。

当 $0<r<1$ 时,共聚倾向大于自聚倾向;$r=0$,说明只能共聚不能自聚;当 $r=1$ 时,表示共聚和自聚倾向相等;当 $r>1$ 时,自聚倾向大于共聚。就自由基共聚来说,r_1 和 r_2 大于 1 的例子极少,几乎只有个别几个。而对离子型共聚,这类例子却较多。

由此可知,r_1 和 r_2 两个参数不仅决定共聚物的组成,还决定了 A 和 B 单体单元在共聚物大分子链中的排列,也反映了结构和反应性能之间的内在联系。关于自由基共聚竞聚率的数值,已做了大量实验工作,可查阅有关高分子手册。引用手册数据,要注意到聚合实施条件,如乳液聚合和本体聚合的 r 值往往有所不同;还要注意聚合反应的活性链形式以及温度等。下面简要讨论自由基共聚中的一些典型情况:

①$r_1<1$, $r_2<1$:这种共聚类型在自由基共聚中最为普遍,通常称为无规共聚。由于 $r_1=k_{11}/k_{12}<1$,$r_2=k_{22}/k_{21}<1$,故 $k_{12}>k_{11}$,$k_{21}>k_{22}$,即共聚倾向大于自聚倾向。因此,在共聚物分子链中,相同单体单元相连接的概率小于不同单体单元相连接的概率,均聚嵌段少。

②$r_1=0$,$r_2=0$:$r_1=k_{11}/k_{12}=0$,$r_2=k_{22}/k_{21}=0$,$k_{12}\neq0$,$k_{21}\neq0$,表明两种单体只能共聚,不能自聚。这类交替共聚是上述无规共聚的特例,$r_1\rightarrow0$,$r_2\rightarrow0$ 的极限情况。不论两种原料单体比如何变化,共聚物组成始终保持 $F_1=1/2$,所以在交替共聚物的分子链中两种单体单元是交替连接的。

完全交替共聚的实例不多,在自由基共聚中,多数属于 $r_1\approx0$,$r_2\approx0$,且在 $[A]\ll[B]$ 的情况下获得的。通常用 r_1、r_2 的乘积趋近于零的程度来衡量交替倾向的大小。但须注意,当 $r_1>1$,$r_2=0$(或 $r_2\rightarrow0$)时,此法则就不适用。

③$r_1=1$, $r_2=1$:不难看出,不管 f_1 的数值如何变化,$F_1\equiv f_1$,因此,称为恒比共聚。自然,恒比共聚也可以看作 $r_1\rightarrow1$, $r_2\rightarrow1$ 的极限情况。

④$r_1>1$,$r_2<1$:这类"共聚"比较复杂。由于各种活性链对单体 A 结合的倾向都大于 B,所以共聚物链中 A 单体单元占多数,没有恒比共聚点。随着 r_1、r_2 差值的增加,共聚物分子链中会出现 A 单体单元的均聚链段,并且其差值越大,出现更长的 A 单体单元链段的机会越多。如氯乙烯(A)和醋酸乙烯酯(B)自由基共聚,$r_1=1.68$,$r_2=0.23$,在共聚物链中应会有较短的氯乙烯嵌段。当 $r_1\gg r_2$ 时,如苯乙烯(A)与醋酸乙烯酯(B)的自由基共聚,$r_1=55$,$r_2=0.01$,有人认为是"相继嵌段",即当苯乙烯消耗殆尽时才开始醋酸乙烯酯均聚。

此外,大多数离子共聚的情况是 $r_1>1$,$r_2<1$。当 $r_1=1/r_2$ 时,为理想共聚。共聚合方程可写成:

$$d[A]/d[B]=r_1[A]/[B] \tag{1-91}$$

或:

$$F_1=\frac{r_1f_1}{r_1f_1+f_2} \tag{1-92}$$

⑤$r_1>1$,$r_2>1$:一般而言,能进行自由基共聚的单体的 $r_1\cdot r_2\leqslant1$。也有少数单体的 $r_1\cdot r_2>1$,其原因尚不清楚,但它只能是均聚物或嵌段共聚物。就自由基共聚而言,这种例子极为罕见,而在离子或配位聚合中,此种情况较多。

第四节　聚合方法概述

聚合方法是指完成一个聚合反应所采用的方法,聚合机理不同,所采用的聚合方法也不同。链式聚合采用的聚合方法主要有本体聚合、悬浮聚合、溶液聚合和乳液聚合。由于自由基相对稳定,因而自由基聚合可以采用上述四种聚合方法;离子聚合则由于活性中心对杂质的敏感性而多采用溶液聚合或本体聚合;逐步聚合采用的聚合方法主要有熔融缩聚、溶液缩聚、界面缩聚和固相缩聚。

一、逐步聚合反应的实施方法

缩聚反应和链式聚合反应一样,不同的聚合方法,往往会直接影响产品的性能,所以选择适当的聚合方法是很重要的。随着缩聚反应新的合成方法不断出现,缩聚反应实施方法也相应增多。这里介绍几种常见的缩聚反应实施方法。

1. 熔融缩聚　在体系中只有单体和少量催化剂,在单体和聚合物熔点以上(一般高于熔点10～25℃)进行的缩聚反应称为熔融缩聚(melt polycondensation)。

熔融缩聚法生产设备简单、利用率高、便于连续化生产,是一种实验室和工业上常用的方法。熔融缩聚可采用间歇法,也可采用连续法。工业上合成涤纶、酯交换法合成聚碳酸酯、聚酰胺等,通常都采用该方法。

熔融缩聚的反应温度比链式聚合高得多,一般在200℃以上。对于室温反应速率小的缩聚反应,提高反应温度有利于加快反应,即便如此,熔融缩聚的反应时间一般也需数小时。

对于平衡缩聚反应,温度高有利于排出反应过程中产生的低分子副产物,促使缩聚反应向正向进行,尤其在反应后期,常在高真空下进行或采用薄层缩聚法。

由于反应温度高,在缩聚反应中经常发生各种副反应,如环化反应、裂解反应、氧化降解、脱羧反应等。因此,在缩聚反应体系中通常需加入抗氧剂及在惰性气体(如氮气)保护下进行。

熔融缩聚的反应温度一般不超过300℃,因此,制备高熔点的耐高温聚合物需采用其他方法。

2. 溶液缩聚　溶液缩聚(solution polycondensation)是单体在溶液中进行缩聚反应的一种实施方法。反应可在纯溶剂或混合溶剂中进行,用来生产油漆、涂料、胶黏剂等,特别适用于不适宜采用熔融缩聚法制备的相对分子质量高且难溶的耐高温聚合物,如聚酰亚胺、聚苯醚、聚芳香酰胺等的合成。溶液缩聚的特点如下:

(1)与熔融缩聚相比,溶液缩聚的反应温度较低,因而常常需要采用反应性较高的单体,如二元酰氯、二异氰酸酯等和二元醇、二元胺等。如由对苯二甲酰氯与对苯二胺反应,并选择合适的溶剂及催化剂,甚至在0℃以下也能制得高强度、耐高温的聚芳香酰胺。

(2)低分子副产物可用能与其形成共沸物的恒沸溶剂带出,溶剂可循环使用。

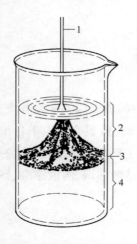

图 1—3　界面缩聚抽膜示意图
1—抽出的膜　2—己二胺—氢氧化钠水溶液
3—界面缩聚膜　4—癸二酰氯—三氯甲烷溶液

(3)溶液缩聚一般适用于不平衡缩聚反应,反应过程中不需要加压或抽真空,反应设备比较简单。

(4)溶剂的存在有利于吸收反应热,使反应平稳进行。

3.界面缩聚　界面缩聚(interfacial polycondensation)是将两种单体分别溶于两种不互溶的溶剂中,然后将这两种溶液混合在一起,在两液相的界面上进行缩聚反应。如将己二胺和氢氧化钠的水溶液与癸二酰氯的三氯甲烷溶液混合在两相的界面便会发生缩聚反应,如图 1—3 所示。

界面缩聚的特点是:

(1)界面缩聚是一种不平衡缩聚,反应中析出的低分子化合物溶于某一溶剂相或被溶剂相中某一物质吸收(如上述反应中析出的氯化氢被氢氧化钠吸收),所以产物的相对分子质量较高。

(2)界面缩聚反应采用的是高反应性单体,聚合物在界面上迅速生成,其相对分子质量与反应程度关系不大。

(3)反应温度较低,故可避免由于高温造成的聚合物主链结构变化及链交换等副反应,因此有利于高熔点耐热聚合物的合成。

(4)对单体纯度和当量比的要求不严,缩聚物的相对分子质量主要与界面处的单体浓度有关,只要接近于等当量比,就可获得高分子量的缩聚物。

由于需要采用高反应性的单体,又要消耗大量溶剂,设备利用率低,所以界面缩聚虽然有许多优点,但工业上实际采用的不多。

4.固相缩聚　在原料(单体及聚合物)熔点或软化点以下进行的缩聚反应称固相缩聚(solid phase polycondensation)。这里的"固相"并不一定是晶相,因此,有文献称为固态缩聚(solid state polycondensation)。

(1)固相缩聚的主要特点如下。

①反应速率低,表观活化能大,往往需要几十小时反应才能完成。

②由于为非均相反应,因此是一个扩散控制过程。

③一般有明显的自催化作用。

(2)固相缩聚大致分为以下三种。

①反应温度在单体熔点之下,这时无论单体还是反应生成的聚合物均为固体,因而是真正的固相缩聚。

②反应温度在单体熔点以上,但在缩聚产物熔点以下。反应分两步进行,先是单体以熔融缩聚或溶液缩聚的方式形成预聚物,然后在固态预聚物熔点或软化点之下进行固相缩聚。

③体型缩聚反应和环化缩聚反应。这两类反应在反应程度较大时,进一步的反应实际上是

在固态下进行的。

固相缩聚是在固相化学反应的基础上发展起来的,可制得高分子量、高纯度的聚合物。特别是在制备高熔点缩聚物、无机缩聚物及熔点以上容易分解的单体的缩聚物(无法采用熔融缩聚)有着其他方法无法比拟的优点。如用熔融缩聚法合成的涤纶,相对分子质量较低,通常只用作服用纤维,而固相缩聚法合成的涤纶,相对分子质量要高得多,可用作帘子布和工程塑料。

二、链式聚合反应的实施方法

1. 本体聚合 本体聚合(bulk polymerization)是不加其他介质,只有单体本身在引发剂、催化剂、光或热作用下进行的聚合反应,有时还可能加入少量颜料、增塑剂、润滑剂等助剂。按聚合物能否溶解于单体,可分为两类:

(1)均相聚合(homogeneous polymerization)。如苯乙烯、甲基丙烯酸甲酯、醋酸乙烯酯等生成的聚合物能溶于各自的单体中,形成均相。

(2)非均相聚合(heterogeneous polymerization),又叫作沉淀聚合(precipitation polymerization)。如乙烯、氯乙烯、偏氯乙烯、丙烯腈等生成的聚合物不溶于它们的单体,在聚合过程中会不断析出。

本体聚合的优点是体系组成简单,聚合物较纯净,特别适用于生产板材、型材等透明制品。聚合设备简单,生产成本低。缺点是体系很黏稠、聚合热不易扩散、反应温度较难控制、易局部过热、产物的相对分子质量分布较宽、聚合过程中自动加速现象明显。

各种链式聚合反应几乎都可以采用本体聚合,如自由基聚合、离子聚合、配位聚合等。缩聚反应中的固相缩聚、熔融缩聚等一般都属于本体聚合。气态、液态和固态单体均可进行本体聚合,其中液态单体的本体聚合最为重要。

2. 溶液聚合 单体和引发剂或催化剂溶于适当的溶剂中的聚合反应称为溶液聚合(solution polymerization)。生成的聚合物能溶于溶剂的称为均相溶液聚合,如丙烯腈在二甲基甲酰胺中的聚合。聚合物不溶于溶剂而析出者,称为异相溶液聚合,如丙烯腈的水溶液聚合。

溶液聚合为一均相聚合体系,与本体聚合相比最大的好处是溶剂的加入有利于导出聚合热,聚合温度容易控制;反应后物料容易输送;低分子物容易除去;能消除自动加速现象;同时利于降低体系黏度,减弱凝胶效应。

溶液聚合的不足是加入溶剂后容易引起诸如诱导分解、链转移之类的副反应;同时溶剂的回收较麻烦,精制增加了设备及成本,并加大了工艺控制难度。另外溶剂的加入,一方面降低了单体及引发剂的浓度,致使溶液聚合的反应速率比本体聚合要低;另一方面降低了反应装置的利用率,因此,提高单体浓度是溶液聚合的一个重要研究领域。

在工业上,溶液聚合宜用于直接使用聚合物溶液的场合,如涂料、胶黏剂、合成纤维纺丝液等。

3. 悬浮聚合 悬浮聚合(suspension polymerization)是指溶解有引发剂的单体以小液滴状态悬浮在水中进行的聚合。单体液滴在聚合过程中逐步转化为聚合物固体粒子,单体与聚合物共存时,聚合物—单体粒子有黏性,为了防止粒子相互黏结,体系中需加入分散剂,在粒子表面形成保护膜。因此,悬浮聚合一般由单体、引发剂、分散剂、四水个基本成分组成。其反应机理与本体聚合相同,可看作是小粒子的本体聚合,因此,也存在着自动加速现象。同样,根据聚合物在单体中的溶解情况,也可分为均相聚合(如苯乙烯、甲基丙烯酸甲酯)和沉淀聚合(如氯乙烯)。均相聚合可得透明状珠体,沉淀聚合得到的产物为不透明粉末。

悬浮聚合制得的粒子直径为 0.001~2mm。粒子直径在 1mm 左右的往往又称为珠状聚合,在 0.01mm 以下的又称为分散聚合。粒子直径的大小与搅拌强度和分散剂的性质、用量有关。

悬浮聚合分散剂(或稳定剂)有水溶性的高分子(如部分水解的聚乙烯醇、明胶、羟乙基纤维素等)和难溶于水的无机物(如碳酸钙、磷酸钙、滑石粉、硅藻土等)。分散剂的用量为单体的 0.1%~0.5%。其作用是防止单体—聚合物粒子相互黏结。一般在适当搅拌下可达到上述目的。但停止搅拌后,液滴还会凝聚,最后仍与水分成两层,所以悬浮聚合中液—液分散体系是不稳定的,不宜用于制取黏性大的聚合物,而特别适合于制取离子交换树脂。

工业规模的悬浮聚合,水和单体的比例(简称相比)都在(1~3):1。水少,粒子变粗,也易结块;水多,粒子变细,生产效率下降。聚氯乙烯的生产普遍采用悬浮聚合法。

4.乳液聚合 乳液聚合(emulsion polymerization)是指在乳化剂和机械搅拌的作用下,单体在水中分散成乳状液而进行的聚合反应。乳液聚合体系的组成较复杂,最简单的配方由单体、水、水溶性引发剂、乳化剂四种组分组成。所得聚合物颗粒的直径为 $0.05~0.2\mu m$,远比悬浮聚合的粒子小。乳液聚合的优点是:

(1)以水为介质、体系黏度低、易传热、温度易控制。

(2)采用水溶性的氧化还原引发体系,反应可在低温下进行。聚合速率快,产物的相对分子质量高。

(3)反应后期体系的黏度很低,适合于制取黏性较大的聚合物(如丁苯橡胶)和直接应用乳液的场合。

乳液聚合的缺点:当不是以乳液形式使用时,聚合后需经凝聚、洗涤、干燥等后处理,而且产物纯度较差。

第五节 高分子物的相对分子质量及其分布

一、高分子物的相对分子质量与其物理性能

高分子物之所以能作为材料使用,主要在于它具有一定的机械强度。聚合物的这种性能一方面是由于以共价键相连的大分子链具有比小分子高得多的相对分子质量;另一方面是由于链状大分子间有比小分子间强得多的分子间作用力。对于烃类而言,含碳数与有机物的物理状态和性质的关系见表1-3。

表1-3　含碳数不同的直链烃分子的物理状态和性质

含 碳 数	物理状态和性质	用途举例	含 碳 数	物理状态和性质	用途举例
1～4	气体	天然气	20～24	蜡状固体	石蜡
5～11	液体	汽油	200	脆性固体	低聚物
10～16	液体	煤油	2 000	硬性固体	低聚物
16～18	液体	柴油	20 000	韧性固体	聚乙烯
18～22	晶态固体	制药	1 000 000	极为坚韧固体	超高分子量聚乙烯

由表1-3可以看出,随着碳原子数的逐渐增加,即相对分子质量的逐渐增加,分子的物理性质发生了明显的变化。聚合物机械强度随相对分子质量的变化如图1-4所示。图中A点是初具机械强度的最低分子量,约以千计。A点以上机械强度随相对分子质量增大而迅速增大。到达临界点B点以后强度的增加逐步减慢,到达C点后强度不再明显增加。图中A、B、C三点的位置随聚合物的种类而变化。对于

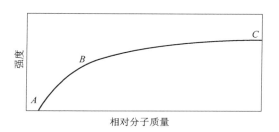

图1-4　高分子机械强度与其相对分子质量的关系

分子链间作用力强的极性聚合物,三点的位置向左移。如聚酰胺,B点对应的聚合度约为150。对于分子链间作用力弱的非极性聚合物,三点的位置向右移。如聚乙烯,B点对应的聚合度约在400以上。

不同用途的聚合物所要求的聚合度不同,表1-4列出了常用纤维、塑料、橡胶的相对分子质量。虽然高的相对分子质量赋予聚合物优良的力学性能,但并不是相对分子质量越高越好。从合成的角度讲,相对分子质量越高合成越困难,工艺要求越苛刻。从加工的角度看,相对分子质量过高,聚合物熔体黏度过大,难以加工。而且相对分子质量超过一定值后,机械强度不会再有明显的增加。因此,一般的聚合物在达到足够的强度以后,并不追求过高的相对分子质量。

表1-4　常见高分子物的相对分子质量

纤 维	相对分子质量/10⁴	塑 料	相对分子质量/10⁴	橡 胶	相对分子质量/10⁴
纤维素纤维	50～100	聚碳酸酯	2～6	氯丁橡胶	10～12
涤纶	1.8～2.3	聚氯乙烯	5～15	丁苯橡胶	15～20
锦纶66	1.2～1.8	低压聚乙烯	6～30	顺丁橡胶	25～30
维纶	6～7.5	聚苯乙烯	10～30	天然橡胶	20～40

二、高分子物平均分子量的含义

高分子物的分子结构不应理解为每一个大分子都具有同等大小的聚合度或相对分子质量。实际上,通常高分子物是由链节相同、聚合度不同的大分子混合组成的,大分子相互间链节数的差为整数,所以高分子物也可称为聚合同系物的混合物。从这点来说,高分子物与低分子物是完全不同的。$(A)_n$ 只不过表示以 A 为链节,而分子中链节数的平均值为 n,而相对分子质量不尽相同的大分子而已。这种情况,称为高分子物的相对分子质量(或聚合度)的多分散性(polydispersion)。

由于高分子物具有相对分子质量多分散性和结构多分散性,故高分子物的相对分子质量通常只能取其统计平均值。统计方法不同,则有不同名称的平均分子量(average molecular weight)。如以分子数作为平均分子量的基础进行统计,所得的相对分子质量称为数均分子量(number average molecular weight),以 $\overline{M}_n$ 表示;如以分子的总质量作为平均分子量的基础,所得的相对分子质量为重均分子量(weight average molecular weight),以 $\overline{M}_w$ 表示;真实的高分子链具有一定体积,相对分子质量是与其真实体积大小成正比的。以高分子的体积大小作为平均分子量的基础,所得的相对分子质量称为 Z 均分子量(Z - average molecular weight),以 $\overline{M}_z$ 表示;根据高分子物溶液黏度测定出来的相对分子质量,称为黏均分子量(viscosity average molecular weight),以 $\overline{M}_\eta$ 表示。每种平均分子量可通过各种相应的物理或化学方法来加以测定(表 1-5)。

表 1-5 各种平均分子量

平均分子量种类	数学表达式	测定方法
数均分子量 $\overline{M}_n$	$\overline{M}_n = \dfrac{\sum W_i}{\sum \dfrac{W_i}{M_i}} = \dfrac{\sum N_i M_i}{\sum N_i}$	冰点降低法,沸点升高法,渗透压法,封端滴定法
重均分子量 $\overline{M}_w$	$\overline{M}_w = \dfrac{\sum W_i M_i}{\sum W_i} = \dfrac{\sum N_i M_i^2}{\sum N_i M_i}$	光散射法
Z 均分子量 $\overline{M}_z$	$\overline{M}_z = \dfrac{\sum Z_i M_i}{\sum Z_i} = \dfrac{\sum W_i M_i^2}{\sum W_i M_i} = \dfrac{\sum N_i M_i^3}{\sum N_i M_i^2}$	超离心法
黏均分子量 $\overline{M}_\eta$	$\overline{M}_\eta = \left[\sum W_i M_i^\alpha\right]^{1/\alpha} = \left[\dfrac{\sum W_i M_i^\alpha}{\sum W_i}\right]^{1/\alpha} = \left[\dfrac{\sum N_i M_i^{(\alpha+1)}}{\sum N_i M_i}\right]^{1/\alpha}$	黏度法

表 1-5 中 $i = 1,2,\cdots,N_i$ 和 W_i 分别表示相对分子质量为 M_i 的物质的量和质量。α 是与高分子物和溶剂有关的常数,一般为 0.5~1。当 $\alpha = 1$ 时,$\overline{M}_\eta = \overline{M}_w$;当 $0 < \alpha < 1$ 时,$\overline{M}_n < \overline{M}_\eta < \overline{M}_w$。

一般而言,多分散体系中,$\overline{M}_z > \overline{M}_w > \overline{M}_\eta > \overline{M}_n$;而单分散体系中,$\overline{M}_z = \overline{M}_w = \overline{M}_\eta = \overline{M}_n$。

例如:有 100g 相对分子质量为 10^5 的试样,现加入 1g 相对分子质量为 10^3 的组分,则 $W_1 =$

$100g, M_1 = 10^5, N_1 = W_1/M_1 = 10^{-3} mol; W_2 = 1g, M_2 = 10^3, N_2 = W_2/M_2 = 10^{-3} mol$，所以：

$$\overline{M}_n = \frac{N_1 M_1 + N_2 M_2}{N_1 + N_2} = \frac{10^{-3} \times 10^5 + 10^{-3} \times 10^3}{10^{-3} + 10^{-3}} = 50\ 500 \qquad (1-93)$$

$$\overline{M}_w = \frac{N_1 M_1^2 + N_2 M_2^2}{N_1 M_1 + N_2 M_2} = \frac{10^{-3} \times (10^5)^2 + 10^{-3} \times (10^3)^2}{10^{-3} \times 10^5 + 10^{-3} \times 10^3} = 99\ 020 \qquad (1-94)$$

$$\overline{M}_z = \frac{N_1 M_1^3 + N_2 M_2^3}{N_1 M_1^2 + N_2 M_2^2} = \frac{10^{-3} \times (10^5)^3 + 10^{-3} \times (10^3)^3}{10^{-3} \times (10^5)^2 + 10^{-3} \times (10^3)^2} = 99\ 990 \qquad (1-95)$$

这个例子表明，少量低分子量组分的混入，使 $\overline{M}_n$ 大大下降，而对 $\overline{M}_w$ 和 $\overline{M}_z$ 则无明显的影响。

同样，在 100g 相对分子质量为 10^5 的试样中，如果加入 1g 相对分子质量为 10^7 的组分，则有：$\overline{M}_n = 100\ 990$，$\overline{M}_w = 198\ 020$，$\overline{M}_z = 5\ 050\ 000$。从而可以看出，少量高分子量组分的加入使 $\overline{M}_w$ 和 $\overline{M}_z$ 大大增加，而对 $\overline{M}_n$ 无明显影响。可见，多分散体系中，不同相对分子质量组分对数均、重均和 Z 均分子量的影响是不一样的。用 $\overline{M}_w$ 来表征高分子物比 $\overline{M}_n$ 更恰当，因为其性能更多地依赖于较大的分子。

三、高分子物相对分子质量的测定方法

测定高分子物相对分子质量的方法很多，如化学方法——端基分析法（end group analysis）；热力学方法——沸点升高法（ebulliometry）、冰点降低法（cryoscopy）、蒸气压下降法（vaporpressure lowering）、渗透压法（osmometry）；光学方法——光散射法（light scattering）；动力学方法——黏度法（solution viscosity and molecular size）、超速离心沉淀法（ultracentrifuge sedimentation）及扩散法（difussion method）；其他方法——凝胶渗透色谱法（GPC，gel permeation chromatography）。

各种方法都有各自的优缺点和适用的相对分子质量范围，各种方法测得的相对分子质量的统计平均值也不相同，表 1-6 列出了各种相对分子质量的测定方法。这些测定大都是把待测的高分子物溶解于良溶剂中，然后用所形成的高分子物溶液来测定其相对分子质量。现将几种常用测定方法的原理简述如下。

表 1-6　各种相对分子质量测定方法的意义和范围

测 试 方 法	平均分子量类型	相对分子质量	方 法 类 型
沸点升高法	$\overline{M}_n$	3×10^4	相对法
冰点降低法	$\overline{M}_n$	4×10^4	相对法
蒸气压下降法	$\overline{M}_n$	$2 \times 10^4 \sim 4 \times 10^4$	相对法
渗透压法	$\overline{M}_n$	$2 \times 10^4 \sim 5 \times 10^5$	绝对法
端基法	$\overline{M}_n$	5×10^5	绝对法

续表

测 试 方 法	平均分子量类型	相对分子质量	方 法 类 型
光散射法	$\overline{M}_w$	$5 \times 10^3 \sim 5 \times 10^6$	绝对法
离心机沉降平衡法	$\overline{M}_n, \overline{M}_w$	$1 \times 10^4 \sim 1 \times 10^6$	绝对法
离心机沉降速度法	各种平均分子量	$1 \times 10^4 \sim 1 \times 10^7$	绝对法
黏度法	$\overline{M}_\eta$	$1 \times 10^3 \sim 1 \times 10^7$	相对法
凝胶渗透色谱法	各种平均分子量	$1 \times 10^3 \sim 5 \times 10^6$	相对法

1.数均分子量的测定

(1)沸点升高和冰点降低法。由于高分子物溶液的蒸气压低于纯溶剂的蒸气压,所以溶液的沸点高于纯溶剂的沸点,溶液的冰点低于纯溶剂的冰点。

通过热力学推导可以得知,溶液的沸点升高值 ΔT_b 和冰点降低值 ΔT_f 正比于溶液的浓度,而与溶质的相对分子质量成反比,故测定溶液的沸点和冰点可以确定高分子物的相对分子质量。

(2)蒸气压下降法。溶剂分子持续地做无规则运动时,其运动取决于温度。这种运动使液相中的分子进入气相,从而产生液体的蒸气压。如果把高分子物作为溶质加入溶剂中,那么溶质分子就可以阻挠溶剂分子的无规则运动,从而使蒸气压下降。故通过测定高分子物溶解后所引起的蒸气压下降,可以测定其相对分子质量。

(3)端基分析法。数均分子量的测定方法很多,有端基分析法、沸点升高法、冰点降低法、膜渗透压法(membrane osmometry)和气相渗透压法(vapor – phase osmometry)等。

端基分析法是用化学法测定高分子物的相对分子质量的唯一方法。假如高分子物的化学结构是明确的,高分子链的末端有可以用化学方法做定量分析的基团(如羧基、羟基、酰基、氨基等)时,在一定量的试样中,可借助于分析末端基团的数目来计算数均分子量,即:

$$\overline{M}_n = \frac{W}{n} \tag{1-96}$$

式中:W——高聚物试样的质量;

n——试样中所含高聚物的物质的量,即试样中所含可分析基团的物质的量/每个分子链所含可分析的基团数。

十分明显,用端基法测得的平均分子量是属于数均分子量。一些高分子物,如含有羧基和氨基端基的聚酰胺含有羟基和羧基端基的聚酯,都可采用这种方法测定其数均分子量。但在使用这种方法时,应注意下列几个问题:

①端基是否发生了变性。

②是否有杂质的影响。

③同一高分子物中,由于相对分子质量不同,反应速率也有一定差异,特别是测定高分子量的聚合物时,由于端基含量较少,需采用大量的试样,这样也会降低反应速率,因此,应注意选用

适当的条件,使所有的端基都能进行反应。

（4）渗透压法。用只允许溶剂通过的半透膜（semipermeable membrane）,使一高分子物溶液与纯溶剂隔开,如图 1-5 所示,图中 P_0 为大气压强。

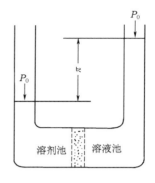

溶剂会通过半透膜进入溶液,使液柱上升,当液柱压差达到一定值时,溶剂不再进入溶液,实际上是建立了动态平衡,这个压差称为溶液的渗透压（π）。它使半透膜两边液体的摩尔自由能相等,当高分子溶液很稀时,渗透压和数均分子量有以下关系：

图 1-5　渗透压法原理示意图

$$\frac{\pi}{C}=RT\left(\frac{1}{M}+A_2 C+A_3 C^2+\cdots\right) \tag{1-97}$$

式中：C 为高分子溶液的浓度,A_2、A_3 称为第二、第三位力系数（virial coefficient,曾译为维利系数）,表示与理想溶液的偏差。一般 A_3 很小,可忽略不计,因而上式可改写成：

$$\frac{\pi}{C}=RT\left(\frac{1}{M}+A_2 C\right) \tag{1-98}$$

一般需要测定 4～6 个不同浓度的渗透压,然后用 π/C 对 C 作图可得一条直线,外推到 $C\to 0$,得：

$$\lim_{C\to 0}\frac{\pi}{C}=\frac{RT}{M} \tag{1-99}$$

从而求得高分子物的相对分子质量。

2. 重均分子量的测定——光散射法　利用光的散射性质测定高分子物的相对分子质量和分子尺寸的方法称为光散射法。光束通过透明介质时,在入射光方向以外的各个方向上可观察到微弱的光,这就是光散射现象,如图 1-6 所示。

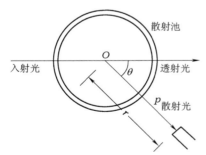

图 1-6　光散射法原理示意图

光是一种电磁波。光通过介质时,介质分子接受部分能量,其电子受光的电场作用,产生强迫振动,并成为二次波源,向各个方向发射电磁波,这就是散射光产生的原因。

当介质是高分子溶液时,散射光强来自高分子物浓度的起伏和溶剂的密度涨落,扣除溶剂密度涨落的影响后,所得的散射光强只与高分子的浓度涨落有关,其数值大小受高分子物的相对分子质量和溶液浓度所制约。

众所周知,光有干涉现象。不同分子间引起的干涉为外干涉,同一分子的不同部位产生的干涉为内干涉。因为在测定高分子物的相对分子质量时都采用稀溶液,这样外干涉的影响可忽略。

当高分子物的相对分子质量小于 10^5 时,它在溶液中的尺寸小于入射光波长的 $1/20$,此时可忽略分子的内干涉。如入射光为垂直偏振光,则可得如下关系:

$$\frac{K_C}{R_\theta} = \frac{1}{M} + 2A_2 C \tag{1-100}$$

$$K_C = \frac{4\pi^2}{N_A \lambda^4} n^2 \left(\frac{\partial n}{\partial C}\right)^2 \tag{1-101}$$

式中:λ——入射光波长;

$\quad n$——溶液折光指数;

$\quad N_A$——Avogadro 常数。

$\frac{\partial n}{\partial C}$ 可由示差折光仪测得,故在温度、波长、溶剂、高分子物确定以后,K_C 就是一个与溶液浓度、散射角度、高分子物的相对分子质量无关的常数。只要测得 $\frac{\partial n}{\partial C}$,即可计算 K_C。R_θ 称为 Rayleigh 比,即:

$$R_\theta = \frac{r^2}{I_0} \cdot I \tag{1-102}$$

式中:I、I_0——分别表示散射光强与入射光强;

$\quad r$ ——散射中心到观测点的距离。

对一定的仪器,r、I_0 为固定的仪器常数,所以 R_θ 正比于 I(I 为已扣除纯溶剂密度涨落影响的散射光强)。

当 $\theta = 90°$ 时,杂散光干扰最小,因此常在 $90°$ 测定 Rayleigh 比,则:

$$\frac{K_C}{R_{90}} = \frac{1}{M} + 2A_2 C \tag{1-103}$$

实验中以 Rayleigh 比已被精确测定过的纯苯为参比标准,在同样条件下测定纯苯的散射光强 $I_{90}(苯)$。

$$\frac{r^2}{I_0} = \frac{R_{90}(苯)}{I(苯)} = \frac{R_{90}}{I_{90}} \tag{1-104}$$

即:

$$R_{90} = \frac{R_{90}(苯)}{I(苯)} I_{90} \tag{1-105}$$

在 $90°$ 测定不同浓度样品溶液的 I_{90},即可求得一系列 I_{90}。然后,以 $\frac{K_C}{R_{90}}$ 对 C 作图,得一条直线,外推至 $C \to 0$,由截距可求得 $\overline{M}$,由斜率可求得 A_2。

如果高分子链的尺寸大于 $\lambda/20$,则必须考虑分子的内干涉。结果发现,不同角度散射光强不一,前后向散射不对称,如图 1-7 所示。

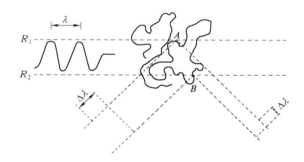

图 1-7　前后不对称散射示意图

由图 1-7 可见，光束 R_1 和 R_2 分别至 A、B 发生散射，到前向观测点所经光程大体相等，几乎不发生干涉。但 R_1 和 R_2 到达后向观测点的光程明显不等，由于产生干涉，光强减弱，所以前向散射光强大于后向。这种前后向散射的不对称与高分子链在溶液中的形态有关。此时，不仅可测得高分子物的相对分子质量，而且还可获得溶液中高分子链形态的信息。

重均分子量的测定方法除了光散射法外，还有超速离心沉降法和凝胶色谱法。

3. 黏均分子量的测定　黏度法是目前测定高分子物的相对分子质量最常用的方法，原因在于设备简单，操作便利，耗时较少，精度较好。此外，黏度法与其他方法配合，还可研究高分子在溶液中的尺寸、形态以及高分子与溶剂分子的相互作用等。

黏度法测相对分子质量所用溶液浓度较稀，属 Newton 液体。溶液黏度因温度、高分子物和溶剂性质、浓度、高分子物的相对分子质量而异，在温度、高分子物—溶剂体系选定后，溶液黏度仅与浓度和高分子物的相对分子质量有关。

实验表明，当浓度较低时，高分子溶液黏度与浓度间有如下关系：

$$\frac{\eta_{sp}}{C}=[\eta]+k[\eta]^2 C \tag{1-106}$$

$$\frac{\ln\eta_r}{C}=[\eta]-\beta[\eta]^2 C \tag{1-107}$$

式（1-106）为 Huggins 方程式，式（1-107）为 Kraemer 方程式；k,β 为常数，其中 k 为 Huggins 参数，与溶剂优劣、高分子链的支化程度有关，对于线型柔性链高分子—良溶剂体系，$k=0.3\sim0.4,k+\beta=0.5$。

式中：η_r 为相对黏度（relative viscosity，也称比黏度），其量纲为 1，数值上等于溶液黏度与溶剂黏度之比，即：

$$\eta_r=\frac{\eta}{\eta_0} \tag{1-108}$$

式中：η、η_0——分别为溶液和溶剂的黏度。

η_{sp}为增比黏度(specific viscosity),表示溶液黏度比溶剂黏度增大的百分数,其量纲为1。

$$\eta_{sp} = \eta_r - 1 = \frac{\eta - \eta_0}{\eta_0} \qquad (1-109)$$

式中:η_{sp}/C,$\ln(\eta_r/C)$分别为比浓黏度(reduced viscosity)和比浓对数黏度(logarithmic reduced viscosity);$[\eta]$是η_{sp}/C和$\ln\eta_r/C$外推至$C \to 0$时的黏度值,与浓度无关,称为特性黏度(intrinsic viscosity)。

$$[\eta] = \lim_{C \to 0} \frac{\eta_{sp}}{C} = \lim_{C \to 0} \frac{\ln\eta_r}{C} \qquad (1-110)$$

$[\eta]$与高分子物的相对分子质量M的关系为:

$$[\eta] = K \cdot \overline{M}^a \qquad (1-111)$$

此即为 Mark-Houwink 方程。式中:K是与温度和样品的多分散性有关的系数。α除与温度有关外,还因高分子链在溶液中的形态而异。通常α为0.5~1。在良溶剂中,分子链较为舒展,$\alpha=0.8$。在不良溶剂中,高分子链收缩成线团,α接近0.5。

K、α可以从有关高分子手册中查到,也可自行测定。测定时,先将高分子物分成若干个相对分子质量较均一的级分,分别用光散射法或渗透压法测定各级分的$\overline{M}$值,用黏度法测其$[\eta]$。由式(1-111)两边取对数得:

$$\ln[\eta] = \ln K + \alpha\ln\overline{M} \qquad (1-112)$$

以各级分的$\ln[\eta]$对$\ln\overline{M}$作图得一条直线,从截距和斜率即可求得K和α。由于K和α的测定不能完全靠黏度法本身,还需要其他方法配合,因此,黏度法只是一种相对的方法,但K和α测定后,就可方便地使用。

实验中相对分子质量的测定是在毛细管黏度计中进行的,最常用的是奥氏(Ostwald)黏度计、乌氏(Ubbelohde)黏度计等,如图1-8所示。

测定时,以液面经过a、b两刻线所需时间为流出时间。恒温下分别测出一定量纯溶剂的流出时间t_0和不同浓度溶液的流出时间t_1,t_2,…,由于在同一黏度计中黏度正比于流出时间,所以:

$$\eta_r = \frac{\eta}{\eta_0} = t/t_0 \qquad (1-113)$$

由此求出η_{sp}/C和$\ln\eta_r/C$。以η_{sp}/C和$\ln\eta_r/C$对C作图得两条直线,外推至$C \to 0$,交纵坐标于同一点,从截距可求出$[\eta]$,再由 Mark-Houwink 方程求出$\overline{M}$。

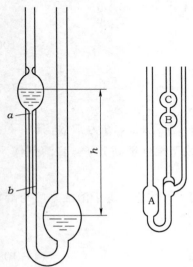

图1-8　奥氏黏度计和乌氏黏度计

四、高分子物的相对分子质量多分散性和相对分子质量分布

如前所述,高分子物的多分散性包括相对分子质量的多分散性和结构多分散性。高分子物分子链长短不一、相对分子质量不同、聚合度不一的特性属相对分子质量多分散性。下面简要介绍高分子物的相对分子质量的分级方法,着重讨论其相对分子质量的分布曲线。

1. 相对分子质量分级方法　高分子物的相对分子质量是不均一的,平均分子量相同的试样,其相对分子质量分布却可能具有很大差别,在研究高分子物的性能以及用高分子物为原材料进行进一步加工时,往往需要对高分子物物料按相对分子质量的大小进行分级(fractionation)。

比较常用的高分子物的相对分子质量分级方法有沉淀分级法(precipition fractionation)、溶解分级法(solution fractionation)和凝胶渗透色谱法(GPC,gel permeation chromatography)等,前两者是利用溶解度的差别进行分级的方法,而后者则是属于利用分子运动性质分级的方法。

(1)溶解分级法。高分子物的溶解性质随相对分子质量的大小而变化,相对分子质量大的不易溶解,相对分子质量小的易溶解。此外还与溶剂的性质及浓度有关。在高分子物中加入良溶剂,则低分子量的组分首先溶解,而高分子量的组分溶解迟缓。通过改变溶剂的浓度、用量或溶解温度等会使高分子物逐次溶解,从而把高分子物按相对分子质量不同分成若干级分,这就是溶解分级法。

(2)沉淀分级法。在高分子物溶液中加入沉淀剂,可降低原来溶剂的溶解能力。相对分子质量大的首先沉淀出来,将它们分离后,再逐渐增大沉淀剂用量,使原溶剂的溶解能力逐渐减小,从而使高分子物按相对分子质量大小依次沉淀出来,达到分级的目的,称为沉淀分级法。一般而言,沉淀分级法虽然应用比较广泛,但操作也较烦琐、费时较长。

(3)凝胶渗透色谱法。凝胶渗透色谱法是利用高分子溶液通过由特殊多孔性填料组成的柱子,在柱子上按照分子大小进行分离的方法。这是液相色谱的一个分支。由于这种方法可以用来快速、自动测定高分子物的平均分子量和相对分子质量分布,并可用作制备相对分子质量分布范围较窄的高分子物试样的工具,因此,自 20 世纪 60 年代出现以来,获得了飞速的发展和广泛的应用。

凝胶渗透色谱的分离机理比较复杂,目前有体积排除理论(bulk exclusion theory)、流体力学理论(hydrodynamics theory)、扩散理论(diffussion theory)等。下面着重介绍体积排除理论。

可以认为,GPC 的分离作用首先是由于大小不同的分子在多孔性填料中所占据的空间体积不同而造成的。在色谱柱(1 根直径约 8mm、长 1m 以上的玻璃管或不锈钢管)中,所装填的多孔性填料的表面和内部有着各种各样大小不同的孔洞和通道,类似于开孔泡沫塑料那样的结构。当被分析的高分子物试样随着溶剂引入柱子后,由于浓度的差别,所有溶质分子都力图向填料内部孔洞渗透。较小的分子除了能够进入较大的孔洞外,还能进入较小的孔洞;较大的分子就只能进入较大的孔洞;而比最大孔还要大的分子就只能停留在填料颗粒之间的空隙中。实验测试时,先把试样的溶剂充满色谱柱,使之占据颗粒内外所有的空隙,然后把同样溶剂配成的试样溶液自柱顶加入,再以这种溶剂自上而下淋洗。高分子量的分子由于体积比孔洞大而不能

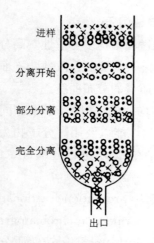

图1-9　GPC分离原理示意图

○—凝胶　●—试样小分子

×—试样大分子

进入洞内,只能从载体粒子间流过,最早被洗提出来。中等大小的分子可以进入较大的孔洞而不能进入较小的孔洞,而小的分子则可以通过各个孔隙,有效途径最长,因此最迟被洗提出来。相对分子质量越小,其淋出体积越大。从色谱柱下端接收淋出液,计算淋出液体积,并测定其浓度,所接收的淋出液总体积即为该试样的淋出体积(图1-9)。淋出体积与相对分子质量有关。因为试样是多分散性的,故可按淋出的先后次序收集到一系列相对分子质量从大到小的级分。

从凝胶色谱仪所收集到的各级分,首先可采用红外光谱仪、紫外光谱仪等测定其浓度。然后用已知相对分子质量的样品与淋出体积的峰值作图制出标准线,通过查标准线即可得到样品的相对分子质量。

2. 相对分子质量分布的表示方法　高分子物的相对分子质量多分散性的表示方法,可以采用表格、图解(分布曲线)和分布函数以及相对分子质量多分散性系数表示。其中,最重要的是图解法。因为分布曲线是高分子物的相对分子质量多分散性最完善的表征方法,从相对分子质量分布曲线可以直接看出各种不同相对分子质量组分在试样中的相对含量。表示相对分子质量或聚合度分布的分布曲线有三种,即积分重量分布曲线、微分数量分布曲线和微分重量分布曲线。

现在以纤维素材料为例说明上述三种曲线的绘制。将一种纤维素材料分成7个级分后,分别测定各级分的平均聚合度,然后把各级分数值进行微分计算的情况,再按照下列方法作各种分布曲线(图1-10)。

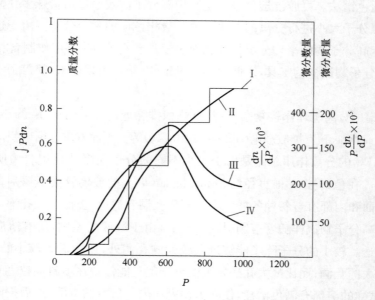

图1-10　相对分子质量分布曲线

（1）累积质量分数梯度曲线（accumulation mass fraction gradient curve）。以累积质量分数（$\int P\mathrm{d}n$）为纵坐标，聚合度 P 为横坐标作图，得到累积质量分数梯度曲线（曲线Ⅰ）。

（2）积分质量分布曲线（integral mass distribution curve）。将各梯度线段的纵向中点连成平滑的曲线，即为积分质量分布曲线（曲线Ⅱ）。

（3）微分质量分布曲线（differential mass distribution curve）。以 $\dfrac{P\mathrm{d}n}{\mathrm{d}P}$ 为纵坐标，P 为横坐标作图，则得到微分质量分布曲线（曲线Ⅲ）。

（4）微分数量分布曲线（differential amount distribution curve）。以 $\dfrac{\mathrm{d}n}{\mathrm{d}P}$ 为纵坐标，P 为横坐标作图，则得到微分数量分布曲线（曲线Ⅳ）。

用相对分子质量分布曲线来表征高分子物的多分散性比较直观，而采用多分散系数（也称不均匀指数，polydispersion coefficient）$d=\overline{M}_\mathrm{w}/\overline{M}_\mathrm{n}$ 来表征相对分子质量的多分散性较为简便。$\overline{M}_\mathrm{n}$ 和 $\overline{M}_\mathrm{w}$ 的数值相等时，表示高分子物中所有分子的相对分子质量完全一致；$\overline{M}_\mathrm{w}/\overline{M}_\mathrm{n}$ 的比值越大，表示相对分子质量分布越宽。必须指出的是，这种分布宽度的表示方法并不能精确反映相对分子质量分布的真实情况，有些相对分子质量分布宽度不相同的试样却可以有相同的多分散系数。实验证明，对高分子物的力学性能和加工性能有较大影响的往往是其高分子量和低分子量两端的含量，而多分散系数 d 对此反应不灵敏。

复习指导

所有纺织纤维都是高分子物，高分子化学是合成纤维的基础。通过本章的学习，主要掌握以下主要内容：

1. 理解和熟悉高分子物的基本概念。
2. 了解高分子物的命名和分类。
3. 熟悉高分子物的基本合成反应。
4. 了解高分子物的聚合方法。
5. 熟悉测定高分子物的相对分子质量及其分布方法。

思考题

1. 解释下列名词和术语：

（1）单体、聚合度、结构单元、单体单元、重复单元、链节、聚合物、高分子物、高聚物、功能高分子。

（2）碳链聚合物、杂链聚合物。

（3）主链、侧链、侧基、端基。

（4）反应程度、引发剂。

（5）链式聚合、逐步聚合、加聚反应、缩聚反应。

(6)加聚物、缩聚物、低聚物。

(7)嵌段聚合物、定向聚合、有规立构高聚物。

2. 写出下列单体的聚合反应式和单体、聚合物的名称：

(1)$CH_2 = CHF$

(2)$CH_2 = C(CH_3)_2$

(3)$HO(CH_2)_5COOH$

(4)$CH_2 = \overset{\displaystyle CH_3}{\underset{\displaystyle COOCH_3}{C}}$

(5)$\underset{\textstyle CH_2CH_2CH_2O}{}$

3. 写出下列聚合物的一般名称、单体、聚合反应式,并指明这些聚合反应属于加聚反应还是缩聚反应,链式聚合还是逐步聚合?

(1)$\displaystyle +CH_2-\underset{\displaystyle COOCH_3}{CH}\!+_n$

(2)$\displaystyle +CH_2-\underset{\displaystyle OCOCH_3}{CH}\!+_n$

(3)$+NH(CH_2)_5CO+_n$

(4)$\displaystyle +CH_2-\underset{\displaystyle CH_3}{C}=CH-CH_2+_n$

(5)$+NH(CH_2)_6NHCO(CH_2)_4CO+_n$

4. 写出合成下列聚合物的单体和聚合反应式:

(1)聚苯乙烯

(2)聚丙烯

(3)聚四氟乙烯

(4)丁苯橡胶

(5)顺丁橡胶

(6)聚丙烯腈

(7)涤纶

(8)锦纶610

(9)聚碳酸酯

(10)聚氨酯

5. 写出聚乙烯、聚氯乙烯、锦纶66、维纶、天然橡胶、顺丁橡胶的分子式,根据表1-4所列这些聚合物的平均分子量,计算这些聚合物的平均聚合度。根据计算结果分析作塑料、纤维和橡胶用的聚合物在相对分子质量和平均聚合度上的差别。

6. 己二酸和己二胺生成聚酰胺的平衡常数 $K = 432(235℃)$,两单体分子以 $1:1$ 加入,若得到数均聚合度为300的锦纶66,试计算体系中残留的水分必须控制在多少?

7. 为了获得相对分子质量为1500的聚酰胺,当反应程度为0.999时,试计算反应开始时己二酸、己二胺的比例是多少? 这样的聚合物链端是什么基团?

8. 以偶氮二异丁腈为引发剂,写出氯乙烯聚合的各反应方程:链引发反应、链增长反应、链终止反应和向单体及大分子的链转移反应。

9. 什么叫链转移？向大分子的链转移对聚合物结构有何影响？向低分子的链转移对聚合物的相对分子质量有何影响？

10. 写出共聚物组成的微分方程式，说明式中各项的物理意义、方程式使用的条件及推导时所用的基本假设条件。

11. 什么叫定向聚合？如果用齐格勒（Ziegler）—纳塔（Natta）催化剂使丁二烯聚合，可能会得到哪几种立体异构，写出异构体的结构式。

12. 简述本体聚合、溶液聚合、悬浮聚合、乳液聚合的优缺点及适用对象。

13. 求高分子物的平均分子量有几种统计方法？写出各自的表达式。相对分子质量分布的宽窄如何表征？

14. 测定高分子物的数均分子量和重均分子量各有几种方法？说明各种方法测得的相对分子质量范围。

参考文献

[1] 蔡再生. 纤维化学与物理[M]. 北京：中国纺织出版社，2004.

[2] FLORY P J. Principles of Polymer Chemistry[M]. Ithaca：Cornell University Press，1953.

[3] 潘祖仁. 高分子化学[M]. 北京：化学工业出版社，1986.

[4] 林尚安. 高分子化学[M]. 北京：化学工业出版社，1982.

[5] 复旦大学高分子系高分子教研室. 高分子化学[M]. 上海：复旦大学出版社，1995.

[6] 成都科学技术大学，天津轻工业学院，北京化工学院. 高分子化学与物理学[M]. 北京：中国轻工业出版社，1981.

[7] RAWE A. Principles of Polymer Chemistry[M]. New York：Plenum Press，1995.

[8] 张兴英，程珏，赵京波. 高分子化学[M]. 北京：中国轻工业出版社，2000.

[9] 夏炎. 高分子科学简明教程[M]. 北京：科学出版社，1998.

[10] 焦书科，黄次沛，蔡夫柳，等. 高分子化学[M]. 北京：纺织工业出版社，1983.

[11] 余木火. 高分子化学[M]. 北京：中国纺织出版社，1999.

[12] 金关泰. 高分子的理论和应用进展[M]. 北京：中国石化出版社，1995.

[13] BRANDRUP J，IMMERGUT E H. Polymer Handbook[M]. 2nd ed. New York：John Wiley & Sons Inc.，1975.

[14] 潘才元. 高分子化学[M]. 北京：中国科学技术大学出版社，1997.

[15] 何天白，胡汉杰. 海外高分子化学的新进展[M]. 北京：化学工业出版社，1997.

[16] GEORGE O. Principle of Polymerization[M]. 2nd ed. New York：John Wiley & Sons，Inc.，1981.

[17] 钱保功，王洛礼，王霞瑜. 高分子科学技术发展简史[M]. 北京：科学出版社，1994.

[18] BOHDANECKY M，KOVAR J. Viscosity of Polymer Solutions[M]. New York：Elsevier Scientific Publishing Company Inc.，1982.

[19] 武军，李和平. 高分子物理及化学[M]. 北京：中国轻工业出版社，2001.

[20] 赵德仁，张慰盛. 高聚物合成工艺学[M]. 北京：化学工业出版社，1997.

[21] 郝立新，潘炯玺. 高分子化学与物理教程[M]. 北京：化学工业出版社，1997.

[22] 潘祖仁，于在璋. 自由基聚合[M]. 北京：化学工业出版社，1983.

［23］伊利亚斯. 大分子［M］. 复旦大学材料科学研究所，译. 上海：上海科学技术出版社，1986.

［24］广州轻工业学校. 高分子化学及物理［M］. 北京：中国轻工业出版社，1992.

［25］BURCHARD W，PATTERSON G D. Light Scattering from Polymers［M］. New York：Springer Verlag，1983.

［26］PEEBLES L H. Molecular Weight Distributions in Polymers［M］. New York：Inter Science，1971.

［27］BILLINGHAM N C. Molar Mass Measurements in Polymer Science［M］. Britain：Halsted. ，1977.

［28］虞志光. 高聚物分子量及其分布的测定［M］. 上海：上海科学技术出版社，1984.

［29］CHU B. Laser Light Scattering［M］. New York：Academic Press，1974.

［30］施良和. 凝胶色谱法［M］. 北京：科学出版社，1980.

第二章　高分子物理基础

高分子材料具有许多低分子材料没有的特殊性能,如有较低的相对密度,较高的强度、弹性、耐磨性等。这些性能都与高分子物内部结构有关。因此,掌握高分子物的结构、形态与性能间的关系,是正确选择、合理使用高分子材料,改善现有高分子物的性能,合成具有指定性能的聚合物的基础。

第一节　高分子物的结构层次

高分子物由许许多多高分子链聚集而成。与低分子物相比,高分子物的结构要复杂很多,涉及分子内结构(intra-structure)和分子间结构(inter-structure)两方面。

分子内结构主要研究单个分子链中原子或基团的几何排列,即高分子的链结构,又称一级结构(primary structure)。高分子链结构又分为近程结构(short – range structure)和远程结构(long distance structure)。

高分子物的近程结构主要涉及高分子的组成和构型(configuration)。其研究限于一个大分子内一个结构单元或几个结构单元间的化学结构和立体化学结构,故又称为化学结构。高分子的组成主要涉及分子链中原子的类型和排列,结构单元的键接顺序,链结构的成分,高分子的支化、交联与端基等内容。此外也包括大分子的立体构型如全同立构、间同立构、无规立构、顺式、反式等。高分子构型主要是研究取代基围绕特定原子在空间的排列规律的。大分子的构型是不能随意改变的,只有使分子链破坏并进行重排才可能使构型发生改变。高分子的近程结构是构成宏观聚合物最原始的基础,是反映高分子各种特性的最主要结构层次。它直接影响着聚合物的某些性能,如熔点、密度、溶解性、黏度、强度、黏附性等,也对其他大多数性能有影响。因此要认识高分子物的完整结构,首先就要深刻认识高分子的近程结构。要明白聚合物结构与性能的关系,也要首先从认识高分子的近程结构入手。近程结构主要是单体经聚合反应过程而确定的。要改变近程结构,必须通过化学反应即价键的变化才能实现。

高分子物的远程结构研究的是整个分子因分子链由内旋转而形成的大小和在空间的形态,即构象(conformation)。由于单键的内旋转及分子的无规热运动,一条高分子链可呈现出各种各样的形状。对不同结构的高分子链,常见的稳定构象有:伸直链、无规卷曲链、螺旋链及折叠链,如图 2-1 所示。

这些形态随着条件和环境的变化而变化,但分子中化学键仍保持不变,且固定单个高分子上所有结构单元之间的关系。

| 伸直链 | 无规卷曲链 | 折叠链 | 螺旋链 |

图2-1 单个分子的几何结构示意图

分子间结构主要研究单位体积内许多分子链之间的几何排列,即高分子的聚集态结构(ag-gregation structure),或称超分子结构(super molecular structure),又称二级结构(secondary structure)。

高分子的聚集态结构,是指具有一定构象的高分子链通过范德瓦尔斯力或氢键的作用,聚集成一定规则排列的情况。其结构形态有无规线团胶团、线团交缠结构、缨状胶束、折叠链晶片、双重螺旋结构等,如图2-2所示。由这些微观的结构向宏观结构过渡成为晶态结构、非晶态结构、取向态结构、液晶态结构和织态结构。前四者是描述高分子聚集体中分子之间是如何堆砌的,又称三级结构。织态结构❶是指不同高分子之间或高分子与添加剂分子之间的排列或堆砌结构,属更高级结构。例如,高分子合金和复合材料的结构。

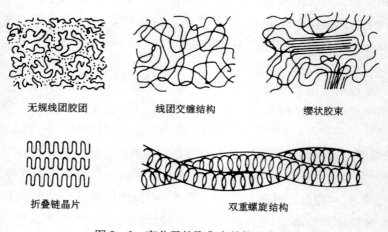

| 无规线团胶团 | 线团交缠结构 | 缨状胶束 |

| 折叠链晶片 | 双重螺旋结构 |

图2-2 高分子的聚集态结构示意图

高分子的聚集态结构体现的是材料整体的内部结构,是决定其制品使用性能的主要因素。如钓鱼用的锦纶线强度很大,主要在于锦纶在熔融拉伸成型时,分子沿着拉伸方向发生取向和结晶,即分子紧密、规则地排列起来,所以强度增加。这说明材料的拉伸、结晶度不同,其力学性能也不同。因此可以说,聚集态结构对高分子材料性能的影响比分子内近程、远程结构的影响更为直接。

总体来看,上述结构是一环扣一环的紧密相关的有机整体,即人们所见的聚合物产品,先是

---

❶人们常把通过电子显微镜所观察到的相与相之间的形态,称为织态结构;而用光学显微镜所观察到的形态,称为宏观结构。

由不同原子构成具有反应活性的、有固定化学结构的小分子,这些小分子又在一定的反应条件下,以一定的反应方式(加聚、缩聚)通过共价键连接成一个由成千上万个小分子以一定的空间构型组成的大分子(近程结构)。这些大分子链又由于单键的内旋转而构成具有一定势能分布的高分子构象(远程结构)。具有一定构象的大分子链又通过次价键或氢键的作用,聚集成一定规则的高分子聚集体。然后通过不同加工手段,依次形成高层次的结构状态。其直观表示如下:

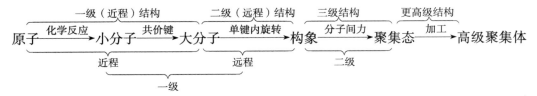

通过上面的讨论,可以得出如下高分子结构层次:

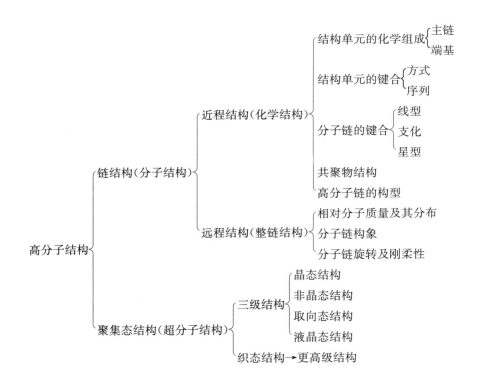

第二节　高分子链的结构

一、高分子链的近程结构

高分子链的近程结构是指分子链内部的结构状态,主要内容简述如下:

1. 高分子链的化学组成与结构　高分子链是由许多结构单元或链节重复连接构成的,故链

节的化学结构就是高分子链的主要化学结构。按主链结构的化学组成,高分子可分为三大类:

①碳链高分子。其主链都由碳原子组成,常见的有聚乙烯、聚氯乙烯、聚苯乙烯、聚丙烯、聚甲基丙烯酸甲酯等。它涉及结构单元的键接方式和共聚物的序列结构。

②杂链高分子。其主链除碳原子外,还有氧(O)、氮(N)、硫(S)等杂原子,如聚酯、聚酰胺、聚氨酯、聚甲醛、聚砜等。这类高分子物多数具有结晶性、耐热性和高强度。

③元素高分子。其主链含有硅(Si)、磷(P)、砷(As)等元素,既具有很高的耐热性和耐寒性,又具有较高的弹性、塑性和可溶性,是合成耐高温材料的重要原料。

2. 结构单元的键接方式 结构单元的键接方式是指高分子链中各结构单元究竟以何种方式相连。对于结构完全对称的单烯类单体(如乙烯、四氟乙烯等)而言,仅有一种键接方式,然而对于 $CH_2{=\!=}CHX$ 或 $CH_2{=\!=}CX_2$ 类单体,由于其结构左右不对称,形成高分子链时就可能有三种不同的键接方式:头—头连接、尾—尾连接、头—尾连接。双烯类单体高分子物分子链中单体的键接方式更加复杂,除有头—头、头—尾、尾—尾连接外,还有 1,4-加成、1,2-加成或3,4-加成之分。由于这部分内容已在前面做过介绍,这里不再重复。

3. 共聚物的序列结构 共聚物的序列结构是指两种或两种以上单体单元的键接顺序,通常有无规、交替、嵌段和接枝共聚之分。详细内容见第 1 章。

至于近程结构中的化学组成、相对分子质量及其分布、支化和交联、立体构型和空间排列等内容均已在第一章中述及,此处也不再赘述。

二、高分子链的远程结构

远程结构考察整个分子链范围内高分子的结构状态,即整个分子链在空间所呈现的各种形态,主要研究构象、分子链旋转和刚柔性等。

1. 高分子链的柔韧性(柔顺性) 高分子有许多优异的性能,尤其具有高弹性。例如,我们拉伸一条橡胶带,不用很大的力气就可以把它拉长几倍、几十倍,一松手,橡胶带又回到原来的长度。这种弹性被称为高弹性,这是低分子物质所不具备的特性。有些塑料不怕摔碰表现出优良的柔顺性。这一特性主要是由高分子的长链结构和链上各个单键的内旋转所引起的。

线型高分子是又细又长的分子。以相对分子质量为 $5.6×10^6$ 的聚异丁烯来说,如果将这个分子拉直,则其长度为 25000nm,而粗细仅为 0.5nm,也就是说其长径比约为 5 万倍。以同样的比例类推,这相当于直径为 1mm,长度为 50m 的一根铁丝。经验告诉我们,这样又细又长的铁丝,如果没有外力的作用,一定是弯弯曲曲的,甚至会卷曲起来乱成一团。实际上,高分子的长链不是铁丝,它分子内的各个"环节"在不断地运动,各个化学键和各个原子也在不停地转动和振动,例如在室温下,C—C 键的振动频率约为 10^{13} 次/s,其转动频率约为 10^{11} 次/s,所以高分子的形状不但是弯弯曲曲或卷曲成无规线团状,而且是瞬息万变的。这种特性称为高分子的柔顺性(或柔性)。

由此看来,长链结构是高分子获得柔顺性的必要条件,但并不是分子链长就一定很柔软,例如纤维素、聚乙炔,虽然它们也是长链分子,但整个链僵硬如棒。故促使高分子具有柔性的最根本的原因是分子内单键的内旋转。

（1）小分子的内旋转。C—C、C—O、C—N 等单键是 σ 键，其电子云的分布成柱状，具有轴对称性。因此，由 σ 键相连的两个原子可以相对旋转（称内旋转）而不影响其电子云的分布。单键内旋转的结果，使分子内其他原子或原子团在空间的位置发生变化。以乙烷分子为例，如果 C—C 键发生内旋转，则分子内两个甲基上的氢原子之间的相对位置将发生变化（图 2-3）。这种由于单键内旋转所形成的分子内各原子在空间的几何排列和分布称为构象。

假如碳原子上不带任何原子或基团，那么 C—C 键的内旋转应该是完全自由的，但实际上碳原子上总带有原子或其他基团，这些非键合原子之间的排斥作用使内旋转受到阻碍，即内旋转时要消耗一定的能量以克服内旋转所受的阻力，因而内旋转总是不完全自由的。例如乙烷分子（CH_3—CH_3），C—C 单键旋转 120°时，要消耗能量约 11.72kJ/mol，这是由于两个不同甲基上的氢原子相互排斥的缘故。当分子处于交叉式结构时，氢原子间距离最远，斥力最小，位能最低，结构最稳定。若两个甲基从交叉式结构开始做相对旋转，则氢原子间的距离会随之缩减，斥力逐渐增加，分子的位能也逐渐增大。当旋转角达 60°时，两个甲基上的氢原子之间的距离最近，其相互排斥力最大，分子的位能最高，最不稳定。交叉式结构与重叠式结构间的位能差 ΔE 叫作"势垒"或"位垒"，即位垒就是分子从一种内旋异构体转到另一种内旋异构体所需的活化能。乙烷的内旋转位能变化如图 2-4 所示。当旋转角分别为 0°、120°、240°、360°时均为交叉式结构，位能最低，这种结构最稳定；当旋转角分别为 60°、180°、300°时为重叠式结构，位能最高，这种结构最不稳定。

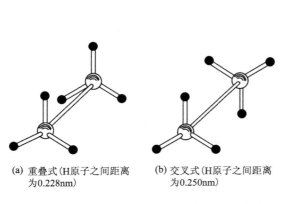

(a) 重叠式(H原子之间距离为0.228nm)　(b) 交叉式(H原子之间距离为0.250nm)

图 2-3　乙烷分子中氢原子在空间的不同排列

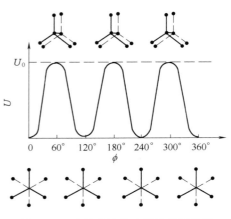

图 2-4　乙烷分子的内旋转位能曲线

一般情况下，内旋转势垒有如下几种情况：

①甲基数目增多或分子中含卤素取代基时，其内旋转势垒较高，分子的内旋转困难；

②C—O，C—S，C—N，C—Si 单键比 C—C 单键更易内旋转；

③当分子中含有双键及叁键时，与之相邻的单键更易内旋转；

④基于分子的无规热运动，其内旋转构象会不停地变化，而且温度越高，分子的内旋转越容易，其内旋转构象的变化也就越快。

（2）高分子链的内旋转和柔性本质。高分子链中含有成千上万个 σ 键。如果主链上每个单键的内旋转都是完全自由的,无数σ键内旋转的结果就是使高分子链具有无穷多的构象,且瞬息万变,时而伸展、时而卷曲,这是柔性高分子的理想状态。完全自由的内旋转没有能量变化,这是一种实际上不存在的理想情况。碳原子上总带有其他原子或基团,内旋转时,如果这些原子或基团充分接近,那么原子外层电子云之间就会产生排斥力,阻碍内旋转。所以内旋转总是不自由的,必须克服一定的内旋转势垒,差别仅在于受阻程度不同,即内旋转势垒不同。

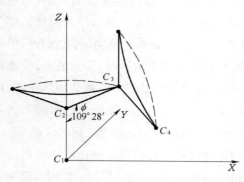

图 2-5 键角固定的高分子链的内旋转

实际高分子链中,键角是固定的。在碳链中,C—C 键角为 $109°28'$,即使某一单键能自由旋转,它也将与其相邻的单键为轴,保持着 $109°28'$ 的键角进行转动,如图 2-5 所示。由于分子链上非键合原子之间的相互作用,其内旋转不是完全自由的,这与低分子一样,内旋转的任何一个单键也只能出现在有限的位置上。然而,即使每一个单键的内旋转幅度很小,但对于包含有成百上千个单键的高分子链来说,其所能呈现的构象数也是无穷多的。由于高分子链中,每一个单键都可以保持一定的键角,因此在一定的范围内旋转,通过分子的无规热运动,多数高分子链形成无规线团状的构象。

根据热力学理论,熵(S)是度量热力学体系中质点堆砌无序程度的热力学函数。对高分子体系来说,其熵值的大小与高分子构象数(W)之间的关系服从波兹曼公式:

$$S=k\ln W \tag{2-1}$$

式中:k——波兹曼常数。

当高分子链呈伸直状态时,熵值最小;当高分子链呈无规卷曲形态时,相应的熵值最大。根据热力学熵增加原理:自然界中一切热力学体系的变化,都自发地朝熵值增大的方向进行。不难理解,高分子链自由存在时,总是自发地呈无规卷曲的形态。当在张力作用下,迫使它伸展拉直而呈不稳定的构象;外力消除后,它又会自发地回复到无规卷曲的构象而稳定,这就是高分子链所表现出来的柔顺性和弹性。

高分子链在其弹性变形过程中会表现出柔韧性,其根本原因在于高分子链中σ单键的内旋转性。高分子链中所含的可旋转单键越多,它的柔性及弹性越大;当高分子链中的σ单键受到各种阻碍时,其可旋转性降低,高分子链的弹性和柔性也就随之减小。

2. 高分子链的柔性表征　表征大分子柔性的参数主要有两个:一是均方末端距;另一是链段长度。

(1)均方末端距。对一个孤立的大分子来说,在相对分子质量确定后,由于内旋转关系,分子的柔性越大,分子链卷曲得越厉害,则分子两端的距离即末端距(h)越小,反之则越大。当然由于分子运动的关系,这种距离不是固定不变的,因而只能获得其统计平均值。实际上 h 是一个矢量,可用 h 表示。由于 h 在各个方向的概率是相同的,所以 h 的平均值应等于零,这样就没有意义了。但 h 模的平方的平均值即均方末端距 $\overline{h_0^2}$ 却不等于零,因此常用它来表征分子的柔性。$\overline{h_0^2}$ 越小,表示分子的柔性越大。$\overline{h_0^2}$ 不仅可以从理论上加以推算,而且也有一定的方法进行测定(从略)。

由于 $\overline{h_0^2}$ 正比于相对分子质量 M,M 越大,$\overline{h_0^2}$ 也越大,因而只有在相对分子质量相等的条件下,用它来表示分子的柔性才有意义。所以通常采用受阻内旋和自由内旋的均方末端距比值的 $1/2$ 次方来表示,即 $(\overline{h_0^2}/\overline{h_f^2})^{1/2}$。一般情况下,$(\overline{h_0^2}/\overline{h_f^2})^{1/2}\geqslant 1$,而且 $(\overline{h_0^2}/\overline{h_f^2})^{1/2}$ 值越大,链的刚性越大。

(2)链段长度。大分子链上任何一个单键在进行内旋转时,必定会牵连着前后的链节一起运动。由于分子链很长,不可能所有的链节都会受到牵连,受到牵连的部分可视作主链上能独立运动的最小单元,称为"链段"。链段的长度可用链节数来表示。链段越短,说明主链上能独立运动的单元越多,链的柔性越大,反之刚性较大。一般大分子链具有几个或几十个链段,每个键段具有若干个链节,从统计方法可以推算出柔性链的均方末端距与链段长度之间有下列关系:

$$\overline{h_0^2}=Zb^2 \tag{2-2}$$

式中:Z —— 大分子链中的链段数目;

b —— 链段的统计长度。

凡符合式(2-2)的大分子链均是一种典型的柔性链,也称"高斯链"。

3. 影响大分子柔性的因素 由于高分子链的内旋转受其分子结构所制约,因而分子链的柔性必然与其分子结构密切相关。现将分子结构对柔性的影响简述如下:

(1)主链结构(backbone structure)。主链含有 C—O、C—N 和 Si—O 键,其内旋转均比 C—C 键容易。因氧、氮原子周围没有或仅有少量其他原子,内旋转位阻减小,故聚酯、聚酰胺、聚氨酯分子链均为柔性链。此外,Si—O—Si 的键角也大于 C—C 键,这又进一步减小了内旋转势垒,所以聚二甲基硅氧烷(硅橡胶)分子链柔性很大,是一种在低温下仍能使用的特种橡胶。

双烯类聚合物主链中含有双键,虽然双键本身不发生内旋转,但却使其相邻的单键因非键合原子间距的增大而变得容易内旋转,导致聚丁二烯、聚异戊二烯在室温下具有良好的弹性。

主链中的共轭双键则因 π 电子云的重叠而不能产生内旋转,是刚性链,如聚乙炔、聚苯。主链中引入苯环、杂环,则柔性减小,即使在温度较高的情况下,分子链也不易产生内旋转,这是耐高温聚合物所具有的一个结构特征。

(2)取代基(substituting group)。取代基极性越强,数目越多,相互作用就越大,链的柔性也就越差,如聚乙烯、氯化聚乙烯和聚氯乙烯,其分子链柔性依次递减。非极性取代基体积越大,空间位阻就越大,使链的刚性增加,如聚苯乙烯的柔性比聚丙烯、聚乙烯差。对称结构的取代基,链间距离增大,相互作用力减小,柔性增大,如聚异丁烯柔性优于聚丙烯,宜于用作橡胶。

(3)氢键(hydrogen bond)。如分子内或分子间形成氢键,就会增加分子链的刚性。纤维素分子能形成许多氢键,妨碍了分子链内旋转,形成刚性链。

第三节　高分子物的聚集态结构

高分子材料的性能主要取决于高分子本身的化学结构及形成宏观材料的分子聚集状态。高分子的聚集态结构是指高分子物分子链之间的排列和堆砌结构,聚集态结构包括结晶态(crystalline state)、非晶态(amorphous state)、液晶态(liquid crystal state)、玻璃态(glassy state)、高弹态(highelastic state)、黏流态(viscous state)和取向态(orientation state)等,这些结构往往是由同种高分子以不同的排列和堆砌而成的。如果高分子物本身是嵌段、接枝共聚,或采用两种或两种以上高分子共混,以及通过掺入添加剂或其他填料等对共聚物改性,这样所形成的不同高分子的多相复合体系,其相与相之间的结构称为织态结构。由于它们的结构尺寸已超过高分子自身的尺寸,所以也称为超分子结构或亚微结构。了解高分子聚集态结构特征、形成条件及其与材料性能之间的关系,可以通过控制成型加工条件,来获得具有预定结构和性能的材料,同时,也为高分子材料的改性提供科学的依据。

目前,随着新型高分子材料的不断涌现和开掘,深入地研究聚集态结构就越发显得重要。在研究中,常使用如 X 射线衍射法、小角激光衍射法、中子散射法、热分析法、核磁共振法、红外光谱法、透射法和扫描电子显微镜法、偏光显微镜法等方法,并进一步揭示了高分子材料内部的排列聚集方式,为人们设计和改性材料提供了重要的科学依据。

在讨论高分子的聚集态之前,必须先讨论一下分子之间的作用力问题。因为正是这种分子间的作用力,才使得无数相同的或不同的高分子聚集在一起成为有用的材料。所以说,分子间作用力是分子从微观通向宏观聚集态的重要桥梁,对高分子来说是至关重要的。

一、有关概念

1. 分子间作用力　分子是由原子以化学键结合而成的,这种化学键亦称主价键,或称主价力,是分子内相邻原子之间强烈的相互作用力。化学键完全饱和的原子尚有吸引其他分子中饱和原子的能力,这种作用力称为次价键,或称次价力,属于分子间作用力。对于高分子的分子间力不仅存在于各分子链之间,而且同一分子链中各部分间也存在着这种相互作用力。

(1)主价键,如普通的 C—C 键键能为 347kJ/mol,比范德瓦尔斯力和氢键等次价键大很多。分子间作用力虽小,但在高分子中却起着相当大的作用。因为高分子的相对分子质量非常大,链上每个结构单元产生的次价力相当于一个单体分子的次价力,则 $10\sim100$ 个结构单元构成的大分子,其全部次价键总和就远大于其主链的主价键。通常高分子的聚合度达数千至数万,次价键常超过主价键。因此,在高分子物汽化以前,所有的大分子都会解聚成低分子物,或者经过某些复杂的过程而碳化,所以高分子化合物没有气态。高分子受拉伸被破坏时,也可能是分子链先断裂,而不是分子间先滑脱(低分子材料破坏时总是分子被拉开)。由此可见,分子间作用力对高分子材料的力学性能起着重要的作用。在生产高分子材料时,为了获得好的强度和其他性能,对相对分子质量的大小都有一定的要求,一般都达几万或几十万。

(2)高分子中的次价键主要包括氢键和范德瓦尔斯力(包括色散力、取向力和诱导力),其含义见表 2-1。

表 2-1 各种次价键和氢键的含义

次 价 键	键能/kJ·mol⁻¹	含 义
取向力 (polar interaction)	13~21	极性基团之间,偶极与偶极的相互吸引。温度升高,分子的热运动往往使偶极的定向程度降低,取向力减小
诱导力 (induction force)	6~12	极性基团的偶极与非极性基团的诱导偶极之间的相互吸引
色散力 (dispersion force)	0.8~8	非极性基团瞬时偶极之间的相互吸引。色散力的主要特征为加和性,即复杂分子总色散力为各个原子色散力之和
氢键 (hydrogen bond)	<42	与电负性大而原子半径小的原子 X(F、O、N 等)共价结合的氢,如与另一电负性大且原子半径小的原子 Y(与 X 相同的也可以)接近,在 X 与 Y 之间以氢为媒介,生成 X—H…Y 形式的键

由于分子间作用力不同,各种高分子表现出的力学性能也不同。在常温下,次价键小于 8kJ/mol 的高分子通常具有高度弹性变形特征;次价键大于 21kJ/mol 的高分子大都具有坚固性。因此,根据次价键的大小可将高分子分为橡胶、塑料和纤维三大类。凡高分子次价键在 8kJ/mol 以下的,除聚乙烯外,一般都是橡胶类物质;次价键在 21kJ/mol 以上的为纤维类物质;次价键介于 8~21kJ/mol 的则为塑料类物质。聚乙烯的次价键为 4.2kJ/mol,理应具有橡胶性质,但其高分子链比较规整,易结晶,而不能成为橡胶。

2. 内聚能密度 如上所述,由于高分子的相对分子质量大,分子链很长,所以分子间的作用力很大,高分子不存在气态。这一特性说明了分子间作用力超过了组成其化学键的键能。分子间作用力对材料的许多性质有着重要的影响,所以研究它是很有必要的。由于高分子间的作用力是由各种各样的吸引力和排斥力共同贡献的,所以高分子分子间的作用力大小不能用某种单一的作用力来表示,通常采用内聚能或内聚能密度这一宏观的量来表示。

所谓内聚能(cohesive energy)是指 1mol 分子聚集在一起的总能量,也等于同数量分子分离的总能量。根据热力学第一定律,内聚能 ΔE 为:

$$\Delta E = \Delta H_V - RT \tag{2-3}$$

式中:ΔH_V——摩尔蒸发热;

RT——转化为气体时所做的膨胀功。

内聚能密度(CED,cohesive energy density)是单位体积的内聚能:

$$CED = \frac{\Delta E}{V} \tag{2-4}$$

式中:$\bar{V}$——摩尔体积。

对于低分子物,其内聚能近似等于恒容蒸发热或升华热,可以直接由热力学数据计算其内聚能密度。然而高分子不能汽化,因而不能直接测定它的内聚能和内聚能密度,只能用与低分子溶剂相比较的办法来间接估计。一般将这种黏度最大溶液中溶剂的内聚能当作该高聚物的内聚能。

一般而言,内聚能密度小于290 J/cm³,分子间作用力比较小、取代基少、分子链柔性好、容易产生形变、弹性好、可用作橡胶;内聚能密度为290～400J/cm³ 时,在主链上带有极性基团和空间位阻大的基团、分子间作用力较大、分子显刚性、可用作塑料;内聚能密度大于400J/cm³,分子的结构上取代基极性大、分子间作用力大、强度高、一般可用作纤维。而聚乙烯是一个特例,其内聚能密度在橡胶范围,而它却只能用作塑料,这是因为它易结晶而失去了弹性。

3. 聚集态和相态

(1)低分子物的聚集态。低分子物按其分子运动的形式和力学特征分为气态、液态和固态三种宏观聚集形态。

若按组成物质的微观质点(原子、离子及分子)堆砌排列的方式,低分子物又可分为气相、液相和晶相三种热力学相态。

所谓近程有序(short‐range order),一是指与任一质点邻近的质点数(配位数)一定;二是这些邻近质点间的距离一定;三是与任一质点所邻近的质点的排列方式一定。远程有序(long-distance order)是指在三度空间方位上,质点重复出现呈周期性地排列,形成结晶并有固定的晶格。如固态金属是原子晶体结构,食盐是离子晶体结构,而固态的冰是分子晶体结构等。

综上分析可知,如果组成固体物质的微观质点堆砌的方式是近程有序,远程也有序的,那么这种物质就是晶相的固体物质;如果固体物质的质点堆砌方式是近程有序而远程无序的,这就是液相的固体物质。如无机玻璃就是液相固体,实际上是一种过冷液体,只是常温下其黏度太大,而不能流动。此外,还有晶相液态物质——液晶,它能流动,有如液体的性质,但分子的排列又是类似晶相的结构,具有各向异性。

相态(phase state)是热力学概念,相态的转变,必伴有压力、体积、温度、内能和熵等热力学函数的突变。而聚集态(aggregation state)是指物质的宏观形态而言,聚集状态的转变,不一定有热力学函数的突变,但一定有膨胀系数、比热容和密度的突变,这种转变是与相变有本质不同的力学状态的转变。

由此可见,物质的聚集态和相态是两个不同的概念。物质的聚集态可分气相的气态物质(气相和气态是一致的)、液相的液态物质和液相的固态物质(无定形态)、晶相的液态物质(液晶)和晶相固态物质(晶体)。

(2)高分子的聚集态。一般低分子物的聚集态——气、液、固三种物理状态在一定的条件下,可以相互转化。高分子的聚集态与之不同,由于高分子没有气态,所以它也就不存在气相,而都是以固态和液态存在。处于固态的高分子,又有晶态和非晶态之分。多数结晶高分子都是晶相和非晶相共存的体系。因为长而柔顺的高分子链在聚集体系中互相交织缠结,很难形成完整的晶体,即使是晶相也是半晶态结构,晶相中还存在各种缺陷。非晶态高分子(即无定形态),

具有液相的结构,在不同的条件下可呈现玻璃态、高弹态和黏流态三种不同的力学状态。玻璃态高分子宏观形态为固体;黏流态高分子宏观形态为黏稠的流体;而高弹态高分子具有固体和液体的宏观性能表现,为弹性固体。受力时,通过链段运动改变大分子的构象,产生很大的高弹变形,其变形过程类似液体的流动,但链段运动还不能使大分子重心相对移动,使高弹材料保持原有的形状不变,并有类似固体的强度。

此外,高分子长链大分子具有明显的几何不对称性,高分子经拉伸后可呈现出低分子物所没有的取向态。取向态高分子又有结晶取向态和无定形取向态之分。共混高分子是将两种或多种高分子混合形成"高分子合金",它的聚集态结构就更为复杂了。

综上所述,高分子的聚集态有结晶态、玻璃态、高弹态、黏流态和取向态等。不同的聚集态其性能差别很大,并各有不同的用途。例如,塑料的使用一般在玻璃态或结晶态,橡胶是处在高弹态,纤维为结晶取向态。成型过程中一般要将高分子转变成黏流态,个别可处在高弹态。

二、高分子聚集态结构模型

为了进一步直观而形象地认识聚合物结晶的微观结构,探索高分子聚集态结构及其性能之间的联系,人们往往借助于模型。由于实验条件、检测手段的限制,对聚合物的认识还不够完善,各种模型都难免存在许多片面性。但许多模型对分析说明一些实验现象还是很有帮助的,因此,对一些经常使用的模型陈述如下。

1. 晶态结构模型

(1)两相结构模型。用 X 射线研究许多聚合物,发现晶区尺寸远远小于高分子链的长度,同时 X 射线图中衍射环周围出现弥散环,由此实验的事实出发,人们提出了两相结构模型,见图2-6。

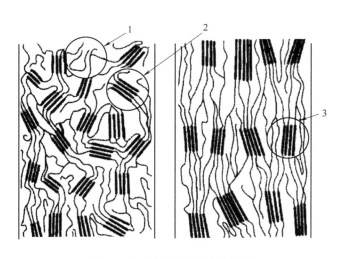

图 2-6 高聚物两相结构模型

1—无定形区 2—结晶但不取向的区域 3—既结晶又取向的区域

由该模型可知,聚合物中晶区与非晶区互相穿插,同时存在。由于晶区尺寸很小,所以一根高分子链可穿过几个晶区、非晶区。连结两个晶区的分子称为缚结分子。在晶区中分子链规整排列,在非晶区中分子链仍是卷曲并相互缠结的。随着人们对高分子认识的发展,此模型也暴露出某些不足之处,如该模型无法解释单晶的形成以及晶区和非晶区可独立存在的事实。

(2)单相结构模型。实际上,有一些高分子(如腈纶)的结晶并不规整,不能视作真正的结晶,而是属于过渡态的蕴晶(准晶)。它们与以岛屿形式分散在无定形基质中的两相结构不同,其两相不能截然分开,故称单相结构。它们的实际结晶度和密度均低于理想的结晶性高分子的结晶度和密度。

(3)折叠链结构模型。1957 年,Keller 等从 0.05%～0.06% 的聚乙烯二甲苯溶液中,用极缓慢冷却的方法,成功地得到了聚乙烯单晶。高分子单晶都是具有一定规则形状的薄片状晶体,如聚乙烯单晶是菱形晶片,聚甲醛是六角形晶片。研究表明,凡是能结晶的高分子在适宜的条件下都可以形成单晶,不同高分子的单晶体虽然外形不同,但它们的晶片厚度几乎都在 10nm 左右,晶片中的分子链垂直于晶面排列。高分子链长约

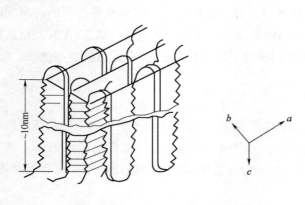

图 2-7 聚乙烯单晶体的折叠示意图

100nm,甚至更长,这么长的链又是如何垂直于晶面排列在厚度仅有 10nm 的晶片中的呢? Keller 提出,长链分子在晶片中是折叠排列的。他认为,在晶片中高分子链几乎不按原有的键角和键长排列,而是很规则地进行折叠,形成折叠链晶片,如图 2-7 所示。

高分子链在晶片中的折叠模式已被证实,晶片厚度范围内含有 50～60 个碳原子(链长约10nm),高分子链穿出晶面随即折回晶片内,折弯部分不在晶格之内,不规则的折弯及晶片内的链端,结成晶体的"缺陷"部分。这一模型虽与高分子晶体的分析数据相符,却不能解释局部结晶的性质,也无法解释结晶对高分子性能的影响。近年来,许多研究者试图将上述两种结构模型结合为一体,用以解释高分子的结晶性。

(4)Hosemann 模型。高分子的熔体经缓慢冷却后,即能形成折叠链的晶片,又能形成无定形部分。假若各晶片是相互独立的,则这种结构的高分子必定是脆弱的。实际上结晶高分子都具有很好的硬韧性,可见,晶片之间必有联系。Hosemann 综合了聚合物中可能存在的结晶形态,提出了 Hosemann 模型,如图 2-8 所示。这种模型表明晶片之间由排列不规则的部分链段联系在一起,一条分子链可同时在几个晶片内折叠排列形成结晶,而晶片之间无规排列的部分链段(或称连接链)形成无定形区。

2. 非晶态结构模型 除晶态聚合物外还有大量非晶态聚合物,而且晶态聚合物中也存在非晶区,因此,非晶态结构的研究也是至关重要的。但由于对非晶态结构的研究比对晶态的研究困难,因而人们对它的认识还比较粗浅。关于非晶态高分子的结构一直存在许多争论,其中主

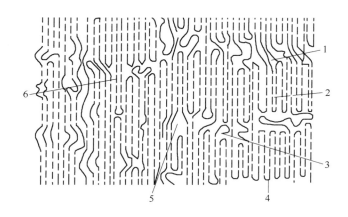

图 2-8 Hosemann 结构模型示意图

1—非结晶区　2—结晶区　3—链的末端　4—折叠链　5—孔穴　6—伸直链

要有两种观点：一种认为非晶态结构是完全无序的（无规线团）；另一观点认为非晶态结构是局部有序的。

（1）无规线团模型。1949 年 Flory 运用推理的方法提出了无规线团模型。Flory 认为，在非晶态聚合物本体中，分子链的构象与在溶液中的完全一样，呈无规线团状，线团分子之间无规缠结。无规线团模型也同样得到许多实验事实的支持，尤其是近年来通过中子小角散射实验证明，非晶态聚合物本体中分子的形态与溶液中的相同，呈无规线团状。

（2）两相球粒模型。1972 年，Yeh 提出了"折叠链缨状胶束粒子模型"，简称两相球粒模型。该模型表明，非晶态聚合物中存在一定程度的有序，主要包括两个部分，一是由高分子链折叠而成的颗粒，但折叠的规整程度远不及晶态，颗粒大小一般为 3～10nm，一根高分子链可同时穿过几个颗粒；另一是完全无序的过渡区，其大小为 1～5nm，见图 2-9。该模型可解释非晶态聚合物密度比完全无规的同系物高以及聚合物结晶相当快的实验事实。

由上可见，两模型争论的焦点在于非晶态结构是否有序。虽然至今尚无定论，但对无规线团这一基本物理图像的认识正在争论中逐步得到澄清。

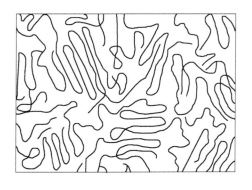

图 2-9　非晶态高聚物的两相
球粒结构模型

3. 序态理论模型

（1）序态。高分子中相邻大分子的聚集状态称为序态。这种序态可以由紊乱的无定形态直到三维有序的结晶态，而两者在高分子中常同时存在。晶区是由许多更小的微晶体构成的。微晶体中最小的重复单元称为晶胞。晶体的存在和它的特征可以从 X 射线的衍射图谱中得到证实和说明。高分子中结晶区与无定形区的分布形态及其对高分子宏观性质的影响，是一个复杂

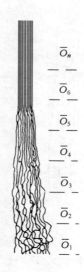

图 2-10　高分子的侧序度分布
（Howsmon - Sisson 模型）

而且尚不能十分肯定的问题。

（2）侧序分布。分子聚集成序并垂直于大分子轴向的形状称为侧序。侧序最高的部分是微晶体，最低的部分是无定形区。各种高分子的侧序分布都不相同。有些高分子的晶相和非晶相不能截然分离，应看作是由无定形到结晶同时存在的连续相。常用侧序度 $\bar{O}_n$ 来表示大分子间排列的紧密程度。侧序度 $\bar{O}_n$ 可用单位体积中所含氢键数或分子间键能来衡量。大分子间氢键等次价键越多，分子间引力越大，越有利于大分子间紧密、整齐地排列，侧序度 $\bar{O}_n$ 也越大。图 2-10 表示高分子的侧序度分布。

通常，测定侧序分布的方法是将试样置于逐渐增加浓度或温度的溶剂内，依次测定各物理量，如溶胀、溶解、收缩、吸附或吸收等性质的变化。侧序较低的部分首先受到溶剂的影响而发生相应的变化。

三、晶体的基本概念及其测定

1. 晶体的基本类型　从结构上看，不同晶体的区别在于物质内部质点在空间排列是否具有近程有序和远程有序性。主要有以下几种晶体类型见表 2-2。

表 2-2　各种晶体类型及其含义

晶体类型	含　　义
晶体（crystal）	固体物质内部的质点既是近程有序，又是远程有序的称为晶体
单晶（single crystal）	近程有序和远程有序性贯穿整块晶体的称为单晶
孪晶（bicrystal）	晶体的远程有序性在某一确定的平面发生突然转折，以这个平面为界，两部分晶体分别具有各自的远程有序性，称为孪晶
非晶 （non - crystalline, amorphous）	具有近似近程有序而无远程有序的固体称为非晶
准晶（paracrystalline）	在结构的有序性方面介于理想晶体与液体之间，但仍属于晶体范畴。从整体看，准晶仍然存在点阵结构，但它的点阵是有畸变的，而且只有一定程度的远程有序性

一般而言，单晶都是各向异性的，有规则的几何外形；而多晶是各向同性的，不具有规则的几何外形。

晶态高分子是由许多晶粒组成的，每一晶粒内部都是三维远程有序的。但因高分子是长链分子，所以呈周期性排列的质点是大分子中的结构单元，而不是分子、原子、离子等。

2.晶体的基本结构　在高分子物的聚集态结构中,晶态结构是最规整的结构之一,可以借助于小分子晶体结构的概念和研究方法来研究。

(1)空间点阵和晶格。用 X 射线对晶体结构进行分析可知,任何晶体都是由在空间按一定的周期排列得很有规则的质点所组成的,称为空间点阵(space lattice),也称空间格子。这些点阵的排列具有一定的几何形状,称为结晶格子(crystal lattice),简称晶格,每个质点位于晶格的结点上。从这样的观点出发,就不难理解为什么晶体会具有一定的外形和对称性。

(2)晶胞和晶胞参数。晶体的最本质特点是其微观结构的有序性,即离子、原子或分子在空间按最紧密堆砌排列成具有三维远程有序的点阵结构。在空间格子中划分出一个个大小和形状完全一样的平行六面体,以代表晶体结构的基本重复单位,这种三维空间中具有周期性排列的最小单位称为晶胞(crystal cell)。为了更好地描述各种晶体结构中晶胞的不同性质,可采用六个晶胞参数来表示晶体的大小和形状,如图 2-11 所示。平行六面体的三边之长(或称晶轴长度)为 a、b、c,三个夹角为 α、β、γ。

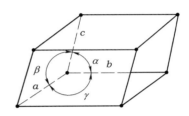

图 2-11　单位晶胞

一般情况下,各晶轴方向(即晶胞的各棱边方向)是:a 轴从后向前,b 轴从左向右,c 轴从下向上。而各晶轴之间的夹角称为轴角,a 和 b 轴的夹角为 γ,a 和 c 轴的夹角为 β,b 和 c 轴的夹角为 α。

从几何结晶学角度看,质点按最紧密堆砌的原理构成晶体时,能量最低,最稳定。因此,组成晶胞的平行六面体总共有七种类型,即立方、四方、斜方、单斜、三斜、六方和菱方。凡是具有相同晶胞形状的晶体都属于同一晶系。不同晶系的晶胞以及它们的晶胞参数列于表 2-3 中。

表 2-3　七个晶系及其晶胞参数

晶形	晶系名称	晶胞参数	晶形	晶系名称	晶胞参数
	立方	$a=b=c,\alpha=\beta=\gamma=90°$		斜方(正交)	$a\neq b\neq c,\alpha=\beta=\gamma=90°$
	六方	$a=b\neq c,\alpha=\beta=90°,\gamma=120°$		单斜	$a\neq b\neq c,\alpha=\gamma=90°,\beta\neq90°$
	四方	$a=b\neq c,\alpha=\beta=\gamma=90°$		三斜	$a\neq b\neq c,\alpha\neq\beta\neq\gamma\neq90°$
	三方(菱形)	$a=b=c,\alpha=\beta=\gamma\neq90°$	—	—	—

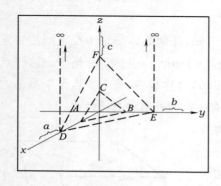

图 2-12　从平面切割坐标轴的截距
推导出平面密勒指数

（3）晶面和晶面指数。晶格内所有的格子（点阵）全部集中在相互平行的等间距的平面群上，这些平面叫作格子面或叫结晶网面，也称晶面（crystal plane），晶面的间距为d。从不同的角度观察同一晶体，会看见不同的晶面，所以不同的晶面就需要有不同的标记，如图 2-12 所示。

为了表示点阵平面的位置，通常使用密勒（Miller）指数。密勒指数由如下方法确定：在单位晶体中，求出一给定平面（晶面）与基本坐标轴的三个交点，并记录下各点的坐标，一般情况下，坐标值都为单位向量的整数倍，然后写成倒数形式，再化简，使各倒数之比成为最小整数，这样得到的三个数值 h、k、l，称为此晶面的密勒指数。当平面与坐标轴平行时，相应的密勒指数为零；如果与坐标轴相交于负值区域，则在密勒指数 h（或 k 或 l）上面加一个负号。例如，图2-12表示的三个平面可用表2-4列出的密勒指数表示。

表 2-4　图 2-12 中所示的三个晶面的密勒指数

晶　面	与坐标轴的截距	截距的倒数	最小整数	密勒指数
ABC	$1a,2b,1c$	$1/1,1/2,1/1$	$2,1,2$	(212)
DFE	$2a,4b,3c$	$1/2,1/4,1/3$	$6,3,4$	(634)
$DE\infty$	$2a,4b,\infty c$	$1/2,1/4,1/\infty$	$2,1,0$	(210)

密勒指数越小的平面，其平面的点阵越密集，晶面间距越大。其中，指数较低的平面是最重要的平面。图 2-13 列出了几个晶面的密勒指数。

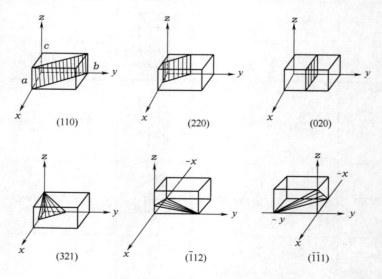

图 2-13　不同晶面的密勒指数

3. 高分子的结晶形态

(1)高分子的晶体结构形态。

①单晶(single crystal)。单晶是指整块晶体具有近程和远程有序的单一晶体结构,这种内部结构的有序性,使之呈现出多面体的几何外形,而且宏观性质具有明显的各向异性特征。单晶只能在极稀的高分子溶液中经缓慢培养才能得到。如从 0.1% 的聚乙烯—二甲苯溶液中,在 78℃ 下可缓慢地生成菱形单晶片,由晶片层叠成单晶体,如图 2-14 所示。

单晶片的边长最长可达 50μm,晶片厚度约 10nm,且与相对分子质量无关。晶片的平面可以用高倍光学显微镜观察,而截面厚度可用 10 万倍电子显微镜观察。

单晶片的形成过程是分子链构象(二次结构)的规整化及聚集态结构(三次结构)规整化的过程(图 2-15)。结晶时,首先是无规线团状的高分子链在极稀的溶液中舒展、伸直、取向,并相互有序排列成链束。为了减少表面能,链束折叠成带,折叠带进一步合并成晶片。但也有人认为:在晶核形成之后,无规线团状的高分子链也可能不是先形成链束再折叠,而是直接以晶核上的折叠链为模板,单个分子链各自伸展、有序排列并折叠起来,从而使晶片得以长大。

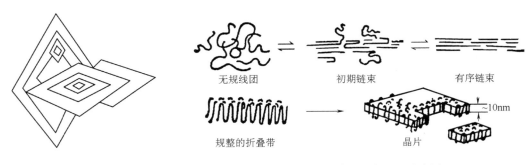

图 2-14　聚乙烯单晶　　　　　　　图 2-15　单晶形成过程示意图

②球晶(spherulite)。在通常条件下,浓溶液或熔体冷却结晶时,倾向于生成球状结晶,常称为球晶。就结构层次来说,它属于高次结构。如聚乙烯的注射成型制品中,就含有球晶。球晶是内部结构复杂的多晶体(图 2-16)。当球晶的生长不受阻碍时,其外形为球状,但当球晶密集生长在一起时,就会得到多面体的外形。球晶的基本特点在于它以晶核

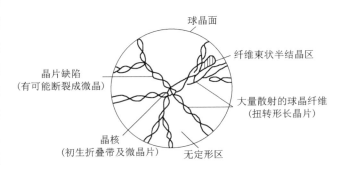

图 2-16　球晶内部结构示意图

为起点和球心对称地长大,而不在于外形是否呈球状。高分子球晶的尺寸较大,通常可达几十微米甚至大到毫米的数量级,因此,很容易在偏光显微镜下观察到。在偏光显微镜的正偏振片

下,球晶呈现特有的黑十字消光图形。

球晶以晶核为中心以相同的速度向三维空间生长,直到与其他球晶相遇。晶核越多,球晶相遇的机会越多,球晶尺寸越小。而球晶的大小与高分子性质和结晶条件有关,也影响高分子的宏观性能。球晶大,高分子物的脆性增加,当球晶的尺寸大于可见光的波长时,高分子变为不透明。

③伸直链结晶(extended chain crystal)。高分子在剪切应力作用下结晶时,倾向于生成具有伸直链组分的纤维状多晶体。应力越大,伸直链组分越多。近年来发现:当高分子在几千乃至几万大气压下结晶时,可得到完全伸直链的晶体,晶体中分子链的排列平行于晶面,晶片厚度基本上等于链的伸直长度。例如,聚乙烯在温度高于 200℃,压强为 480MPa 下结晶 8h 后,可得到伸直链晶片。晶片的熔点为 140℃,结晶度高达 97%,密度为 990kg/m³,晶片厚 $10^3 \sim 10^4$ nm,基本上等于链的伸直长度,其厚度的均匀性与相对分子质量的多分散性有关。伸直链晶体很脆,但伸直链对单向力学强度的提高起很大作用,如拉伸制品中,提高伸直链结晶含量,可大大提高其拉伸强度。

④串晶(shish – kebab crystal)。纯粹的折叠链晶片和伸直链晶片是高聚物分别在常压和高压两种极端情况下形成的。在实际的高分子成型过程中,总要受到一定的应力作用,但这种应力又远不能使高分子链完全伸直,所以得到的晶体结构是复杂的。例如,在纤维的生产中,高聚物的熔体或浓溶液经挤压、拉伸后得到的纤维既有伸直链结构,又有折叠链结构。这种结晶高聚物由两种晶体结构组成,其中心轴为伸直链结构的纤维状晶体;在中心轴周围还间隔地生长着许多折叠链晶片,如图2-17所示。串晶中伸直链组分的含量增加,其熔点、力学强度、耐溶剂性都提高。

(2)聚合物结晶过程的特点。结晶是高分子链从无序转变为有序的过程,有三个特点:

①结晶必须在一个合适的温度范围内进行,这个范围就是 $T_g \sim T_m$(T_g 为玻璃化转变温度,T_m 为熔点)。聚合物的结晶过程与低分子物质相同,分为晶核形成和晶粒生长两个阶段。首先通过分子链的规整排列生成足够大而热力学稳定的晶核,然后高分子链进一步凝集在晶核表面,使晶粒生长。这两种过程均与温度有关。成核过程的温度依赖性与成核方式有关,异相成核可以在较高的温度下发生,而均相成核宜于在低的温度下发生。因为温度过高,分子的热运动过于剧烈,晶核不易形成,已形成的晶核也不稳定,易被分子热运动所破坏。因而随着温度的降低,均相成核的速度趋于增大。与之相反,晶粒生长过程主要取决于链段向晶核的扩散和规整堆砌的速度,随着温度的降低,熔体的黏度增大,不利于链段的扩散运动,因而温度的升高有利于提高晶粒的生长速度。

应注意,即使在合适的温度范围内,如果结晶温度不同,结晶速度也不同,可能会在某一温度出现一极大值,如天然橡胶在 -24℃结晶速度最大。

纤维状晶体

折叠链晶片

图2-17　串晶晶体示意图

②同一聚合物,同一结晶温度下,如果结晶时间不同,结晶速度也不同。结晶速度对时间所作曲线是反 S 形。最初结晶速度很慢,如用膨胀计法来研究聚合物的体积变化,几乎观察不到体积收缩,但过了一段时间,体积收缩趋于明显,最后结晶速度又逐渐减小。

③结晶聚合物没有精确的熔点,只存在一个熔融温度范围,也称熔限。熔限范围与结晶温度有关。结晶温度低,则熔限宽;反之则窄。因为结晶温度较低时,分子链活动能力差,形成的晶体不完善,且各晶粒完善程度差别大,故熔点低而熔限宽,反之则熔点高而熔限窄。

(3)影响结晶过程的因素。

①分子链结构。凡结构对称(如聚乙烯)、规整(如有规立构聚丙烯),分子间能产生氢键或有强极性基团(如聚酰胺等)的聚合物均易结晶。

分子链结构同样也会影响其结晶速度,这是因为,分子链进入晶相结构所需活化能的大小因分子结构而异。链结构越简单,对称性越高,取代基空间位阻越小,立体规整性越好,其结晶速度越快。

②温度。温度是结晶过程中最敏感的因素。温度相差 1℃,结晶速率常数 k 就会相差约 1000 倍。

③外力。应力能使分子链按外力的方向有序排列,有利于结晶。涤纶薄膜在 $80\sim100℃$ 下结晶缓慢,但进行拉伸时,其结晶速度可提高 1 000 倍。

④杂质。杂质对结晶的影响较为复杂。有的杂质能阻碍结晶的进行,有的杂质能加速结晶。如将苯甲酸镉、水杨酸铋或草酸钛作为成核剂加入聚丙烯中,可形成大量的小球晶,得到结构均匀、尺寸稳定的制品,改善了聚丙烯的强度和透明性。

4. 结晶及结晶度对高分子性能的影响

(1)结晶度(f)的概念。结晶高分子是晶相和非晶相共存的非均相物质,晶区含量的多少对高分子的性能影响很大。结晶度(degree of crystallinity)是指结晶高分子中,晶相部分所占的百分率,它反映了高分子链聚集时形成结晶的程度:

$$f=\frac{结晶区样品含量}{结晶区样品含量+非晶区样品含量}\times100\% \tag{2-5}$$

在实际工作中,可以用结晶质量分数 f_W 或结晶体积分数 f_V 表示,即:

$$f_W=\frac{W_c}{W_c+W_a}\times100\% \tag{2-6}$$

$$f_V=\frac{V_c}{V_c+V_a}\times100\% \tag{2-7}$$

式中:W_c、W_a——分别表示晶区和非晶区的质量;

V_c、V_a——分别表示晶区和非晶区的体积。

(2)结晶度的测定方法。由于结晶高分子的晶区和非晶区之间没有明显的界限,不可能准确地测定晶区含量。因此,同一试样,用不同的方法测定会有不同的结果。用来测定结晶度的方法很多,最常用而最简单的方法是密度法(或比容法)。另外,也常用 X 射线衍射法和红外光谱法等来测定。

①密度法。密度法测定结晶度的依据是:结晶高分子中,晶区的密度大,非晶区密度小;两相的体积(或质量)具有加和性,即结晶高分子的总体积(或总质量)等于晶区的体积(或质量)和非晶区的体积(或质量)的线性加和。如果分别测出晶区的密度 ρ_c 和非晶区的密度 ρ_a,那么试样的结晶度就可按两相的结构模型(折中的结构模型)求得。

若试样的密度为 ρ、体积为 V、质量为 W;其晶区的密度为 ρ_c、体积为 V_c、质量为 W_c;非晶区密度为 ρ_a、体积为 V_a、质量为 W_a;质量结晶度为 f_W,体积结晶度为 f_V。则根据体积加和原理,有:

$$V = V_c + V_a \tag{2-8}$$

因而

$$\frac{W}{\rho} = \frac{W_c}{\rho_c} + \frac{W_a}{\rho_a} = \frac{W \cdot f_W}{\rho_c} + \frac{(1 - f_W)W}{\rho_a} \tag{2-9}$$

化简后得:

$$\frac{1}{\rho} = \frac{f_W}{\rho_c} + \frac{1 - f_W}{\rho_a} \tag{2-10}$$

即:

$$f_W = \frac{\rho_c(\rho - \rho_a)}{\rho(\rho_c - \rho_a)} \tag{2-11}$$

同样,根据质量加和原理有:

$$W = W_c + W_a \tag{2-12}$$

则

$$V \cdot \rho = V_c \cdot \rho_c + V_a \cdot \rho_a = V \cdot f_V \cdot \rho_c + V \cdot (1 - f_V) \cdot \rho_a \tag{2-13}$$

化简后得:

$$\rho = f_V \cdot \rho_c + (1 - f_V) \cdot \rho_a \tag{2-14}$$

即:

$$f_V = \frac{\rho - \rho_a}{\rho_c - \rho_a} \tag{2-15}$$

结晶高分子的密度可以用密度梯度管测得:晶区的密度往往用其晶格参数计算而得,而非晶区的密度可用其晶态试样,测得温度—比容曲线并外推到测试温度而得。有关的数据可从手册中查得。常见结晶高分子的结晶度为 $40\% \sim 90\%$。

②X 射线衍射法。X 射线衍射法测定纤维素的结晶度,是利用 X 射线照射样晶,对结晶结构的物质会发生衍射,从而得到具有特性的 X 射线衍射图。测定各入射角 θ 和相应的 X 射线衍射强度,以 2θ 为横坐标,X 射线衍射强度为纵坐标,作出 X 射线衍射强度曲线。

X 射线衍射法测得的是总散射强度,是整个空间物质散射强度之和,只与初级射线的强度、化学结构、参加衍射的总电子数即质量多少有关,而与样品的序态无关。因此,如果能够从衍射图上将结晶散射和非结晶散射分开,结晶度即是结晶部分的散射强度与散射总强度之比。

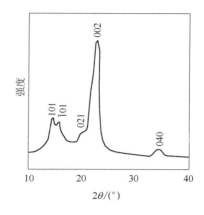

在棉纤维 X 射线衍射图 2－18 中,002 面衍射强度代表了结晶区的衍射强度。

设校正后结晶区的衍射强度即(002)晶面峰的强度为 I_c';校正后无定形区的衍射强度,即 $2\theta=18°$ 时的强度为 I_a'。则结晶度可按下式计算:

$$f=\frac{I_c'}{I_c'+I_a'}\times100\%\qquad(2-16)$$

另外,也可采用 X 射线结晶指数来表示结晶度:

图 2－18　棉纤维的 X 射线衍射图

$$X 射线结晶指数 = \frac{I_{002}-I_a}{I_{002}}\qquad(2-17)$$

式中: I_{002}——002 面峰的强度,即结晶区的衍射强度;

　　　I_a ——2θ 为 18°时峰的强度,即无定形区的衍射强度。

③红外光谱(IR)法。人们发现在结晶聚合物的红外光谱图上具有特定的结晶敏感吸收带,简称晶带。而且它的强度与结晶度有关,即结晶度增大,晶带强度增大;反之,如果非结晶部分增加,则无定形吸收带强度增加。利用这个晶带可以测定结晶聚合物的结晶度。表 2－5 列出了一些聚合物的主要结晶带和无定形吸收带。

表 2－5　IR 法测定结晶度时所使用的吸收带

聚　合　物	结晶峰位置/cm^{-1}	无定形峰位置/cm^{-1}
锦纶 6	1 201,1 030,964,835	1 170,1 118,1 076,980
锦纶 66	936	1 139
聚对苯二甲酸乙二酯	1 340,972,875,847	1 020,898,790
聚乙烯	1 894,1 176,1 050,730	1 368,1 352,1 303
等规聚丙烯	1 304,1 167,997,894,842	1 158,790
间规聚丙烯	977,866	1 230,1 199,1 131
聚乙烯醇	1 146	—
聚氯乙烯	1 428,1 373,1 254,1 226,955,638	690,615
等规聚苯乙烯	1 084,1 052,983,920,898	—
聚四氟乙烯	—	770
聚三氟氯乙烯	1 290,490,440	754

④差示扫描量热法(DSC)。这是一种根据结晶聚合物在熔融过程中的热效应而求得其结晶度的方法。

设每克聚合物的熔融热焓为 H，其中结晶部分的热焓为 H_c，无定形部分的热焓为 H_a，同时假定试样中完全结晶部分和非结晶部分的热焓具有加和性，因此有下述关系：

$$H = H_c \cdot f + (1-f) H_a \tag{2-18}$$

则：

$$f = \frac{H_a - H}{H_a - H_c} = \frac{\Delta H}{\Delta H_0} \tag{2-19}$$

式中： f ——结晶度；

ΔH ——聚合物试样的熔融热；

ΔH_0 ——完全结晶试样的熔融热。

可见，用这种方法求结晶度时，必须知道完全结晶聚合物的熔融热 ΔH_0，而完全结晶的聚合物是很难得到的，因此一般采用分别测定不同结晶度聚合物的熔融热，然后外推到 100% 的方法，此时的 ΔH 可以作为 ΔH_0 来求结晶度。此外，还可利用聚合物—稀释剂体系的熔点降低求得 ΔH_0。

(3)高分子的结晶对其性能的影响。高分子结晶是由分子链的特征结构决定的，有的高聚物在任何条件下都可以结晶，如聚乙烯；有的高聚物在任何条件下又都不能结晶，如无规聚苯乙烯。对结晶性高聚物来说，其结晶的发生、晶粒尺寸、结晶度及结晶的形态受多种因素的影响，而它们又直接影响着制品的性能。一般塑料制品的结晶度在 50% 左右，少数特殊制品的结晶度可达 80% 以上。

①对制品密度的影响。非晶态高分子，其大分子链是无规紊乱堆砌的，结晶较为松散，密度小。结晶高分子的晶区，分子链是规整紧密排列的，密度大，所以结晶高分子的密度是随结晶度的提高而增大的。结晶高聚物密度的大小，反映了大分子堆砌的疏密程度及分子间作用力的大小，这是直接影响制品力学性能的因素。

②对力学性能的影响。结晶高分子的力学性能与结晶度及晶粒尺寸密切相关，结晶使高分子链三维有序，紧密堆积，增强了分子链间的作用力，故其拉伸强度随结晶度的提高而提高。晶区的分子链在熔点以下不能运动，故结晶度提高，高分子硬度增大，形变能力下降。晶粒尺寸过大，聚集态的结构更不均匀，受力时，更易造成应力集中，而使拉伸强度及冲击强度都降低。

③对产品尺寸稳定性的影响。结晶高聚物成型过程中，随结晶度的提高，制品的预收缩率增大，故制品在使用过程中的尺寸稳定性增加。如果成型过程中，定型的冷却速度快，也不进行退火处理，得到的制品没能达到应有的结晶度，那么这样的制品在使用过程中，受到应力作用时会导致结晶继续发生，致使制品进一步收缩而变形。

④对渗透性和溶解性的影响。高分子的渗透和溶解过程都是低分子物质向高分子之间浸入扩散的过程。渗透性和溶解性除了与高分子和低分子物质两者的相溶性有关外，还与高分子的结晶度有关。结晶高分子晶区部分分子链的紧密堆砌，是按一定的晶格有序排列的，这种密实的结构不能使小分子浸入、透过，也不能溶解。因此，结晶高聚物的渗透性和溶解性是随结晶度的提高而降低的。

⑤对光学性能的影响。无定形高分子一般都是透明的,受光照射时,可见光在其内部传播时不发生光散射现象,因此可以直接透过。结晶高分子为两相共存的非均相体系,可见光照射后在其内部会发生折射和散射现象,使透光率大大降低。因此,结晶度提高,高分子的透光率降低,而且晶粒尺寸越大越明显。但当晶粒的尺寸小于可见光波波长的二分之一时,结晶不影响透光率。

⑥对耐热性的影响。结晶高分子的熔点随结晶的完善程度及结晶度的提高而提高。对于玻璃化温度低于室温的非晶态高分子,它在常温下为高弹态的橡胶,不能用作塑料及纤维。结晶可以提高高分子的热变形温度,也就是提高了其耐热性。高聚物结晶后,晶区链段不能运动,分子间的作用力增大,提高了抵抗热破坏的能力,而且结晶是热力学的稳定体系,解晶时需要吸收大量的热能,这同样可以提高抵抗热破坏能力。因此,随结晶度提高,高分子的耐热性也随之提高。

四、取向的基本概念及其测定

1. 取向与解取向　高分子链具有高度的几何不对称性,其长度可能是直径的几百、几千甚至几万倍。线型及支链型的无规大分子又是以自由卷曲状存在的。在外力作用下,高分子链沿外力场方向舒展并有序排列的现象叫高分子取向(orientation);当外力消除之后,取向排列的大分子又会自动回复到自由卷曲的状态,这种现象叫高分子的解取向(disorientation)。

高分子的取向过程是大分子链的取向与解取向建立平衡的过程,也是大分子链的力学松弛过程。取向是高分子的大分子链在力场中从自由卷曲状态,沿力场方向通过链段运动改变构象,并向有序排列的过渡过程。解取向是在链段可以运动的情况下,外力一消失,取向的分子链又以无规热运动方式调节构象,逐渐回复到自由卷曲状态的松弛过程。取向使分子链吸收弹性能而处于热力学不稳定状态,解取向使分子链释放出弹性能而恢复热力学稳定状态,故取向是被动的,而解取向是自发的。

取向和结晶虽然都使高分子的排列有序,但不同的是取向只是一维或二维有序,是被动过程;而结晶是三维有序,是自发过程,因为结晶时要释放出晶格能而使分子链趋于稳定。能结晶的高分子一般都能取向,而能取向的高分子物不一定都能结晶。所以,取向态的高分子又分为结晶取向态和非晶取向态两种聚集态结构,如无定形的聚氯乙烯纤维、薄膜均是非晶取向态结构;聚丙烯、聚酰胺、涤纶的纤维和薄膜是结晶取向态结构。

取向能提高拉伸制品的力学强度,还可使分子链有序性提高,这有利于结晶度的提高,从而提高其耐热性。但对其他成型制品(如注射成型制品),如果流动过程中的取向得以保存,则制品的力学强度反而会降低,并易变形,严重时,还会造成内应力不均而易开裂。因此,研究高分子的取向过程,取向态结构与性能的关系,有着重要的实际意义。

2. 取向的类型　未取向的高分子材料是各向同性的,取向后材料呈各向异性。取向可分为单轴取向和双轴取向,见图2-19。

(1)单轴取向(uniaxial orientation)。高分子只沿一个方向拉伸,长度增加,厚度和宽度减小。高分子链或链段倾向于沿拉伸方向排列。单轴取向最常见的例子是合成纤维、鱼线的拉伸。在合成纤维纺丝时,从喷丝孔喷出的丝中,分子链已经有些取向了,再经过拉伸若干倍,分

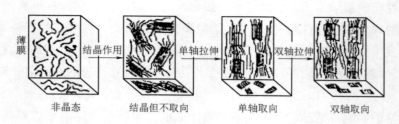

图 2-19　结晶高聚物的取向态结构示意图

子链沿纤维轴向的取向度得到进一步提高。

(2)双轴取向(biaxial orientation)。高分子沿两个互相垂直的方向拉伸,面积增加,厚度减小。高分子链或链段倾向于与拉伸平面平行排列,但在平面内,分子的排列是无序的。如高分子薄膜或板材的取向。

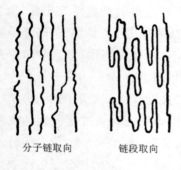

图 2-20　高分子的两种取向示意图

3. 取向机理

(1)非晶态高分子物的取向。非晶态聚合物取向按取向单元大小可分为整链取向和链段取向。前者表明整个分子链沿外力方向取向,但其链段不一定取向,而后者则表明分子链的链段取向,整个分子链的排列是无规的,见图 2-20。

链段取向可以通过单键的内旋转造成的链段运动来完成,这种取向过程在高弹态(链段能自由运动,但整个分子链的移动还很困难的状态)时就能实现。整个分子链的取向则必须在黏流态时才能进行。

取向过程是链段运动的过程,必须克服高分子内部的黏滞阻力,因而完成取向过程需要一定的时间。由于两种运动单元所受到的阻力大小不同,因而两种取向过程的速度有快慢之分。在外力作用下,首先发生链段的取向,然后才是整个分子的取向。在高弹态下整个分子的运动速度极慢,所以一般不发生分子取向,只发生链段取向。

取向过程是分子有序化过程,而热运动却使分子趋向紊乱无序。在热力学上,解取向是自发过程,而取向过程必须依靠外力场的帮助才能实现。因此,高分子的取向状态在热力学上是一种非平衡态。在高弹态下,拉伸可以使链段取向,但是一旦外力除去,链段便自发解取向而回复原状。在黏流态下,外力使分子链取向,外力消失后,分子也要自发解取向。为了维持取向状态,获得取向材料,必须在取向后使温度迅速降到玻璃化温度以下,将分子和链段的运动"冻结"起来。这种"冻结"的取向态不是热力学平衡态,只有相对的稳定性,时间长了,特别是温度升高或者高分子被溶剂溶胀时,仍然要发生自发的解取向。只是在温度足够低时,解取向过程进行得十分缓慢不易被觉察而已。取向过程快的,解取向速度也快。发生解取向时,首先是链段的解取向,然后是分子解取向。

(2)结晶高分子的取向。结晶高分子中包括晶区和非晶区。取向时,除了非晶区中能发生链段取向与分子取向外,晶区中的晶粒也可以取向。在外力作用下,晶粒的某晶轴或晶面沿外力方向做取向排列。近期研究发现,结晶高分子的取向过程中必然伴随着相态的变化,即晶体熔化,再结晶成为结晶的取向态。

在通常条件下,高分子从熔融状态冷却结晶时,往往生成由折叠链晶片组成的球晶,因此拉伸取向过程实际上是球晶的形变过程。在弹性形变阶段,球晶稍被拉长,但基本保持原形。在不可逆形变阶段,球晶显著变长,呈椭圆形。到强迫大形变阶段,球晶基本成为带状结构,见图 2-21。球晶的外形变化是内部晶片变形重排的结果。重排的机理有两种可能:一种可能是晶片之间发生倾斜、滑移、转动取向甚至破坏,部分折叠链被拉伸成直链,使原有结构部分或全部破坏,而形成新的由取向折叠链晶片以及贯穿在晶片之间的伸直链组成的取向结晶结构;另一种可能是原有折叠链晶片部分地被拉伸,转化为分子链沿拉伸方向排列的完全伸直链晶体,见图2-22。取向中发生的聚集态变化,取决于结晶高聚物的类型和取向条件(如温度,拉伸速度,拉伸倍数等)。但在一般情况下,结晶高聚物的取向以取向的折叠链结构为主。

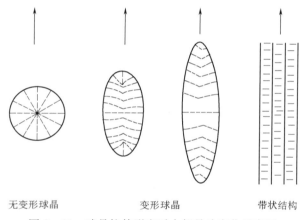

无变形球晶　　　　　变形球晶　　　　　带状结构

图 2-21　球晶拉伸形变时内部晶片变化示意图

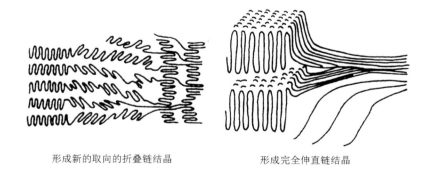

形成新的取向的折叠链结晶　　　　　形成完全伸直链结晶

图 2-22　晶态高聚物在拉伸取向时结晶变化示意图

结晶高分子中,晶区的取向在热力学上是稳定的。在晶格破坏以前解取向无法进行。因此,结晶高分子的取向态结构比非结晶高分子的取向态结构更为稳定。

4. 取向度及其测定 取向的程度可用取向度(取向因子)f定量地表征:

$$f=\frac{1}{2}(3\overline{\cos^2\theta}-1)=1-\frac{3}{2}\overline{\sin^2\theta} \qquad (2-20)$$

式中:θ——分子链主轴与取向轴之间的夹角,叫取向角。$\overline{\cos^2\theta}$、$\overline{\sin^2\theta}$分别表示取向角余弦均方值和取向角正弦均方值。

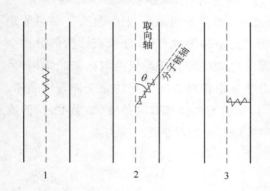

图2-23 几种特殊的取向形式
1—完全取向,$\theta=0$,$f=1$
2—无规取向,$\theta=54.5°$,$f=0$
3—垂直取向,$\theta=90°$,$f=-1/2$

图2-23所示为几种取向的特例。

取向以前,高分子的性质是各个方向平均相同,即各向同性;取向以后,高分子的性质会出现各向异性,即纵向与横向的性质有差异,如力学、光学、声学等的各向异性。通常为了提高纤维、薄板、膜片或薄膜在取向方向的强度,就要采用取向工艺。所以,了解取向结构有着重要意义。

用以测定取向度的方法有X射线衍射法、双折射法、红外二色性法、声速各向异性法等。

由于各种测定取向度的方法不易实现,所以实际工作中常常用拉伸比作为取向度的量度。拉伸比是指材料拉伸后长度(L)与拉伸前长度(L_0)之比(L/L_0)。一般拉伸比越大,取向度越大。但拉伸比与取向度之间的关系并不是简单的线性关系。

(1)X射线衍射法。X射线对晶区与非晶区的识别是最准确的。根据衍射原理,非晶高聚物的X射线衍射图为均匀的圆形(图2-24)。对于无规取向的晶态高分子,其X射线衍射图是一些封闭的同心圆(图2-25)。拉伸取向的晶态高分子,衍射图上的圆环退化为圆弧(图2-26),取向度越高,圆弧越短。高度取向,圆弧缩为赤道线上的衍射点(图2-27)。

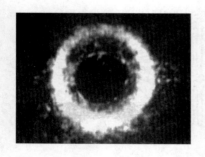

图2-24 非晶高聚物的X射线衍射图

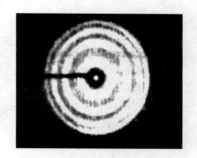

图2-25 结晶高聚物的X射线衍射图

晶粒的取向分布是通过衍射圆弧的强度$I(\theta)$来反映的,从所测的$I(\theta)$可直接求得晶面法线的取向分布,进一步计算可得分子链的取向度$\overline{\cos^2\theta_c}$和$F_c$。

图 2-26　非结晶取向高聚物的 X 射线衍射图

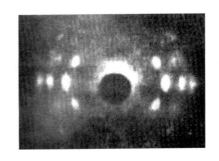

图 2-27　结晶取向高聚物的 X 射线衍射图

（2）双折射法。透明材料沿三个主轴有三个折光指数 n_x、n_y、n_z，三者相同时即为各向同性材料。各向异性材料中，至少有两个折光指数不相等，每一对折光指数之差，称为双折射（birefringence）Δn。

双折射法是直接采用相互垂直方向上的折光率之差 Δn 作为衡量取向度的指标。$\Delta n = n_{/\!/} - n_\perp$。取向的高分子会产生双折射现象，完全取向的材料 Δn 可达最大值；无规取向的材料是光学各向同性的，$\Delta n = 0$。双折射取向因子 f_B 为：

$$f_B = \Delta n / \Delta n_{max} = \frac{n_{/\!/} - n_\perp}{n_{/\!/}^0 - n_\perp^0} \tag{2-21}$$

式中：$n_{/\!/}$、$n_\perp$——部分取向时，与分子平行和垂直方向上的折光率；

$n_{/\!/}^0$、$n_\perp^0$——完全取向时，与分子平行和垂直方向上的折光率理想值。

为了方便起见，直接采用带补偿器的偏光显微镜测定样品平行及垂直拉伸方向的光程差 Γ，即：

$$\Gamma = d(n_{/\!/} - n_\perp) = d\Delta n \tag{2-22}$$

式中：d——试样厚度。

这样可计算 Δn，此方法不能反映整个分子链的情况，但能很好地反映链段的取向情况。

（3）声速各向异性法。声波沿分子主链方向的传播比沿垂直方向的传播要快得多。这是因为在主链方向上，声波的传播是靠分子内键合原子的振动来实现的，速度快；而在垂直方向上，声波的传播是靠非键合原子间的振动实现的，速度慢。

在未取向的聚合物中，声波的传播速度与在小分子液体中差不多，为 $1\sim2km/s$。而在取向聚合物中，取向方向上的声速可达 $5\sim10km/s$。因此测出取向方向上的声速就可求得取向度。

如果未取向高分子中的声速用 $v_\text{未}$ 表示，待测高分子中的声速用 v 表示，则：

$$f = 1 - \left(\frac{v_\text{未}}{v}\right)^2 \tag{2-23}$$

$$\overline{\cos^2\theta} = 1 - \frac{2}{3}\left(\frac{v_\text{未}}{v}\right)^2 \tag{2-24}$$

其结果：未取向时 $v=v_{未}$，所以 $f=0,\overline{\cos^2\theta}=\dfrac{1}{3},\theta=54.5°$；完全取向时 $v\gg v_{未},\left(\dfrac{v_{未}}{v}\right)^2\rightarrow 0$，所以 $f\rightarrow 1,\overline{\cos^2\theta}=1,\theta\rightarrow 0$。

由此方法得到的是晶区和非晶区的平均取向度，另外纤维内声波波长较大，为 $50\text{cm}\sim 1\text{m}$ 之间，反映的是整个分子链的取向情况，所以，声速法测得的结果能很好地说明取向聚合物的结构与力学性能的关系。

（4）红外二色性法。如果以不同方向的可见偏振光射入某些晶体，如有机染料等，都会发现晶体对振动方向平行于晶轴和垂直于晶轴的偏振光有不同的吸收率，因此在不同方向上呈现不同的颜色，这种现象叫作二色性。

一般聚合物对可见光并无特征吸收，所以在可见光下不显示二色性。但如果将取向的纤维样品用某些染料进行染色，由于染料分子可渗入纤维内部取向的无定形区，并以一定的方向取向吸附，因此染色后的纤维在可见偏振光下也会呈现二色性。当然此种二色性反映的是无定形区或晶区边界处大分子的取向状态。

另外，大分子链上的某些官能团具有一定的方向性，对振动方向不同的红外线有不同的吸收率，也会显示出二色性，这种二色性称为红外二色性。其反应的是纤维中大分子的取向情况。

5. 取向对高分子性能的影响

（1）对力学强度的影响。取向对高分子的力学强度有显著的影响，尤其是拉伸强度。取向以后，与取向轴平行方向的拉伸强度大为增强，而与取向轴垂直方向的拉伸强度则有所减弱。双轴取向改善了单轴取向时力学强度弱的方面，使薄片或薄膜在平面内的两个方向上都倾向于具有单轴取向时的优良性质。与未取向材料相比，双轴取向的薄膜或薄片在平面的任何方向上均有较高的拉伸强度、断裂伸长率和冲击强度，抗开裂能力也有所提高。取向还使某些脆性的聚合物如聚苯乙烯、聚甲基丙烯酸甲酯等的韧性增加，扩大了它们用途。取向能提高高分子力学强度的原因主要有三个方面：

①取向后使分子链更加协同地抵抗外力的破坏作用。高分子取向后，分子链近乎于平行排列，主价力都集中到取向方向，而主价键能要比次价键能大 50 倍左右，所以沿取向方向的拉伸强度和冲击强度等大为提高，在垂直于取向方向上只是靠次价键的连接，所以强度比未取向时还低。

②取向使材料结构有序化，减少了结构不均匀性。高分子材料的断裂都是从最薄弱的环节开始的。取向使材料结构自动均匀化，有利于消除薄弱环节，因而使其强度增大。自动均匀化的原理是分子链取向以后，彼此比较平行地靠在一起，使分子间的相互作用力增大，因而这一部分材料的黏度要比未取向的或取向得不好的部分大（这种现象叫作力学玻璃化）。这样，在拉伸过程中，这部分材料的形变要比未取向的部分和取向得不好的部分小。这就有利于未取向的部分发生取向，取向不好的继续取向，从而使材料的不均匀性自动减小。由于均匀化，材料在物理结构方面的缺陷减少，因而力学强度得到提高。

③取向可以阻止裂缝向纵深发展。拉伸可使裂缝附近的分子链沿着应力方向取向，此时高分子在应力方向的强度增大，裂缝就不再扩大。如果高分子链很容易取向，而且取向速度大于

裂缝扩大的速度,则裂缝不但不会扩大;反而可以自愈。

(2)使材料具有各向异性。取向高分子除具有上述力学上的各向异性外,还具有光学性质的各向异性和热传导的各向异性。当光线通过各向异性的物体时,将产生双折射现象,光线通过各向同性的物体时,则不产生双折射现象。因此,双折射法是估计聚合物取向的程度和种类的最快捷的方法。

(3)对其他性能的影响。聚合物的玻璃化温度随取向度的提高而上升,高度取向的聚合物的玻璃化温度可升高 25℃。取向聚合物的回缩或热收缩与取向度有关,取向度愈大,回缩或热收缩愈大。线膨胀系数随取向度而变化,通常垂直方向的线膨胀系数大约为取向方向的 3 倍。取向还可使材料硬化,模量增大。

(4)取向的应用。由于拉伸取向可以使纤维强度成倍、成十倍地增加,因而几乎所有合成纤维都必须进行牵伸。但牵伸使纤维强度提高的同时,断裂伸长率却降低了,这是由于取向使得分子排列过于规整,分子间的相互作用力太大,纤维反而显得弹性太小,出现僵硬的现象,这样的纤维将出现脆性。所以,一般纤维应有 10%～20%的弹性伸长率,这样在高分子碰到冲击时才不致脆断,也就是说要求高分子材料同时具有高强度和适当的弹性。为此,在合成纤维生产过程中常常将取向后的纤维进行适当的热处理,热处理的温度、时间都要适当,以促使小的链段解取向,消除内部应力,而整个链不解取向。小链段解取向能使纤维具有一定的弹性,整个链保持取向状态使纤维具有高强度。热处理的时间不能太长,否则整个链也会解取向,使纤维丧失强度。热处理的另一个重要作用就是减少纤维在沸水中的收缩率。如果纤维未经热处理,那么被拉直了的链段有强大的卷曲倾向,纤维在受热或使用过程中就会自动收缩,导致变形。经热处理过的纤维,其链段已发生卷曲,在使用过程中就不会再变形。

五、高分子物的分子运动和热转变

结构相同的同种物质也会由于分子运动方式不同而显示出不同的力学性能。尽管其链结构没有发生变化,但由于温度改变了高分子的分子运动,而使它的力学性能有了很大的差异。熟悉了高分子的结构之后,还必须深入了解分子运动的特性,才能建立起结构与性能的内在联系,以便找出规律性的东西。通过控制结构和分子运动的条件,来达到改善高分子性能的目的。

1. 高分子分子运动的特点

(1)分子运动单元的多重性。从分子角度看,小分子运动有三种基本形式,即振动、转动、移动,而且都是基于分子内部各部分位置处于相对固定的基础上进行的。而高分子的运动情况就大不相同了,由于分子的长链结构,相对分子质量的多分散性,又可带有不同的侧基,加上支化、交联、结晶、取向、共聚等复杂的结构,因而也就构成了高分子运动单元的多重性。

如果选定高分子的某一点(质量中心)为参考坐标,则无论是受热或在外力的作用下,高分子链的各个部分(包括侧基、支链、链节、链段)在这个参考坐标中的位置都可以随意改变,这就是说高分子链的各个部分都可以相对运动。

实际上,在某一外界条件下,如温度低时,可能只有侧基等小单元在运动。当外界条件变化了,如温度升高了,那就出现了更大单元的运动,如链节、链段等,这两种运动必然伴随着分子构象的变化,而且这种运动的结果使整个高分子链发生重心的位移,使整个分子移至一个新的位置上。在高分子熔体流动时可以明显地观察到高分子链段和整个分子的运动。这些都是高分子运动单元的多重性。

这些大小不同的运动单元包括五种类型。

①整个分子链的运动。即大分子与大分子之间产生相对滑移,如熔体流动,溶液中分子从聚集到分散。

②链段运动。在整个大分子中,部分链段由于单键内旋转而相对于另一部分链段独立运动,使大分子卷曲或扩张。如橡皮的拉伸、回缩过程。

③支链、链节、侧基等尺寸小的单元的运动。包括链节的曲柄运动和侧基的转动与振动。

④原子在平衡位置附近的振动。

⑤晶区的运动。包括晶型的转变、晶区缺陷的运动,折叠链的"手风琴式"运动。

从上述五种运动对高分子材料力学性能的影响来看,可将这五种运动单元分为大尺寸和小尺寸两类。前者指整个大分子链,后者指链段和链段以下的小运动单元(包括晶区)。所以在观察某种材料的实验性能时,首先要分清它们反映的是哪种运动的结果。

(2)分子运动单元的时间依赖性。随时间的变化,分子在外力的作用下也随之变化。这样一种情况就是分子运动的时间依赖性。那么凡是具有时间依赖性的性质均称为松弛特性。因此在外力场的作用下,物体从一种平衡态通过分子运动而过渡到另一种平衡态所需要的时间,称为松弛时间(relaxation time)。

小分子物质的松弛时间很短。小分子液体在外力作用下,室温下最短的松弛时间只有 $10^{-10} \sim 10^{-8}$ s,几乎是瞬间的,因此可忽略不计。但是高分子就大不相同了,由于相对分子质量很大,具有明显的不对称性,分子间作用力很强,本体黏度也大,所以使得高分子运动不能瞬间完成,需要克服一切阻力,才能从一种平衡过渡到另一种平衡,因此需要时间,即松弛时间。如一根橡皮筋在拉伸时,其分子从卷曲状态变为伸直状态,橡皮筋伸长了,可外力一去掉,橡皮筋立即恢复原状(逐步回缩)。这个过程不是瞬时的,而是需要一定的时间才能使分子从伸直又回到卷曲状态即松弛状态,总之要有一个松弛过程。这个形变过程的曲线称为高分子的松弛曲线。

(3)分子运动的温度依赖性。温度对于物体内分子运动的影响是很大的。温度升高,一方面可以给各运动单元提供热运动能量;另一方面由于热膨胀,使分子间距离加大,即高分子内的空隙体积(自由体积)增加,这就给各运动单元提供了活动空间,因而有利于分子运动,使松弛过程加快,松弛时间减少。

现在可以将高分子运动的时间依赖性与温度依赖性联系起来看,可得到以下明确的结论:温度上升,松弛时间减少,松弛过程加快,即可在短时间内观察到分子运动;反之,温度下降,松弛时间增加,则需要较长的时间才能观察到分子运动。换句话说,观察松弛现象,升高温度和延长作用力时间(或观察时间)是等效的。

2. 线型非晶态高分子的力学状态和热转变 如上所述,任何物质总处于一定的物理状态,如纯水在常温常压下是液态,在 0℃时结冰变成固态,100℃时沸腾汽化成为气态。水所处的状态是由自由能、温度、压力、体积等热力学参变量决定的。当水从一种相态转变为另一种相态时,其热力学函数就会发生突变,这种转变仅与热力学函数有关,与过程无关,称为热力学状态(thermodynamic state)。

在不同受力条件下,非晶态聚合物所处状态不同。如室温下的橡胶轮胎在恒定外力下表现出一定的弹性,但喷气式飞机以极快的速度着落时有可能使轮胎破裂,恒定的外力与快速的冲击力使同样的轮胎表现出不同的力学性能,这表明在两种情况下轮胎处于不同的状态。因此,把这种能因外力作用速度不同而表现出不同力学性能的状态叫作力学状态。显然,这种状态的转变并不是相变。温度改变也能实现力学状态的转变,然而绝不能因此把力学状态与热力学状态混为一谈。不过,通过改变温度来研究力学状态的转变是一个方便而有意义的途径。

(1)温度—形变曲线。在等速升温下,对线型非晶态聚合物施加一恒定的力,就可得到形变随温度变化的曲线,通常称之为温度—形变曲线或热机械曲线,如图2-28所示。

温度较低时,聚合物形变很小,只有$0.01\%\sim0.1\%$,而弹性模量高达$10^{10}\sim10^{11}\,\mathrm{N/m^2}$,形变瞬时完成。外力除去,形变立即恢复,这种状态与低分子玻璃相似,称为玻璃态(glassy state)。

温度升高,形变可达$100\%\sim1000\%$,外力除去后,可逐渐回复原状。这种受力能产生很

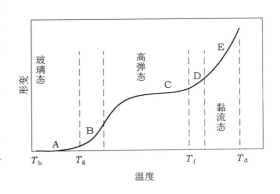

图2-28　线型非晶态高聚物的温度—形变曲线

大的形变,去除外力后能回复原状的性能叫高弹性,这种力学状态称为高弹态(high-elastic state)(或橡胶态,rubber-like state)。非晶态高分子的玻璃态与高弹态的相互转化温度叫玻璃化转变温度(glass transition temperature),通常以T_g表示。

温度升到足够高时,聚合物变成黏性液体,形变不可逆,这种状态称为黏流态(viscous state)。高弹态与黏流态之间的转变温度为流动温度,以T_f表示(也称黏流温度,viscous flow temperature)。高分子的黏流温度,可视为大分子刚好产生相对移动时的温度,也可理解为大分子的相对移动刚好被冻结时的温度。如果再继续升高温度达到分解温度时,高分子链中的化学键受热破坏而开始分解。

对网状聚合物而言,由于其分子链被化学键所交联,所以不会出现黏流态,如橡皮。

非晶态聚合物的力学状态与及相对分子质量有关(图2-29),高弹态与黏流态之间的过渡区随相对

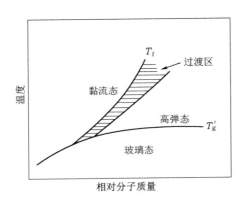

图2-29　非晶态高聚物力学状态与相对分子质量和温度的关系

分子质量的增大而变宽。

(2)三种力学状态的分子运动机理。从图2-28中曲线可以看出,线型非晶态高分子在较小的恒力作用下,随温度的变化,它们的形变能力明显地分成三大区域,即玻璃化温度(T_g)以下为玻璃态区;玻璃化温度到黏流温度(T_f)之间为高弹区;黏流温度到分解温度(T_d)之间为黏流态区。非晶态高分子的三种力学状态有其不同的分子运动机理和不同的力学特征。

①玻璃态。高分子处于玻璃态时,硬如玻璃。由于温度低,分子间的作用力大,物理结点也多,热运动能量不足以使大分子和链段运动,只有大分子中的原子或原子团在其平衡位置上转动和摆动。当受到外力作用时,只能使键角、键长产生变化,形变很小。这种形变与应力瞬时平衡,属于普弹形变。

②高弹态。高分子在 $T_g \sim T_f$ 温度范围内,由于温度升高,体积膨胀,分子间的作用力相应减小,热运动能量可以克服某些物理结点的牵制,从而使链段发生热运动,但整个大分子还不能相对移动,此时高分子显得柔韧有弹性。当外力作用时,除了键角、键长改变所引起的普弹形变外,由于链段运动改变了大分子的构象而引起很大的形变,外力消除后,这种大的形变或迟或早总要回复。其形变量可高达 $100\% \sim 1000\%$,故称为可逆的高弹形变。

非晶态高分子的高弹态与玻璃态的相互转化温度为玻璃化温度,以 T_g 表示。这一温度可以理解为:高分子从玻璃态向高弹态转变时,链段刚好能运动的温度;也是从高弹态向玻璃态转化时,链段运动刚好被冻结时的温度。在温度—形变曲线的高弹区内出现一"橡胶平台",说明在橡胶平台区内,高分子的形变能力与温度无关。这一现象可解释为:一方面温度升高,可运动的链段增多,其形变能力也增大;另一方面是随温度升高,链段的无规热运动能力也增大,而这种无规热运动又会使回弹能力增大,也就增加了形变的阻力。这两方面作用相抵消,使曲线出现了"橡胶平台"。

③黏流态。随温度进一步提高,热运动能量不仅使更多的链段运动,而且通过链段运动沿外力方向的传递、扩散,可使整个大分子的重心产生相对移动。所以在 $T_f \sim T_d$ 高分子受力后可以产生不可逆的永久变形,此时的形变又称为塑性形变或黏流形变。处于黏流态的高分子,分子间力仍很大,黏度很高,流动阻力也很大。

由此可见,从分子运动的本质来看,非晶态高分子的三种物理状态可理解为,链段运动被冻结的状态是玻璃态;链段可以自由运动的状态是高弹态,大分子可以相对移动的状态是黏流态。

如果将高分子的温度—形变曲线(图2-28)与低分子物质的温度—形变曲线(图2-30)进行比较,则可知:低分子物质只呈现两种状态,即玻璃态和黏流态。对低分子物质而言,分子小,分子间作用力也小,没有可产生链段运动的结构特征,也就不可能有高弹态。可见,高弹态是高分子所特有的力学状态,因为只有高分子才有链段独立运动的

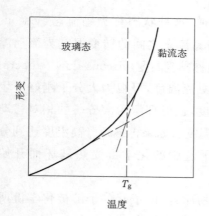

图2-30 无定形低分子物质的
温度—形变曲线

特性。如果温度再升高,低分子液体可以汽化,而高分子流体不能汽化只能分解,这是由于高分子之间作用力的加和结果远远大于化学键力的缘故。

实验证明,非晶态高分子力学状态的转变不是突变过程,而是在一定的温度范围内完成的。如图 2－28 所示,B 区为玻璃态与高弹态互相转变的过渡区;D 区为高弹态与黏流态互相转变的过渡区。一般过渡区的温度范围为 $20\sim30℃$,在过渡区内,高分子的性能逐渐变化,但一般仍用 T_g 和 T_f 来表示非晶态高分子力学状态转变的特征温度。必须指出的是:T_g 和 T_f 往往随测试条件和方法的不同而有所差别。

由此可见,当非晶态高分子在室温条件下处于玻璃态时,可用作塑料或纤维。玻璃化温度为塑料的最高使用温度,故提高玻璃化温度,可提高其耐热性。在室温条件下处于高弹态时,可用作橡胶,降低玻璃化温度可提高橡胶的耐寒性;提高黏流温度,则可提高其耐热性。如果使用温度低于橡胶的玻璃化温度,则它会失去弹性而变脆;高于黏流温度,它会失去弹性而发黏。在室温下处于黏流态的高分子只能用作涂料或黏合剂。

(3)影响玻璃化转变温度的因素。玻璃从熔融状态冷却时,黏度迅速增大,最后凝固成坚硬的透明体,它保持着液体的无序结构,成为过冷液体,这就是玻璃化现象。非晶态聚合物熔体迅速冷却时,也有类似现象。

玻璃化转变时,聚合物的许多性能,如质量体积、比热容、热熔、线膨胀系数、黏度、折光指数、介电常数、力学损耗、核磁共振吸收等发生急剧变化。如果以这些性能对温度作图,则可看到曲线斜率发生不连续的突变或曲线出现极值,这个转变点的温度就是玻璃化转变温度,如图 2－31 所示。

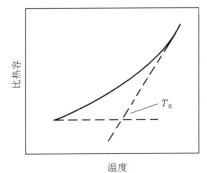

图 2－31 高聚物比热容—温度曲线示意图

对于玻璃化转变的解释有多种理论,这里着重介绍自由体积理论。这种理论认为,聚合物的体积实际上由两部分组成,一部分是高分子链本身所占的体积;另一部分则是分散在整个物质之中的"空隙",又称为自由体积。自由体积的存在为分子链的构象转变、链段位移提供了活动空间。聚合物冷却时,链段热运动减少,所需的活动空间相应减小,自由体积也逐渐减小;温度降至 T_g 时,自由体积达到最低的临界值,聚合物进入玻璃态,此时链段运动被"冻结",自由体积保持恒定值,因而聚合物的玻璃态是等自由体积状态。Williams、Landel 和 Ferry 根据自由体积理论推导出,当聚合物发生玻璃化转变时,体系的自由体积分数(即自由体积与总体积之比)为0.025。实验证明,大多数非晶态聚合物在玻璃化转变时自由体积分数 $f_g=0.025\pm0.003$,从而证明自由体积理论能很好地反映客观规律。

T_g 不仅因实验条件而异,也因实验方法而不同。在文献中,同一聚合物的 T_g 值往往相差很大,甚至超过 $20℃$。因此在使用文献中的 T_g 值时应注意其测定方法和条件。尽管如此,T_g 仍是制备聚合物时一个十分有用的工艺指标。

聚合物在低于 T_g 时具有玻璃固体的特征,而高于 T_g 时则具有高弹固体的性质。因此,用作塑料的聚合物,T_g 是其最高使用温度,而用作橡胶的聚合物,T_g 是其最低使用温度。此外,对聚合物玻璃化转变的研究还能获得有关高分子链结构及运动的知识,有助于进一步了解高分子结构与性能的关系。

T_g 是高分子链段冻结或开始运动的转变温度,不难想象,T_g 与分子链的柔性有关。凡能减小分子链柔性的因素,如增加主链刚性或引入极性基因、交联、结晶、取向,都会使 T_g 升高;而增加高分子链柔性的因素,如在主链中引入—Si—O—键等会使 T_g 降低。这些影响因素详述如下:

①主链结构。主链由饱和单键如 C—C,C—O,Si—O 等构成的聚合物,其 T_g 一般都不高。当主链中引入苯基、联苯基、萘基等芳环后,分子链刚性增加,T_g 也提高。主链中含有孤立双键时分子链都较柔顺,T_g 较低,天然橡胶及许多合成橡胶分子都属此种情况。

②侧基的极性。侧基极性越强,链间作用力越大,必然阻碍内旋转,T_g 也越高。如聚丙烯($-18℃$)＜聚氯乙烯($81℃$)＜聚乙烯醇($85℃$)＜聚丙烯腈($90℃$)。

③几何立构因素。主链上带有庞大侧基时,空间位阻增大,导致内旋转势垒增加,T_g 升高。但如果侧基是柔性链,则侧基越大,柔性越大,此时侧基起了内增塑作用,T_g 下降。如季碳原子上对称双取代,此时空间位阻虽增大,但由于对称性因素占主导,实际上 T_g 下降了。

④相对分子质量。当聚合物相对分子质量较低时,T_g 随相对分子质量的增加而升高。但当相对分子质量足够大时,T_g 与它无关。T_g 与相对分子质量的关系可表示为:

$$T_g = -T_{g(\infty)} - \frac{K}{\overline{M}_n} \tag{2-25}$$

式中:$T_{g(\infty)}$——当相对分子质量无限大时的 T_g;

K——常数;

$\overline{M}_n$——聚合物的数均分子量。

每个高分子链有两个链端链段,由于中间链段受两相邻链段牵制,而链端链段只有一端受阻,因此后者的活动性大于前者,其自由体积也相应增大,增大的部分称为超额自由体积。相对分子质量越小,高分子链端链段所占比例越大,超额自由体积越大,在较低温度下就达到在 T_g 时的临界自由体积,故 T_g 低。相对分子质量增大,链端链段减少,超额自由体积也相应减少,T_g 升高。相对分子质量足够大时,链端链段数与中间链段数相比可忽略,T_g 达到一恒定值。

⑤交联。分子间的交联阻碍了分子链段的运动,使 T_g 升高。交联点密度越大,相邻交联点间的平均链长越小,T_g 也越高。

⑥共聚。无规共聚物的 T_g 通常介于两种或几种均聚物的 T_g 之间,因此可通过调节共聚单体的配比来连续改变共聚物的 T_g。

⑦增塑。凡用以增加高分子材料可塑性的物质称为增塑剂。增塑剂的加入使聚合物的 T_g 下降。产生增塑作用的原因有两个:一是增塑剂与聚合物的极性基团相互吸引,起到"屏蔽作用",使链间作用力减弱,有利于链段运动;二是增塑剂分子分散在高分子链间,增加了高分子链

间的自由体积。

3. 结晶聚合物的力学状态及转变　结晶聚合物通常都存在非晶区,因此它在不同温度下也会产生上述三种力学状态,但随着结晶程度的不同,其宏观表现也有差别。轻度结晶聚合物中,微晶类似于交联点,当温度升高时,非晶部分从玻璃态变为高弹态,但晶区的链段并不运动,使材料处于既韧又硬类似于皮革的状态,称为皮革态。增塑的聚氯乙烯在室温下就处于这种状态。当结晶程度较高时,就难以觉察到聚合物的玻璃化转变,其温度—形变曲线如图2-32所示。结晶聚合物熔融后,是否进入黏流态取决于聚合物相对分子质量的大小(图2-33)。如果相对分子质量相当大,则晶区熔融后会出现高弹态,这对加工成型不利。通常,在保证足够力学强度的前提下可适当降低结晶聚合物的相对分子质量。

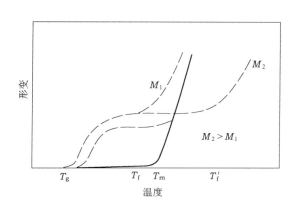

图2-32　晶态和非晶态高聚物的
温度—形变曲线

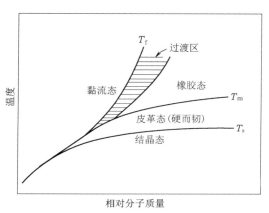

图2-33　晶态高聚物的力学状态与相对
分子质量及温度的关系

六、高分子混合物的聚集态结构

高分子混合物是指以高分子为主体的多组分混合体系。可用不同的方法得到高分子混合物,以改善高分子材料某些方面的性能,也可使其具有综合的优良性能。

高分子混合物根据其混合组分的不同可分为三大类:

1. 增塑高分子　增塑高分子是增塑剂与高分子的混合物。例如,增塑后的聚氯乙烯既可改善其成型性,又可使制品变得柔韧。

2. 填充高分子　填充高分子是指填充剂与高分子的混合物。例如,炭黑增强的橡胶,纤维增强的塑料,钙塑材料等。这类混合物既可改善其力学性能,又可降低成本。

3. 共混高分子　共混高分子是指把两种或两种以上性质不同的高分子复合所形成的多组分材料,它兼有各组分的原有特性,又具有复合材料的新性能。用不同的共混方法制得的共混高分子性能各异,发展的领域十分广阔,也是近三十年来人们最为关注、研究最多的领域之一。

高分子混合物按其组分分散程度又可分为均相混合物和非均相混合物。增塑的高分子多属于均相混合物,而共混高分子多为非均相混合物。非均相的共混高分子又可分为非晶态—非晶态、晶态—非晶态,晶态—晶态三种不同的共混体系。

共混高分子的性能取决于聚集体系的区域结构,即共混组分的互溶性。若两组分完全不互溶,则形成两个完全分离的区域结构;若两组分完全互溶,则形成一个完全不分离的均相结构。这两种极端情况的共混高分子均不具有良好的性能。只有在部分互溶的情况下,形成分相而又不分离的结构,才能使共混高分子即保持各组分原有的特性,又赋予复合材料新的性能。例如,用丁腈橡胶改善聚氯乙烯的耐冲击性能时,聚氯乙烯与丁腈橡胶的互溶性随丙烯腈含量的增加而提高,当丙烯腈的含量在5%左右时,共混物将形成网状的区域结构,其耐冲击性能最好。

从热力学观点看,高分子共混并不是热力学的稳定状态,但又不像低分子混合体系那样不稳定就容易发生进一步的相分离。由于高分子共混体系的黏度很大,分子链以及链段的运动实际上处于"冻结"状态,或者说其运动难以观察得到,所以才使得共混高分子的热力学不稳定状态得以维持并相对稳定下来。

完全互溶的共混高分子与增塑高分子的混合效果相似,都能形成均相体系,这样的共混物只有一个玻璃化转变温度。完全不互溶的共混高分子,由于形成了分相又分离的体系,两相有相对的独立性,因而各自有其玻璃化转变温度。这种性质可用来鉴定共混高分子的相分离情况,也可用来判断共混组分间的互溶性。

第四节　高分子物的力学性能

高分子的力学性能是指高分子材料受力后的力学响应,如形变大小、形变可逆性及抗破损性能等,具体表现为抗张强度(tensile strength)、硬度(rigidity)、弹性模量(modulus of elasticity)、断裂伸长率(extension at break)等。了解和掌握高分子力学性能的一般规律和特点,有利于正确、合理地使用高分子材料,也有助于进一步揭示高分子结构与力学性能的内在联系。

一、高分子物力学性能的分类

高分子固体材料的力学性能可分为形变(deformation)性能和断裂(rupture)性能。形变性能又分为弹性(elasticity)、黏性(viscosity)及黏弹性(viscoelasticity),弹性又有普弹性(general elasticity)和高弹性(long - range elasticity)之分;断裂性能有脆性断裂(brittle rupture)和韧性断裂(tenacity rupture)的区别,即:

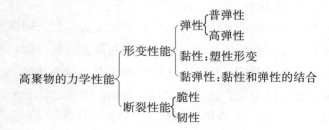

普弹性表现为在较小的应力作用下,高聚物只产生很小的与形变时间无关的瞬时可逆变形,这种变形是由化学键的键长和键角的变化引起的,因此与材料的内能改变无关。形变时内能增加,即外力做功转变为内能储存起来;当外力消除时,形变立即恢复,瞬时释放出内能而对外做功。所以,普弹性又称能弹性。金属、陶瓷、玻璃态高分子都有这种弹性。

高弹性表现为在一恒定应力作用下,高聚物可产生很大的可逆变形。高弹性是由材料内部的熵变引起的,形变时,分子链沿力场方向伸展并有序排列,体系的熵减小;形变恢复时,分子链通过热运动又回到无规卷曲状态,分子链的构象数增多,体系的熵增大。所以,高弹性又称熵弹性(entropic elasticity)。常温下的橡胶材料就具有这种形变特性。

黏性流动(黏流变形)是由于在恒力作用下,分子链的重心产生相对移动而引起的。高分子分子间作用力很大,分子链的相对移动要克服分子间作用力,所以处于黏流态的高分子产生流动变形时,表现出很大的黏滞性。

实际上,高分子受力产生形变时,总是表现出弹性和黏性的综合形变特性,故高分子又常称为黏弹材料。塑料的形变就具有黏弹性,其黏弹形变和黏流形变常同时出现,有时难以区分。这两种形变都与时间有关,其区别在于黏弹形变在一时间间隔内可以回复,而黏流形变是不能回复的。

二、高分子物的高弹性

橡胶等一类聚合物由于具有高度的弹性变形能力,所以说它们处在"高弹态"的力学状态下而具有高弹性。原则上,所有的线型结构聚合物,只要其相对分子质量足够大,分子链的刚性不是很大,就总能处于高弹态。如果聚合物在室温时呈现高弹态,那么,这种聚合物就可能成为橡胶材料。

1. 高弹性的特点 高弹性建立在链段运动的基础上,低分子物质不存在链段运动,因而也没有高弹性和高弹态。所以高弹性是高分子材料独有的一种物理性能,也是橡胶类物质(又称弹性体)所具有的最宝贵的一种物理性能。

与普弹性和普通弹性体相比,高弹性和高弹性体具有以下四个特点:

(1)弹性好,形变率大。它们的形变可高达 1 000%,且回弹性也很好。而一般金属材料的弹性形变不超过 1%。

(2)有松弛特性。高弹性的发展有时间依赖性,在未交联的橡胶中尤为明显。

(3)形变过程有明显的热效应。快速拉伸时,聚合物(橡胶)的表面温度会升高,而金属材料则恰好相反。

(4)弹性模量小。高弹性体的弹性模量只有 $10^5 \sim 10^6 \mathrm{N/m^2}$,而一般金属材料的弹性模量可达 $10^{10} \sim 10^{11} \mathrm{N/m^2}$,只有金属的 $1/10^4 \sim 1/10^5$。

2. 高弹性的本质 高弹形变是可逆的,可用热力学进行分析,这将有助于对其本质的理解。

假定长度为 l 的橡胶试样在张力 f 作用下产生等温可逆形变,伸长 $\mathrm{d}l$。由热力学第一定律可知,体系内能的变化应等于体系吸收的热量减去体系对外做的功,即:

$$dU = dQ - dW \tag{2-26}$$

又由热力学第二定律知：

$$dQ = TdS \tag{2-27}$$

橡胶拉伸时体系对外所做的功 dW 包括两部分，一部分是拉伸时体积变化所做的功 PdV；另一部分是形状变化所做的功 fdl，因后者是外力对体系做功，故为负值，则有：

$$dW = PdV - fdl \tag{2-28}$$

将式(2-27)、式(2-28)代入式(2-26)得：

$$dU = TdS - PdV + fdl \tag{2-29}$$

实验证明，橡胶在拉伸时体积几乎不变，即 $dV = 0$，所以：

$$dU = TdS + fdl \tag{2-30}$$

式(2-30)也可写成：

$$f = \left(\frac{\partial U}{\partial l}\right)_{T,V} - T\left(\frac{\partial S}{\partial l}\right)_{T,V} \tag{2-31}$$

式(2-31)的物理意义为，当 T、V 不变时，橡胶张力是由于伸长时内能变化和熵变化所引起的。实验测定证明：$\left(\frac{\partial U}{\partial l}\right)_{T,V} = 0$，所以：

$$f = -T\left(\frac{\partial S}{\partial l}\right)_{T,V} \tag{2-32}$$

上两式表明，在橡胶等温拉伸时，内能几乎不变，而主要引起熵的变化，换句话说，橡胶弹性由熵变引起，此种弹性称为熵弹性。以上分析，将宏观的弹性与微观的熵变联系起来，从而阐明了橡胶弹性的微观本质，借此可以解释高弹性的特点，即在拉伸力作用下，仅仅引起高分子链由原来的卷曲状态变为伸展状态；当外力除去后，就又会自发地回复到原来的卷曲状态。

3. 高弹性与高分子结构的关系　良好的弹性体不但要求在较宽的温度范围($T_g \sim T_f$)内具有高弹性，而且要求在伸长时仍要具有较高的拉伸强度和弹性模量(坚韧性)，还要求高分子具有能提供强度和耐热性的化学结构(即交联结构)及物理结构(大分子间吸引力和分子间的缠结)，即具有链段易运动而分子链整体运动较困难的条件。为此，高分子的结构要具有以下三种特性：

(1)分子链要长且柔顺性好。高弹性产生于大分子的长链结构和链上单键的内旋转。当拉伸橡胶时，它的分子链通过单键的内旋转改变分子链的构象而表现出伸长；解除外力后，由于链段的热运动，分子链又恢复卷曲状态而表现出回弹。可见，柔顺的长链有利于单键的自由旋转和实现高弹形变，而分子链愈长愈有利于大分子构象的转变。另外，柔顺性大，使 T_g 降低；分子量大，使 T_f 升高，所以柔顺的长链能获得宽广的高弹区。

天然橡胶和大多数合成橡胶分子链上每隔 4 个(或更多)碳原子就有一个双键,这就保证了大分子的柔顺性。而且橡胶的相对分子质量一般都比较大。

(2)具有无定形态结构。高分子链最理想的情况是在没有应力作用时呈无定形态,在拉伸时出现结晶相,而回缩后仍是无定形的,这样可以保证它在拉伸状态时具有高强度和高弹模量(即具自动补强的性质)。天然橡胶、顺丁橡胶、氯丁橡胶就是这样。为了形成无定形结构,在进行高分子设计和合成时可以引入不规则链节以达到此目的。例如,聚乙烯和聚丙烯都是结晶高聚物,不能制作橡胶,但将乙烯和丙烯(20%以上)共聚,则可制得乙丙橡胶。

(3)能进行交联反应。通过交联反应使橡胶的线型分子变成网状分子(称硫化)以保证橡胶制品的各项性能指标,特别是力学强度、弹性、耐磨性、抗蠕变性和耐热性。因为一定程度的交联可以防止高分子链的滑移,从而提高强度,消除或减少永久变形。适当的交联也有利于弹性的提高。高分子链上有非共轭双键,既便于交联,又使链的柔顺性增加。因此,二烯类高聚物大多是橡胶。

除了化学交联以外,近年来物理交联的方法也日益获得发展和应用。这是因为实现化学交联在工艺上比较麻烦,而且橡胶硫化后失去了热塑性,不能反复成型,所以"再生"橡胶的使用价值极为有限。物理交联则能克服这一缺点。所谓物理交联就是指通过分子间(包括链段间)的次价力来实现交联,这种次价力在高温下被强烈的链运动所削弱,这时的分子链段彼此间能够相对滑动,于是材料具有流动性,就像通常的热塑性塑料那样容易成型。当成型的制品冷却后,次价力又重新发挥作用,交联效果产生,制品表现为具有一定强度和尺寸稳定的高弹性体。

三、高分子物的力学松弛特性——黏弹性

上述高弹形变为平衡高弹形变,不仅形变可逆,且在外力作用时间内形变达到平衡,大多数橡胶制品在正常使用条件下,均属此情况。但在某些情况下,又会出现高弹形变滞后于外力变化,即除去外力后,形变也不会立即回复,这就是非平衡高弹。

理想弹性体形变可逆,且与时间无关。理想粘性体形变随时间而变,且不可逆。聚合物的形变性质依赖于时间而且可逆,介于理想弹性体和理想黏性体之间,因此可看作是黏性与弹性的结合,称为黏弹性(viscoelasticity)。

聚合物的力学性质随时间而变化的现象总称为力学松弛现象,或黏弹性现象。高分子材料在固定应力或应变作用下观察到的力学松弛现象称为静态力学松弛,最基本的有蠕变和应力松弛;聚合物在周期性变化的应力(或应变)作用下的力学行为,则称为动态力学松弛,最主要的有应力弛豫(松弛)、滞后和内耗等。

1. 蠕变 蠕变(creep)是指在一定的温度和较小的恒定外力作用下,高分子的形变随时间的增加而逐渐增大的现象。例如,软聚氯乙烯丝钩着一定质量的砝码,就会慢慢地伸长,解下砝码后,丝又会慢慢地收缩,这就是聚氯乙烯丝的蠕变现象。

从分子内部运动和变化的角度来看,蠕变过程包括三种形变。

(1)当高分子受到外力作用时,分子链内部键长和键角立刻发生变化,形变量很小,是普弹

形变,用 γ_1 表示。当外力去除后,普弹形变可立刻完全回复。如图 2-34 所示,其中 t_1 是加载负荷时间,t_2 是释放负荷时间。

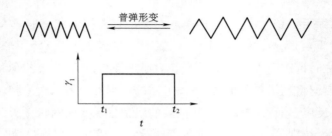

图 2-34 普弹形变与时间的关系

(2)高弹形变是通过链运动,使卷曲的分子链逐渐伸展,形变量比普弹形变要大得多,但形变与时间成指数关系,以 γ_2 表示。外力去除后,高弹形变逐渐回复,如图 2-35 所示。

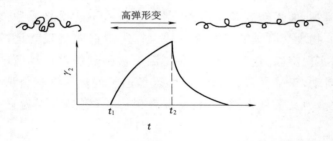

图 2-35 高弹形变与时间的关系

(3)线型高分子还会发生分子链间的相对滑移,即黏性流动,用 γ_3 表示。外力去除后,黏性流动是不能回复的,称为不可逆形变(或塑性形变),如图 2-36 所示。而普弹形变 γ_1 和高弹形变 γ_2 称为可逆形变。

高分子受到外力作用时,以上三种形变是一起发生的。图 2-37 是线型高分子的蠕变曲线和回复曲线,曲线上标出了各部分形变的情况。

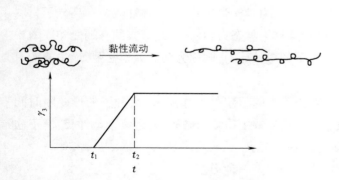

图 2-36 塑性形变与时间的关系

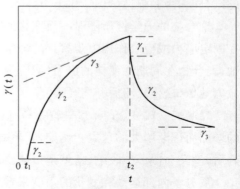

图 2-37 线型高聚物的蠕变曲线

蠕变与温度高低和外力大小有关。温度过低,外力过小,链段运动及大分子链间的相对滑移都进行得很慢,在短时间内觉察不到有蠕变现象的存在;温度过高,外力过大,形变发展过快,也感觉不出蠕变现象。通常高分子在温度稍高于其 T_g 时,链段在适当的外力作用下可以运动,但运动时受到的阻力仍然较大,以致链段只能缓慢运动,此时的蠕变现象较为明显。

可见,温度过高或过低,外力过大或太小,蠕变现象都不明显。因此,只有在 $T_g < T < T_g + 30℃$,且在适当的外力作用下,蠕变现象才较为明显。

蠕变性能反映了聚合物尺寸稳定性的优劣。仪器仪表中的齿轮、梁架等零件如发生蠕变,将会影响仪器的正常运转。作为纤维用的聚合物在常温下也应有较好的抗蠕变性,否则会造成衣服变形走样。聚四氟乙烯蠕变现象很严重,不宜制作承受负荷的机械零件,但作为密封材料却非常合适。

2. 应力松弛

(1)应力松弛现象及其机理。在一定温度下,使高分子试样迅速产生形变,试样内产生与外力相抗衡的内应力,在保持形变不变的情况下,随时间延长,应力不断衰减的现象,叫应力松弛。例如,迅速地把一块交联的橡胶拉伸到一定的长度,并维持这个长度不变,在开始阶段,要花些力气,但是随着时间的延长,会感到越来越省力,直至完全不必用劲。这是因为橡胶里面的应力在慢慢地减少,甚至可以完全消失。

应力松弛机理与蠕变一样,也是大分子在力(开始造成的应力)的长时间作用下发生了构象的变化或产生位移,使应力衰减或消失。图2-38描绘了这一过程。

图2-38　应力松弛过程的分子构象变化示意图

1—样品起始时,分子链卷曲,相互缠结　2—将高分子突然拉伸到某一长度,分子链上某些原子间的键长、键角被拉大,分子链有的被拉直一些,但仍然互相交缠着　3—固定这一形变一段时间后,分子链慢慢经过链段热运动,调整构象,恢复到比较自然稳定的状态,有些缠结点被解开,应力消失

(2)应力松弛的影响因素。应力松弛与蠕变一样,与分子结构如分子链的柔性、极性、结晶、交联,以及外界条件如温度、外力等有关。分子链柔性越大,应力松弛越快;刚性越大,松弛越慢;交联后应力只能松弛到一定值,不能松弛到零。

图2-39为天然橡胶的典型应力曲线。图中未硫化橡胶(即未经交联),应力可以松弛到零。对于硫化交联后和体型高分子,应力不能松弛到零,只能减少到与它所维持的形变相适应的数值。这是因为,交联点不像物理缠结点那样,能在应力作用下通过分子热运动而解

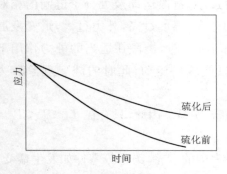

图 2-39 天然橡胶的应力松弛曲线

开,交联键力图使高分子保持一定的形状,因而必然存在着与外力相抗衡的内部应力,所以应力不能松弛到零。

温度对应力松弛的影响很大。温度升高,松弛时间缩短;温度降低,松弛时间延长。在玻璃化温度附近,应力松弛表现最为显著,温度高时和温度低时的应力松弛都不明显。这是因为温度高时,链段运动所受到的阻力小,链段运动活跃,能使整个分子链产生相对位移,故应力很快松弛到零。当温度很低时,例如,常温下的非晶态塑料,链段运动能力很弱,内摩擦力大,此时形变主要是由键角、键长的变化而引起的普弹形变,因此几乎看不到应力松弛。

3. 滞后和内耗   所谓滞后现象(hysteresis),简单地说就是形变发展落后于应力发展的现象。在试验机上拉伸或压缩橡胶试样时,如果是理想橡胶,则伸长和回缩曲线应该是重合的,如图 2-40 中的 *OCE* 曲线。但实际上橡胶有黏性,形变总是落后于应力的,当伸长时,应力到达 *OA*,实际伸长只能达到 l_1,而不是 l_0;当形变回复时,应力减小到 *OD*,实际伸长只缩短到 l_2,也不是 l_0,因此应力与应变总处于不平衡状态。图 2-40 中,伸长曲线与横坐标所包围的面积 *OBEQ* 为橡胶伸长时储存的机械能,面积 *ODEQ* 为回缩时所放出的机械能,两个面积之差为滞后环面积,是伸缩一周所损失的机械能,这一能量损失即为滞后损失。由于大分子链构象的改变需要一定时间,所以高分子在交变外力的作用下,形变总是不能达到与应力相对应的平衡状态,就产生了滞后现象。

一般刚性分子的滞后现象小,柔性分子的滞后现象严重。滞后现象还受外界条件的影响,当外力作用频率较低时,链段可以运动,但却跟不上外力的变化,就出现较小的滞后现象。若外力作用频率不变,改变温度也会产生类似的影响,只有在 T_g 附近,链段才能运动,但仍跟不上外界条件的变化,这时滞后现象严重。

当应力的变化和形变的变化一致时,就没有滞后现象,此时每次形变所做的功(应力×应变)等于回复原状时所取得的功,没有功的消耗。如果形变的变化落后于应力的变化,则发生滞后现象,每一循环变化中就要消耗功,这种

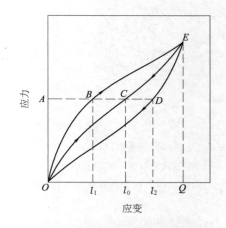

图 2-40 橡胶的拉伸与回缩应力—应变曲线

被消耗的功称为力学损耗(mechanic loss),又称"内耗",以热的形式释放出来。高分子是一个热的不良导体,热量不易散发出来,不断积累起来会使高分子本身温度升高。

内耗的大小不但与高分子的分子结构有关,还与温度有关。研究力学内耗很有实际意义,可从中知道高分子在交变应力作用下老化加速的原因。若要提高高分子的使用寿命,就

要求内耗较小;但对于防震或隔音的材料则要求内耗较大,这样吸收的能量多,防震或隔音的效果就好。

四、高分子物的强迫高弹性与脆化

1. 强迫高弹性　普通的硅酸盐玻璃硬而脆,掉在水泥地上就会破碎。但是有机玻璃掉在地上却不易碎,而聚碳酸酯用锤子敲也不破碎,拉伸时还有很大的形变值。高分子玻璃的这个特点,与它在玻璃化温度以下可以产生强迫高弹性(compelling high elasticity)有关。

低分子物质与高分子物的这种区别可以用应力—应变实验来说明。低分子玻璃在外力作用下形变很小,如果作用力超过其断裂强度 F_1(试样未断前所能承受的最大的力),试样就断裂,此时相对伸长率在 $1\%\sim2\%$,如图 $2-41$ 曲线 1 所示,这种玻璃是脆性的。如拉伸玻璃态高分子物,可得到图 $2-41$ 中曲线 2。起初的伸长率很小,与低分子玻璃相似,但伸长率可达 $3\%\sim4\%$ 而不会断裂(这种形变的本质是普弹形变,instantaneous elastic deformation)。当外力继续增加到 F_2(强迫高弹性极限应力)以后,玻璃态高分子物就产生很大的形变,约 $100\%\sim200\%$。这种形变是玻璃态高分子的特点,是链段受外力强迫产生的,除去外力后,试样并不回复原状,只有把它加热到 T_g 以上的温度时,被拉伸的部分才会逐渐自动回复。因可拉伸 $100\%\sim200\%$,所以这种形变的本质是高弹形变。又因这是在外力作用下,强制玻璃态的高分子发生的高弹性形变,所以这种性质叫作强迫高弹性。发生这种形变所必须达到的力,称为强迫高弹应力(compelling high - elastic stress)。

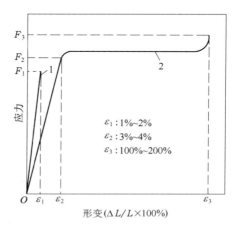

图 $2-41$　玻璃态高聚物的强迫高弹性

F_1—低分子玻璃态断裂强度

F_2—玻璃态高聚物强迫高弹性极限应力

F_3—玻璃态高聚物的断裂强度

简单地说,强迫高弹性是指处于玻璃态的高分子可在强制外力作用下,产生高弹形变的性质。高分子玻璃之所以具有这种特性,是由于高分子双重结构运动单元造成的。小结构单元(链段)运动赋予高分子高弹形变,而大结构单元(整个长链)运动给予力学强度。

从理论上讲,高分子在玻璃态时,链段的运动已被"冻结",但强制外力作用使之克服了链段之间的内摩擦阻力,从而使它可以沿外力方向运动,产生强迫高弹形变。低分子物质由于没有链段运动,外力只能使之产生极小的形变(普弹形变),加大外力便会产生破坏性,因而低分子物质表现出很大的脆性。再进一步说,高弹态和玻璃态之间并无结构本质上的区分,仅仅由于链段热运动的松弛特性而决定了它们在力学性质上的差异。当温度高于 T_g 时,链段取向运动的松弛时间短,高弹性能充分显现;当温度低于 T_g 时,链段热运动被"冻结",在外力作用下,松弛时间极长,松弛过程几乎不能显示;但是外力增大到一定值后,可使链段的位垒降低,从而缩短高分子链段沿外力方向运动的松弛时间,使玻璃态被"冻结"的链段能越过位垒而运动。

2. 玻璃态高分子的脆性和脆化温度　所谓脆性(brittleness)就是材料在形变很小的情况下被破坏的现象。例如,聚氯乙烯薄膜在夏天很柔软,不易破裂,但在冬天低温时,用很小的外力碰撞它,薄膜就会发生破裂,这就是高分子脆性的表现。

发生脆性断裂时的温度称为脆化温度,常用 T_b 表示。T_b 是衡量高分子耐寒性的指标。塑料的使用温度不能低于 T_b,即在 $T_b \sim T_g$ 下使用。T_b 越低的塑料,其低温性能越好。

脆性与高分子能否产生强迫高弹性有关。一般来说,强迫高弹形变大,脆性变小,故影响脆性和脆化温度 T_b 的因素与产生强迫高弹形变的因素是一致的。分子结构、相对分子质量的大小、使用条件等都会影响脆性和脆化温度。

(1)分子链的柔性对 T_b 的影响。分子链柔性大,在 T_g 以下的强迫高弹形变小,T_b 升高,T_b 与 T_g 接近。故橡胶的 $T_b \sim T_g$ 范围窄,低温脆性大。刚性高分子,强迫高强形变大,T_b 比 T_g 低得多,$T_b \sim T_g$ 范围宽,即使在很低的温度下高分子材料都能承受外力的冲击而不变脆。其原因与强迫高弹性相同。

(2)相对分子质量对 T_b 的影响。相对分子质量增大,脆化温度不断降低,并趋于某一极限值保持恒定。这就是说,相对分子质量大的高分子物,它的耐寒性好。

(3)外力作用速度对 T_b 的影响。高分子的 T_b 与 T_g 一样,与测定时的外力大小、作用力速度(或时间)有关。作用力速度越快,T_b 越高。

在工业上,用 T_b 来衡量塑料的耐寒性。至于橡胶,温度达到 T_g 将失去高弹性,且它的 T_b 值与 T_g 值非常接近,因而实际上往往是取两者(T_g 与 T_b)中温度较高的一个数值作为其耐寒性的指标。

五、结晶高分子物拉伸过程的形变特性

如果将一个结晶高分子试样进行单向拉伸,则可得到图 2-42 的应力—应变曲线。这条拉伸曲线与玻璃态高分子的拉伸曲线相比,具有明显的转折,整个曲线可分为三段。

①Ⅰ段。应力增加很快,而伸长却很小,应力与应变成正比,此段曲线为一直线,试样被均匀地拉长,伸长率为百分之几到十几。到达 Y 点(屈服点)后,试样的截面突然变得不均匀,出现一个或几个"细颈",如图 2-42 中 b,由此进入第二阶段。

②Ⅱ段。细颈与非细颈部分的截面积分别维持不变,而细颈部分不断扩展,非细颈部分逐渐缩短,直至整个试样变细为止,如图 2-42 中试样由 b 至 d 的变化。第二阶段的应力—应变曲线表现为应力几乎不变,而应变不断增大,直到全部变为细颈为止。第二阶段总的应变随高分子的不同而不同,

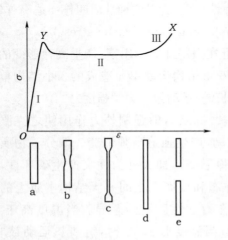

图 2-42　结晶高聚物拉伸过程应力—应变曲线及试样外形变化示意图

支链的聚乙烯、聚酰胺、聚酯之类应变可达 500%，而线型聚乙烯可达 1 000%。

③Ⅲ段。细颈后的试样重新被均匀拉伸。应力又随应变的增加而增大，直到断裂点。

结晶高分子拉伸曲线上的转折点与细颈的出现以及最后发展到整个试样突然断裂有关。

试样拉伸过程中，分子排列产生很大的变化，尤其接近屈服点或超过屈服点时，分子沿拉伸方向开始取向。在结晶高分子中微晶也进行重排，然后在取向的情况下再结晶。拉伸后的材料在熔点以下难以回复到取向前的状态，但加热到熔点附近，还是能回缩到拉伸前的状态，因此这种结晶高分子的大形变与强迫高弹形变一样，从本质上也是高弹性的，只是形变被新产生的结晶所"冻结"而已。

可见，结晶高分子的拉伸与玻璃态高分子的拉伸情况（强迫高弹性）有许多相似之处。这两种拉伸过程都要经过弹性变形、屈服、"成颈"（necking）、发展大形变以及"应变硬化"（strain hardening）等阶段，拉伸最后阶段材料都呈现强烈的各向异性，断裂前的大形变在室温时都不能自发回复，而加热后都能回复原状。在本质上这两种拉伸过程造成的大形变都是高弹形变，统称为"冷拉"（cold drawing）。但这两种拉伸过程又有差别，如两者可被拉伸的温度范围不同，玻璃态高分子的冷拉温度区间是 $T_b \sim T_g$，而结晶高分子却在 $T_g \sim T_m$。最大的差别是，结晶高分子的拉伸过程包含结晶的破坏、取向和再结晶等过程，即拉伸过程有相变，玻璃态高分子拉伸过程不发生相变。

六、高分子物的力学强度

力学强度（mechanical strength），是固体物质受机械力作用时所显示的一种抵抗破坏或者阻止自身弹性形变（elastic deformation）或塑性形变（plastic deformation）的能力，力学强度是衡量固体高分子材料使用性能的重要指标。有关内容将在第三章中作详细介绍。

第五节　高分子物的流变性

流变性是指物质流动与变形的性能及其行为表现。研究物质在外力作用下流动与变形的科学称为流变学（rheology），高分子流变学是其中一个主要的分支，它的内容涉及高分子流体（高分子的溶液及熔体）和固体。这里主要讨论高分子熔体的流变性质。

一、高分子物熔体的流变特性

高分子熔体的流变特征主要表现在以下几个方面：

（1）高分子的流动是以大分子链段运动为基础的。高分子流体受外力作用时，首先是运动单元即链段沿力场方向改变构象，再通过链段运动的传递、扩散，引起整个大分子的相对移动，从而实现宏观的流动。这与低分子流体的流动不同，低分子物质没有链段运动特征，其流动是整个分子的迁移运动。可见，高分子流体的流动行为必然有其特殊的行为表现。

(2)高分子流体的黏度很大,而且随相对分子质量的增加而显著增大。低分子物的相对分子质量小而且是定值,分子间作用力小,故其流体的黏度也很小,而且在一定的温度下是一个常数。水在室温下的黏度仅为 10^{-3} Pa·s;高分子流体的黏度高达 $10^3 \sim 10^4$ Pa·s,故其流动困难,但这又为高分子成型拉伸制品提供了条件。高分子流体的黏度与相对分子质量有明显的依赖关系,而低分子流体就没有这种依赖关系。

(3)高分子流体在流动过程中伴随有高弹变形的发生。低分子流体基于整个分子的移动,

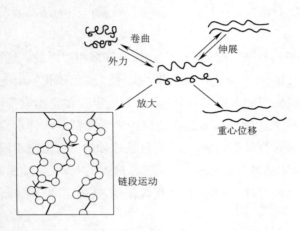

图 2-43 高聚物流动时的分子运动示意图

属纯塑性流动,流动变形是完全不可逆的。而高分子流体在流动之初,首先是链段改变构象,沿力场方向使大分子舒展产生高弹变形,这种由高弹变形所表现的流动称为弹性流动;当流动停止时,舒展的大分子自发回弹,故这种弹性流动是可逆的。当弹性流动达到最大值后,即大分子舒展后的流动,才使大分子重心产生相对移动,此时的流动为不可逆的塑性流动,即真实流动。高分子流体的流动过程如图 2-43 所示。

可见,高分子流体的流动变形是可逆的高弹变形和不可逆的塑性变形的综合表现。而弹性变形与塑性变形的比例,则取决于高分子流体的性质及流动条件(温度、外力、流动时间)。当温度低,外力大且作用时间短时,主要表现为弹性流动;当外力作用的时间很长,温度又高时,主要表现为塑性流动。

(4)高分子流体的流动不符合牛顿流动定律(Newtonian flow law)。低分子流体多数为牛顿型流体,其黏度在一定温度下是一个常数,而且与剪切应力(剪切速率)的变化无关。高分子流体的黏度是随剪切应力(剪切速率)的变化而改变的,其黏度变化的幅度可达二到三个数量级。如多数塑料熔体的黏度是随剪切速率的提高而降低的。可见,高分子流体的流动性与剪切速率有很大的依赖性。高分子流体的这种流变特性,对塑制成型工艺条件的制订有很大指导意义。

二、牛顿型流体和黏度

描述流体层流行为的最简单的定律是牛顿流动定律。设层流流动液层的面积为 A,受到外力 F 的作用而移动,则该液层所受的剪切应力 $\tau = F/A$;设相邻两液层之间的距离为 dy,相邻两液层的速度差为 dv,则液层的速度梯度(velocity gradient)为 dv/dy,如图 2-44 所示。实验证明:层

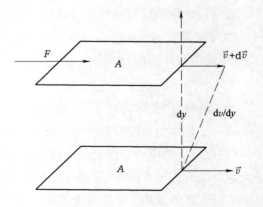

图 2-44 层流流体的剪切流动

流流动时的剪切应力(shear stress)与速度梯度成正比,即:

$$\tau = \eta \frac{dv}{dy} \qquad (2-33)$$

式(2-33)为牛顿流动定律的表达式,式中的比例系数为牛顿流体的黏度,简称牛顿黏度。黏度的物理意义可以从分子运动角度来说明:宏观流动是分子重心相对移动的表现,液体分子产生相对移动时,必定要克服分子之间的内摩擦阻力,而液体的黏度就是反映液体流动时所克服的内摩擦阻力大小的表征量。

在恒力作用下,A 液层的移动速度等于单位时间内该液层沿 x 轴移动的距离,即 $v = dx/dt$,故液层间的速度梯度又可表示为:

$$\frac{dv}{dy} = \frac{d(dx/dt)}{dy} = \frac{d(dx/dy)}{dt} \qquad (2-34)$$

式(2-34)中,dx/dy 是一液层相对于相邻液层所移动的距离,也是在剪切应力作用下,该层液体产生的剪切变形。若令 $\gamma = dx/dy$,则:

$$\frac{dv}{dy} = \frac{d\gamma}{dt} \qquad (2-35)$$

式(2-35)中:$d\gamma/dt$ 为单位时间内的剪切变形,即切变速率,也称为剪切速率。切变速率与速度梯度有相同的数值,若令 $\dot{\gamma} = d\gamma/dt$,牛顿流动定律可写成:

$$\tau = \eta \dot{\gamma} \qquad (2-36)$$

式中:$\dot{\gamma}$ ——切变速率,s^{-1};

η ——牛顿黏度,$Pa \cdot s$。

凡流体的流动行为符合牛顿定律式(2-36)的,则称为牛顿流体(Newtonian fluid),而牛顿黏度仅与流体的分子结构及温度有关。其剪切应力 τ 与切变速率 $\dot{\gamma}$ 的关系曲线称为牛顿流体的流动曲线,如图 2-45 所示,图中直线的斜率即为牛顿黏度。

一般来说,很多低分子液体都可以视为牛顿流体,而高分子的熔体,除了少数几种(聚碳酸酯、偏二氯乙烯—氯乙烯共聚物等)与牛顿流体相近外,大多数高分子的熔体和浓溶液的流动行为都不服从牛顿流动定律,这类流体统称为非牛顿型流体(non - Newtonian fluid)。

三、非牛顿型流体

非牛顿型流体(non - Newtonian fluid)的种类很多,下面着重介绍宾汉塑性体(Bingham plastic fluid,又称塑性流体)、假塑性流体(pseudoplastic fluid)、膨胀流体(dilatant fluid)等几类流体的流动特性。非牛顿型流体的流动曲线如图 2-46 所示。另外为了更好地了解非牛顿型流体的特性,将其一些基本情况列于表 2-6 中。

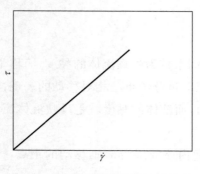

图 2-45　牛顿型流体的流动曲线

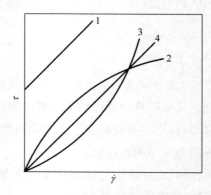

图 2-46　各种类型流体的流动曲线

1—塑性流体　2—假塑性流体

3—膨胀流体　4—牛顿型流体

表 2-6　非牛顿型流体的基本类型及其含义

类　型	定　义	流动方程或表观黏度	备　注
宾汉塑性体 (Bingham plastic fluid)	宾汉塑性体的流动曲线也是直线,如图 2-46 曲线 1。这种流体的特征是,当切应力 τ 小于临界值 τ_0 时,流体根本不流动,只有当切应力大于临界值 τ_0 时才产生牛顿型流动,即有屈服现象	$$\tau - \tau_0 = \eta\dot{\gamma}$$	泥浆、牙膏、黄油及一些含中、高填充量填料的高分子体系具有这种流体性质
假塑性流体 (pseudoplastic fluid)	假塑性流体的流动特征见图 2-46 曲线 2。它的黏度随剪切速率、剪切应力的增加而下降,即切力变稀。曲线不显示塑性体特有的屈服应力,但曲线的切线不通过原点,而交纵轴于某一 τ 值,又似乎有一屈服值,所以称为假塑性流体	$\tau/\dot{\gamma}$ 不是常数。曲线上某点的表观黏度: $\eta_a = \dfrac{\tau}{\dot{\gamma}}$	假塑性流体是非牛顿流体中最普遍的一种,绝大多数高分子熔体或浓溶液都属于这种体系
膨胀性流体 (dilatant fluid)	其流动行为如图 2-46 曲线 3 所示的液体称为膨胀性流体。它的特性是表观黏度随切应力、切变速率的增大而增大,故称之为切力增稠的流体	$\tau/\dot{\gamma}$ 也不是常数。表观黏度: $\eta_a = \dfrac{\tau}{\dot{\gamma}} = k \cdot \dot{\gamma}^{n-1}$ 　当 $n=1$ 时,流动属牛顿型;k 即为牛顿黏度;$n<1$ 时,流动属假塑性;$n>1$ 时,流动属膨胀性。故 n 值表示非牛顿型流体与牛顿型流体之间的差异程度,称为非牛顿指数或流动行为指数。n 值越小,偏离牛顿型越远,流体黏度随 n 值的增大而降低越多,流动性也越好	乳液聚合而成的聚氯乙烯属增塑剂糊状体系,当其中的树脂浓度在 50%(体积分数)以上时,就有显著的切力增稠现象产生。含填料的聚己内酰胺熔体也属膨胀体

第六节　高分子溶液

高分子溶液是以高分子为溶质,与溶剂形成的分子分散体系(disperse system)。研究高分子溶液的组成和性质有助于加深对高分子结构及结构与性能关系的认识。

一、高分子溶液的特点

高分子溶液中溶质(高分子)粒子比较大(10^{-6}～10^{-4} mm),正好在胶体分散度的范围内,因此,它在与粒子大小有关的性质,如扩散很慢、不能透过半透膜、光散射等方面,显示出与胶体溶液相似的特性。所以,过去曾把高分子溶液误作为胶体溶液(colloidal solution, pseudosolution)来研究。后来,随着对高分子溶液本质的了解逐步深入,才知道高分子溶液是真溶液(molecular solution, true solution),而不是胶体溶液。它是一个平衡体系,有一定的溶解度,符合相平衡规律,是热力学的稳定体系,不会发生聚沉(coagulation)现象,而且具有可逆性(reversibility),即温度下降能分相,升高温度又能溶解。

高分子溶液的不稳定性是由于高分子的相对分子质量具有多分散性,平衡过程缓慢以及各种杂质的影响造成的,所以有时会变形出类似胶体的动力学性质。

高分子溶液与低分子溶液相比,有以下不同:

1. 高分子溶解过程比低分子物质要缓慢得多　一般高分子溶解过程需要几个小时、几天,甚至几个星期。这主要是因为高分子大多具有长链结构,分子链向溶剂移动过程中既要移动大分子链的重心,又要克服大分子链之间相互作用力的阻碍,因而扩散速度较慢。高分子的溶解过程往往经历两个阶段:先是溶剂分子渗透到高分子内部,使高分子体积膨胀,称为溶胀(swelling)。然后才是高分子分散在溶剂中,进入溶解阶段。一般来说,线型、支化分子可以溶解,体型分子由于网络结点的束缚只能溶胀,不能溶解。

2. 高分子溶液的黏度要比同浓度的低分子溶液的黏度大得多　这是因为,虽然高分子链在溶液中被大量溶剂所包围,但由于内部摩擦和分子间作用力的存在而使得高分子链具有相对的稳定性,不易流动;同时,溶剂分子在溶液中的运动也受到一定的限制。所有这些原因导致了高分子溶液黏度比低分子溶液黏度大一个或几个数量级。所以,浓度为10%以上的高分子溶液就显得特别黏稠,有的甚至像胶冻一样。

3. 大多数高分子溶液都能抽丝或成膜　常见的聚乙烯醇薄膜、人造丝、氨纶、人造羊毛、玻璃纸、电影胶片等产品都是通过高分子浓溶液来纺丝或成膜而制成的。

4. 高分子溶液的行为与理想溶液有很大偏差　高分子溶液同低分子溶液一样,都遵循宏观热力学的规律,能用各种热力学函数来描述溶液的平衡状态。但是,高分子溶液的行为与理想溶液有很大偏差,其中混合熵值的偏差尤其大。这是由于每一根高分子链都具有柔性,在溶液中常常表现为由几个链段组成,而每一个链段又起着类似一个分子的作用。这样,溶液内溶剂分子和高分子链排列的方式更加复杂化,导致混合熵值的异常增加。因此,高分子溶液的热力学性质要比低分子溶液复杂得多,达到溶解平衡需要的时间特别长。

二、高分子溶液的性质与其浓度的关系

高分子溶液的性质随其浓度增减会有很大的变化。一般说来,浓度小于5%的为稀溶液,而大于5%的为浓溶液。进行相对分子质量测定和分级所用的溶液浓度一般在1%以下,属于稀溶液,它们多数很稳定,在没有化学变化的条件下,其性质不随时间而改变。抽丝所用的溶液,一般在15%以上,属于浓溶液,其黏度往往很大,稳定性也比较低,如果溶剂的溶解能力差,则有时会有高分子析出。油漆或胶浆是更浓的溶液,浓度可达60%,黏度更大。当溶液浓度很大时,高分子链相互更为接近,甚至发生纠缠,这些都有可能使体系产生凝胶化,导致体系不是呈流动状态,而是呈半固体的胶冻状态。许多天然高分子都有这个特点。当高分子的含量比低分子化合物多得多时,体系中高分子反而是溶剂,而低分子化合物反而是溶质。例如,在高分子中混入一些增塑剂,就是这种情况。此时的溶液更浓,类似固体,它有一定的力学强度。所以,如果以低分子液体和高分子之间的数量比例为依据,则可以把高分子溶液划分为下列几个范围:纯低分子液体—稀溶液—较浓溶液—胶冻—增塑高分子—高分子。由此可见,这些体系随着高分子溶液浓度的增加,而趋于具有固体的性质,而且由于高分子链之间距离的减小,使体系的性质变得非常复杂。

三、高分子物溶解热力学

高分子溶液是热力学的平衡体系,因此,可以用热力学理论分析高分子的溶解过程。对溶质—溶剂的混合体系来说,其混合自由能变化为负值时,溶解可自动发生,即:

$$\Delta F = \Delta H - T \Delta S < 0 \tag{2-37}$$

式中:ΔF ——混合自由能;

ΔH ——混合热焓;

ΔS ——混合熵;

T ——热力学温度。

当高分子溶解时,混合体系的熵总是增大的,即 $\Delta S > 0$。这是因为溶解前,大分子处于固体中,其构象数很少;溶解后,大分子在溶液中可以自由地改变构象,大分子的无规热运动可使构象数增多,从而使溶液中大分子的紊乱程度加大,故 $\Delta S > 0$,这有利于 ΔF 为负值。

对溶解过程的放热体系来说,$\Delta H < 0$,也有利于 ΔF 为负值。如硝基纤维素—丙酮的混合体系,溶解时放热 $\Delta H < 0$,放热使体系的温度升高,分子运动加快,其 ΔS 进一步增大,而使 ΔF 进一步减小,溶解过程即自动顺利进行。

对溶解过程的吸热体系来说,$\Delta H > 0$,这是不利于 ΔF 为负值的,溶解可能不会自动进行,此时就要看体系温度及熵的变化了。只要升高体系的温度,保证 $|T \Delta S| > |\Delta H|$ 就可以使 ΔF 为负值,溶解就能发生。如天然橡胶—苯的混合体系,加热既可升高体系温度,又可使 ΔS 增大,从而促使其溶解。

可见,高分子的溶解由两种因素起作用:一是反映分子间作用力大小的能量因素(ΔH);另

一是反映大分子紊乱程度的熵的因素（ΔS）。对极性相似的高分子和溶剂来说，分子间的内聚能相似，不同分子间可以结合，致使高分子发生溶剂化作用，同时放热而溶解，否则就不能溶解，这主要是 ΔH 在溶解过程中起主导作用。对于非极性高分子和非极性的溶剂体系，由于分子间的内聚能小，分子间的约束力也较小，分子运动自由，体系紊乱程度大，溶解时 ΔS 起主导作用。对于分子链刚硬，运动能力差的高分子，其溶解性很差，甚至不能溶解。这也是高分子能否溶解的理论依据。

在某一定温度下，高分子开始溶解时，溶液的浓度很小，溶液中溶质分子很少，活动自由，构象数多，此时 ΔS 值很大，使溶解继续顺利进行；随着溶解时间推移，溶液的浓度逐渐变大，溶液中大分子数也逐渐增多，大分子的活动受到约束，其构象数渐渐减少，溶解的速度变慢，当 ΔS 小到 $|T\Delta S|=|\Delta H|$ 时，混合体系的自由能不再改变，即 $\Delta F=0$，溶解的速度为零，即达到溶解平衡，此时的溶液为该温度下的饱和溶液。因为高分子的溶解能力与温度有关，故改变温度可以破坏以上的平衡，升高温度平衡向溶解方向移动；降低温度平衡向沉淀方向移动，而且高分子溶质是从大到小依次沉淀。这就是利用高分子溶液的性质，进行高分子相对分子质量分级的理论依据。

四、高分子物的溶解过程及其特点

高分子的溶解过程可以看作是高分子间的物理结合力逐渐被大分子与溶剂分子间的结合力取代的过程。由于高分子链很长，分子间物理结合力的作用点很多，故这一取代过程是逐渐进行的。在大分子之间的结合力没完全被取代之前，大分子不会摆脱聚集体系的束缚而向溶剂中扩散，只有完成这种取代过程后，大分子才能向溶剂中扩散，即发生溶解；又因高分子链运动迟缓，故其溶解也是缓慢的。

高分子分子间的物理结合力被大分子与溶剂分子间的物理结合力取代的过程，称为溶剂化过程，这种取代作用称为溶剂化作用。由于溶剂化作用是从溶剂分子向高分子的渗入开始的，故高聚物的溶解过程可分为以下两个阶段。

1. 溶胀阶段　高分子之间的相互作用力很大，所以在溶剂中首先是溶剂小分子渗入到大分子的间隙中，从外层开始逐渐向内部深入，使大分子间的物理结合力逐渐被取代，溶剂化作用也就逐渐进行。由于溶剂分子的渗入增大了大分子之间的距离，所以高分子的体积出现膨胀，其膨胀的程度随溶剂化程度的增大而增大。大分子没有完全溶剂化之前不会自动进入溶剂中。这一阶段称为溶胀阶段。

交联网状高分子因其交联的化学键不能被溶剂破坏，故其吸收溶剂有限，溶胀也有限，因而只能溶胀而不能溶解。如经过硫化的橡胶浸在汽油中的情况就是这样。溶胀的程度随交联度的提高而降低，当交联度大到可以阻止溶剂分子渗入时，溶胀就不可能发生。溶胀是溶剂分子向高分子内渗入的结果，小分子的渗入形成渗透压力，同时使交联链伸张而产生回弹力，当这两个力相等时，即达到了溶胀平衡，高分子溶胀的体积不再改变。对超高分子量的高分子来说，没有合适的良溶剂能使之充分溶剂化，这种高分子也只能溶胀，而不能溶解；对于一般的线型高分子，如果溶剂选择不当，则溶剂化作用小，不能使大分子充分溶剂化而分离，因而也就只能有限溶胀而不能溶解。

2. 溶解阶段　对于非交联的高分子,在其良溶剂中可以无限地吸收溶剂分子,实现无限地溶胀,最终完全溶解。在这一阶段中,高分子的大分子链由于充分溶剂化而摆脱了彼此的束缚,自由地运动到溶剂中,并从高浓度向低浓度扩散。因为溶剂化作用是逐渐进行的,高分子链运动又缓慢,所以通过分子链扩散运动而达到溶解平衡的时间就很长。为加快溶解速度,只能在溶胀阶段借助搅拌作用来加快溶剂化作用。但溶解阶段就不能再进行搅拌了,否则,溶解后的分子链会因搅拌而不能均匀扩散,甚至缠绕在搅拌器上而影响扩散。

高分子的溶解是大分子在溶剂中的扩散过程,而这一扩散过程又是通过链段运动完成的,因此线型无定形高分子通过溶胀能顺利地溶解;结晶高分子的溶解与之不同,结晶高分子是晶区和非晶区相间共存的体系,其晶区分子链有序而紧密,溶剂分子不能渗入,只有非晶区吸收溶剂分子才能发生溶剂化作用。可见,要使晶体顺利溶解,首先要使结晶熔化,这样分子链才能发生溶剂化作用而溶解。结晶高分子又有极性和非极性两类。极性结晶高分子由于强极性基团的存在,分子间的相互作用力很大,如果选用极性相当的良溶剂,即使不加热也能使之顺利溶解。这是因为非晶区可以吸收溶剂分子而发生溶剂化作用,借助极性基团相互作用时放出的热量,使晶区熔化,进而使这部分分子链发生溶剂化作用而溶解。如聚酰胺在室温条件下即可溶解于苯酚、甲酚、40%的硫酸与60%的甲酸混合溶液中;涤纶可溶解于间甲酚中。非极性结晶高分子的溶解往往需要加热,因为非极性基团的相互作用时吸热或热效应很小,加热可促进其非晶区的溶剂化作用及晶区的熔化,从而使晶区分子链运动,并进一步溶剂化而溶解。如低压聚乙烯,熔点为135℃,在四氢萘中加热到120℃以上才能溶解;间规聚丙烯,熔点为134℃,等规聚丙烯,熔点为176℃,两者在十氢萘中加热到130℃以上才能溶解。

总之,高分子溶解的特点是:溶解过程缓慢、溶解前先发生溶胀、可溶性结晶高聚物只有破坏结晶之后才能溶解;高分子的溶解能力随相对分子质量的增大、结晶度的提高而变差。

五、高分子物溶剂的选择

选择好高分子的溶剂具有重要的意义。高分子溶液生产技术的发展以及工艺操作的改进,往往与能否找到适当的溶剂密切相关。例如,聚丙烯腈合成成功以后,多年来没有实现其工业价值,这是因为聚丙烯腈的极性强,不能在分解温度以下熔融,因此也就无法塑制成型。直到1950年人们才发现了有效的溶剂(二甲基甲酰胺),从而利用高分子溶液生产腈纶。在实验室中需要利用高分子稀溶液进行相对分子质量分级或相对分子质量测定,有时还要利用溶剂萃取法精制提纯高分子,而这些都需要正确地选择溶剂。

低分子液体常被分为优良溶剂、不良溶剂和非溶剂。这是按低分子液体与高分子混溶时的热力学性质来区分的。在较宽的温度范围内和任意的浓度范围内,都能与某种高分子无限混溶,并形成热力学稳定体系的低分子液体称为该种高分子的优良溶剂。在任何温度和浓度范围内,都不能与某种高分子形成热力学稳定体系的低分子液体,称为该种高分子的非溶剂。而介于二者之间的低分子液体,则称为不良溶剂。

要使高分子很好地溶解,可以从两方面考虑:一是寻找低分子良溶剂;另一是改变难溶高分子的分子结构,从而使之很好地溶解。经过长期的生产实践和科学实验,人们总结出一些高分子溶解性能的规律,现简介如下。

1. 极性相近原则　极性大的溶质易溶于极性大的溶剂;极性小的溶质易溶于极性小的溶剂,这就是极性相近相溶的原则。这一原则适用于低分子物质,也适用于高分子的溶解。例如,未硫化的天然橡胶是非极性的,可溶于汽油、苯、甲苯等非极性溶剂中;聚苯乙烯可溶于非极性的苯或乙苯中,也可以溶于弱极性的丁酮中;聚乙烯醇是极性的,能溶解于极性的水、乙醇中;聚丙烯腈是强极性的高分子材料,它溶于强极性的二甲基甲酰胺中。极性相近相溶原则在一定程度上对高分子物溶剂的选择具有指导意义。但这一原则也仅仅是前人经验的总结,尚缺乏严格的理论依据,在应用上有时也会出现例外。

2. 溶剂化原则　溶剂化是指高分子链与溶剂分子间产生一定的作用力,以致溶剂把高分子链分离。这里的作用是指广义的酸碱相互作用或亲电体(电子接受体)与亲核体(电子给予体)的相互作用。例如,硝基纤维素含有亲电基—NO_2(广义酸),故易溶于含有亲核基 $\diagup C{=}O$(广义碱)的酮类(丙酮,丁酮等)溶剂中;三醋酸纤维素含乙酰基(广义碱),易溶于二氯甲烷和三氯甲烷(广义酸)中。如果将两种纤维素的溶剂互换,使溶剂和溶质同为广义酸或广义碱,即使它们的极性相近,因为不能发生溶剂化作用,也不会相溶。因此,在考虑极性相近相溶的同时,还应根据广义的酸碱中和理论判断能否发生溶剂化作用,只有发生溶剂化作用才能相溶。

与高分子物和溶剂有关的常见亲电、亲核基团的强弱次序为:

亲电基团:—SO_2OH > —$COOH$ > —C_6H_4OH > ${=}CHCN$ > —$CHNO_2$ > —$CHCl_2$ > ${=}CHCl$

亲核基团:—CH_2NH_2 > —$C_6H_4NH_2$ > —$CON(CH_3)_2$ > —$CONH—$ > ${\equiv}PO_4$ > —$CH_2COCH_2—$ > —$CH_2OCOCH_2—$ > —$CH_2OCH_2—$

高分子物溶剂化后如果经历长时间加热,其溶剂化层也不易破坏,这说明溶剂和高分子之间的结合很稳定,其中以氢键结合的形式最稳定。当溶剂为水、酚、有机酸、酰胺或胺时,或高分子中含有—OH、${=}NH$、—NH_2 等基团时,溶剂和高分子之间可以形成氢键。当这种氢键的键能大于溶剂分子间氢键的键能时,更有助于高分子的溶解。锦纶66和涤纶易溶于苯酚中的原因就在于此。

3. 内聚能密度相近原则及溶解度参数　极性高分子在极性溶剂中的溶解,从热力学上判断是可以自发进行的,而非极性高分子在非极性溶剂中的溶解,应满足的热力学条件是 $|T\Delta S|>|\Delta H|$,即应使混合体系的自由能变为负值($\Delta F<0$)。

混合体系混合热焓(ΔH)的变化与溶剂及溶质的内聚能有关,这是溶剂和溶质的性质所决定的。两种低分子液体混合时,假若混合后的体积不变(即 $\Delta V=0$),则混合过程的热效应就是由溶剂分子间的作用能 W_{11}、溶质分子间的作用能 W_{22}、溶剂与溶质分子间的作用能 W_{12} 三者不相同而引起的。

从分子间相互作用的能量分析:当满足 $W_{11}<W_{12}$,且 $W_{12}>W_{22}$ 时,溶解可自发进行,同时放热,$\Delta H<0$,如极性溶质在极性溶剂中的溶解。当 $W_{11}=W_{12}=W_{22}$ 时,借外来能量作用也可溶解,这种情况的热效应很小,$\Delta H{\rightarrow}0$,或混合时吸热,即 $\Delta H>0$,如非极性溶质在非极性溶剂中的溶解。当 $W_{11} > W_{12}$，且 $W_{12} < W_{22}$ 时，混合体系不相溶，此时 $\Delta F = 0$。

研究表明非极性分子混合时，如不发生体积变化，则混合热可用下式计算：

$$\Delta H_m = \phi_1 \phi_2 (\delta_1 - \delta_2)^2 V \tag{2-38}$$

式中：ϕ_1——溶剂体积分数；

$\quad\phi_2$——高分子物体积分数；

$\quad\delta_1$——溶剂溶度参数；

$\quad\delta_2$——高分子物溶度参数；

$\quad V$——溶液的总体积。

由此可见，δ_1 与 δ_2 越接近，ΔH_m 越小，越能满足自发溶解的条件，一般 δ_1 与 δ_2 的差值不能大于 $1.7 \sim 2.0$。

溶度参数值等于内聚能密度(CED)的开方，可以下式表示：

$$\delta = (\mathrm{CED})^{1/2} \tag{2-39}$$

4. 混合溶剂法　当高分子的两种非溶剂的内聚能密度相差较大，而高分子的内聚能密度介于两者之间时，可将这两种非溶剂混合，使混合液的内聚能密度与高分子的内聚能密度相近，从而使高分子溶解。

第七节　高分子物结构和性能测定方法概述

一、高分子物结构的测定方法

高分子结构是材料物理和力学性能的基础，掌握它是人们了解高分子的微观、亚微观，直到宏观不同结构层次的形态和聚集态所必不可少的条件。

测定链结构的方法有 X 射线衍射法(大角)、电子衍射法、中心散射法、裂解色谱法——质谱法、紫外吸收光谱法、红外吸收光谱法、拉曼光谱法、微波分光法、核磁共振法、顺磁共振法、荧光光谱法、偶极矩法、旋光分光法、电子能谱法等。

测定聚集态结构的方法有 X 射线小角散射法、电子衍射法、电子显微镜(TEM、SEM)法、光学显微镜法、原子力显微镜法、固体小角激光光散射法等。

测定结晶度的方法有 X 射线衍射法、电子衍射法、核磁共振吸收(宽线)法、红外吸收光谱法、密度法、热分析法等。

测定高分子取向程度的方法有双折射法、X 射线衍射法、圆二色性法、红外二色性法等。

高分子分子链整体结构形态的测定可分为四部分：

(1)相对分子质量的测定方法有溶液光散射法、凝胶渗透色谱法、黏度法、扩散法、超速离心法、溶液激光小角光散射法、渗透压法、气相渗透压法、沸点升高法、端基滴定法等。

（2）相对分子质量分布的测定方法有凝胶渗透色谱法、熔体流变行为法、分级沉淀法、超速离心法等。

（3）支化度的测定方法有化学反应法、红外光谱法、凝胶渗透色谱法、黏度法等。

（4）交联度的测定方法有溶胀法、力学测量法（模量）。

二、高分子物分子运动（转变与松弛）的测定

由以上分析可知，多重转变与运动是研究高分子结构和性能的关键，因为所使用的高分子材料在一定条件下总处于一定的分子运动状态，改变条件就能改变其分子的运动状态。换言之，高分子本身从某种模式分子运动状态改变到另一种平衡模式的分子运动状态就是转变，或称为松弛。转变或松弛现象反映了高分子的结构以及结构的变化。结晶高分子在温度低于 T_g 和 T_m 时有次级转变，它反映了结晶区、非晶区的分子运动。转变或松弛现象也使材料的热力学性能、黏弹性能和其他物理性能发生急剧的改变。由此可见，研究转变或松弛是了解结构与性能关系的桥梁。

了解高分子多重转变与运动之间的关系有很多方法，其中主要有四种类型：体积的变化、热力学性质与力学性质的变化及电磁效应。

（1）体积变化的测定方法，包括膨胀计法、折射系数测定法等。

（2）热学性质的测定方法，包括差热分析方法（DTA）和差示扫描量热法（DSC）等。

（3）力学性质变化的测定方法，包括热机械法、应力松弛法等。

（4）动态测量法可测定高分子的动态模量、内耗、电磁效应（介电松弛、核磁共振）等。

三、高分子物性能的测定

前已述及，高分子的力学性能主要是测定的强度、模量以及变形。试验方法有很多种，有拉伸、压缩、剪切、弯曲、冲击、蠕变、应力松弛等。静态力学性能试验机有静态万能材料试验机、专用应力松弛仪、蠕变仪、摆锤冲击机、落球冲击机等；动态力学试验机有动态万能材料试验机、动态黏弹谱仪、高低频疲劳试验机等。

材料本体黏流行为主要测定的是测定黏度以及黏度和切变速率的关系、剪应力与切变速率的关系等。采用的仪器有旋转黏度计、熔融指数测定仪、各种毛细管流变仪等。

材料电学性能主要测定的是材料的电阻、介电常数、介电损耗角正切、击穿电压。采用的仪器有高阻计、电容电桥介电性能测定仪、高压电击穿试验机等。

材料的热性能主要测定的是材料的导热系数、比热容、热膨胀系数、耐热性、耐燃性、分解温度等。测试仪器有高低温导热系数测定仪、差示扫描量热仪、量热计、线膨胀和体膨胀测定仪、马丁耐热仪、合维卡耐热仪、热失重仪、硅碳耐燃烧试验机等。

材料的其他性能还有很多，如耐热老化性能、耐自然老化性能等，可采用热老化箱和模拟自然的人工气候老化箱进行测定。测定材料的密度可采用比重计法和密度梯度管法。测定透光度可采用透光度计。测定透气性可采用透气测定仪、测定吸湿计。测定吸音系数可采用声衰减测定仪。

☞ 复习指导

高分子物的结构决定高分子物的性质,掌握高分子物的结构、形态与性能间的关系,是正确选择、合理使用高分子材料,改善现有高分子的性能,合成具有指定性能的高分子物的基础。通过本章学习,主要掌握以下内容:

1. 熟悉高分子物的结构层次。

2. 理解高分子物的链的结构。

3. 把握高分子物的聚集态结构。

4. 理解和掌握高分子物的力学性能。

5. 了解高分子物熔体的流变特性。

6. 了解高分子溶液的特性。

7. 了解高分子物结构和性能的测定方法。

☞ 思考题

1. 解释下列术语和名词:

①一级结构、二级结构、三级结构、高级结构、聚集态结构、超分子结构、构型、构象、柔顺性、内旋转势垒、链段、末端距、高斯链。

②内聚能密度、晶格、晶胞、球晶、聚合物熔点、双轴取向。

③力学状态、玻璃化温度、黏流温度、松弛过程、自由体积。

④高弹性、应力松弛、蠕变、内耗。

⑤屈服和屈服应力、冷拉伸、强迫高弹性、应变硬化。

⑥牛顿型流体、非牛顿型流体、表观黏度。

⑦溶剂化作用、溶解度参数、特性黏数。

2. 高分子结构各层次研究哪些内容?

3. 说明线型结构、支化结构和交联结构的高分子性能有何不同? 橡胶为什么必须硫化以后才能使用?

4. 写出聚苯乙烯和 1,2-聚丁二烯的全同、间同立构体的结构式。

5. 根据已给出的内旋转势垒,从分子结构上说明下列分子中 C—C 键旋转的难易:

分 子	内旋转势垒/kJ·mol^{-1}	分 子	内旋转势垒/kJ·mol^{-1}
CH_3—CH_3	12.5		
CH_3—C≡CH	2	CH_3—$\overset{\overset{CH_3}{\mid}}{\underset{\underset{CH_3}{\mid}}{C}}$—$CH_3$	17.5
$\underset{COOH}{\overset{\mid}{CH_2}}$—$\underset{COOH}{\overset{\mid}{CH}}$—$CH_3$	62.7		

6. 试说明 CH_2Cl—CH_2Cl 什么时候处于最稳定构象? 什么时候处于最不稳定构象?

7. 分析高分子链柔顺性的原因及影响分子链柔性的因素。

8. 如何理解分子链链段愈长刚性愈大？

9. 判断下列三组高分子的柔顺性有何不同，说明道理。

(1) $-\!\!\left[CH_2\!-\!CH\!=\!CH\!-\!CH_2\right]_{\!n}$　$-\!\!\left[CH_2\!-\!\underset{\underset{CH_3}{|}}{C}\!=\!CH\!-\!CH_2\right]_{\!n}$

$-\!\!\left[CH_2\!-\!CH\!=\!CH\!-\!CH_2\right]_{\!n}\!\!-\!\!\left[CH_2\!-\!\underset{\underset{\bigcirc}{|}}{CH}\right]_{\!m}$

(2) $-\!\!\left[CH_2\!-\!\underset{\underset{CH_3}{|}}{CH}\right]_{\!n}$　$-\!\!\left[CH_2\!-\!\underset{\underset{CH_3}{\overset{\overset{CH_3}{|}}{|}}}{CH}\right]_{\!n}$　$-\!\!\left[CH_2\!-\!\underset{\underset{CN}{|}}{CH}\right]_{\!n}$

(3) $-\!\!\left[CH_2\!-\!O\right]_{\!n}$　$-\!\!\left[CH_2\!-\!CH_2\right]_{\!n}$　$-\!\!\left[\underset{\underset{CH_3}{|}}{\overset{\overset{CH_3}{|}}{\bigcirc}}\!-\!O\right]_{\!n}$

10. 高聚物为什么只有固态和液态而无气态？根据下列聚合物的结构，说明它们内聚能密度不同的原因。

聚 合 物	内聚能密度/ $J \cdot cm^{-3}$	聚 合 物	内聚能密度/ $J \cdot cm^{-3}$
$-\!\!\left[CH_2\!-\!CH_2\right]_{\!n}$	259	$-\!\!\left[CH_2\!-\!\underset{\underset{CN}{|}}{CH}\right]_{\!n}$	991
$-\!\!\left[CH_2\!-\!\underset{\underset{Cl}{|}}{CH}\right]_{\!n}$	380	$-\!\!\left[NH(CH_2)_6NHOC(CH_2)_4CO\right]_{\!n}$	773

11. 叙述结晶度的定义。举例说明结晶度的测定方法。

12. 高聚物的结晶有几种形态？它们的生成条件是什么？

13. 影响高聚物结晶能力的结构因素有哪些？

14. 什么是熔点？熔限？为什么高聚物熔融是发生在一定温度范围内？

15. 简要分析说明结晶对高聚物的相对密度、拉伸强度、伸长率、硬度、弹性、耐热性、耐化学性质的影响。

16. 叙述取向度的定义。通常有哪些方法测定高分子的取向度？其原理是什么？

17. 取向与结晶有什么不同？非晶态高聚物取向后有什么变化？

18. 试述影响高分子玻璃化温度的因素。

19. 高分子有几种运动单元？试从分子运动论的角度解释非晶态高聚物的三种力学状态。

20. 什么是高弹性？高弹性有哪些特点？

21. 黏弹性的实质是什么？黏弹性表现在哪些方面？

22. 在理解蠕变的含义的基础上，说明用什么方法可提高高聚物的抗蠕变能力。

23. 什么是应力松弛? 为什么未硫化橡胶应力可松弛到零,而经硫化的橡胶不能松弛到零?

24. 强迫高弹性是怎样发生的? 为什么有机玻璃韧而不脆?

25. 判断下列几种高聚物玻璃化温度的高低,简述道理。

(1)
$$\left[\!\!\begin{array}{c} CH_3 \\ |\\ Si-O \\ |\\ CH_3 \end{array}\!\!\right]_n \qquad \left[\!\!\begin{array}{c} CH_3 \\ |\\ CH_2-C \\ |\\ CH_3 \end{array}\!\!\right]_n$$

(2)
$$\left[\!\!\begin{array}{c} Cl \\ |\\ CH_2-C \\ |\\ Cl \end{array}\!\!\right]_n \qquad \left[\!\!\begin{array}{c} \\ CH_2-CH \\ |\\ Cl \end{array}\!\!\right]_n$$

(3)
$$\left[CH_2-CH_2\right]_n \qquad \left[CH_2-O\right]_n$$

(4)
$$\left[\!\!\begin{array}{c} CH_2-CH \\ |\\ \text{(phenyl)} \end{array}\!\!\right]_n \qquad \left[\!\!\begin{array}{c} CH_2-CH \\ |\\ CH_3 \end{array}\!\!\right]_n$$

(5)
$$\left[\!\!\begin{array}{c} CH_2-CH \\ |\\ O-CH_3 \end{array}\!\!\right]_n \qquad \left[\!\!\begin{array}{c} CH_2-CH \\ |\\ O-CH_2-CH_2-CH_3 \end{array}\!\!\right]_n$$

26. 什么是内耗? 产生内耗的机理是什么? 内耗用什么表示?

27. 高聚物的实际强度为什么低于理论强度? 要想提高脆性材料的断裂强度应采取什么措施?

28. 高分子与低分子的流动机理有何不同? 影响高聚物熔体流动性的因素有哪些?

29. 液体流动曲线有几种类型? 以 $\tau-\dot{\gamma}$ 作图示意。大多数高聚物熔体属于哪种类型的流体? 为什么?

30. 与低分子化合物比较,高聚物的溶解过程有何特点? 晶态、非晶态和交联高聚物的溶解行为有何不同?

31. 根据热力学原理说明非极性聚合物能溶解于与其溶解度参数相近的溶剂中的道理。

32. 高分子溶液与低分子理想溶液在热力学行为上有何不同? 为什么?

33. 试分析高聚物先溶胀后溶解的原因。

参考文献

[1] 蔡再生. 纤维化学与物理[M]. 北京:中国纺织出版社,2004.

[2] 何曼君,陈维孝,董西侠. 高分子物理[M]. 上海:复旦大学出版社,1990.

[3] 成都科学技术大学,天津轻工业学院,北京化工学院. 高分子化学与物理学[M]. 北京:中国轻工业出版社,1981.

[4] Flory P J. Principles of Polymer Chemistry[M]. Ithaca:Cornell University Press,1953.

[5] 梁伯润. 高分子物理学[M]. 北京:中国纺织出版社,1999.

[6] 马德柱,何平笙,徐种德,等. 高聚物的结构与性能[M]. 北京:科学出版社,1999.

[7] 兰立文. 高分子物理[M]. 西安:西北工业大学出版社,1985.

［8］中国科学技术大学高分子物理教研室.高聚物的结构和性能［M］.北京:科学出版社,1983.

［9］Tobolsky A V，Mark H F.Polymer Science and Materials［M］.New York:John Wiley & Sons,Inc.，1971.

［10］夏炎.高分子科学简明教程［M］.北京:科学出版社,1998.

［11］钱保功,倪少儒,余赋生,等.高聚物的转变与松弛［M］.北京:科学出版社,1986.

［12］Koenig J L.Chemical Microstructure of Polymer Chains［M］.New York:John Wiley & Sons,Inc.,1989.

［13］赵华山.高分子物理［M］.北京:纺织工业出版社,1982.

［14］武军,李和平.高分子物理及化学［M］.北京:中国轻工业出版社,2001.

［15］Ward I M，Hadley D W.An Introduction to the Mechanical Properties of Solid Polymers［M］.New York:John Wiley & Sons，Inc.，1992.

［16］郝立新,潘炯玺.高分子化学与物理教材［M］.北京:化学工业出版社,1997.

［17］小野木重治.高分子材料科学［M］.林福海,译.北京:纺织工业出版社,1983.

［18］Jenkins A D.Polymer Science［M］.Amsterdam:North‐Holland Publishing Co.,1972.

［19］金日光,华幼卿.高分子物理［M］.北京:化学工业出版社,1991.

［20］张开.高分子物理［M］.北京:化学工业出版社,1988.

［21］Tadokoro H,Stracturc of Crystalline Polymers［M］.New York:John Wiley & Sons,Inc.,1979.

［22］轻工业部广州轻工业学校.高分子化学及物理［M］.北京:中国轻工业出版社,1992.

［23］张美珍,柳百坚,谷晓昱.聚合物研究方法［M］.北京:中国轻工业出版社,2000.

［24］Flory P J.Statistical Mechanics of Chain Molecule［M］.New York:John Wiley & Son,Inc.，1969.

［25］施良和,胡汉杰.高分子科学的今天和明天［M］.北京:化学工业出版社,1996.

第三章　纺织纤维总论

"纤维"一词迄今尚无确切定义,一般,具有足够细度(直径<100μm)和长径比(长径比>500),并具有一定柔韧性的物质均可称为纤维。具有纤维形态的物质在生活中随处可见,哪怕是金属、矿石,只要满足上述定义均可视为纤维。虽然可称为纤维的物质很多,但能作为纺织纤维的却比较少。一般在10mm以上的纤维才有纺织价值,过短可纺性差,只能用作造纸或再生纤维的原料。事实上,纺织纤维必须具备可纺性和使用性。可纺性是纤维进行纺织加工的必要条件,是纺织纤维多种性能的综合效应,主要包括纤维的长度、卷曲度等表面形态特性和强伸性、静电特性等力学性能,此外,由于在染整加工中纺织纤维要经受许多化学加工,故其耐化学稳定性和染色性也很必要。

第一节　纺织纤维的分类

纺织纤维的种类很多,随着各种新型化学纤维的不断涌现,其分类日益复杂。纺织纤维按照其线状形态,可以分为长丝(filament)和短纤维(staple, flock);按照其来源可以分为天然纤维(natural fiber)和化学纤维(chemical fiber)两大类,具体分类情况如下:

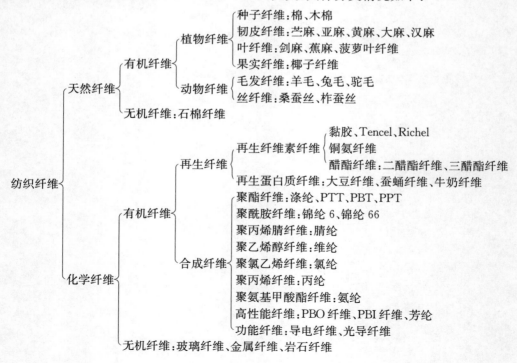

第二节　纺织纤维与纺织品

服用、装饰用和产业用纺织品已经成为纤维及其产品的三大支柱。不同国家，三大纺织品的应用比例有一定的差别，在发达国家如美国、日本等产业用纤维产品的应用量较高，已经达1/3左右。

一、服用纺织纤维及其产品

服用纺织纤维主要用来制作人们日常生活中的服装。在日常生活中，人们对服装的基本功能与附加功能的要求随着社会经济的发展、环境变化及精神状态而定。通常，经济发展停滞、精神受到压抑时，人们普遍追求的是服装的基本功能，比较注重实效。反之，人们在心理上则偏重于附加功能，较多地追求装饰、舒适和享受。作为服用纤维材料，在制成服装后必须满足以下条件。

1. 卫生保健功能　人体在新陈代谢过程中，不断产生热量，同时又不断地把热量散发到周围的环境中。人体正常体温的维持是产热和散热两个动态平衡的结果。在环境条件变化后，必须依赖服装的功能来维持产热和散热的平衡，另外，人体还不断散发水分。据研究在睡眠状态下，人体通过皮肤散发的水分达 24g/h，在活动和运动时散发的水分将更多，会产生显湿（出汗）散湿现象。这就需要服装材料应具有较好的透湿功能。此外，服装还须对皮肤具有保护作用，对虫害、尘埃和病菌有一定的防护作用，对身体分泌液有一定的吸收作用，以保持皮肤的清洁。

2. 适应活动的功能　这种功能也叫物理舒适功能或弹性舒适功能。要求服装在具有较好延展性的同时具有较好的弹性回复性能。通常针织物的延展性较好，这也是运动服基本采用针织物的原因之一。目前，随着弹力纤维——氨纶在纺织产品中的应用，机织物也可以制得高延展性的织物，具有较好的物理舒适性。

3. 耐用功能　衣服在穿着时，经常受到拉扯、搓揉、摩擦和折叠等机械力的作用，需要经受一定次数的家用洗涤。因此，纺织纤维及其产品必须具有足够的强度、延伸性和柔软性等力学性能。另外，纺织品还必须经受得起化学加工、洗涤、体液和日晒的作用。

4. 装饰、美观的功能　衣服应具有一定的形状稳定性、悬垂性和免烫性能。

二、装饰用纺织纤维及其产品

装饰用纺织品是用于美化环境的纺织品总称，根据功能又可将装饰用纺织品分为纯装饰纺织品和实用装饰纺织品。前者如锦（俗称丝绸画）、壁挂等，后者如窗帘、墙布等。纺织装饰品因使用环境不同、用途各异、类别众多，已成为纺织品家族中最具特色的分支。从豪华的宾馆到民用住宅，从客厅、卧室到厨房，乃至客车、客轮、飞机内部，到处都有纺织装饰品的踪迹。它与人们的生活紧密相连。随着社会物质、文化水平的提高，纺织装饰品的地位越显示出它的重要性。在发达国家，纺织装饰品占纺织品消耗量的 30% 左右。

一些发达国家还非常讲究装饰用纺织品的配套化、系列化和季节化,从而对装饰用纺织品的用量需求更大,对质量和花色的要求更高。此外,由于受产品花色流行趋势的影响,织物使用周期缩短,需不断更新设计与生产,这也是促使装饰用纺织品消耗量剧增的一个因素。我国装饰用纺织品的用量与发达国家相比仍有很大的差距,但改革开放后随着我国经济的发展和人民生活水平的大幅提高,装饰用纺织品的发展很快。装饰用纺织品根据其应用范围,大体可以分为以下三类。

1. 服用装饰　该类纺织品主要包括领带、领结、围巾、腰带等。

2. 室内装饰用纺织品　该类纺织品具体又可以分为地面装饰、墙面装饰、挂帷遮饰、家具覆饰、床上用品、餐厨用品与纤维工艺美术品等。这是装饰用纺织品的主体。

3. 商品包装及书籍装潢用纺织品　该类纺织品一般比较重视织物的外观效应,用以提升商品的档次。

三、产业用纺织纤维及其产品

用于非服用和装饰用的纺织产品,以及制造过程和配套服务中专门设计的工程类纺织结构材料称产业用纺织品、也称技术纺织品、高技术纺织品、高性能纺织品或工程纺织品。随着社会的发展,产业用纺织品在国民经济中所占的地位愈发重要,已经在工业、农业、国防、公共安全、航空航天、建筑、交通运输、高速公路、水利建设、环境保护、医疗、体育和服务行业等各个方面发挥了不可替代的作用。产业用纺织品的特点如下。

1. 对性能和功能要求高　产业用纺织品针对不同的使用场合和用途,都需要具备特定的性能和功能以满足使用的需要。服用和装饰用纺织品出现问题,至多也只是使消费者感到不便,但产业用纺织品出现问题就可能造成一场灾难。这就要求材料的性能耐久,其强度、耐环境性能等方面要根据使用场合不同而具有特定的要求。

2. 专业特性更强　无论是服用和装饰用纺织品,其专业领域基本仍处于传统的纺织领域,专业面比较窄,而产业用纺织品的专业特色尤其突出。一种产业用纺织品往往意味着一个工程领域或一个工程方向,而纺织品只是承载着结构加工的任务。

3. 加工方法与使用设备更加专业化　由于产业用纺织品使用的材料通常比较刚硬,而服用和装饰用纺织品所用材料相对柔软,这就使产业用纺织品加工难度大大增加。另外由于产业用纺织品独特的性能要求,有些纺织品为了满足特定的性能,需采用特定的结构,如高密、立体和各向同性等,需采用特定的设备对特定的产品进行加工。

4. 使用寿命不同　通常产业用纺织品的使用需要具有耐久性,使用寿命通常是越长越好,如用在建筑、工程和防护上的纺织品。不像服用和装饰用纺织品受到流行趋势的影响。当然,某些产业用纺织品有时要求寿命是可以控制的,如人体可吸收缝合线等。

四、纤维性能与产品的用途

纤维是纺织产品的基本组成物质。选择不适合的纺织纤维,不仅会给后续纺纱(spinning)、织造［包括机织（weaving）和针织（knitting）］、染整（dyeing and finishing）加工带来困难和麻烦，而且会使纺织产品的性能劣化，难以满足使用要求，降低使用价值。

纤维与纺织产品的使用性能、审美特性和经济性之间存在着非常密切的关系。纤维对纺织品的使用性能起决定作用，不同用途的纺织品对纤维性能要求不同，见表 3-1。

表 3-1　不同用途的纺织品对纤维性能的要求

纺织品	纤 维 性 能
普通衣料	延伸性、弹性、尺寸稳定性、吸湿性、拒水性、透气性、保暖性、隔热性、抗静电性、阻燃性、抗菌性、防虫性、消防安全性
特殊衣料	耐光性、耐气候性、耐热性、耐磨性、防水性、防火性、高强力、防辐射性、高模量
装饰用品	阻燃性、隔热性、隔音性、抗静电性、防霉抗菌性、耐磨性
产业用品	高强力、高模量、耐高温、耐腐蚀性、耐冲击性、超吸水性、高隔热性、高分离性、轻量化、耐老化性、抗疲劳性
医疗用品	生物体适应性、生物吸湿性或分解性、渗透性、选择性
军工用品	耐热性、防火性、耐磨性、通透性、轻量化、防辐射性、耐气候性、耐化学稳定性

纺织品的使用性能主要包括力学性能（physical machinery property），如强伸性（strength and stretch property）、耐磨性（abrasion proof）、耐热性以及吸湿性（hygroscopicity）等；化学性能（chemical property），如耐酸（acid proof，acid resistance）、耐碱（alkali proof，alkali resistance）、耐氧化剂（oxidant proof，oxidant resistance）以及耐有机溶剂性（organic solvent resistance）能等。虽然不同的纱线、织物结构和染整加工对纺织品的使用性能也起一定的作用，但纤维的作用是决定性的。表 3-2 列出了纤维品质与产品性能的关系。纤维是影响其产品审美特性的主要因素。纺织品的审美特性主要指外观风格（appearance style），包括颜色（color）、光泽（luster）、手感（feeling，handle）、悬垂性（draping）、膨松性（fluffy）和尺寸稳定性（dimensional stability）等。另外，纤维也是影响其产品经济性的重要因素。纺织品的经济性主要包括纤维的成本和加工费用，纺织纤维的选择和优化可以直接降低产品成本。此外，纺织纤维种类的不断增加，促进了纺织产品的多样化，尤其是近年来合纤技术的发展，为纺织产品在纤维选择上提供了更广阔的天地，使产品在品种上千变万化，在形态上千差万别，在功能和用途上各具特色。

表 3-2　纤维品质与纺织产品性能的关系

纤维品质	纺 织 产 品 性 能
细　度	厚度、刚柔性、弹性、抗皱性、透气性、起毛起球性
截面形状	光泽、覆盖性、保暖性、起毛起球性、手感
长　度	厚度、起毛起球性等
卷曲性	质量、光泽、弹性、保暖性、透气性
相对密度	质量、覆盖性
强　度	强力、起毛起球性、耐用性

续表

纤维品质	纺织产品性能
初始模量	弹性、尺寸稳定性等
吸湿性	吸湿透湿性、尺寸稳定性
电性能	耐磨性、吸污性、起毛起球性
热性能	保暖性、尺寸稳定性、燃烧性
染色性	颜色、组成图案可能性

总之,选择纺织纤维应以产品的用途为依据,以其性能为中心,不仅要充分了解纺织纤维的特性,而且还要掌握纺织纤维与产品性能之间的关系。此外,还要考虑所选纤维在产品的加工和使用中容易出现的问题。

第三节 纺织纤维的物理性能

一、纤维的长度

纤维的长度是重要的品质指标之一,与纺织加工及成品质量关系十分密切。纤维在充分伸直状态下的长度,称为伸直长度,即一般所指的纤维长度。各种纤维在自然伸展状态下都有不同程度的弯曲或卷缩,它的投影长度为自然长度。纤维自然长度与纤维伸直长度之比,称为纤维的伸直度。羊毛和化学纤维的卷曲率也由它的自然长度与伸直长度来计算。

各种纺织纤维由于品种和来源不同,长度分布是非常复杂的。天然纤维的长度受品种和生长条件的影响,其中,蚕丝最长,故称之为长丝,可不经纺纱,直接用于织造。棉、麻、毛等都被称为短纤维,其中羊毛较长,一般长度在50mm以上,最长可达300mm。棉纤维长度较短,细绒棉(fine－staple cotton)一般在33mm以下,长绒棉(long－staple cotton)一般小于50mm,长度超过50mm为超长绒棉(extra long－staple cotton)。

纤维长度可用集中性指标如主体长度或平均长度来表示。实际上纤维长度很不均匀,品种之间差异很大,即使同一棉籽上的纤维或同一头羊身上的羊毛长度也不一样。化学纤维的长度可以加工成等长的或不等长的。等长化学纤维在丝束切断时由于张力不匀或开松时纤维受到损伤,也会产生约10%的长度不匀。纤维长度不匀可用整齐度表示。天然纤维的长度整齐度差异很大,如棉纤维的长度随产地而异,印度棉为12.7～15.9mm,埃及棉为27.0～34.9mm,海岛棉为38.1～44.5mm。长度整齐度对纺织加工和产品质量都有影响。在考虑纤维长度时,还必须考虑纤维的长度整齐度。

化学纤维可根据需要,按天然纤维的长度和细度在生产过程中加以调节,所以也有长丝和短纤维之分。化学短纤维可以进行纯纺或混纺(cospinning, blending),其中大量应用的是与天然纤维或与其他种类化学纤维混纺。化学纤维的切断长度要根据加工机台型式以及与其混纺的纤维长度来确定。与棉混纺的化学纤维的长度应在35～38mm,称为棉型化纤(cotton－like fiber);毛纺机台上加工的化学纤维长度与羊毛长度相近,粗梳毛纺为 64～76mm,精梳毛纺为76～114mm,称为毛型化纤(wool－like fiber)。也有与绢丝或苎麻混纺的,切断长度更长。利用现有棉纺机台或化纤专纺设备加工 51～76mm 长度的各种化学纤维纯纺或混纺,称为中长纤维(mid－fiber)。

天然纤维的长度和细度之间存在一定的关系,例如,羊毛纤维呈负相关,即较长的羊毛一般也较粗;而棉纤维则呈正相关,即较长的棉纤维一般较细。常用于制作衣料的纤维其长度与直径之比必须大于 1 000,小于这一比例的纺织纤维只能用于制作麻袋、绳索。

纤维长度与纱线质量的关系十分密切。纤维长度越长,纤维间接触面越大,纱线受外力作用时纤维不易滑脱,可提高纱线强力。但纤维长度达到一定数值以后,长度的增加对成纱强力影响渐趋减小。棉纤维长度较短,长度对成纱强力影响较显著;毛纤维长度较长,长度对毛纱质量的影响不及其粗细度。

在保证成纱具有一定强力的前提下,纤维长的可以纺制较细的纱线。长度在 25mm 以下的粗绒棉,一般只能纺 30tex 以上的中粗号纱。29mm 左右的细绒棉可以纺 10tex 的纱。如果要纺 10tex 以下的细纱,必须使用长绒棉,最长的长绒棉可以纺 3tex 的纱。

二、纤维的粗细度及其表征方法

纤维的粗细度(fineness)是影响纱线性质最重要的因素之一。如细羊毛比粗羊毛具有更高的纺纱和商业价值。基于化学纤维的粗细度对织物某些性能的特殊作用,近年来开发了超细纤维织物产品。

纤维粗细度在很大程度上影响纺织品的弯曲刚性、悬垂性以及手感。织物的抗弯刚度与纤维的模量、截面形状、密度和粗细度有关,其中以纤维粗细度的影响为最大。细的纤维易于弯曲,手感柔软,弯曲后易于回复,其织物抗皱性能也好。

纤维粗细度还影响织物的光泽,细纤维纺制的织物表面带有柔和的光泽。纺织品的染色速率也与纤维粗细度有关,纤维越细,染料吸收效果越好。

纤维粗细度对纱条的均匀度具有重要影响。纱条粗细度一定时,截面内纤维根数与纤维粗细度成反比,纤维越细,纱条截面内纤维根数越多。由纤维随机分布所造成的纱条不匀率,与截面内纤维根数的平方根成反比。也就是说,在纱条粗细度一定时,纤维越细,纺制的纱线越均匀。而纱线均匀度又影响到纱线强力、织物外观以及在纺纱织造过程中纱线的断头率。

纱线的抗扭刚度与纤维粗细度、纤维的扭转模量以及纤维密度有关,其中尤以纤维粗细度的影响最大。细的纤维在纱线加捻时具有较低的抗扭阻力,纱线内由于加捻而产生的内应力小,捻度易于稳定,这对某些用途纱线如缝纫线是重要的。此外,细的纤维比表面积大,纱线内纤维间的接触面积大,纤维相互滑移时的摩擦阻力大。使用较细的纤维纺纱,在其他条件不变的情况下,纱线所需捻度小,纺纱生产效率可以提高。

不同的纺织纤维粗细度和截面形状差异很大。羊毛和一些化学纤维的截面是圆的,棉、麻、丝以及另一些化学纤维的截面是不规则的。纤维的粗细度曾经定义为它的直径大小,但这只能用于圆形截面的纤维,对于椭圆或其他不规则截面的纤维就不能用直径来表示粗细度。其中最常用的是用单位长度的质量,即线密度来表示粗细度,其法定单位是特[克斯](tex)及其倍数单位,如分特[克斯](dtex)等,表示化纤及蚕丝线密度的单位还有旦[尼尔],但它不是法定单位,除在外贸上经常使用外,一般不推荐使用。

1. 特[克斯](tex) 特[克斯]俗称号数,是指纤维在公定回潮率下,1 000m 长度所具有的质量(g)。因此:

$$1tex = 10^{-6}kg/m = 1mg/m \tag{3-1}$$

由于特[克斯]作为纤维的线密度指标单位太大,所以常采用分特克斯(dtex)作为纤维线密度单位,1tex 等于 10dtex,则有:

$$1dtex = 10^{-7}kg/m = 0.1mg/m \tag{3-2}$$

2. 旦[尼尔] 旦[尼尔]是指纤维在公定回潮率下,9000m 长度所具有的质量(g)。故:

$$1tex = 9\text{旦} \tag{3-3}$$

分特[克斯]与旦[尼尔]关系为:

$$1dtex = 0.9\text{旦} \tag{3-4}$$

还有一种粗细度表示法是线密度的倒数,即单位质量纤维所具有的长度,在纺织行业中称为支数。支数的单位有英制支数和公制支数,其中,英制支数因其对不同的国家、不同的材料采用不同的定义,有近二十种定义,不同数值相差可达几十倍,因此即使在英国、美国,英支的使用也逐渐被淘汰。至于公制支数,因其不是法定单位,除在外贸中常有使用外,一般场合也不推荐使用,故将公制支数与以特[克斯]为单位的线密度的乘积为 1 000 为依据,用该办法可以将特[克斯]与公制支数相互换算。同样,将公制支数与以旦[尼尔]为单位的线密度相乘,所得的积为 9 000。

3. 公制支数(N_m) 公制支数是指在公定回潮率下,质量为 1g 的纤维所具有的长度(m),为纤维线密度的倒数。如质量为 1g 的纤维具有 300m 长,即 300 公支。

4. 英制支数(N_e) 英制支数是指在公定回潮率下,质量为 1 磅(1b)的纤维(或纱线)所具有的长度码(yd)数。不同的纤维,英制支数的计算方法也不同:

棉纱的英制支数计算:公定质量为 1 磅的棉纱,有几个 840 码,即为几英支。英制支数目前在进出口棉纱中采用较多,例如,纯棉纱在公定回潮率(英制公定回潮率为 9.89%)时质量为 1 磅,其长度为 17 640(即 840×21)码,则该棉纱为 21 英支。

精梳毛纱英制支数是指公定质量为 1 磅的纱,有几个 560 码长度,即为几英支。

麻纱的英制支数是指公定质量为 1 磅的纱,有几个 800 码长度,即为几英支。

值得注意的是,不同种类纤维具有不同的密度值,两种纤维的线密度相等时,纤维截面积或直径并不一定相等,密度值大的纤维截面积和直径较小。例如,同样的线密度,锦纶要比涤纶粗。各种纤维的密度值见图 3-1。

随着化纤工业的发展,化纤品种越来越多,出现了各种异形截面纤维,以增加纤维之间的摩擦和抱合力,并对纱线和织物的弹性、保暖性、膨松性和表面光泽等有较大的影响,使织物产生

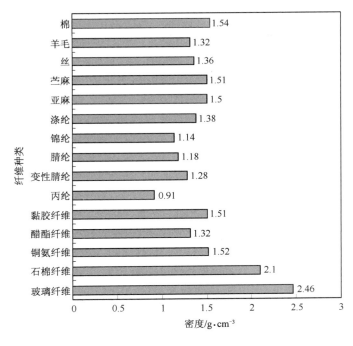

图 3-1 一些纤维的密度

不同的风格,满足人们对不同特性纺织品的要求。

测量纤维线密度的方法,大致有称重法、气流仪法和投影直径法等,具体测试可见有关参考书。

三、纤维的横截面及纵向形态结构

许多纤维有特别的纵向外观(lengthways appearance)和横截面形状(cross section view),了解这些形状特征对分析纤维性能和鉴别纤维非常重要。常见纤维的横截面及外观形态特征如表 3-3 所示。

表 3-3 常见纤维的横截面及纵向形态特征

纤维种类	横截面形状	纵向外观	纤维种类	横截面形状	纵向外观
棉	腰子形,有空腔	扭曲的扁平带状	铜氨纤维	圆形	光滑棒状
亚麻	多角形,有空腔	有竹节状横节及条纹	醋酯纤维	三叶形或不规则锯齿形	纵向条纹
苎麻	扁圆形,有空腔	有竹节状横节及条纹	涤纶,锦纶,丙纶	圆形	平滑
桑蚕丝	不规则三角形	光滑,可见条纹	腈纶	哑铃形或圆形	可见条纹
羊毛	不规则圆形	有鳞片,天然卷曲	氨纶	圆形或蚕豆形	表面灰暗,不规则骨形条纹
黏胶纤维	锯齿形,有皮芯结构	有沟槽	维纶	腰圆形,有皮芯结构	粗条纹
富强纤维	少量锯齿形或圆形,椭圆形	平滑	氯纶	不规则圆形	平滑

四、纤维的卷曲性能

卷曲(crimp)可以使短纤维纺纱时增加纤维之间的摩擦力和抱合力,使成纱具有一定的强力。卷曲还可以提高纤维和纺织品的弹性,使手感柔软,突出织物的风格,同时卷曲对织物的抗皱性、保暖性以及表面光泽的改善都有影响。纤维的卷曲性能可以用卷曲率、卷曲数、卷曲回复率等参数来表征。

天然纤维中,棉和羊毛具有天然卷曲。一般合成纤维表面光滑,纤维摩擦力小,抱合力差,纺纱加工困难,所以在后加工时要用机械、化学或物理方法,使纤维具有一定的卷曲。

采用机械方法使纤维具有卷曲性早期使用齿轮法,但由于波纹太大,纤维卷曲效果不好,现已少用。目前赋予纤维卷曲的机械方法主要有填塞法,即将丝束推入卷曲匣内,在丝束出口处用反压顶住,强迫纤维弯折,形成二维空间的平面卷曲。用两种原料或聚合物构成一根纤维的两侧,它们的收缩性能不同,经成型或热处理后因两侧应力不同而形成卷曲,这种卷曲可表现为三维空间的立体卷曲。

化学长丝由普通丝经加弹处理,也能赋予纤维一定的卷曲,但加弹处理的目的不是为了纺织加工的需要,而是为了改变纺织品的风格,使其质地厚实,手感丰满,外观有绒感等,从而改善纤维的使用性能。

第四节 纺织纤维的吸湿性

纤维材料的吸湿性(hygroscopicity)在纺织品加工生产中十分重要,因为纤维吸湿后会使其性能如静电性能、力学性能、光学性能等发生变化。纤维的吸湿作用还与纺织品的染色、整理加工关系密切,对纺织品的尺寸稳定性产生影响。纤维的吸湿性也是服装用纤维的一项重要特性,它能使穿着者皮肤保持适当的湿度,并保护人体不受环境突变的影响,所以服装用(特别是内衣)纺织纤维,吸湿性能是必须考虑的因素之一。

纤维与纺织品的回潮率对强力有很大的影响。大多数纤维的强力随回潮率的增加而下降,只有棉纤维和麻纤维吸湿增加强力反而有所增加。所有纤维的伸长率都随回潮率的升高而增大。含湿量高时,纤维变得比较柔软,弹性有所下降,纤维间摩擦系数增大。

纤维与纺织品吸湿后发生膨胀,织物中纱线直径变粗,弯曲增大,相互挤紧,使织物长度收缩,厚度增加。吸湿后的纤维体积显著增加,而且长度方向与直径方向增加的程度不同,除锦纶外,所有纤维的长度增加远小于直径的增加,这也是造成其缩水的一个原因。相反,雨衣和消防水龙带等,则是利用纤维吸水后变粗、使织物组织更加紧密、防水性增加的原理制成的。吸湿后天然纤维的比电阻大为减小,在加工和使用中其静电作用明显低于合成纤维。在纺纱过程中,纤维含湿过高使清钢工序中杂质不易落下,影响除杂效率;含湿过低,会使飞花增多。在纤维和纺织品贸易中,回潮率影响质量与计价。因此,在纺织品生产和贸易中都必须充分考虑到吸湿产生的影响。由吸湿性优良的纤维制成的内衣,穿着舒适;而由吸湿性差的纤维制成的内衣,由于不能很好地吸收人体排出的汗液,使衣服和人体皮肤之间形成高湿区,从而令人感到气闷。

天然纤维材料的吸湿性远高于合成纤维,且蛋白质纤维的吸湿能力大于纤维素纤维,但羊毛等蛋白质类纤维的吸湿速度却较纤维素纤维慢。在纤维素纤维中,麻类纤维与再生纤维的吸湿能力比棉纤维的大,而且达到吸湿平衡的速度快。研究表明,纤维材料的吸湿作用为放热反应,纤维吸湿放热不仅对纤维达到吸湿平衡或烘干过程有明显影响,而且与服用舒适性有一定关系。

一、标准大气

标准大气亦称大气的标准状态,用 3 个基本参数表征:温度、相对湿度和大气压力,国际标准规定,温度为 20℃(热带可为 27℃),相对湿度(RH)为 65%,大气压力在 86~106kPa(视各国地理环境而定)。我国规定大气压力为 1 标准大气压,即 101.3kPa(760mmHg)。实际上,不可能保持温、湿度无波动,故标准规定了允许波动范围:一级:$T\pm2℃$、$RH\pm2\%$,一般用于仲裁检验;二级:$T\pm2℃$、$RH\pm3\%$,一般用于常规检验;三级:$T\pm20℃$、$RH\pm5\%$,多用于要求不高的检验。

样品在检测前必须在标准大气压下达到吸湿平衡,必要时需预调湿。如每隔 2h 连续称量其质量递变(增)率不大于 0.25%,或每隔 30min 连续称重其质量递变(增)率不大于 0.1%,则视为已达到平衡。通常,调湿 24h 以上即可,对合成纤维 4h 以上即可。必须注意,调湿过程不能间断,若被迫间断必须重新按规定调湿。

二、纤维的吸湿现象及其表征

大多数纺织纤维放置在大气中会不断和大气进行水分的交换,纺织纤维一面不断地吸收大气中的水分,同时又不断地向大气放出水分。如果吸收水分占主要方面,则称为吸湿过程(absorption of moisture process),其结果使纺织纤维的质量增加;如果放出水分占主要方面,则称之为脱湿过程(desorption of moisture process),其结果使纺织纤维的质量减轻。纺织纤维这种吸收和放出水分的性能称为纺织纤维的吸湿性(hygroscopicity)。

1. 吸湿量的表示方法 纺织纤维的吸湿量常以回潮率和含水率表示。回潮率(moisture regain)系指纺织纤维内水分质量与绝对干燥纤维质量之比的百分数;而含水率(water content)系指纺织纤维内所含水分质量与未经烘干纤维质量之比的百分数。

$$R = \frac{G_0 - G}{G} \times 100\% \tag{3-5}$$

$$M = \frac{G_0 - G}{G_0} \times 100\% \tag{3-6}$$

式中:R——回潮率,%;

M——含水率,%;

G_0——未经烘干纤维的质量;

G——绝对干燥纤维的质量。

由于纤维制品在不同大气状态下具有不同的吸湿性,根据应用场合不同,又有几种表示方法:

(1)实际回潮率(practice moisture regain)。纤维制品在实际所处环境条件下具有的回潮率。实际回潮率只表明材料实际含湿情况。

(2)标准回潮率(criteria moisture regain)。在标准状态下,纤维制品达到吸湿平衡的回潮率。通过标准回潮率可以了解并比较各种材料的吸湿性。标准回潮率所表征的是在标准状态下,纤维吸湿达到平衡后的含湿情况。另外,标准回潮率并非一成不变,因为同一类材料的内部结构和含杂等也会造成吸湿性的差异,而"标准大气"也并非绝对不变,因此同一材料的标准回潮率并非定值,而是在一定范围内波动。表 3-4 为几种常见纤维的标准回潮率。

表 3-4　几种常见纤维的标准回潮率

纤 维 种 类	标准回潮率/%	纤 维 种 类	标准回潮率/%
原棉	7~8	涤纶	0.4~0.5
细羊毛	15~17	锦纶 6	3.5~5
桑蚕丝	8~9	锦纶 66	4.2~4.5
苎麻	12~13	腈纶	1.2~2
普通黏胶丝	13~15	丙纶	0
富强纤维	12~14	维纶	4.5~5

(3)公定回潮率或商业回潮率(trade moisture regain)。即为贸易、计价、检验等需要而定的回潮率,纯属为工作方便而定。它表示折算公定(商业)质量时加到干燥纤维质量上的水分质量与干燥纤维质量之比的百分率。通常,公定回潮率高于标准回潮率或取其上限。各国对公定回潮率的规定并不一致。我国对几种常见纤维公定回潮率的规定值见表 3-5。

表 3-5　几种常见纤维的公定回潮率

纤 维 种 类	公定回潮率/%	纤 维 种 类	公定回潮率/%
原棉	11.1	富强纤维	13
棉纱	8.5	二醋酯纤维	9
羊绒、细羊毛	15	三醋酯纤维	7
毛织物	14	涤纶	0.4
驼毛	14	锦纶 6	4.5
兔毛	15	锦纶 66	4.5
桑蚕丝	11	腈纶	2
苎麻	12	丙纶	0
亚麻	12	维纶	5
黄麻、洋麻、大麻	14.94	氨纶	1
黏胶纤维	13	玻璃纤维	2.5

2. 纤维的吸湿过程　放置于某一温度和湿度下的纤维,其回潮率逐渐趋于一个稳定值,这种现象称为吸湿平衡,此时测得的回潮率称为平衡回潮率。表3-4和表3-5所提供的回潮率数据都是指平衡回潮率。

(1)吸湿等温线。平衡回潮率是相对于一定的空气温、湿度而言,温、湿度发生变化,平衡回潮率也随之变化,因此平衡回潮率是一个条件值。纤维在一定的温度下,通过改变相对湿度所得到的平衡回潮率曲线称为吸湿等温线(moisture sorption isotherm)。不同纤维的吸湿等温线是不同的。图3-2是各种纤维在20℃时的吸湿等温线,显然,图中位置越高的纤维吸湿能力越强。

由图3-2可知,吸湿性强的几种纤维(羊毛、黏胶、蚕丝、棉等)的吸湿等温线呈反S形,而吸湿性弱的几种纤维(大多数的合成纤维)的反S形特征就不明显。这些曲线总的特点是在空气相对湿度逐渐提高的情况下,纤维的平衡回潮

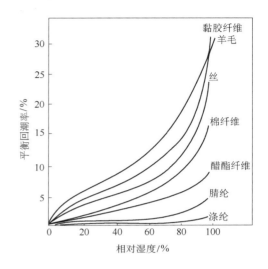

图3-2　纤维的吸湿等温线

率提高的速度是不一致的。在空气的相对湿度为0～15％和70％～100％两个阶段中,曲线斜率较大,说明在这两个阶段中,随空气相对湿度的增加,纤维的平衡回潮率增加较快。而空气的相对湿度在15％～70％时,曲线斜率较小,说明在这一阶段纤维的平衡回潮率增加较慢。

这一现象可以纤维素纤维为例进行解释:存在于纤维素无定形区的亲水性基团(如棉纤维的羟基)是吸湿中心,干燥纤维开始吸湿时,水分子很快被纤维中的亲水性基团吸附,形成单分子层吸附,因此平衡回潮率增加较快。这种直接吸附的水分子较牢固地吸附在纤维的羟基上,较难从纤维上去除,故称为结合水。当纤维吸湿达到饱和点后,水分子继续进入纤维的细胞腔和各孔隙中,使水分子层加厚,形成多分子层吸附(图3-3)或毛细管水。这种间接吸附的水分子结合较为松弛,较易从纤维上去除,也称游离水。因为在吸湿的同时还伴随着纤维的膨化,导致新的吸湿中心的增加,又由于毛细管的作用,所以曲线斜率又趋上升。

(2)吸湿热。纤维在吸湿的同时伴随着热量的放出,这部分热量称为吸湿热。绝对干燥的纤维在吸湿过程中,开始放出的热量最大,然后逐渐减少,最后等于零。1g纤维完全润湿时所放出的热量称为积分吸附热(integral sorption heat)。1g水从大量的干或湿纤维中取出所产生的热量,称为微分吸附热(differential sorption heat)。各种纤维物料在绝干时微分吸附热基本相同,其数值为1.2～1.26kJ/g水,恰好与氢键的键能相同,表明结合水是以氢键结合的。到达纤维吸湿饱和点再吸附水时,则无热效应产生,这是由于纤维中的极性基团和水分子之间的反引力造成的。

3. 吸湿滞后　图3-2所示的吸湿等温线是根据干纤维放置于温度保持不变、相对湿度逐渐增加的条件下所测得的平衡回潮率绘制而成的曲线。相反,在同样温度条件下,纤维在相对

湿度为100%的空气中达到吸湿平衡后,测定其回潮率,再使环境的相对湿度递减并依次测定其平衡回潮率,它与相对湿度绘制而成的曲线称为脱湿(或解吸)等温线(moisture desorption isotherm)。

脱湿等温线和吸湿等温线的形状相似(图3-4)。吸湿性好的天然纤维和黏胶纤维等,在相对湿度为0~100%,脱湿等温线始终高于吸湿等温线,两者不重合,这种现象称为纤维的吸湿滞后现象。纤维的吸湿等温线和脱湿等温线形成纤维吸湿滞后圈。但合成纤维如涤纶、腈纶等,由于纤维本身的吸湿性差,其滞后现象不明显,吸湿等温线和脱湿等温线接近重合。

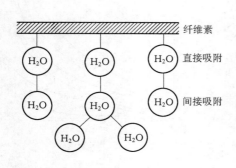

图3-3　纤维素纤维吸附水分子方式示意图

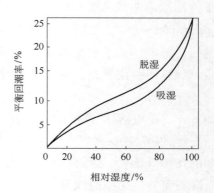

图3-4　纤维的吸湿滞后

关于纺织纤维吸湿滞后现象的解释,可以认为:水分子进入纤维后,使纤维无定形区的分子链间的距离增加,纤维素纤维无定形区的氢键不断打开,纤维素分子间的氢键被纤维素与水分子间的氢键所代替,虽然形成了新的氢键,但仍保持着纤维素分子间的部分氢键,也就是说,新游离出来的羟基较少。在解吸过程中,水分子离开纤维,无定形区的纤维分子间又有重新形成交联点的趋势。纤维脱水收缩,无定形区纤维素分子之间的氢键重新形成,但由于受到内部阻力的抵抗,纤维分子间的距离不能完全回复到未吸湿前的状况,仍保持较大的距离,被吸附的水不易挥发,即纤维素与水分子之间的氢键不能全部可逆地打开,故吸附的水较多,有较高的平衡回潮率,形成吸湿滞后现象。只有在相对湿度100%时,才回复到原来状态,此时吸附与解吸等温曲线才互相符合。

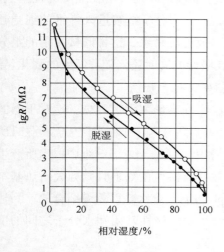

图3-5　相对湿度与棉纤维电阻的关系

纤维吸湿滞后现象也可由纤维素吸湿影响电性能的变化来体现。纤维素纤维在绝对干燥时是良好的绝缘体,吸湿时则电阻迅速下降,图3-5为棉纤维在不同相对湿度下绝缘电阻(R)的变化,因在同一相对湿度下吸湿和脱湿的吸湿率不同,故其电阻的大小也不同,并显示滞后现象。

4. 时间和温度对吸湿的影响　影响纤维吸湿的外因主要是吸湿时间、吸湿滞后和环境的温、湿度。纤维的吸湿、脱湿是一指数过程，严格地说，达到平衡回潮率所经历的时间是很长的，纤维集合体越紧密达到平衡回潮率的时间也越长。在进行各种纤维材料物理性能的检验时，需要把它们放置在标准的温、湿度环境中进行定时调湿。相对湿度变化对纤维吸湿的影响，表现在纤维的吸湿曲线上，总体趋势是，相对湿度增加，纤维的吸湿增加。温度对纤维的吸湿有一定的影响，主要从两方面起作用，一方面当温度较高时，水分子热运动的动能增大，逸出纤维表面的概率增加，纤维吸湿少，回潮率也小；另一方面温度较高时纤维膨胀，有些纤维内部孔隙增多，故吸湿能力略有增加。温度对棉纤维吸湿的影响如图 3-6 所示，曲线上存在一点 C，相应的相对湿度为 H_C，当棉纤维相对湿度小于 H_C 时，吸湿随温度升高而下降；当相对湿度大于 H_C 时，吸湿随温度升高而增加。

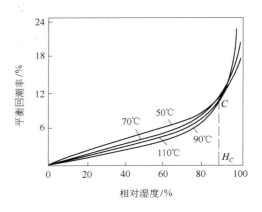

图 3-6　温度对棉纤维吸湿的影响

5. 纤维结构对吸湿的影响

(1)亲水性基团。纤维的吸湿性从本质上说，取决于其化学结构中有无可与水分子形成氢键的极性基团及其强弱和数量。亲水基团有羟基(—OH)、氨基(—NH₂)、酰氨基(—CONH—)、羧基(—COOH)等。天然纤维及再生纤维都含有较多的亲水性基团，所以吸湿性较好，如蛋白质纤维的大分子主链上含有酰胺键，侧链中还含有羟基(—OH)、氨基(—NH₂)、羧基(—COOH)等，而纤维素纤维大分子的每一个葡萄糖剩基中含有三个羟基(—OH)，这些基团都可能与水分子形成氢键结合，具有较好的吸湿性。一般合成纤维的亲水性基团不多，故吸湿性都较差，如聚酰胺纤维大分子主链上每隔几个碳原子有一个亲水性的酰胺键；腈纶大分子上带有极性的氰基，所以具有一定的吸湿能力；而涤纶除了疏水性的苯环和亚乙基外，只含有吸水性不强的酯键，所以吸湿性差；氯纶、丙纶等纤维几乎不具有吸湿性。

(2)结晶区与非结晶区。纤维的吸湿性还与其物理结构有关。在结晶区，纤维大分子中的亲水基团在分子间形成交联键，分子排列紧密有序，水分子难以进入结晶区，因此，吸湿主要发生在纤维的无定形区和结晶区的表面，所以同样化学结构的纤维，由于其物理结构不同，纤维的吸湿性也不同。无定形区比例越大，吸湿性越强。如棉纤维经过丝光后，无定形区比例增加，吸湿性随之提高；又如黏胶纤维和棉纤维尽管化学组成相同，但它们的吸湿性不同，这也是由于它们的无定形区比例不同。

(3)纤维内部孔隙。亲水基团与水分子形成水合物，这种结合较为牢固，称直接吸附。当温度较高时，纤维中的水分填充到较大的孔隙中形成毛细水，故纤维中各种孔隙的多少对于纤维的吸湿起着重要作用。孔隙多，纤维吸湿性好。为了提高疏水性纤维的吸湿性，可在纤维成型加工过程中使纤维内部形成无数毛细孔。

(4)表面吸附。纤维表面具有吸附某种物质以降低自身表面能的特性,故纤维的表面能吸附大气中的水汽和其他气体,吸附量的多少与纤维的表面积及组成成分有关。纤维愈细,比表面积愈大,则吸附水分子的能力愈强。所以进行适当的表面处理,以改善纤维的表面结构,是改善疏水性纤维吸湿性的有效方法。

(5)纤维伴生物。纤维的伴生物位于纤维的表面,它改变了纤维的表面特性。如脱脂棉纤维的吸湿能力强,是因为除去了棉蜡的影响;麻纤维的果胶多则吸湿好;化学纤维表面的油剂性物质会影响其吸湿能力,当油剂表面活性剂的亲水基团朝向空气定向排列时,纤维的吸湿能力大。

三、纤维的溶胀

1. 纤维溶胀的各向异性 纤维在吸湿的同时伴随着体积的增大,这种现象称为溶胀(或膨化)。纤维在溶胀时,直径增大的程度远大于长度增大的程度,这种现象称为纤维溶胀的异向性(anisotropy)。这和纤维中大分子沿轴向取向导致纤维各向异性特性是一致的。纤维的溶胀异向性如图3-7所示。

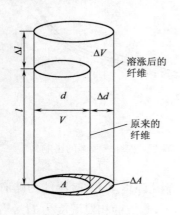

图3-7 纤维吸湿溶胀
示意图

表示纤维溶胀程度的方法有以下几种:

直径溶胀:
$$S_d = \frac{\Delta d}{d} \tag{3-7}$$

长度溶胀:
$$S_l = \frac{\Delta l}{l} \tag{3-8}$$

截面溶胀:
$$S_A = \frac{\Delta A}{A} \tag{3-9}$$

体积溶胀:
$$S_V = \frac{\Delta V}{V} \tag{3-10}$$

各种纤维吸湿后溶胀的程度也是不同的,吸湿性高的纤维溶胀程度较大,如棉纤维在水中溶胀后,截面积可增大40%～70%,长度增加1%～2%;而黏胶纤维截面积增加可高达70%～100%,长度增加2%～5%。纤维由于吸湿而发生的溶胀现象基本上是可逆的,也就是说随着纤维吸湿的降低,溶胀程度也相应地减小,最后会回复原状。

2. 纤维溶胀后性能的变化

(1)质量的变化,这是显而易见的。由于纤维的吸湿程度与环境条件(温度和湿度)密切相关,因而吸湿产生质量的变化会随着环境条件的不同而不同。

(2)长度和截面积的变化。通常截面积的增加远远大于长度方向的增加。在目前已知的纤维中,锦纶是唯一例外的纤维,即吸湿后纤维的长度增加率高于横截面的增加率。

(3)对密度和体积的影响。对大多数纤维,在低吸湿的情况下,溶胀的速率将低于吸湿的速率,因而吸湿将使纤维的密度有所增加。大多数纤维在含水率为3.8%～5.7%(回潮率为

4%～6%)时密度最大。而随着吸湿的进一步增加,纤维的溶胀程度将逐渐增加,纤维的密度反而有所下降。

(4)对力学性能的影响。几种天然纤维如棉、麻和柞蚕丝,湿强比干强略有增加,但有的纤维,随着吸湿的增加而强力下降,如黏胶纤维湿强不到干强的50%。纤维的吸湿还将使纤维的表面摩擦性能发生变化,摩擦系数通常随着吸湿程度的增加而增大。吸湿还会对亲水性纤维材料的弹性产生影响,使织物的弹性明显下降,如棉织物和真丝织物的湿弹性都明显低于对应的干弹性。

3. 溶胀的原因和作用　纤维的溶胀是由于纤维吸湿后削弱了无定形区分子间的相互联系,使无定形区的大分子链段运动范围增大所致。而结晶部分限制了纤维的这种溶胀作用,所以纤维在水中只发生有限的溶胀,而不发生无限的溶胀——溶解。

纤维的吸湿溶胀,不仅使织物变厚、变硬,而且也是造成织物收缩的原因之一。湿态的收缩,一般叫作缩水。

纤维能在水中溶胀是一个非常重要的性质。染整加工中的许多工序是借助于这个性质实现的。纤维在水中溶胀后,微隙增大,这样染料和相关化学药剂的分子能够扩散到纤维内部,使染整加工得以顺利进行。

第五节　纺织纤维的力学性质

纤维的力学性质宏观上指拉伸、压缩、弯曲、剪切和扭转等作用下所表现出的各种行为;微观上可视为在力场中分子运动的表现。纤维的力学性质与纺织品的消费性能有密切的关系,是纺织加工中选择纤维材料的主要依据之一,也是纤维化学与物理学科的重要内容之一。

一、有关力学术语

外力使材料发生形变,同时材料内部产生相等的反作用力抵抗外力,在单位面积上产生的这种反作用力称为应力。通常用单位面积所受力来表示应力大小。材料受力方式不同,其形变方式也不同,常见应力有:

1. 张应力 σ(又称拉应力, tensile stress)　张应力 σ 的方向垂直于受力平面,见图 3-8。张应变 ε 为单位长度上的伸长,又叫伸长率(elongation)。

$$\varepsilon = \frac{\mathrm{d}l}{l_0} \qquad (3-11)$$

式中:l_0——原长;

　　　$\mathrm{d}l$——伸长。

产生单位张应变所需的张应力称为弹性模量(elastic modulus),又称杨氏模量(Young modulus),以 E 表示,$E = \frac{\sigma}{\varepsilon}$。$E$ 越大,越不易变形。

使单位面积材料断裂所需的最大张力为抗张强度(tensile strength,又称抗拉强度、断裂强度、极限强度)。

2. 切应力(又称剪切应力, shear stress) 切应力的方向平行于受力平面,见图 3-9,剪切应力 σ、剪切应变 γ 和剪切模量 G 间有如下关系:

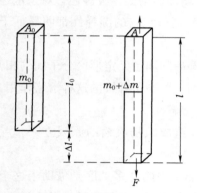 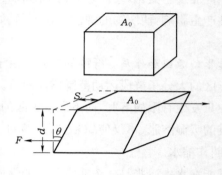

图 3-8 简单的拉伸示意图 　　　　　　图 3-9 简单的剪切示意图

$$G=\frac{\sigma}{\gamma}=\frac{F}{A_0\tan\theta} \tag{3-12}$$

3. 变形与应变 变形(distortion)是指物体在平衡的力作用下,发生形状或尺寸的变化。变形的大小是以变形量 Δl 与原尺寸 l_0 的比,即应变率表示,应变率(rate of strain)就是单位长度的变形,用 ε 表示,即:

$$\varepsilon=\frac{l-l_0}{l_0}=\frac{\Delta l}{l_0} \tag{3-13}$$

式中:l_0——原始材料的长度;

l——受力后材料的长度。

应变也就是相对变形。拉伸变形常用百分数来表示,称为伸长率。

二、纤维的拉伸性质

纤维制品在使用中会受到拉伸、弯曲、压缩和扭转等外力的作用,产生不同的形变,但主要受到的外力是拉伸。纤维制品的弯曲性能也与其拉伸性能有关。因此,纤维拉伸性能的研究受到充分的重视。

纤维制品的拉伸性能主要包括强力和伸长两方面。纺织品的拉伸性能与组成它的纤维的拉伸性能有关。天然纤维中,麻的伸长小,其制品刚硬,羊毛的伸长大,其制品柔软。化学纤维的强力和伸长可在加工过程中予以控制。除拉伸断裂特性外,纤维在外力作用下的变形回复能力也将影响纺织品的尺寸稳定性和使用寿命。有时还需要考察纤维制品的蠕变、应力松弛、反复拉伸特性等。

1. 纤维的应力—应变试验

（1）纤维力学强度的主要指标。表示纤维制品拉伸过程受力与变形的关系曲线，称为拉伸曲线（tensile curve），它可以用负荷—伸长曲线（load - elongation curve）表示，也可以用应力—应变曲线（stress - strain curve）表示。通常情况下，纺织纤维及其制品的实验方法可大致分为两类：静态试验（static test）和动态试验（dynamic test），前者最常见的有蠕变（creep）和应力松弛（stress relaxation）；后者有自由振动法、共振法和强迫振动非共振法。应力—应变试验可视为介于两者之间：普通拉力机上的试验接近于静态，而高速拉伸试验、冲击试验则更接近于动态。

反映纤维材料破坏过程的力学指标有：拉伸强度（tensile strength）、断裂伸长（elongation at break）、屈服应力（yield stress）、屈服伸长（yield strain）和冲击强度（impacting strength）、断裂能（fracture energy）等，这些指标可在拉力机上通过应力—应变试验测定。应力—应变试验（stress -strain test）是指以某一给定的应变速率对试样施加负荷，直到试样断裂为止。这类试验大多采用拉伸方式，所以可更为准确地被称为拉伸应力—应变试验。从这种试验所得的应力—应变曲线上能得出纤维及其制品的杨氏模量、断裂伸长和抗张强度，根据断裂前是否发生屈服，可以判断纤维制品是延性的还是脆性的，由曲线下的面积还可以计算断裂功。

图 3 - 10 为纤维典型的应力—应变曲线。图中纵坐标是应力，横坐标是应变。a 点称为比例极限，Oa 近乎一直线，表示应力与应变成正比，直线的斜率即为试样的弹性模量（modulus of elasticity）E（又称杨氏模量），它表示纤维材料伸长的难易程度：直线越陡，即斜率越大，则弹性模量越大，纤维材料越硬，越难伸长。

Y 点称屈服点（yielding point），与该点对应的应力 σ_y，称为屈服强度（yield strength）或屈服应力（yield stress），ε_y 称屈服伸长率（yield elongation）。

t 点称为断裂点（breaking point），与该点对应的 σ_t，称为拉伸强度（fracture strength）或断裂应力（break strength），ε_t 称为断裂伸长率（elongation rate at break）。断裂应力可能高于屈服应力，也可能低于屈服应力。

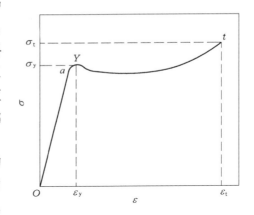

图 3 - 10　纤维典型应力—应变曲线

当应力超过拉伸强度 σ_t 时，纤维材料被拉断而破坏。纤维材料的破坏通常有两种方式：脆性破坏（brittle rapture）和韧性破坏（tenacity rapture，也称塑性破坏，plastic fracture），可从拉伸应力—应变曲线的形状和破坏时断面的形态进行区分。纤维材料在断裂前变形小，在出现屈服点之前断裂，断裂表面光滑，即为脆性破坏。纤维材料在破坏之前有较大形变，拉伸过程有明显的屈服点和细颈（necking）现象，断裂表面粗糙，即为韧性破坏。

（2）纤维应力—应变曲线的类型。由以上分析可知，根据纤维材料的应力—应变曲线可以

了解高分子物的力学性能概貌。有学者将各种高分子物的应力—应变曲线分为五类：柔而弱
（flexible & weak）、柔而韧（flexible & tenacity）、刚而脆（rigidity & brittle）、刚而强（rigidity &
strength）、刚而韧（rigidity & tenacity）。常用纺织纤维的应力—应变行为有如图3-11所示的
几种形式。

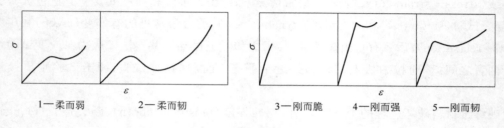

图3-11　纤维的应力—应变曲线

拉伸是纺织、染整加工和纤维制品使用过程中的基本力学作用形式。拉伸应力—应变行为
可用模量、屈服应力、断裂应力和伸长率等几个指标表示。通常用于描述力学性质的术语与对
应的这些指标间的关系如表3-6所示。其中的术语"软（柔）"和"硬（刚）"用于区分模量的低或
高。"弱"和"强"是指强度的大小；"脆"是指无屈服现象而且断裂伸长很小；而"韧"是指断裂伸
长和断裂应力都较高的情况，因此，有时可将断裂功（即至断裂点处应力—应变曲线下的面积）
作为"韧性"的量度。

图3-12表示几种不同类型纤维的应力—应变曲线。棉纤维的初始模量较高，断裂强度
中等，而断裂伸长与断裂功甚低，纤维表现为刚而脆；羊毛的断裂强度、初始模量与断裂功的
数值均较低，而断裂伸长中等，纤维表现为柔而弱；蚕丝的断裂强度与初始模量较高，断裂伸
长与断裂功中等，纤维表现为刚而强；涤纶的初始模量、断裂强度、断裂伸长与断裂功等均较
高，纤维表现为刚而韧；锦纶的初始模量较低，而断裂强度、断裂伸长、断裂功均较高，纤维表
现为柔而韧。

表3-6　纺织纤维应力—应变行为的几种典型特征

术　语	应力—应变特征				对应图3-11中曲线类型	代表纤维
	模　量	屈服应力	断裂应力	断裂伸长		
刚（硬）而脆	高	无	中	低	（3）	棉
刚（硬）而强	高	高	高	中	（4）	丝
刚（硬）而韧	高	高	高	高	（5）	涤纶
软（柔）而弱	低	低	低	中	（1）	羊毛
柔（软）而韧	低	低	等于屈服应力	高	（2）	锦纶

通过力学试验由测定的物理量与织物加工和使用过程中的力学行为之间肯定有一定的相互
联系，但目前还未真正弄清其中的奥秘，而只有一些经验关系，如模量影响织物的悬垂性、手

感、洗涤性和耐磨性;屈服点影响织物的起皱抗皱性、防缩性、牢度、弹性行为和形状保持性;屈服应力、抗张断裂性影响织物的可加工性、强度等;断裂伸长影响纤维延伸性;断裂功决定织物的韧性、耐疲劳性;弹性形变部分曲线下的面积显示纤维的回弹性。

(3)纤维应力—应变曲线的微观解释。纤维应力—应变曲线反映了纤维从无延伸状态开始拉伸到断裂的全过程。下面以涤纶的应力—应变曲线(图3-13)为例来解释整个过程中分子运动情况。

图3-13中,ab段是一条直线,应力与应变之间的关系服从胡克定律,应变很小,这主要是由于大分子键角和键长在外力作用下发生改变的结果,但分子链和链段都还没有发生运动,试样显示出高的抗拉伸阻力,应力与应变之比称为初始模量。

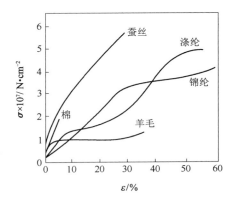

图3-12 几种纤维的应力—应变曲线

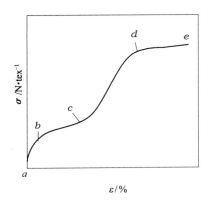

图3-13 涤纶的应力—应变曲线

在bc段,由于应力的增加,大分子已具有足够的能量并产生屈服,可以克服分子链间的相互作用力而开始做不改变分子链质心的相对位移。与ab段相比,bc段每单位应变所需的应力减小,这是由于随着应力的增大,纤维的松弛时间会相应减少。

在cd段,由于前一段的链段运动,纤维分子沿着拉伸方向取向,大分子将沿着拉伸方向发生改变质心的相对移动,进一步趋于平行排列,这时形变主要发生在纤维的无定形区。在这个区段,纤维的形变能力降低,应力急剧增加。

在de段,试样已拥有足够的能量,足以克服结晶区内某些分子间作用力,发生第二次塑性流动,直至纤维断裂。

2. 纤维的强度 纤维的强度是表示其坚牢程度的重要指标,为了便于比较,通常用相对强度表示。相对强度就是每特[克斯](tex)纤维受力被拉伸至断裂时所能承受的最大外力,其计算式:

$$P_0 = \frac{P}{D} \tag{3-14}$$

式中:P_0——相对强度,N/tex;

P——纤维被拉断时所需的力(也称绝对强度),N;

D——纤维的线密度,tex。

(1)理论强度。一般纤维材料的强度指其抵抗破坏所能承受的最大外力。从宏观上看,它是不可逆的;从微观角度看,是某一类或几类键发生大规模的破坏。因此,强度(用单位面积的断裂应力计算)必然与单位面积上的键数量和键本身的强度有关,而键的强度必然与键的本质相关,它取决于键的类型。对纤维而言,最重要的键型包括:分子间作用力即范德瓦尔斯力、氢键和共价键,三者键能的数值分别为 $4\sim21kJ/mol$、$8\sim42kJ/mol$ 和 $290\sim420kJ/mol$。理论计算一个聚乙烯分子链所能承受的最大应力为 25GPa,这个数值是目前最好的样品实际能达到的强度的 $15\sim20$ 倍。

(2)纤维断裂机理。纤维在拉力作用下断裂,是克服了分子内化学键结合力和分子链间作用力的结果。纤维断裂的微观过程有如下几种情况,如图 3-14 所示。

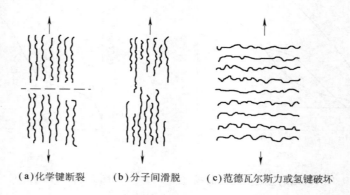

(a)化学键断裂   (b)分子间滑脱   (c)范德瓦尔斯力或氢键破坏

图 3-14　纤维断裂微观过程的三种模型

如果纤维大分子链排列方向是平行于受力方向的,则纤维断裂可能是化学键的断裂或分子链间的相对滑脱[图 3-14(a)或(b)];如果大分子链的排列方向是垂直于受力方向的[图 3-14(c)],纤维的断裂是由部分氢键或范德瓦尔斯力的破坏而引起的。

如果是第一种情况,高分子物断裂必须是拉断所有分子链,先计算拉断一条分子链所需的力,然后再计算破坏单位面积上的分子链所需的力,即破坏单根高分子链所需的力乘以每平方米截面上高分子链的数目。

大多数高分子物主链共价键的键能约为 $3.35\times10^5\sim3.78\times10^5J/mol$。在这里,键能 E 可看作是将成键的原子从平衡位置移开一段距离 d,克服其相互吸引力 f 所需要做的功,对共价键来说,d 不超过 $1.5\times10^{-10}m$,否则,共价键就要破坏。因此,可根据 $E=f \cdot d$ 算出破坏一根这样的键所需要的力 $f=\dfrac{E}{d}=3\times10^{-9}\sim4\times10^{-9}N$。根据聚乙烯晶胞数据推算,每根高分子链的截面积约为 $2\times10^{-19}m^2$,假定大分子排列十分致密均匀,则每平方米截面上将含有 5×10^{18} 条高分子链,如果键的强度按 $4\times10^{-9}N/$键计,则聚合物的理论强度为 $4\times10^{-9}\times5\times10^{18}=20\times10^9N/m^2$。实际上,即使高度取向的结晶高分子物,它的拉伸强度也要比这个理论值小几十倍,这是因为,没有一个试样的结构能使它在受力时,所有分子链在同一截面上同时被拉断。

如果是第二种情况,即分子滑脱的断裂,这就必须使分子间的氢键或范德瓦尔斯力全部被破坏。分子间有氢键的高分子物,如聚酰胺、聚乙烯醇等,它们每 0.5nm 链段的摩尔内聚能为 $1.47 \times 10^4 \sim 1.7 \times 10^5$ J/mol,假定高分子链总长为 100nm,则总的摩尔内聚能为 $2.9 \times 10^5 \sim 3.4 \times 10^7$ J/mol,比共价键的键能大 10 倍以上。即使分子间没有氢键,只有范德瓦尔斯力,如聚乙烯、聚丁二烯等,每 0.5nm 链段的摩尔内聚能为 $4 \times 10^3 \sim 2 \times 10^4$ J/mol,假定高分子链长为 100nm,总的摩尔内聚能为 $8 \times 10^5 \sim 9.5 \times 10^5$ J/mol,也比共价键的键能大好几倍。所以,断裂完全是分子间的滑脱是不可能的。

如果是第三种情况,即分子垂直于受力方向排列,断裂是部分氢键或范德瓦尔斯力的破坏。氢键的离解能为 2×10^4 J/mol,作用范围约为 0.28nm,范德瓦尔斯力的离解能为 8×10^3 J/mol,作用范围为 0.4nm,拉断一个氢键和破坏范德瓦尔斯力需要的力分别约为 2×10^{-10} N 和 10^{-10} N,同样可计算出拉伸强度分别为 500MPa 和 100MPa,这个数值与实际测定的高度取向纤维的强度同数量级。

根据以上分析,高分子物受力时断裂的可能机理为:首先发生在未取向部分的氢键或范德瓦尔斯力的破坏,随后应力集中到取向的主链上,使共价键破坏,随着范德瓦尔斯力和共价键的不断破坏,最后导致被拉伸物的破坏。

对于高度取向的高分子物,如某些纤维材料,其强度主要取决于主价键的强度,实际强度比较接近于理论计算值。

理论强度还直接与弹性模量实测值有关,对大多数类型的化学键来说,弹性模量 E 比理论强度 $\sigma_{理}$ 高 10 倍,即:

$$\sigma_{理论} = 0.1 E_{实际} \qquad (3-15)$$

弹性模量是很容易测定的,因此,借助于弹性模量的测定值就可以简单地估计各种合成材料的理论强度值。

高分子物的实际强度与理论强度有如此大差距的主要原因有两个:其一,实际高分子物中分子的排列并不是像图 3-14(a)那样紧密规整;其二,拉伸破坏时每根分子链受力也不可能那样均匀而使得断裂时都达到它应有的强度值。实际物体的破坏往往是先从其中某些强度较薄弱的地方开始,然后应力逐渐向其他的部位扩展、集中,使较强的地方也随即遭到破坏,以致整个材料达不到其应有的平均强度。

从分子水平看,材料的薄弱处是不均匀的,有较弱的部分和较强的部分,有些分子链紧张,有些分子链松散。较弱的部分和缺陷由三部分组成:一是分子链末端聚集的地方;二是数根分子链环虽然非常接近但还没有缠结的部分;三是分子链段与应力垂直方向取向部分。较强的部分主要由两部分组成:一是分子链形成缠结的部分;二是分子链段与应力平行方向取向的部分。和应力平行方向取向的数根分子链虽然是结构中较强的部分,但如果其中一根分子被拉断,在断开处可以产生空穴,它就变成结构中的弱点。当高分子物受应力作用时,结构中较弱部分首先破坏或拉开,形成许多亚微观裂纹和空穴,在应力的作用下,这些亚微观裂纹和空穴继续发展扩大,并逐步合并成更大的空穴,最终形成肉眼可见的微裂纹。材料的薄弱处,还有高分子物中混入的杂质、所产生的裂缝及气泡、成型中未熔化透的树脂粒子等。这种裂缝或气泡的尺寸有的很小,甚至肉眼看不到,例如,玻璃态高分子物中观察到在混乱集聚的分子间裹藏着大量尺寸约为 10nm 的空洞。这些结构缺陷的存在对强度的危害很大,应力容易在这些疵点处集中,使应力达到一般位置的几倍至几十倍、几百倍,结果在平均应力还没有达到理论强度之前,在应力集中的小体积内的应力首先达到断裂强度值,破坏便从这里开始。

由此可见,纤维的实际强度比理论强度低得多,主要是由于它们的取向状况并不理想,即使是高取向度的纤维也或多或少地存在着未取向部分,而且结构中还存在着薄弱环节,如裂隙、空洞、气泡以及缺陷、杂质等弱点,纤维的断裂首先从这些部位开始。在外力作用下,纤维中的大分子链不可能均匀地承受外力,而是首先使未取向分子链段间的氢键和范德瓦尔斯力发生破坏,应力逐渐向其他部位扩展,集中到少量取向的分子链上,最终被拉断。当然,在应力集中后,导致分子链间相对滑移而断裂也是有可能的,这主要取决于纺织纤维的相对分子质量、结晶度和取向度。

天然纤维素纤维和黏胶纤维虽然都是纤维素纤维,但是它们的断裂机理有一定差异。天然纤维素纤维的聚合度较高,如棉、麻等纤维的聚合度都在 2 000 以上,而且结晶度、取向度也较高,其分子间次价力的总和大于主价力,所以在外力作用下很难使分子链间发生相对滑移,它的断裂很可能是由于超分子结构中存在着缺口、弱点,在外力作用下,弱点首先破坏,缺口逐渐扩大,进而应力集中于部分分子链上,最终这些分子链被拉断,导致纤维断裂。棉、麻等天然纤维素纤维的湿强度高于干强度,也与这种断裂机理有关。因为在湿态下,水的增塑作用可以部分消除纤维中的弱点,使应力分布趋于均匀,从而增大纤维的强度。黏胶纤维大分子的聚合度较低,只有 250~500,结晶度、取向度也较低,其次价力的总和小于主价力,所以在外力作用下容易因分子链间的相对滑移而使纤维断裂。在潮湿状态下,由于水分子的溶胀作用,使分子间作用力削弱,更容易发生分子链间的相对滑移,所以它的湿强度比干强度低得多。

综上所述,纤维的断裂强度与纤维大分子的化学结构、相对分子质量、结晶度和取向度等综合因素有关。大分子的结构中如果存在着能产生氢键的基团或其他极性基团,分子间作用力大,则纤维的强度较高。非极性大分子由于分子间作用力较小,一般强度较低。相对分子质量对纤维强度也有影响,当相对分子质量低时,纤维断裂是以分子链的滑移为主,强度较低;随着相对分子质量的增加,次价力的总和增大,纤维的强度也随之增加,但当相对分子质量达到一定数值以后,次价力的总和超过了主价力,纤维的断裂是以大分子主链断裂为主,强度与相对分子质量的关系就不明显了。纤维中的结晶部分能限制大分子链的相对滑移,所以结晶度高的纤维其强度也高。纤维的取向度高,有利于应力的均匀分布,故取向度高的纤维强度也高。

(3)实际强度。决定纤维实际强度的因素主要有两个:一是纤维的结构,二是测试条件或使用条件。

①纤维的强度与结构的关系。纤维的强度与结构的关系可从以下几个方面进行阐述。

a. 化学结构。绝大多数纤维是部分结晶的固体,从破裂行为看来,主要特点是有较高的延性和韧性。所谓韧性纤维材料是在破裂之前发生屈服,破裂应力 σ_B 大于屈服应力 σ_y。

纤维材料的延性可用 σ_B 与 σ_y 的相互关系表示,有三种不同的情况:脆性纤维材料 $\sigma_B < \sigma_y$,

呈脆性断裂;部分延性纤维材料 $\sigma_y < \sigma_B < 3\sigma_y$,在无缺口试验中呈延性断裂,但在有缺口试验中呈脆性断裂;完全延性纤维材料 $\sigma_B > 3\sigma_y$,呈延性断裂。大部分成纤高分子物属于上述第二类。

从结构角度考虑,增强纤维分子间作用力,引入交联键和增加分子链的刚性,均有利于提高纤维材料的强度。锦纶 66 由于分子间存在氢键,其 σ_y 大大高于聚酯和聚烯烃纤维。液晶纤维由于分子链上带有结晶基团(刚性基团)使纤维分子在纺丝加工中易于取向,使液晶纤维表现出高强度、高模量的特性。如 Kevlar 的强度和模量可以高达 $3.0 \times 10^9 \sim 3.5 \times 10^9 \, \text{Pa}$ 和 $600 \times 10^9 \sim 1\,000 \times 10^9 \, \text{Pa}$。

b. 相对分子质量。分子链化学成分确定以后,相对分子质量及其分布对强度有较大的影响。一般来说,相对分子质量($\overline{M}_n$)越大,强度越高,在一定范围内可用下式表示:

$$\sigma_B = A - \frac{B}{\overline{M}_n} \tag{3-16}$$

式中:A、B——常数。

因此,在制造帘子线、绳索或其他高强力纤维时,必须选择较高的相对分子质量。但是,相对分子质量过高,反而会使强度下降,这主要是由于纺丝熔体或溶液的黏度过高,弹性显著增大,使加工困难,结果用普通方法加工的纤维不匀率明显增大,强度下降。

c. 结晶和取向。结晶和取向状况是纤维材料极其重要的结构参数。结晶状况包括晶型、晶区尺寸和结晶度几个方面,而取向状况又可分为晶区取向和非晶区取向。球晶的大小对纤维力学性质有明显的影响。

结晶度对模量和屈服应力有较大影响,结晶度越高,模量和屈服应力越大,但它对断裂强度的影响并没有明显的规律。若使用不同结构参数的纤维,用其强度对相应的结晶度作图,发现实验点十分散乱,这充分说明结晶度不是决定强度的主要因素;使用取向参数作图,则呈现明显的规律。对聚酯和等规聚丙烯这两类重要纤维的实验表明,决定纤维强度最主要的基本结构因素是纤维中非晶区的取向系数 f_x。

d. 纤维结构的缺陷。在纤维材料力学性质的讨论中,都将纤维材料视为连续体,而实际上纤维中存在许多裂隙、空洞、气泡以及缺陷、杂质等弱点,这必将引起应力集中,致使纤维强度下降。这些缺陷可在纤维的后拉伸处理中得以减少或消除。

②纤维的强度与使用或测试条件的关系。

a. 环境温、湿度对强度的影响。在纤维回潮率一定的条件下,温度高,大分子热运动能高,分子间力削弱,因此一般情况下,温度高,拉伸强度下降,断裂伸长率增大,拉伸初始模量下降。在一定的温度下,一般纤维含湿越大,分子间结合力越弱,纤维强力降低,伸长率增大,初始模量下降。但棉和麻纤维则与此相反,含湿增加,纤维强力反而增加。

因此,纺织纤维制品强力测试应在统一的温、湿度条件下进行。我国标准规定的纺织纤维制品试验温度为 $20\,℃ \pm 2\,℃$,相对湿度为 $65\% \pm 3\%$。

b. 应变速率对强度的影响。纺织纤维制品拉伸试验速度也是影响试验结果的重要因素。材料的强度具有明显的时间依赖性,这是材料共同的规律。但是温度降得越低,时间因素的表现越不显著。对于纤维而言,在室温附近测试时,它对应变速率的依赖性十分显著,拉伸速率增加的效果大致与温度降低的效果相同。

c.试样长度对强度的影响。试样在一定的预张力条件下,未拉伸时强力仪两夹持器之间的长度,称为试样的初始长度,简称试样长度。试样长度是由两夹持器之间隔距所决定的。由于纺织纤维制品沿长度方向的不均匀性,试样越长薄弱环节越多,而试样拉伸测试时总是在最薄弱的截面处拉断并表现出断裂强度。因此,随着试样长度增加,强力与伸长减小,减小的程度与纤维制品本身的不均匀性有关。当纤维试样长度缩短时,最薄弱环节被检测到的机会减少,从而使测试强度的平均值提高。纤维试样截取越短,平均强度将越高。总之,试样长度不同,其测试结果也不一样。

d.试样根数对强度的影响。由于每根纤维的强度并不均匀,特别是断裂伸长率不均匀,试样中各根纤维的伸长状态也不相同,这将会使各根纤维不能同时断裂。其中,伸长能力最小的纤维达到伸长极限即将断裂时,其他纤维并未承受到最大张力,故各根纤维依次分别被拉断,使 n 根纤维成束被拉断测得的强度比单根测得平均强度值的 n 倍小,而且根数越多,差异越大。因此,在测定纤维的强力时,要求有一定的根数,并做统计分析。

(4)常见纤维的拉伸强度。表3-7列出了常见纤维的干、湿强度。

从表中可见,吸湿性好的纤维其干、湿强度差异比较大;吸湿性差(大多数合成纤维)的纤维其干湿强度没有变化。织物的强度很大程度上取决于纤维的强度,当然,它与纱线和织物的结构也有一定关系。除拉伸(抗张)强度外,织物还有撕破强度和顶破强度等强度指标。

表3-7 一些纤维的强度[①]

纤维种类	强度/cN·tex^{-1} 干(湿)	纤维种类	强度/cN·tex^{-1} 干(湿)
橡胶纤维	3.0	涤纶	21.17~61.74
氨纶	6.17~8.82	黏胶纤维(HWM)	22.05~44.10(26.46)
维纶	6.17~8.82	PBI	22.93~26.46(18.52~22.05)
黏胶纤维	10.58~12.35(4.41~12.35)	棉	30.87~35.28(39.69~44.10)
醋酯纤维	10.58~12.35(8.82~11.47)	聚乙烯	30.87~39.69
聚偏氯乙烯纤维	10.58~21.17	亚麻	30.87~44.10(57.33)
羊毛	13.23(8.82)	锦纶	30.87~63.50(26.46~57.33)
改性腈纶	15.0~22.93(13.23~21.17)	丝	39.69(24.70~35.28)
含氟纤维	17.64	Lyocell	42.34~44.10(37.04~40.57)
腈纶	17.64~26.46(15.88~23.81)	Nomex	35.28~46.75(26.46~36.16)

①括号中所列的是湿态强度,没有括号的表示干、湿态强度相等。

3.纤维的伸长性

(1)断裂长度。纤维的一端固定,另一端向下悬垂并不断伸长,由于其自身质量而断裂时的长度,称为断裂长度(breaking length),用 L_R 表示,单位为 km,它也是纤维自身质量与其绝对强力相等时的纤维长度。实际中,断裂长度是通过测定绝对强力(P)折算出来的。

$$L_R = \frac{P}{1000} \cdot \frac{1}{G} \tag{3-17}$$

式中：G——纤维单位长度的质量，g/m；

$1/G$——纤维单位质量的长度，m/g。

显然，$1/G$ 就是公制支数 N_m，将它代入上式得：

$$L_R = \frac{P \cdot N_m}{1000} \tag{3-18}$$

（2）断裂伸长率。纤维在拉力作用下伸长，且随拉力增大和作用时间的延长而不断增加，直至断裂。纤维断裂时的长度与原来长度之差称为断裂伸长。断裂伸长与纤维原来长度之比的百分数称为断裂伸长率（elongation at break）或断裂延伸度（extension at break），以 y 表示。

$$y = \frac{l - l_0}{l_0} \times 100\% \tag{3-19}$$

式中：l_0——纤维的原长；

l——纤维伸长至断裂时的长度。

纤维的断裂伸长率是决定纤维加工条件及其制品使用性能的重要指标之一，反映纤维的柔韧性。断裂伸长率大的纤维手感比较柔软，在纺织、染整加工时，可以缓冲所受到的力，毛丝、断头较少；但断裂伸长率也不宜过大，否则织物容易变形。普通纺织纤维的断裂伸长率在 $10\% \sim 30\%$ 较合适，而对于工业用强力丝则要求断裂强度高、断裂伸长率低，使其最终产品不易变形。部分纺织纤维的断裂伸长率见表 3-8。

表 3-8　各种纤维的断裂伸长率[①]

纤维种类	伸长率/% 干（湿）	纤维种类	伸长率/% 干（湿）
亚麻	2.0(2.2)	丝	20(30)
棉	3~7(9.5)	Nomex	22~32(20~30)
玻璃纤维	3.1(2.2)	羊毛	25(35)
含氟纤维	8.5	醋酯纤维	25~45(35~50)
黏胶纤维（普通）	8~14(16~20)	PBI	25~30(26~32)
黏胶纤维（HWM）	9~18(20)	改性腈纶	30~60
涤纶	12~55	锦纶6	30~90(42~100)
维纶	12~25	腈纶	35~45(41~50)
Lyocell	14~16(16~18)	聚乙烯纤维	70~100
聚偏氯乙烯纤维	15~35	氨纶	400~700
锦纶66	16~75(18~78)	橡胶纤维	500

①括号中所列的是湿态伸长率，没有括号的表示干、湿态伸长率相等。

不同的纤维由于其化学结构和物理结构不同，断裂伸长率不同。即使是同一种纤维，由于其分子链排列状况不同,断裂伸长率也不相同。一般结晶度和取向度较高的纤维强度较高,但断裂伸长率却较低。另外,许多纤维的干、湿断裂伸长率很不一样。

4. 纤维的拉伸弹性

(1)纤维的初始模量。纤维的初始模量为应力—应变曲线起始一段直线的斜率,一般以纤维伸长率为 1% 时的应力应变的比值作为初始模量,单位为 N/tex 或 Pa。通常,将产生 1% 的应变所需的应力乘以 100,称为劲度或刚度,它具有初始模量的意义。

初始模量表征纤维对小形变的抵抗能力,在衣着上则反映纤维对小的拉伸作用或弯曲作用所表现的硬挺度,它反映纤维的刚性。初始模量大,表示纤维在外力作用下不易变形,纤维的刚度大,制成的织物抗皱性好,穿着较为挺括;初始模量小,表示纤维容易变形。如果两种纤维同样粗细,则初始模量小的其制品的手感较柔软。一般工业用纤维(绳索、帘子线)要求其初始模量大,不希望受力后产生较大变形;民用纤维(纺织品)不要求模量太大,否则手感硬、脆性大、耐磨性差。

纤维的初始模量取决于大分子链的结构及分子间的引力。大分子链的柔顺性越高,纤维的初始模量越小。同一类纤维中,结晶度和取向度高的纤维其初始模量也大。

(2)纤维的弹性回复。纤维材料的弹性回复又称回弹性(elastic resilience),常用拉伸负荷实验来测定,定量的处理可用伸长回复率和功回复率来表征。纤维在外力作用下发生形变,回弹性是指纤维从形变中回复原状的能力。回弹性高的纤维制品不仅有挺括的外观,而且耐穿、耐用。纤维的回弹性和其他力学性能一样,受环境的影响很大,通常是指该纤维在 20℃、相对湿度为 65% 的条件下测得的回弹性。表征纤维回弹性的方法一般有两种:一种是一次负荷回弹性,通常用形变回复率(回弹率)或功回复率表示;另一种是多次循环负荷回弹性,可从多次循环负荷—伸长曲线中求得。

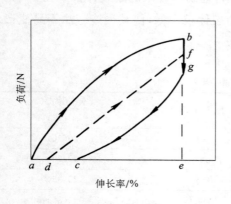

图 3-15 纤维的回弹性

①一次负荷回弹性能。将纤维在拉伸负荷试验机上以一定速度(10%/min)拉伸(图 3-15),拉伸至一定伸长率(通常选 2%)的 b 点,然后保持伸长不变,停留 60s,此时发生应力松弛($b \rightarrow g$),然后以和拉伸速度相同的速率使纤维减负荷而回缩,至图中 c 点,应力松弛至零,然后再等待 180s,则回缩至 d 点,若立即开始第二次试验,将按虚线 df 路径进行下去。十分明显,整个伸长应变 l 分为三部分:

$$l_{ae} = l_{ad} + l_{de} = l_{ad} + l_{dc} + l_{ce} \tag{3-20}$$

上式右端三项分别对应于塑性形变(plastic deformation,永久形变)l_{ad}、高弹形变(high elastic deformation,推迟回复形变)l_{dc} 和普弹形变(instantaneous elastic deformation,瞬时回复形变)l_{ce}。

纤维形变回复率(回弹率)的定义如下:

$$形变回复率(回弹率)=\frac{l_{de}}{l_{ae}}\times100\%=\frac{l_{ae}-l_{ad}}{l_{ae}}\times100\% \qquad (3-21)$$

$$瞬时形变回复率(回弹率)=\frac{l_{ce}}{l_{ae}}\times100\%=\frac{l_{ae}-l_{ac}}{l_{ae}}\times100\% \qquad (3-22)$$

实际上,由于测定方法中的时间限制,往往不能严格地把这三部分形变区别开来,从实用角度出发,通常根据外力去除后在一定时间内形变的回复情况,将形变分为:可复弹性形变和不可复形变。可复弹性形变(reversible elastic deformation)包括急弹性形变(rapid elastic deformation,普弹形变和松弛时间较短的那一部分高弹形变)和缓弹性形变(delay elastic deformation,在一定时间内松弛的高弹形变);不可复形变(irreversible deformation)包括塑性形变和松弛时间较长的高弹形变。显然,可复弹性形变的比例越大,剩余形变越小,纤维的回弹性越好。

从图3－15还可以看到,外力对纤维所做功的大小为S_{abe},但纤维回复时对外界所做的功仅为S_{cge},两者相差越大,表示纤维形变时损失的非弹性功愈多,即纤维弹性愈差,所以回复功(reversible work,弹性功)被定义为:

$$回复功(弹性功)=\frac{去除负荷时纤维回复对外界所做的功}{纤维伸长时外力所做的总功}\times100\%=\frac{S_{cge}}{S_{abe}}\times100\%$$

$$(3-23)$$

由此可见,纤维的回弹性除与纤维本性有关外,还取决于设定的总伸长率,设定的总伸长率越大,相应回弹率越小。

纤维在一定伸长下之所以具有弹性回复,主要是因为纤维在外力作用下变形时,分子链段发生移动,无定形区有一定量的较弱分子间结合被拆散,许多链段移得很远,同时在应力状态下建立起新的连接。在外力除去时,大分子链的柔曲性将克服分子间力而运动,使伸长发生回复。当回复力小于链段在新位置上的结合力时,就不能回复,成为塑性形变;另一部分松弛时间较长的缓回弹形变,在测定的时间范围内也不能回复。

回弹率(rebound degree)有两种测定方法:一种是定负荷回弹率,测定时对每个试样施加一定的负荷;另一种是定伸长回弹率,测定时给予试样一定的伸长,如2％、3％、5％、10％等。图3－16为几种主要纤维在相对湿度为60％和90％、伸长率为5％的条件下所测得的回弹率。

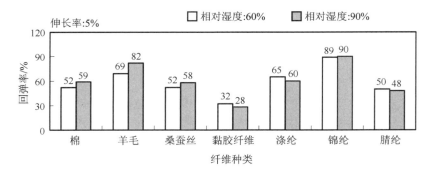

图3－16　不同相对湿度和伸长率条件下几种纤维的回弹率

从图 3-16 可以看出,在同样伸长率的条件下,锦纶的弹性回复能力比涤纶大,但是涤纶的初始模量较锦纶大得多,而且几乎不吸收水分,润湿时弹性回复仍能保持;而锦纶在较小的应力作用下,就能产生相当大的变形,润湿时变形加大,弹性回复降低。所以,涤纶服用时的抗皱性能优于锦纶。另外,由图 3-16 和表 3-9 可见,在常用纤维中,锦纶和羊毛的回弹性最好,聚乙烯纤维、腈纶和涤纶的回弹性也较好,丝的回弹性处于中等,纤维素纤维的回弹性最差。

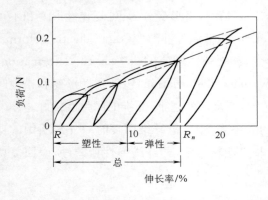

图 3-17 黏胶纤维的多次循环负荷—伸长曲线

②多次循环负荷回弹性质与耐疲劳性。纤维在实际使用过程中,不可能只受一次外力作用;另外,通常纤维在实际使用中也不会只受一次拉伸即断裂,而是经常受到大小不等、方向不同、频率变化的外力反复作用。在测定试样的负荷—伸长性能时,如果在达到断裂负荷以前,就停止增加负荷并逐渐减小,以至完全去除负荷,将这种增加和去除负荷的过程循环重复多次,得到多次循环负荷—伸长曲线。图 3-17 为黏胶纤维的多次循环负荷—伸长曲线。

表 3-9 一些纤维的性能比较

耐 磨 性		热 保 持 性		回 弹 性		耐 光 性	
很好	芳纶	羊毛		锦纶		玻璃纤维	
	含氟纤维	腈纶		羊毛		腈纶	
	锦纶	改性腈纶		—		改性腈纶	
	聚乙烯纤维	涤纶		—		涤纶	
	涤纶	—		—		—	
好	氨纶	聚乙烯纤维		聚乙烯纤维		—	
	麻类纤维	锦纶		腈纶		Lyocell	
	腈纶	芳纶		改性腈纶		麻类纤维	
	PBI	—		涤纶		棉	
	棉	—		—		黏胶纤维	
	丝	—		—		PBI	
中等	羊毛	丝		丝		三醋酯纤维	
	黏胶纤维	氨纶		—		醋酯纤维	
	—	—		—		聚乙烯纤维	
差	维纶	麻类纤维		Lyocell		锦纶	
	醋酯纤维	棉		麻类纤维		羊毛	
	玻璃纤维	Lyocell		棉		丝	
	—	黏胶纤维		黏胶纤维		—	
	—	醋酯纤维		醋酯纤维		—	

当纤维在循环负荷作用下，大分子链首先发生键长和键角的改变，以产生急回弹形变，随后产生缓回弹形变和部分塑性形变。由于链段之间存在着相互作用力，因此当受到外力的作用时，链段沿外力场发展其运动需要一定时间，只有当外力作用无限缓慢时才是平衡拉伸，这时形变才跟得上外力的发展。在一般情况下，由于外力作用的速度较快，使大分子链构象的改变跟不上外力作用的速度。因此，当外力增加时，形变不能立即发展；当外力减小时，形变同样也不能立即回复。形变总是滞后于应力，这种现象称为滞后现象，它是高分子物黏弹性质的一种反映。经过第一次循环负荷后，所得到的负荷—伸长曲线形成一个滞后圈，如果循环负荷进行多次，纤维产生的剩余形变值不断积累，从 OR 推移至 OR_n（n 为循环的次数）。显然，经过多次循环负荷后的剩余伸长 OR_n 值，是纤维经多次形变后回弹性质的一种量度，用循环负荷—伸长曲线能比较真实地反映纤维在实际使用过程中的弹性回复性质。

纤维的弹性回复性能，主要取决于分子链的柔顺性和分子间作用力的大小。从分子链的结构来看，构成纤维弹性的结构是纤维的分子链之间有一定的固定点和巨大的局部流动性。其中局部流动性给予纤维一定的形变量，而一定的固定点可以防止分子链之间的相对滑移。分析锦纶大分子结构可以看出，大分子中的碳氢链使分子链的柔顺性提高，为分子链之间提供了较大的局部流动性，而分子链之间的氢键对分子链之间的相对滑移起到一定的牵制作用，故锦纶具有优良的弹性回复性能。但是，如果分子链之间的固定点太多，会使局部流动性降低，导致纤维的延伸度降低，弹性回复性能降低，如棉、麻等天然纤维，其分子链刚性大，分子链之间氢键又多，结晶度也较高，所以纤维的回弹性较差。

5. 纤维的疲劳与织物的耐用性　织物在穿着过程中，不仅要受到拉伸、弯曲、摩擦、剪切等多种力的综合作用，而且还受到环境因素（包括高温、光照、汗渍、洗涤剂洗涤等）的影响。织物承受这些因素的作用而能够维持使用功能的能力，称为织物的耐用性。对纤维和织物力学性能的测定、评价，很大程度上是为了预测织物在使用过程中的耐用性。

前面已经对断裂强度、断裂伸长和弹性等进行过讨论，这些性能与织物的耐用性之间有着一定的关系。一般认为强度越高的纤维制成的织物，只要纱线和织物的结构合理，织物的强度也就越高，也就更加耐用。然而在正常穿着情况下基本不会发生一次性破坏的情况。事实上也有一些纤维的强度并不高，但耐用性是比较好的，如毛织物。因此测定纤维或织物一次性拉断的强度，有时并不能准确地反映织物的耐用性。

织物的耐用性反映的是穿着过程中织物抵抗多种因素反复长期作用的能力，因而耐用性是和织物的耐疲劳性能密切相关的一个性能。"疲劳"（fatigue）是指材料在多次重复施加应力、应变后其力学性质的衰减或损坏。如果对纤维施加较断裂强度小的负荷，虽然所加的外力并未超过纤维的断裂强度，但经过加负荷—去除负荷的反复循环一定次数后，纤维最终也会断裂，这就是纤维材料的疲劳破坏。疲劳可用"疲劳寿命"（fatigue life）来表示，即在给定的条件下试样发生损坏前所承受的循环应力、应变的次数。纤维的疲劳可能是织物在服用过程中破损的主要原因。纤维所能承受的拉伸—松弛循环的次数称为耐久度，是一种衡量纤维或织物疲劳的特性指标。

前面曾提及，纤维在小于断裂强度的外力作用时，必然会出现形变，其中包括急弹性、缓弹性和永久形变。在外力消除后,第二次加上负荷之前,只有急弹性和部分缓弹性形变消失,而留下永久形变和部分缓弹性形变。如此循环多次后,形变逐渐积累,纤维结构逐渐破坏,最终导致纤维断裂。实践表明,纤维仅仅具有较高的强度或伸长度,不一定具有较高的耐疲劳性,只有具有一定的断裂强度和较大的断裂伸长率和弹性,特别是急弹性形变大的纤维才具有较好的耐疲劳性。因而,纤维弹性的高低,不仅会影响到织物的外观,而且与耐用性有着密切关系。

纤维和纺织品耐疲劳性能的高低与其所发生的形变或所加外力的大小和作用时间的长短有着密切的关系。所加外力越大,作用时间越长,纤维和纺织品发生形变和蠕变现象越明显,疲劳现象发生越早,相反去负荷松弛时间越长,缓弹性形变可得到较大的回复,形变的积累比较慢,这样疲劳现象的出现就比较晚。根据试验发现,当形变和外力小于一定数值时,可能不会发生疲劳现象,或具有较好的耐久度。

纤维和织物的耐用性影响因素复杂,但纤维的力学性能对织物的耐用性有很大影响是可以肯定的。为了在染整加工中尽可能保存纤维原有的优良特性,不仅在化学加工中应该尽量避免不必要的化学损伤,即使在生产或机械加工中也应避免使纤维受到不良的影响,例如,织物在加工中应避免受到反复过大的张力作用,虽然并未发生断裂或出现其他明显的损伤,实际上已经造成织物的疲劳。

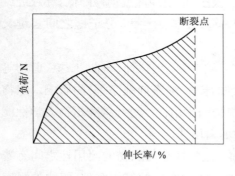

图 3-18 纤维的断裂功示意图

6.纤维的断裂功与耐磨性

(1)纤维的断裂功。纤维从受拉伸直到断裂,外力对纤维所做的总功称为断裂功(work at break)。如图 3-18 所示,断裂功等于应力—应变曲线下的面积。

纤维的断裂功随纤维的粗细和试样原始长度而变化,为了便于比较,通常采用断裂比功来表示。断裂比功是指单位线密度和单位长度的试样拉伸至断裂,外力所做的功。断裂功和断裂比功是度量纤维韧性的指标,它可以有效地评定纺织纤维的强韧性和耐磨性。

(2)纤维的耐磨性。耐磨性(abrasion performance)是影响纤维耐用性能的主要指标,一般用纤维经多次拉伸后的断裂功来表示。实践证明,耐磨性是纤维强度、伸长率和回弹性三种力学性能的综合表现,其中又以伸长率和回弹性的影响更为重要。如麻纤维的强度虽高,但伸长率低,弹性差,故耐磨性也差;羊毛的强度虽低,但伸长率高,弹性好,经多次拉伸后的断裂功降低不多,故耐磨性好;锦纶则由于强度、伸长率和弹性都高,故耐磨性特别好。常见纤维的耐磨性优劣见表 3-9。

第六节　纺织纤维的热学性质

纤维的热学性质直接与纤维的纺织加工和使用性能有关,包括比热容、导热和热对纤维材料的影响。

一、比热容

纤维材料的比热容（specific heat capacity）是指单位质量的纤维在温度变化 1℃时所吸收或放出的热量，标准单位为 J/(kg·K)。图 3-19 为室温（20℃）下测得的干纤维的比热容，由于水的比热容是 4.2×10^3 J/(kg·K)，是干纤维的 2～3 倍，因此纤维吸湿后其比热容相应增大，可用下式计算：

$$C = C_0 + \frac{M}{100}(C_w - C_0) \qquad (3-24)$$

式中：C——湿纤维的比热容；

　　　C_0——干纤维的比热容；

　　　C_w——水的比热容；

　　　M——纤维的含水率。

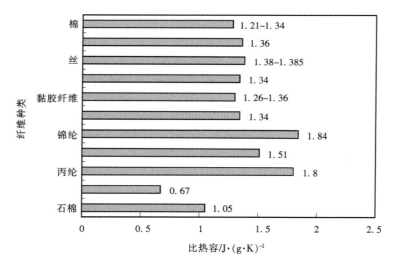

图 3-19　各种干纤维的比热容

在不同的温度下，纤维的比热容是不相同的，温度升高，纤维的比热容相应增大。

二、导热性

纤维内部和纤维之间有很多孔隙，孔隙内充满空气，因此纤维的导热过程是一个比较复杂的过程。纤维的导热性（heat conductivity），用导热系数 λ 表示，单位是 W/(m·K)或 J/(cm·s·℃)，λ 值越小，表示该纤维的导热性越差，其热绝缘性和保暖性越高。图 3-20 列出常见纤维的导热系数。

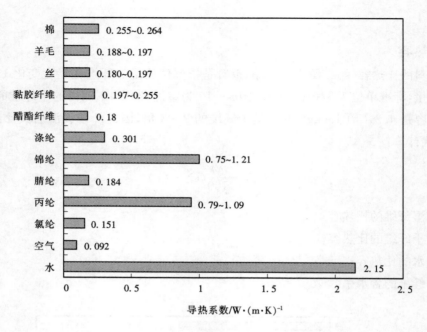

图 3-20　一些纤维的导热系数

由图 3-20 可以看出,静止空气的导热系数最小,是最好的热绝缘体,因此,纤维材料的保暖性,主要取决于纤维层中夹持空气的数量和状态。在空气不流动的情况下,纤维中夹持的空气越多,纤维层的绝热性越好;一旦空气发生流动,纤维层的保暖性就大大降低。有资料表明,纤维层的密度在 0.03~0.06g/cm³ 时其导热系数最小,即纤维层的保暖性最好。中空纤维就是使每根纤维内部都夹持有较多的静止空气,以提高纤维的保暖性。常见纤维的热保持性(保温性)优劣见表 3-9。由图 3-20 还可以看出,水的导热系数较大,约为纤维的 10 倍,因此随着纤维回潮率的提高,纤维的导热系数增大,保暖性下降。另外,温度对于纤维的导热系数亦有影响,温度高时,纤维的导热系数稍有增大。

三、耐热性

纤维在热的作用下,温度逐渐升高,分子链间的作用力逐渐减小,分子的运动方式和力学状态也随之发生变化,最后熔融或分解。天然纤维素纤维和再生纤维素纤维以及蛋白质纤维,它们的熔点高于分解点,因此在高温作用下,不熔融而分解或炭化。合成纤维随着温度的不同,可处于三种力学状态:玻璃态、高弹态和黏流态,且大多数合成纤维在高温作用下首先软化,然后熔融。一般把熔点以下 20~40℃ 的一段温度叫软化温度。一般,纤维的玻璃化温度都应高于室温,在室温下纤维制品能保持一定的尺寸稳定性和刚挺性。对于非结晶性的纤维,在玻璃化温度以上时,织物稍加负荷就会产生很大的变形。

纤维的耐热性(heat resistance, thermostability)表示纤维在高温下保持自身性能的能力,它往往是根据纤维受热时力学性质的变化来评定的。

纤维是部分结晶的高分子物,温度升高会引起纤维内部结晶部分的消减和无定形部分的增加,使纤维的力学性能也相应改变。同时,随着温度的升高,在热的作用下,大分子在最弱的键上发生裂解,通常是热裂解和化学裂解(氧化、水解等)同时发生,这些裂解作用在高温时都会加速进行。因此在热的作用下,纤维内结晶部分的消减和无定形部分的增大、大分子的降解以及分子间作用力的减弱,其结果是使纤维的强度下降,强度下降的程度随纤维种类而异。研究表明,纤维素纤维(棉、黏胶纤维、亚麻、苎麻等)的耐热性较好;羊毛的耐热性较差,加热到100～110℃时即变黄,强度下降,通常要求干热不超过70℃,洗毛不超过45℃;蚕丝的耐热性比羊毛好,短时间可加热到110℃,纤维强度没有明显变化;在合成纤维中,涤纶和腈纶的耐热性比较好,不仅熔点或分解温度较高,而且长时间受较高温度的作用时,强度损失较小,锦纶的耐热性较差,维纶的耐热水性较差,在沸水中会产生变形和部分溶解。常见纤维的热敏感温度(熔点和软化点)见表3-10。

表 3-10　纤维的热敏感温度

纤维种类	熔融温度/℃	软化温度/℃	推荐熨烫温度/℃
棉	不熔融	—	218
麻	不熔融	—	232
丝	不熔融	—	149
羊毛	不熔融	—	149
醋酯纤维	260	176～191	117
腈纶	—	221～232	149
芳纶	不熔融	—	不熨烫
含氟纤维	不熔融	—	—
玻璃纤维	1493	849	不熨烫
改性腈纶	不熔融	—	93～121
锦纶6	215～221	171	149
锦纶66	249～260	229	177
聚乙烯纤维	160～177	141～166	66
涤纶	250	226～230	163
聚酯纤维(PCDT)	248～254	243	177
黏胶纤维	不熔融	—	191
氨纶	230	175	149

第七节　纺织纤维的燃烧性

各种纤维的燃烧性(combustibility)是不同的。纤维素纤维与腈纶易燃,燃烧迅速;羊毛、蚕丝、锦纶、涤纶、维纶可燃,但燃烧速度较慢;氯纶、聚乙烯醇—氯乙烯共聚纤维等难以燃烧,与火焰接触时燃烧,离开火源后自行熄灭;石棉、玻璃纤维等是不燃的,与火焰接触也不燃烧。

一、点燃温度和火焰最高温度

易燃纤维容易引起火灾,衣服燃烧时,聚合物的熔融能严重伤害皮肤。在这方面,各种纤维可能造成的危害程度,与纤维的点燃温度、火焰传播速度和范围以及燃烧时产生的热量有关。几种主要纤维的点燃温度如图 3-21 所示。

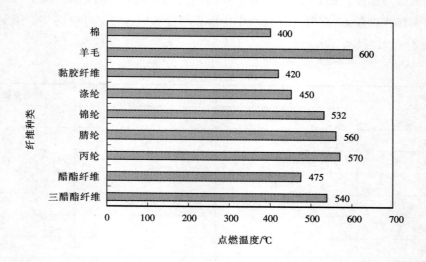

图 3-21　几种纤维的点燃温度

二、极限氧指数

测定和表征纤维及其制品的燃烧性能,广泛采用极限氧指数(limiting oxygen index,简称 LOI)。所谓极限氧指数,是指纤维材料点燃后在氧—氮混合气体中维持燃烧所需的最低含氧量的体积分数[式(3-27)]。在空气中,氧的体积分数为 21%,故若纤维的 LOI<21%,就意味着空气中的氧气足以维持纤维继续燃烧,这种纤维就属于可燃性或易燃性纤维;若 LOI>21%,就意味着这种纤维离开火焰后,空气中的氧不能满足使纤维继续燃烧的最低条件,纤维离开火焰后会自行熄灭,这种纤维属于难燃性或阻燃性纤维;当 LOI>26% 时称为阻燃纤维。一些纤维的极限氧指数,见图 3-22。

$$极限氧指数 = \frac{O_2 \text{ 的体积}}{O_2 \text{ 的体积} + N_2 \text{ 的体积}} \times 100\% \tag{3-25}$$

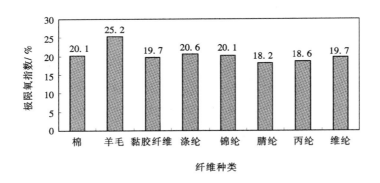

图 3-22　几种纤维的极限氧指数

三、燃烧特性

纤维的燃烧特性包括:燃烧速度,火焰的颜色,燃烧时散发出来的气味,燃烧后灰烬的颜色、形状和硬度等。根据纤维的燃烧特性可以用来鉴别纤维。常见纤维的燃烧特性见表3-11。

表 3-11　常见纤维的燃烧性状

纤维种类	接近火焰	在火焰中	离开火焰	气 味	残留物特征
棉、麻、黏胶纤维、富强纤维	不缩不熔	迅速燃烧,黄色火焰	继续燃烧	烧纸味	少量灰黑或灰白色灰烬
醋酯纤维	不缩不熔	缓缓燃烧	继续燃烧	乙酸刺激性味	黑色硬块或小球
羊毛、蚕丝	卷缩	徐徐冒烟,起泡并燃烧	缓慢燃烧,有时自灭	烧头发味	松脆黑色颗粒或焦炭状
涤纶	熔缩	边熔化,边缓慢燃烧,冒烟	继续燃烧,有时自灭	特殊芳香味	硬的黑色圆珠
锦纶	熔缩	边熔化,边缓慢燃烧	继续燃烧,有时自灭	氨臭味	坚硬淡棕色透明圆珠
腈纶	熔缩	边熔化,边燃烧	继续燃烧,冒黑烟	辛辣味	松脆黑色不规则小珠
丙纶	熔缩	边收缩,边熔化燃烧	继续燃烧	石蜡味	硬灰白色透明圆珠
维纶	收缩	收缩,燃烧	继续燃烧,冒黑烟	特殊香味	不规则焦茶色硬块
氯纶	熔缩	熔融,燃烧,冒黑烟	自灭	刺鼻气味	深棕色硬块
氨纶	熔缩	熔融,燃烧	自灭	特殊气味	白色胶状

第八节　纺织纤维的电学性质

纤维的电学性质,是指纤维在外加电压或电场作用下的行为及其表现出的各种物理现象,包括:在交变电场中的介电性质,在弱电场中的导电性质,在强电场中的击穿现象以及发生在纤维表面的静电起电现象。在纺织加工过程中,特别是在合成纤维的纺织加工过程中,纺织纤维因摩擦而产生静电的现象,会影响生产的正常进行,消除纤维带电现象是纤维加工经常需要考虑的问题。这里主要讨论纤维的导电性质和静电现象。

一、纤维的导电性能

1. 纤维导电性能的表示方法　纤维主要由原子通过共价键结合而成。干燥的纤维没有自由电子,也没有导电的离子,在外电场作用下,导电能力很低,是一种良好的绝缘体。然而,天然纤维在生长发育过程中,化学纤维在加工制造过程中,都会引入一些其他物质,如脂肪类物质、各种催化剂、乳化剂以及水分等,这些杂质能导电,或在电场作用下能电离产生导电离子,从而增强了纤维的导电性能。

纤维的导电性(electrical conductivity)用比电阻来表征,通常有体积比电阻(volume specific resistance),表面比电阻(surface specific resistance)和质量比电阻(mass specific resistance)三种表示法。

(1)体积比电阻 ρ_v。由欧姆定律,导体的电阻 R 与导体的长度 l 成正比,与导体的截面积 S 成反比。即:

$$R = \rho_v \cdot \frac{l}{S} \tag{3-26}$$

式中: ρ_v——体积比电阻(也称电阻率), $\Omega \cdot cm$。

由于纤维很细,单根测量较难,实际测量体积比电阻在矩形盒子中进行。由于纤维间存在空气,纤维在测试盒内所占的实际极板面积不是 S,而是 $S \cdot f$, f 为填充系数,可由下式计算:

$$f = \frac{V_f}{V_T} = \frac{\dfrac{m}{d}}{S \cdot l} = \frac{m}{S \cdot l \cdot d} \tag{3-27}$$

式中: V_T——纤维测量盒的容积;

　　V_f——纤维的实际体积;

　　m——纤维的质量, g;

　　d——纤维的密度, g/cm^3。

(2)表面比电阻 ρ_s。表面比电阻是描述电流通过纤维表面的电阻。设纤维处于直流电压为 U 的电场内,则流过纤维的电流 I 由纤维表面电流 I_s 和纤维内部电流 I_v 两部分组成:

$$I = I_s + I_v \tag{3-28}$$

$$I_s = \frac{U}{R_s} \tag{3-29}$$

$$I_v = \frac{U}{R_v} \tag{3-30}$$

式中：R_s——纤维表面电阻，Ω；

R_v——纤维内部电阻，Ω。

干燥的纤维是绝缘体，杂质往往吸附在纤维的表面，特别是化学纤维，所以表面比电阻对纺织纤维有特殊的意义。纤维的表面比电阻是直流电场强度与单位长度的表面电流之比。当用一个刀形电极测量时，如果电极的长度为 h，电极间的距离为 l，所加电压为 U，则：

$$\rho_s = \frac{\dfrac{U}{l}}{\dfrac{I_s}{h}} = R_s \cdot \frac{h}{l} \tag{3-31}$$

表面比电阻的单位为欧姆（Ω），其数值等于纤维表面的宽度和长度都等于 1cm 时的电阻。从式（3-33）可看出，纤维试样长则表面电阻 R_s 大；纤维试样的宽度大、电极的长度长则表面电阻 R_s 小。

（3）质量比电阻 ρ_m。对于纤维制品来说，由于截面积或体积不易测量，故正如表示细度一般不采用截面积，表示纤维的导电性一般也不采用体积比电阻，而采用质量比电阻，在数值上它等于试样长为 1cm 和质量为 1g 的电阻，单位为 $\Omega \cdot g/cm^2$。质量比电阻可表示为：

$$\rho_m = \rho_v \cdot d \tag{3-32}$$

式中：d——纤维的密度，g/cm^3。

质量比电阻还可用下式表示：

$$\rho_m = \rho_v \cdot d = R \cdot \frac{m}{l^2 \cdot d} \cdot d = R \cdot \frac{m}{l^2} \tag{3-33}$$

这个式子计算质量比电阻较为方便。各种纤维的质量比电阻如表 3-12 所示。

表 3-12　各种纤维制品的质量比电阻

纤　　维	质量比电阻/$\Omega \cdot g \cdot cm^{-2}$	纤　　维	质量比电阻/$\Omega \cdot g \cdot cm^{-2}$
棉	$10^6 \sim 10^7$	黏胶纤维	10^7
羊毛	$10^8 \sim 10^9$	涤纶	$10^{13} \sim 10^{14}$
丝	$10^9 \sim 10^{10}$	锦纶	$10^{13} \sim 10^{14}$
麻	$10^7 \sim 10^8$	腈纶	$10^{12} \sim 10^{13}$

化学纤维特别是合成纤维，一般吸湿性差，回潮率低，其质量比电阻在 $10^{14} \Omega \cdot g/cm^2$ 以上。

未上油剂的合成纤维在加工过程中容易产生静电,给纺织生产带来很大的困难,为此,生产上可纺纤维的质量比电阻希望控制在 $10^9\Omega\cdot g/cm^2$ 以下。

2. 影响纤维比电阻的因素　根据电导理论,材料具有导电性是由于物质内部存在自由电荷,这些自由电荷通常称为载流子(current carrier),它们可能是电子、空穴,也可能是正、负离子;它们可以是材料本身产生的,也可能是由所含杂质产生的。这些载流子在外加电场的作用下,在物质内部做定向运动,便形成电流。

纤维是由许多原子以共价键连接而成的,价电子基本上处于较稳定的低能态,所以禁带宽度较宽,因此纤维材料一般都是绝缘体。纯净的(不含杂质、油剂)、充分干燥的纤维材料其质量比电阻一般大于 $10^{12}\Omega\cdot g/cm^2$。影响纤维电阻的因素主要有湿度、温度、纤维的结构和杂质等。

(1)湿度对纤维电阻的影响。对于大多数吸湿性较好的纤维,在空气相对湿度为 $30\%\sim90\%$ 时,纤维的含水率 M 与质量比电阻 ρ_m 之间存在以下经验公式:

$$\rho_m\cdot M^n=k \tag{3-34}$$

式中:n、k——常数。

吸湿性低的合成纤维,一般具有较高的比电阻。在相对湿度低于 80% 时,每增加 10% 的相对湿度,纤维质量比电阻下降大约 10 倍;相对湿度超过 80%,电阻率下降的速度更快。

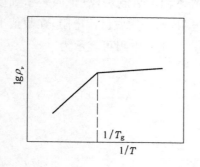

图 3-23　体积比电阻的温度依赖性

(2)温度对纤维电阻的影响。合成纤维的体积比电阻在高于或低于玻璃化温度的区域内对温度的依赖性不同,如图 3-23 所示。许多合成纤维比电阻的活化能在温度低于 T_g 时为 $25\sim113kJ/mol$,在温度高于 T_g 时为 $175\sim360kJ/mol$。这是因为,一方面在高于 T_g 时除去偶极基团损耗外,还有偶极弹性损耗,后者与链段构象改变较大有关,这需要更多单体链节的协同运动;另一方面,离子型载流子的迁移率,显然还取决于纤维高分子的热运动。几种纤维的质量比电阻随温度的变化关系遵循下列经验公式:

$$\lg\rho_m=\frac{k}{2}T^2-(x-y)MT \tag{3-35}$$

式中:k、x、y——实验常数;

　　　M——纤维含水率;

　　　T——纤维的温度,℃。

(3)结构对纤维电阻的影响。纤维的超分子结构影响纤维的比电阻,随着纤维结晶度的增大,纤维的比电阻变大,随着取向度的增加,纤维的比电阻下降。化学结构影响纤维的吸湿性,一般而言,吸湿性好的纤维比电阻较低。研究表明,要使纤维具有导电性,应使纤维大分子呈共轭体系的平面状,使电子在纤维大分子内或分子间交叠,沿共轭双键主链,电子从一端流通到另一端,或禁带宽度较窄,从而使纤维具有半导电性甚至导电性。如经拉伸后的聚丙烯腈纤维经高温焦化后形成电导率大的半导体。

值得注意的是,一般说来,所有用作导体和半导体的纤维其大分子都具有共轭结构,具有共轭结构的大分子也是耐高温材料,但并不是全部(形式上的)具有共轭结构的大分子都是导电的。

(4)杂质对纤维电阻的影响。杂质对纤维的导电性能有很大影响,许多导电纤维就是利用掺杂导电成分或通过导电成分包覆纤维的方法制得的。通过导电粒子(如金属粉末、炭黑、金属氧化物等)与基质聚合物共混或复合纺丝,可制成导电纤维;而导电成分包覆纤维是将导电成分涂覆在非导电主体聚合物纤维的表面,得到具有低体积比电阻($10^{-3} \sim 10^{-2} \Omega \cdot cm$)的导电纤维。

二、静电及消除

在一定的外界条件下,物体间可以发生电子的转移,接受电子的物体由于电子过剩而显负电,失去电子的物体则显正电。实际上,这种在外界因素影响下使物体产生电荷的过程,就是起电现象(electrification)。如果这种产生的电荷固定在物体上而不流动,称为静电荷或静电。带电荷的物体则称为带电体。纤维的静电现象(static electricity),给其生产加工和使用带来了许多不可忽视的问题。静电对人体的危害性,目前已得到人们的充分重视。

纤维之间或纤维与其他材料之间的相互摩擦,甚至纤维在受到拉伸、压缩以及在干燥的电场中受到感应,都能起电。纤维表面的静电荷,大部分是在摩擦过程中产生的,但本质上还是由于两物体的接触作用,摩擦只不过是增加了接触面积,减小了接触间隙。纤维在生产加工和穿着使用过程中,由于接触面间的运动摩擦,发生了接触和分离的过程,电荷在表面层附近发生了移动,因而产生了静电。实验证明,两物体的表面接触距离小于 $2.5 \times 10^{-7} cm$ 时,它们就具备了摩擦起电的可能性。摩擦和运动越剧烈,就越可以增加两物体达到小于 $2.5 \times 10^{-7} cm$ 接触距离的可能性。部分纤维与金属摩擦接触的带电序列为:

(—) 乙纶 丙纶 氯纶 腈纶 涤纶 维纶 醋酯纤维 麻 丝 棉 黏胶纤维 锦纶 羊毛 (+)

上述带电序列是在温度 $30℃$,相对湿度 33% 的条件下测得的。当两种纤维材料相互摩擦时,排在静电电位序列表中靠左端的物质带负电荷,靠右端的带正电荷。可以看出,羊毛、锦纶等纤维排在表的右端,纤维素纤维居中,一般化学纤维排在表的左端。带电序列与纤维大分子所含官能团及其性质有关,若电子容易从官能团中脱离,即供给电子能力强者带正电,反之带负电。各种官能团的极性顺序如下:

(—) —Cl＜—COOCH$_3$＜—OC$_2$H$_5$＜—OCH$_3$＜—COOH＜—OH＜—NH$_2$ (+)

纤维的静电积聚过程,实际上是电荷产生和逸散的动态平衡过程。在纤维的摩擦接触中,造成了静电积聚,此时与大地的电位差就会增加,泄漏的电荷量也增加。

纤维制品的静电现象与其带电后静电衰减的快慢直接相关。绝缘材料放电困难,容易产生电荷积累,静电现象严重;反之,若纺织纤维制品导电性能好,一旦带电会很快放掉,不会产生电荷积累,就没有静电现象。因此,可以用纤维带电后内部电荷的逸散情况来评价纤维的静电性能,通常用静电半衰期 $T_{1/2}$ 来表示。

从上面的讨论可以看出,纤维表面积聚的静电可以因自身的传导(表面电导和体积电导)而耗散,也可以通过向空气放电等衰减。增大空气湿度,用射线辐射使空气电离,都能减少静电。从纤维本身来看,纤维表面电导更易受环境的影响,在消除静电方面,表面电导的贡献比体积电导大得多。研究表明,静电电位衰减的速度和聚集的静电量,主要由表面比电阻 ρ_s 决定,ρ_s 与抗静电性有如图 3-24 的关系。

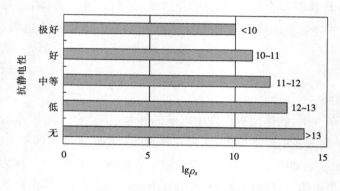

图 3-24 ρ_s 与抗静电性的关系

可以通过在纤维分子链上引入某些极性基团来减小纤维的表面比电阻。另外,能形成相反电荷的两种纤维混纺或交织可使静电荷相互抵消。在纺织工业中,消除静电更为简单有效的方法是在纤维表面涂上一层抗静电剂。常用的抗静电剂有:阴离子型如肥皂、烷基磺酸钠、芳基磺酸酯等,阳离子型如季铵盐等,非离子型如聚氧乙烯等。

第九节　纺织纤维的光学性质

当光线照射纤维时,一部分被反射,其余的进入纤维内部产生折射(refraction)、吸收(absorption)、散射(scattering)等。纤维的这些光学性质取决于纤维的结构。研究纤维的光学性质对于纤维的生产和织物的设计、织造、染整加工有重要的意义。

一、纤维的折光指数与双折射

真空中的光速与纤维材料介质中的光速之比称为纤维的折光指数(refraction index),它决定了光线通过纤维介质时的折射率。如图 3-25 所示,光的入射角为 α,折射角为 β,此物质的折光指数(折射率)为:

$$n=\frac{\sin\alpha}{\sin\beta}=\frac{\sin\alpha'}{\sin\beta'}$$

(3-36)

当然,折光指数 n 具有波长依赖性,即对不同波长的光波其折光指数并不相同。因此,对于折光指数应注明测定所用光源的波长。不同波长具有不同折光指数的现象叫色散。如果钠光谱线中的 D(589.3nm)、F(486.1nm)和 C(656.3nm)线所对应的折光指数,分别记为 n_D、n_F 和 n_C,则可用 $n_F - n_C$ 表示色散,也可用下列量表示色散:

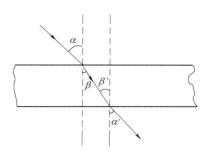

图 3－25　光的折射

$$V = \frac{n_D - 1}{n_F - n_C} \qquad (3-37)$$

显然,$n_F - n_C$ 越大或 V 越小时,白光通过纤维材料介质所分解的色谱也越明晰。通常,一般用 n_D 作为纤维标准折射率。

纤维在未拉伸状态下是各向同性的,但当单向拉伸后,纤维的光学性质就表现出各向异性,即光波在纤维中各个方向的传播速度不同,光线射入纤维介质时就会分解为两条折射光,存在两个折射率,这种现象叫作双折射。

进一步分析在纤维内部分解的两条折射光可知,它们都是偏振光,且振动相互垂直,其中一条折射光叫寻常光,简称为 O 光,它遵守折射定律,在不同方向的折射率是不变的,其振动面与光轴垂直,折射率以 $n_\perp$ 表示;另一条折射光叫非常光,简称 E 光,它不遵守折射定律,折射率随方向而变,其振动面与光轴平行,折射率以 $n_\parallel$ 表示。在非光轴方向,O 光和 E 光的折射率不同,光在纤维内部的速度 V_O 和 V_E 也不同,大多数纤维是正晶体,在不同方向上 $n_\perp < n_\parallel$,因此 O 光又叫快光,E 光又叫慢光,纤维的双折射率可用 $\Delta n = n_\parallel - n_\perp$ 表示。一些主要纤维的折射率和双折射率见表 3－13。纤维双折射率的大小,与分子的取向度和分子本身的不对称程度有关,纤维中全部大分子与纤维轴平行排列时,双折射率最大,大分子紊乱排列时,双折射率等于零,因此用双折射率的大小可以计算纤维分子的平均取向度。

表 3－13　各种纤维的折射率(n)

纤维种类	$n_\parallel$	$n_\perp$	$\Delta n = n_\parallel - n_\perp$
棉	1.573～1.581	1.524～1.532	0.041～0.051
羊毛	1.553～1.556	1.542～1.547	0.009～0.012
蚕丝	1.5848	1.5374	0.0474
苎麻	1.595～1.599	1.527～1.54	0.057～0.068
亚麻	1.594	1.532	0.062
黏胶纤维	1.539～1.550	1.514～1.523	0.018～0.036
醋酯纤维	1.474	1.479	－0.005

纤维种类	$n_{//}$	$n_{\perp}$	$\Delta n = n_{//} - n_{\perp}$
涤纶	1.725	1.537	0.188
锦纶 6	1.568	1.515	0.053
锦纶 66	1.570~1.580	1.520~1.530	0.040~0.060
腈纶	1.500~1.510	1.500~1.510	−0.005~0.000
维纶	1.547	1.522	0.025

二、纤维的光泽

表面具有光泽(luster)是纤维的重要性质。光泽的强弱主要取决于纤维表面对光的反射情况。当纤维表面平滑一致,纤维彼此平行排列时,投射到表面上的光线将在一定程度上沿一定角度被反射,反射光越强,纤维的光泽就越亮。如果纤维表面粗糙不平,排列紊乱,反射光就以不同角度向各个方向漫射,则出现漫反射的特征,纤维的光泽就越暗。粗羊毛的鳞片稀少,且紧贴在毛干上,表面比较平滑,反射光较强,则毛的光泽强;细羊毛的鳞片稠密,贴紧程度较差,因而光泽柔和。在制造半光或无光合成纤维时,就是在纺丝液或熔体中加入少量折射率不同的小颗粒状消光剂(如二氧化钛),造成反射光漫射,达到消光的目的。此外,纤维断面的形状,也是影响纤维光泽的重要因素。锦纶、黏胶纤维和蚕丝具有特殊光泽,与它们的圆形、锯齿形和三角形的截面形状对入射光形成不同的反射相关。棉纤维经丝光处理后,纤维膨胀,部分天然卷曲消失,截面接近圆形,因而纤维的光泽得到改善。

三、纤维的耐光性

纤维暴露在太阳光下会受到损伤,主要是紫外线会引起纤维大分子化学结构的破坏,这种破坏体现在纤维的泛黄或色变,纤维的强力降低,乃至纤维完全降解。常见纤维的耐光牢度优劣见表 3-9。由表 3-9 可见,常见纤维中,腈纶和涤纶的耐光牢度最好,锦纶、羊毛和丝的耐光牢度最差。

四、二色性

无定形高分子物通常是无色透明的,而纤维大多是部分结晶的高分子物,由于光散射而呈现出乳白色。纤维的颜色一般是加入染料、颜料等所形成的,加入没有溶解性的染料、颜料,则成为有色不透明体,但加入无色不溶物质(如二氧化钛),则成为无色的不透明体。在微观领域,分子的光吸收率不是一个标量,而是具有一定的方向性。若三个主方向上的吸收系数为 α_1、α_2 和 α_3,两系数之差称为二色性(dichroism)。宏观上吸收的二色性表现为吸收系数具有方向性,这种宏观二色性既与分子的二色性有关,也与分子排列有关,故二色性可作为取向度的一种表征方法。

一般，聚合物对可见光并无特征吸收，所以在可见光下不显示二色性。但如果将取向的纤维样品用某种染料进行染色，由于染料分子会进入纤维内部取向的无定形区，并以一定的方向取向吸附，因此染色纤维在可见偏振光下亦会表现出二色性。当然，这种二色性反映的是无定形区域和晶区边界处大分子的取向情况。另外，大分子链上某些官能团具有一定的方向性，它对振动方向不同的红外光也有不同的吸收率，也表现出二色性，这种二色性称为红外二色性。红外二色性所反映的是纤维中大分子的取向情况。将对振动方向平行于长链分子轴向的偏振红外光吸收较强的称为 π 二色性；而对振动方向垂直于长链分子轴向的偏振红外光吸收较强的称为 σ 二色性。人们常利用染料分子的可见光二色性和红外二色性去研究纤维大分子链的取向结构。不论哪种二色性，其本质均是光的各向异性吸收，只不过是使用的波长范围不同而已。

第十节　纺织纤维的鉴别方法

根据纤维内部结构、外观形态、理化性质上的差异可以进行纤维的鉴别（fiber identification）。常见的鉴别方法有手感目测法、显微镜法、燃烧法、化学溶解法、熔点法、密度法等。通常利用这些方法的组合就可以比较准确、方便地鉴别一般纤维。但对组成结构比较复杂的纤维，则需借助仪器（IR，DSC，XRD，SEM 等）分析进行鉴别。

在实际的鉴别中，一般先用物理或化学方法来检测未知纤维的外观形态与理化性质，再与相同条件和方法下测得的已知纤维的外观形态和理化性质相比较，从而确定纤维的种类，这是个定性分析的过程。对于混纺产品，还需进一步做定量分析，了解纤维的混纺比。

一、手感目测法

手感目测法（handle and visual observation method）即根据纤维的外观形态、色泽、手感及拉伸等特征来鉴别纤维。手感目测法可区分天然纤维和化学纤维。例如，天然纤维中，棉纤维短而细，常附有各种杂质和疵点；麻纤维手感较粗硬；羊毛纤维卷曲而富有弹性；蚕丝具有特殊光泽。化学纤维中，黏胶纤维的干、湿强度差异大；氨纶丝具有高伸长、高弹性。该方法简便、快速、节省费用，特别适用于散纤维状纺织原料的鉴别。但这种方法需要丰富的实践经验，同时准确性有限，常用作初步鉴别。

二、显微镜法

显微镜观察法（简称显微镜法，microscope observation method）是利用普通生物显微镜观察未知纤维的横、纵面形态来鉴别纤维。常见纤维的横截面和纵表面形态特征见表 3-3。

由表 3-3 可见，天然纤维的形态特征较为独特，可以通过显微镜观察纤维的横、纵面形态进行鉴别。而化学纤维的截面大多近似圆形，纵向为光滑棒状，除了黏胶纤维、维纶、腈纶等具有非圆形截面的少数纤维外，大多数化学纤维很难仅凭显微镜观察结果来鉴别，必须适当运用其他方法加以验证。

三、燃烧法

燃烧法(combustion method)即根据不同纤维的燃烧特性来鉴别纤维的方法。该方法要求仔细观察纤维接近火焰、在火焰中和离开火焰后的燃烧特性,这些特性包括燃烧速度,火焰的颜色,燃烧时散发的气味,燃烧后灰烬的颜色、形状和硬度等,只有准确掌握好"烟、焰、味、灰"这几个方面的特征,才能做出正确的判断。燃烧法快速、简便、不需要特殊设备和试剂,但该方法只能区别大类纤维,而不能鉴别混纺纤维、复合纤维、经阻燃处理的纤维等。表3-11为常见纤维的燃烧特性。

四、溶解法

溶解法(dissolving method)即利用纤维在不同化学试剂中的溶解特性不同来鉴别纤维的方法,常见纤维的溶解性能见表3-14。由于一种溶剂可能溶解多种纤维,因此,有时要进行几种溶剂的溶解试验,才能确认所鉴别纤维的种类。对于混纺纤维,可用一种试剂溶去一种组分,从而可进行定量分析。这种方法操作较简单、试剂准备容易、准确性较高,且不受混纺、染色等影响,在纤维鉴别、混纺比例的测定与织物分析中被广泛应用。

表3-14 常见纤维的溶解性能

试剂	5%氢氧化钠	20%盐酸	35%盐酸	60%硫酸	70%硫酸	40%甲酸	冰醋酸	铜氨溶液	65%硫氰酸钾	次氯酸钠	80%丙酮	100%丙酮	二甲基甲酰胺	四氢呋喃	苯:环己烷=2:1	苯酚:四氯乙烷=6:4
温度/℃	沸	室温	室温	23~25	23~35	沸	沸	18~22	70~76	23~25	23~25	23~25	45~50	23~25	45~50	45~50
时间/min	15	15	15	20	10	15	20	30	10	20	30	30	20	10	30	20
棉	×	×	×	×	√	×	×	√	×	×	×	×	×	×	×	×
麻	×	×	×	×	×	×	×	×	×	×	×	×	×	×	×	×
蚕丝	√	×	√	√	√	×	×	√	×	√	×	×	×	×	×	×
羊毛	√	×	×	×	—	×	×	×	×	√	×	×	×	×	×	×
黏胶纤维	×	×	√	√	×	×	×	√	×	×	×	×	×	×	×	×
醋酯纤维	×	×	√	√	√	√	√	√	○	×	√	√	√	√	√	√
锦纶	×	√	√	√	√	√	√	×	×	×	×	×	×	×	×	√
维纶	×	√	√	√	√	√	×	×	×	×	×	×	×	×	×	×

续表

试剂	5%氢氧化钠	20%盐酸	35%盐酸	60%硫酸	70%硫酸	40%甲酸	冰醋酸	铜氨溶液	65%硫氰酸钾	次氯酸钠	80%丙酮	100%丙酮	二甲基甲酰胺	四氢呋喃	苯:环己烷=2:1	苯酚:四氯乙烷=6:4
涤纶	×	×	×	×	×	×	×	×	×	×	×	×	×	×	×	√
腈纶	×	×	×	×	×	×	×	×	√	×	—	×	√	×	×	×
氯纶	×	×	×	×	×	×	×	—	×	×	○	√～○	√	√		○～×
偏氯纶	×	×	×	×	×	×	×	×	×	×	×	○			○	×

注　√表示溶解,○表示部分溶解,×表示不溶。表中"％"均为相应物质的质量分数。

五、着色法

着色法(dye method,stain method)即根据各种纤维对某些化学试剂的着色性能不同来迅速鉴别纤维的方法。所用的化学试剂主要是国家标准规定的着色剂为 HI—1 号纤维鉴别着色剂,碘—碘化钾溶液和锡莱着色剂 A。常见纤维的着色反应见表 3－15。该方法适用于未染色或未经整理剂处理过的单一成分的纤维、纱线和织物。

表 3－15　几种常见纤维的着色反应

纤维种类	HI—1 号纤维着色剂着色	碘—碘化钾溶液着色	锡莱着色剂 A 着色
棉	灰 N	不染色	蓝
羊毛	桃红 5B	淡黄	鲜黄
蚕丝	紫 3R	淡黄	褐
麻	深紫 5B(芒麻)	不染色	紫蓝(亚麻)
黏胶纤维	绿 3B	黑蓝青	紫红
醋酯纤维	艳橙 3K	黄褐	绿黄
涤纶	黄 R	不染色	微红
锦纶	深棕 3RB	黑褐	淡黄
腈纶	艳桃红 4B	褐	微红
丙纶	黄 4G	不染色	不染色
维纶	桃红 3B	蓝灰	褐
氯纶	—	不染色	不染色
氨纶	红棕 2R	—	—

六、系统鉴别法

纤维种类很多,鉴别的方法也很多,在实际工作中往往难以用一种方法有效而准确地鉴别纤维,必须依靠系统鉴别法(system identification method)才能有效准确地鉴别纤维。这种方法通过合理地综合运用几种方法,系统地加以分析,获取足够信息以鉴别纤维。系统鉴别法的一般试验程序见图 3-26。

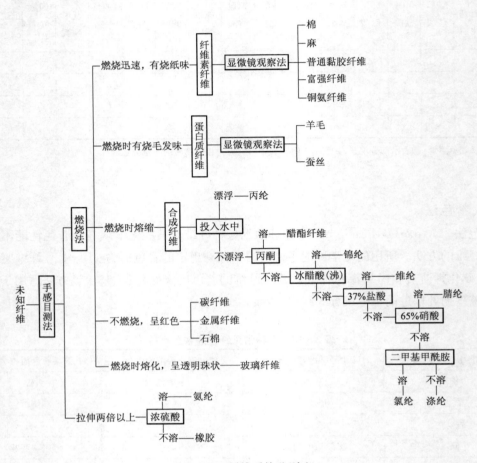

图 3-26 纤维系统鉴别法

纤维鉴别除了上述方法外,还有熔点法、密度法、荧光法、红外光谱法、X 射线法、DSC 法等,在这不一一列举。

复习指导

各种纺织纤维具有一些共同的性能,理解和掌握这些性能是正确使用纤维的基础。通过本章学习,主要掌握以下内容:

1. 了解纺织纤维的分类。

2. 理解纺织纤维与纺织品之间的关系。

3. 熟悉纺织纤维的物理形态结构。

4. 了解纺织纤维的吸湿性。

5. 熟悉纺织纤维的力学性质。

6. 了解纺织纤维的热学性质。

7. 理解纺织纤维的燃烧性质。

8. 了解纺织纤维的电学性质。

9. 了解纺织纤维的光学性质。

10. 熟悉纺织纤维的鉴别方法。

思考题

1. 解释下列名称和术语：

整齐度、特[克斯]、旦[尼尔]、绝对湿度、相对湿度、标准大气、回潮率、吸湿平衡、吸湿等温线、吸湿热、吸湿滞后、溶胀、应力、应变、模量、拉伸强度、断裂伸长、屈服点、屈服应力、屈服伸长、断裂能、回弹性、回复功、弹性功、纤维疲劳和疲劳寿命、比热容、导热系数、极限氧指数、体积比电阻、表面比电阻、质量比电阻、折光指数、O 光、E 光、双折射、二色性、红外二色性、π 二色性、σ 二色性。

2. 纤维对纺织品的使用性能有何影响？

3. 纤维粗细度对纺织品的性能有什么影响？表征纤维粗细度的常用指标有哪些？

4. 纤维的卷曲性对纤维制品的性能有什么影响？

5. 实际回潮率、标准回潮率、公定回潮率（商业回潮率）的含义各是什么？

6. 为什么棉纤维的吸湿等温线显示反 S 形？

7. 为什么吸湿性强的纤维的脱湿等温线与吸湿等温线不重合？

8. 纤维的结构对其吸湿性有哪些影响？

9. 试从分子运动机理解释涤纶的应力—应变曲线。

10. 纤维可能的断裂方式有哪几种？为什么纤维的实际强度比理论强度往往要低很多？

11. 环境湿度对纤维强度有什么影响？

12. 纺织品在较小的应力作用下为什么会断裂？

13. 纤维初始模量的实质是什么？

14. 试述纤维疲劳与织物耐用性。

15. 纤维的疲劳性与哪些因素有关？

16. 试述纤维的耐磨性及其影响因素。

17. 为什么纤维材料的保暖性有好有坏？

18. 试分析说明纤维的耐热性。

19. 如何理解纤维的导电性和静电现象？

参考文献

[1] 蔡再生. 纤维化学与物理[M]. 北京:中国纺织出版社,2004.

[2] 滑钧凯. 纺织产品开发学[M]. 北京:中国纺织出版社,1997.

[3] 吴震世. 新型面料开发[M]. 北京:中国纺织出版社,1999.

[4] 王菊生,孙铠. 染整工艺原理:第一册[M]. 北京:纺织工业出版社,1982.

［5］陶乃杰．染整工程：第一册［M］．北京：中国纺织出版社，1996.

［6］严灏景．纤维材料学导论［M］．北京：纺织工业出版社，1990.

［7］姚穆，周锦芳，黄淑珍，等．纺织材料学［M］．北京：纺织工业出版社，1990.

［8］Akira N. Raw Material of Fiber［M］. New Hampshire：Science Publishers，Inc. ，2000.

［9］Warner S B. Fiber Science［M］. New Jersey：Prentice Hall，Inc. ，1995.

［10］Betty F S，Ira B. Textile in Perspective［M］. New Jersey：Prentice Hall，Inc. Englewood Cliffs，1982.

［11］姜怀，邬福鳞，梁洁，等．纺织材料学［M］．北京：中国纺织出版社，2003.

［12］李汝勤，宋钧才．纤维和纺织品的测试原理与仪器［M］．北京：中国纺织大学出版社，1995.

［13］Mark H F. Encyclopedia of Polymer Science and Engineering［M］. 2nd ed . New York：John Wiley & Sons，Inc. ，1985.

［14］Marjorie A T. Technology of Textile Properties［M］. 2nd ed. London：Forbes Publications Ltd. ，1981.

［15］吴宏仁，吴立峰．纺织纤维的结构与性能［M］．北京：纺织工业出版社，1985.

［16］肖长发，尹翠玉，张华，等．化学纤维概论［M］．北京：中国纺织出版社，1996.

［17］Gupta V B，Kothari. Manufacture Fiber Technology［M］. London：Chapman & Hall，1997.

［18］Greaves P H，Saville B P. Microscopy of Textile Fibers［M］. Oxford：BIOS Scientific Publishers Ltd. ，1995.

［19］Morton W E，Hearle J W S. Physical Properties of Textile Fibers［M］. 2nd ed. London：Heinemann，1975.

［20］Van K. Properties of Polymer［M］. 5th ed. New York：Elsevier Scientific Publishing Company. 1992.

［21］吕锡慈．高分子材料的强度与破坏［M］．成都：四川教育出版社，1988.

［22］高绪珊，吴大诚．纤维应用物理学［M］．北京：中国纺织出版社，2001.

［23］Dorothy S. Performance of Textiles［M］. New York：John Wiley & Sons Inc. ，1977.

［24］Joseph M L. Introductory Textile Science［M］. 4th ed. New York：Holt，Rinehart and Winston，1981.

［25］Sara J K，Anna L L. Textiles［M］. 9th ed. New Jersey：Pearson Education，Inc. ，2002.

［26］Corbman B P. Textiles：Fiber to Fabrics［M］. 5th ed. New York：McGraw Hill Book Company，1975.

［27］蔡再生，闵洁．染整概论［M］．北京：中国纺织出版社，2007.

［28］朱进中，贺庆玉，顾菊英．实用纺织商品学［M］．北京：中国纺织出版社，2000.

第四章　纤维素纤维

目前工业应用的纤维素（cellulose）都来自自然界。植物每年通过光合作用，能生产出亿万吨的纤维素。动物界也有纤维素，如被囊纲（tunicata class）内有些海洋生物的外膜中就含有纤维素。近年来，通过对醋酸杆菌（acetobacter xylium）生产纤维素的研究，人们已经清楚了纤维素原纤维的形成机制，未来工业细菌纤维素的生产有可能成为现实。

纤维素纤维（cellulosic fiber）是指其基本组成物质是纤维素的一类纤维，其中，棉（cotton）、麻（linen）等属于天然纤维素纤维；黏胶（rayon）纤维与铜氨纤维（cuprammonium fiber）等是以天然纤维素为原料，经一系列化学及物理、机械加工而制成的再生纤维素纤维，属化学纤维的范畴。纤维素纤维的种类很多，按其来源分类如下：

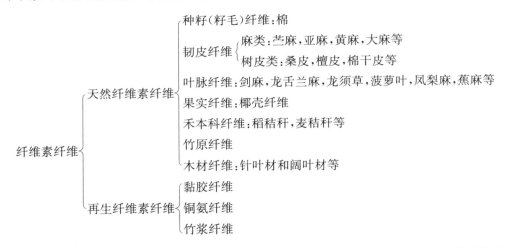

虽然纤维素纤维种类很多，但传统纺织领域中使用最多的仍然是棉、麻等天然纤维素纤维及黏胶纤维等再生纤维素纤维。

第一节　原棉的种类、棉纤维形态结构及组成

棉花——棉植物种子上的纤维，籽棉和皮棉的统称。

棉纤维是纺纱织布的原料，故纺织业习惯上称其为原棉。从棉田中采摘的籽棉是棉纤维与棉籽未经分离的棉花，无法直接进行纺织加工，必须先进行轧花（初加工），将籽棉中的棉籽除去得到棉纤维，分等级打包后，商业习惯上称为皮棉。成包皮棉到纺织厂后称为原棉。

一、原棉的种类

(一)按棉花的品系

棉属植物很多,但在纺织上有经济价值的栽培种目前只有四种,即陆地棉、海岛棉、亚洲棉(中棉)和非洲棉(草棉或小棉),是一年生草本植物。

按照棉花的栽培种,结合纤维的长短粗细,纺织上将其分为细绒棉、长绒棉和粗绒棉三大品系,性状见表4-1,据此可做原棉种类的鉴别。

表4-1 棉花的品系

品　系	细　绒　棉	长　绒　棉	粗　绒　棉
纤维色泽	精白、洁白或乳白,纤维柔软,带有丝光	色白、乳白或淡黄色,纤维细软,富有丝光	色白、呆白、纤维粗硬,略带丝光
纤维长度/mm	25～33	33以上	23以下
线密度/dtex	1.67～2(5 000～6 000)	1.18～1.43(7 000～8 500)	2.5以上(4 000以下)
纤维宽度/μm	18～20	15～16	23～26
单纤强力/cN	3～4.5	4～5	4.5～7
断裂长度/km	20～25	33～40	15～22
天然转曲/个·cm^{-1}	39～65	80～120	15～22
适于纺纱品种	纯纺或混纺11～100tex的细纱	4～10tex的高档纱和特种纱	粗特纱

注 表中括号内为公制支数。

1. 细绒棉 细绒棉是指陆地棉各品种的棉花,纤维细度和长度中等,色洁白或乳白,有丝光,可用于纺制11～100tex的细纱。细绒棉占世界棉纤维总产量的85%,也是目前我国主要栽种的棉种(占93%)。

2. 长绒棉 长绒棉是指海岛棉各品种的棉花和海陆杂交棉,纤维特长,细而柔软,色乳白或淡黄,富有丝光,品质优良,是生产10tex以下棉纱的原料。现生产长绒棉的国家主要有埃及、苏丹、美国、摩洛哥及中亚各国等。新疆等部分地区是我国长绒棉的主要生产基地。长绒棉又可分为特长绒棉和中长绒棉。

(1)特长绒棉。特长绒棉是指纤维长度在35mm以上的长绒棉,通常用于纺制4～7.5tex精梳纱、精梳宝塔线等高档纱线。

(2)中长绒棉。中长绒棉是指长度在33～35mm的长绒棉,品级较高的中长绒棉可用于纺制7.5～10tex精梳纱、轮胎帘子线、精梳缝纫线等纱线。

3. 粗绒棉 粗绒棉是指中棉和草棉各品种的棉花,纤维粗短,富有弹性。此类棉纤维因长度短、纤维粗硬,色白或呆白,少丝光,使用价值和单位产量较低,在国内已基本被淘汰,世界上也没有商品棉生产。其品种目前主要作为种源库保留。

(二)按棉花的初加工

棉花初加工即轧花,是对籽棉进行的加工。它是指通过轧花机的作用,清除僵棉和排去杂质,实现棉纤维与棉籽的分离,然后将获得的皮棉分级打包等一系列工艺过程。轧花的基本要求是清僵排杂,籽棉经轧花后纤维不受损伤,保持棉纤维的自然品貌。轧花机有锯齿机和皮辊机两种,作用原理不同,因此得到的皮棉类型有锯齿棉和皮辊棉之分。

1. 锯齿轧花与锯齿棉　锯齿机是棉花初加工的主要设备。它的工作原理是利用几十片圆锯片的高速旋转,对籽棉上的纤维进行钩拉,通过间隙小于棉籽的肋条的阻挡,使纤维与棉籽分离。锯齿机上有专门的除杂设备,因此锯齿棉含杂较少。由于锯齿机钩拉棉籽上短纤维的概率较小,故锯齿棉短绒率较低,纤维长度整齐度较好。但锯齿机作用剧烈,容易损伤较长的纤维,也容易产生轧工疵点,使平均长度稍短,棉结、索丝和带纤维籽屑较多。又由于轧花时纤维是被锯齿钩拉下来的,所以皮棉呈蓬松分散状态。

2. 皮辊轧花与皮辊棉　皮辊机的工作原理是利用表面毛糙的皮辊的摩擦作用,带住籽棉纤维从上刀与皮辊的间隙通过时,依靠下刀向上的冲击力,使棉纤维与棉籽分离。

由于皮辊机设备小,缺少除杂机构,所以皮辊棉含杂较多。皮辊机具有长短纤维一起轧下的作用特点,因此皮辊棉短绒率较高,纤维长度整齐度稍差。但也有人认为,如果不考虑短绒,皮辊棉较锯齿棉长度整齐度为好。皮辊机作用较缓和,不易损伤纤维,轧工疵点也较少,然而皮棉中却有黄根。由于皮辊机是靠皮辊与上刀、下刀的作用进行轧花的,所以皮棉成条块状。皮辊棉可较多地用于纺精梳纱品种。锯齿棉和皮辊棉的性能特点汇总于表4-2。

表4-2　锯齿棉和皮辊棉的性能特点

类　型	锯　齿　棉	皮　辊　棉
外观形态	纤维散乱,蓬松均匀,污染分散,颜色较均匀,重点黄染不易辨清	纤维平顺,厚薄不匀,成条块状,有水波形刀花,重点污染较明显
疵点	棉结、索丝较多,并有少量带纤维籽屑	黄根较显,有带纤维籽屑,破籽极少有棉结、索丝
杂质	叶片、籽屑、不孕籽等较少	棉籽、籽棉、破籽、籽屑、不孕籽、软籽表皮、叶片等较多
长度	稍短	稍长
整齐度	稍好	稍差
短绒率	较低	较高

锯齿轧花产量高,大型轧节厂都用锯齿机轧花,棉纺厂使用的细绒棉大多也为锯齿棉。皮辊轧花产量低,由于纤维损伤小,长绒棉、留种棉一般用皮辊轧花。

轧花机加工成的皮棉经打包机打成符合国家标准的棉包。国家标准皮棉包装有三种包型:(85±5)kg/包,(200±10)kg/包,(227±10)kg/包。

(三)按棉花的色泽

1. 白棉　正常成熟的棉花,不管色泽呈洁白、乳白或淡黄色,都称为白棉。棉纺厂使用的原棉,绝大部分为白棉。

2. 黄棉　棉铃生长期间由于受霜冻或其他原因,铃壳上的色素染到纤维上,使纤维大部分呈黄色,以符号Y在棉包上标示。一般属低级棉,棉纺厂仅有少量使用。

3. 灰棉　棉铃在生长或吐絮期间,受雨淋、日照少、霉变等影响,使纤维色泽灰暗的棉花,以符号 G 在棉包上标示。灰棉一般强力低、品质差,仅在纺制低级棉纱中搭用。

(四)新型棉花

1. 彩色棉花　包括我国在内的一些国家,如美国、俄罗斯、墨西哥、巴西等国已培育出了彩色棉花。天然彩色棉花是棉纤维自身含有天然色彩的棉花新品种。其织物色泽自然、质地柔软、穿着舒适。天然彩色棉花简称"彩棉",它是利用现代生物工程技术选育出的一种吐絮时棉纤维就具有红、黄、绿、棕、灰、紫等天然色彩的特殊类型棉花。用这种棉花织成的布不需染色,我国于 1994 年开始彩棉育种的研究和开发,现已育出了棕、绿、黄、红、紫等色泽的彩棉。棕絮 1 号和天彩棕色 9801 这两个品系于 1998 年开始生产和产品开发。目前已有种植的棕色、绿色、驼色 3 个定型品种。

2. 有机棉　有机棉是在农业生产中,以有机肥、生物防治病虫害、自然耕作管理为主,不使用化学制品,从种子到农产品全天然无污染生产的棉花,并以各国或 WTO/FAO 颁布的《农产品安全质量标准》为衡量尺度,棉花中农药、重金属、硝酸盐、有害生物(包括微生物、寄生虫卵等)等有毒有害物质含量控制在标准规定限量范围内,并获得认证的商品棉花。

3. 转基因棉(兔毛棉花)　兔毛角蛋白基因和棉花结合在一起所产生出的一种带有兔毛品质的新型棉纤维。这种棉花被确定含有兔毛角蛋白基因,经农业部棉花品质监督检验测试中心进行纤维测试,纤维品质优良,其绒长增加了 3mm,整齐度增加了 2.1%,比强度等各项指标都有不同程度的提高。

二、棉纤维的形成和形态结构

(一)棉纤维的发育形成

一年生草本植物的棉花,喜温好光。一般来讲,我国约在四五月间开始播种,播种后一两个星期就发芽,以后继续生长,发育很快,最后长成棉株。棉株上的花蕾约在七八月间陆续开花,开花期可延续一个月以上。花朵受精后萎谢,花瓣脱落,开始结果,结的果称为棉铃或棉桃。棉铃由小到大,45~65 天成熟。这时棉桃外壳变硬,裂开后吐絮。棉桃一般有 4~5 个棉瓣,每瓣常有 7~9 粒棉籽。吐絮后就可开始收摘籽棉了。根据收摘时期的早晚,有早期棉、中期棉和晚期棉之分。中期棉长度较长、成熟正常,质量最好;早期棉、晚期棉质量较差。

棉纤维是由种子胚珠(发育成熟后即为棉粒,未受精者成为不孕籽)的表皮细胞隆起、延伸发育而成的,纤维是与棉铃、种子同时生长的。它的一端着生在棉籽表面,一个细胞长成一根纤维。棉籽上长满了纤维,每粒细绒棉棉籽表面有 1 万~1.5 万根纤维,有长有短。不论长短,每根棉纤维都是一个单细胞。按照我国棉花的生长情况,棉纤维生长发育的时间长短不一,细绒棉纤维一般约需 50 天,长绒棉约需 60 天。棉花纤维的生长发育特点,是先伸长长度,然后充实加厚细胞壁,整个发育过程可以分为伸长期(前 25~30 天)、加厚期(后 25~30 天)和转曲期三个时期。

1. 伸长期　在伸长期中,表皮细胞并不是在同一天伸出,而是在开花受精后 10 天以内陆续长出。早长出的纤维生长良好,长度较长,成为具有纺纱价值的棉纤维,即"长绒"。在开花第三天以后,从胚珠表皮细胞层上所生长出的纤维初生细胞,往往不久即停止发育,最后成为附在棉籽表面短而密集的"短绒",无纺纱价值。在此期间,细胞壁伸长成为薄壁管子。

2. 加厚期　当纤维初生细胞壁伸长到一定长度以后,即开始细胞壁的加厚。在加厚期间,细胞一般不再伸长,只是把初生细胞壁内储存的营养液在自然条件的作用下变成纤维素,并由初生胞壁内自外向内逐日淀积一层,直至加厚期结束。纤维素的淀积是在较高的温度下进行的。温度低于 20℃,淀积就会停滞。由于白天和黑夜气温相差很大,纤维素在胞壁内的淀积时快时慢、时停时积,形成明显的层次呈同心环状。层次的数目与加厚的天数相当。这种层次有如树木的年轮,称为棉纤维的生长日轮。如果在棉纤维加厚阶段保持温度不变,就不会形成这种日轮。棉纤维加厚期的温度高,日照充分时,胞壁垒厚,纤维成熟度高。如果加厚期的温度低,则加厚时间虽长,胞壁却薄,纤维成熟度差。

3. 转曲期　棉纤维加厚期结束后,棉铃壳开始逐渐脱水干燥,内部由于棉纤维的成熟而膨胀,使棉铃裂开吐絮。吐絮后纤维内水分蒸发引起收缩。由于棉纤维淀积纤维素时,是以螺旋状原纤形态层层淀积的,并且螺旋方向时左时右,所以纤维干涸收缩时,胞壁发生时左时右的螺旋形扭转,形成不规则的天然转曲。这一时期称为转曲期,约在棉铃裂开后的 3～4 天之间。

(二)棉纤维的形态结构

从棉籽上轧脱下来的棉纤维是一个上端封闭、下端截断的管状不完整细胞。其形态结构如图 4-1 所示。正常成熟棉纤维的纵向呈扁平带状,并具有天然转曲,一般为 6～10 捻/mm。纤维越细,天然转曲越多,棉纤维的天然转曲也是棉纤维具有较好可纺性的结构基础。棉纤维的截面形状为腰圆形,具有中腔结构。但不同成熟度(通常棉的成熟度是指纤维细胞壁的增厚程度)的棉纤维其截面形状有所差异。正如前面所述,棉纤维的胞壁是棉纤维在生长第二阶段纤维素不断沉积加厚形成的,成熟度低的纤维胞壁薄,成熟度高的纤维胞壁厚。就截面形态来看,成熟度低的形状趋向于扁平带状,而成熟度高的纤维逐渐趋向于中空圆形。

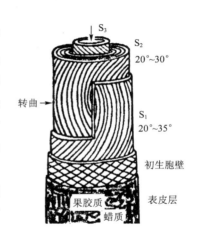

图 4-1　棉纤维形态结构模型

棉纤维的结构主要包括以下几部分。

1. 表皮(cuticle)　表皮是纤维初生胞壁的一层薄薄的外皮,其组成为蜡质、脂肪与果胶的混合物,该层具有润滑作用。表皮层有细丝状皱纹,与纤维轴基本平行,皱纹深度和间距为 $0.5\mu m$,长度为 $10\mu m$ 以上。

2. 初生胞壁(primary wall)　简称 P 层,也称初生层,在表皮层里侧,由网状原纤组成。初生胞壁的厚度仅为 $0.1～0.2\mu m$,质量占纤维总质量的 2.5%～2.7%,其中的纤维素呈原纤螺旋状结构,与纤维轴呈 70°～90°,纤维梢部倾角比基部大。该层具有柔软性和可塑性从而适应细胞体积增长的需要。P 层的大小决定了细胞的长度和直径。

3. 次生胞壁(secondary wall)　次生胞壁简称 S 层,也称次生层,在初生胞壁的里面,它是纤维的主体,占纤维总质量的 90% 以上,主要由纤维素组成,是由纤维素在初生胞壁内沉积而成的原纤网状结构。由于棉纤维在生长期间受到光照和温度差异的影响,因而在纤维截面上,形成 25～40 层的同心日轮,见图 4-2,每层厚 $0.1～0.4\mu m$,其厚薄视品种和生长期的长短而异。即使在同一棉株和同一棉铃内的纤维,其日轮的厚薄也有差异。次生层中的微原纤沿纤维的轴向螺旋排列,取向度明显高于初生层,结晶度达70%。微原纤的螺旋方向会沿着纤维的轴向周期性地左右改变,形成扭曲,这种扭曲是纤维转曲形态的结构基础。次生层,又可分为 S_1、S_2 和 S_3。S_1 厚度不到 $0.1\mu m$,由微原纤紧密堆砌而成,微原纤与纤维轴的平均螺旋角为 $20°\sim35°$。在这一层中,几乎没有缝隙和孔洞。S_2 厚度为 $1\sim4\mu m$。由基本同心的环状层构成纤维的主体,由纤维素组成,微原纤与纤维轴的平均螺旋角约为 $25°$,螺旋方向沿纤维轴向周期性地左右改变,见图 4-3,一根纤维上这种转向可达 50 次以上,不同原棉的转向次数也不同。微原纤成网状结构,相互镶嵌,在微原纤之间形成空隙,使棉纤维具有多孔性。S_3 厚度与 S_1 相似,不到 $0.1\mu m$,与 S_2 具有相似的结构。

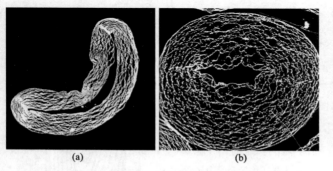

(a)　　　　　　　　(b)

图 4-2　棉纤维中的层状和日轮结构　　　　图 4-3　棉纤维中微原纤的螺旋换向

4. 胞腔(lumen)　　胞腔也称中腔。棉纤维在其生长、发育过程中,首先形成细长的薄壁小管,管内充满原生质,随着次生胞壁的逐渐加厚,胞腔便逐渐缩小。所以,成熟棉纤维的胞腔较小,不成熟棉纤维则较大。当棉铃自然开裂后,纤维中的水分蒸发,原生质的残渣便干涸在细胞的内壁上,所以胞腔内含有蛋白质、矿物质及色素等。

三、棉纤维的组成

棉纤维的组成在生长过程中是不断变化的,成熟棉纤维的主体部分是纤维素,此外还含有一定量的共生物或称伴生物。成熟棉纤维的平均组成见表 4-3。

表 4-3　成熟棉纤维的平均组成(以绝对干燥纤维计)

成　　分	含量/%	成　　分	含量/%
纤维素	94.0	多糖类	0.3
蜡状物质	0.6	有机酸	0.8
含氮物质(按蛋白质计算)	1.3	灰　分	1.2
果胶物质(按果胶酸计算)	0.9	未测定部分	0.9

棉纤维中所含的共生物,如蜡状物质和果胶物质对纤维有保护作用,能减轻外界条件对次生胞

壁的损害,在纺纱过程中蜡状物质还能起润滑作用,是棉纤维具有良好纺纱性能的原因之一。但是这些共生物的存在影响棉纤维的润湿性和染色性,所以除个别品种(如起绒织物)需保留一定量的蜡状物质外,一般织物在染整加工开始时,都要通过煮练和漂白以去除纤维素共生物。

第二节　纤维素纤维的分子链结构和链间结构

纤维素的分子链结构和链间结构从根本上决定了纤维素纤维的性能。因此,要了解纤维素纤维的宏观性能,制订合理的染整生产工艺,分析解决纺织加工中出现的问题,必须先弄清纤维素的分子链结构(也称一级结构,包括近程结构或一次结构、远程结构或二次结构)和链间结构即聚集态结构、超分子结构(也称二级结构)。

一、纤维素纤维大分子的近程结构

1. 纤维素纤维大分子的化学分子式和结构式　棉、麻和黏胶纤维的基本组成物质都是纤维素。纤维素是天然高分子物,它的元素组成为C、H、O。将纤维素进行完全水解,其最终产物是葡萄糖,所以纤维素分子可以看作是由许多葡萄糖分子脱水缩合而成的线型大分子。

纤维素的化学分子式可写作$(C_6H_{10}O_5)_n$,n为葡萄糖剩基数目,称为聚合度。n值因试样来源、处理方法、测定方法等不同而有很大差别,但用同一方法、在同一条件下获得的测试数据,还是可以进行相对比较的。在一般实验室,特别是在印染厂中,主要是测定纤维素的铜氨或铜乙二胺溶液黏度,然后换算成聚合度。根据铜氨溶液黏度法测定的结果,天然纤维素纤维,如棉、麻等纤维的聚合度都在2000以上。

纤维素分子是由β-D-葡萄糖通过β-1,4-苷键(由半缩醛羟基和C_4上的醇羟基之间缩水形成苷键)结合而成的高聚物,重复单元是纤维二糖(cellobiose),其结构可表示如下。

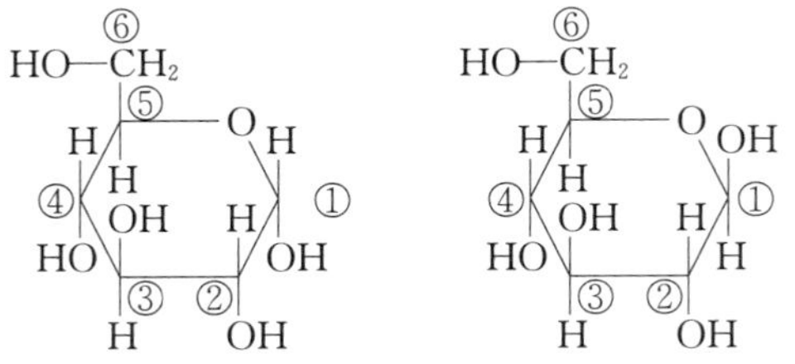

$$\tag{4-1}$$

α-D-葡萄糖　　　β-D-葡萄糖

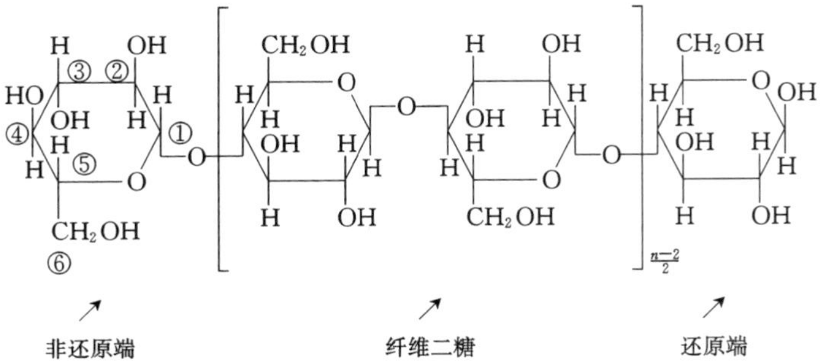

非还原端　　　纤维二糖　　　还原端

2. 纤维素纤维大分子的化学结构特点

(1)纤维素大分子的基本结构单元是 β-D-葡萄糖剩基,各剩基之间以 1,4-苷键相联结(结构如上),相邻两个剩基相互扭转 180°,大分子的对称性良好,结构规整,因此具有较高的结晶性能。

(2)纤维素大分子中的每一个葡萄糖剩基(不包括两端)上有三个自由羟基,其中 2、3 位碳原子(C_2、C_3)上接两个仲醇羟基,6 位碳原子(C_6)上接一个伯醇羟基,它们都具有一般醇羟基的特性。

(3)纤维素大分子两个末端基的性质是不同的。在一端的葡萄糖剩基第 1 个碳原子(C_1)上存在一个苷羟基,当葡萄糖环结构变成开链式时,此羟基即变为醛基[式(4-2)]而具有还原性,故苷羟基具有潜在的还原性,又有隐性醛基之称。另一端的末端基第 4 个碳原子(C_4)上存在仲醇羟基,它不具有还原性。对整个纤维素大分子来说,一端存在有还原性的隐性醛基;另一端没有,故整个大分子具有极性并呈现出方向性。

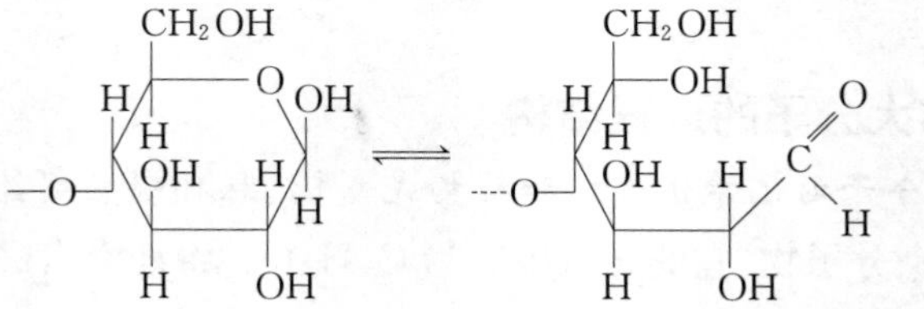

$$\tag{4-2}$$

(4)纤维素是由一系列不同长度的线型高分子组成的,其相对分子质量具有不均一和多分散性,实验测定的相对分子质量是一种统计的平均值。天然纤维素具有较高的平均聚合度。棉花的次生胞壁纤维素的聚合度为 13 000~14 000,韧皮纤维为 7 000~15 000,木浆纤维素为 7 000~10 000,而黏胶纤维只有 250~500。纤维素的相对分子质量及其分布会影响到纤维素材料的力学性能(强度、模量和耐折度)、纤维素溶液的性质(溶解度、黏度和流变性等)和纤维素的微细结构(结晶度和取向度)以及纤维素材料的降解、老化和各种化学反应性能。

二、纤维素纤维大分子的远程结构

如上所述,纤维素由葡萄糖剩基环构成,它的构型属 β-D-葡萄糖构型。纤维素的 D-吡喃葡萄糖剩基的构象为椅式构象(图 4-4),在椅式构象中,连接取代基(氢原子)的键是按平的(赤道的)或直的(轴向的)方向取向的。通常把倾斜的和向外的键称为平伏键,而向上键和向下键都称为直立键。β-D-吡喃葡萄糖环中的主要取代基均处于平伏位置。

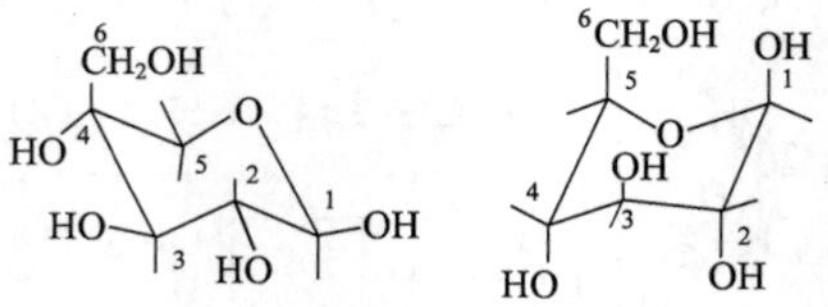

图 4-4 β-D-吡喃葡萄糖剩基的椅式构象

纤维素是由葡萄糖剩基通过 β-1,4-苷键连接起来的大分子。图 4-5 表示纤维素大分子的构象,其 β-D-吡喃葡萄糖单元成椅式扭转,每个单元上 C_2 位—OH、C_3 位—OH 和 C_6 上的取代基均处于水平位置。

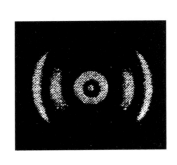

图 4-5　纤维素大分子的构象

三、纤维素纤维的聚集态结构

纤维素纤维是一种由结晶区和无定形区交错结合的体系，从结晶区到无定形区是逐步过渡的，无明显界限，一个纤维素分子链可以经过若干结晶区和无定形区。在纤维素的结晶区旁边存在一定的空隙，一般大小为 $100\sim1\,000nm$。

每一个结晶区称为微晶体（也称为胶束或微胞。有关情况见本节"2. 纤维素的微细纤维结构"与"3. 纤维素纤维聚集态结构模型"）。结晶区的纤维素分子链取向好，密度较大（$1.588g/m^3$），分子间的结合力强；非结晶区（无定形区）的纤维素分子链取向较差，分子排列无秩序，分子间距离较大，密度较低（$1.50g/cm^3$），且分子间氢键结合数量少。纤维素结晶包括立方、斜方、单斜、三斜晶系。测定纤维素纤维的结晶度有各种方法，所得结果不完全相同。通常认为天然棉纤维的结晶度约为 70%，麻纤维的结晶度高达 90%。

天然纤维素纤维中的晶体在自然生长过程中，形成一定的取向度。晶体长轴与纤维轴的夹角称为螺旋角，螺旋角越小，取向度越高。棉纤维次生胞壁的螺旋角为 $20°\sim35°$，麻纤维的螺旋角平均约为 $6°$。

1. 纤维素纤维大分子的结晶结构　图 4-6 为纤维素的 X 射线衍射图，它并非是完全模糊不清的阴影，也不是明暗相间的同心圆，而是既有模糊阴影，又有干涉弧或点存在。这说明天然纤维素纤维并不是完全无定形的，而是有晶体存在。晶体长轴虽不完全与纤维轴平行，但也不是完全杂乱无序，而是有一定的取向度。

通过干涉点和弧的位置及其间的距离等，可推算出天然纤维素的晶格参数。Meyer 和 Misch 早在 1937 年就提出了天然纤维素单位晶胞结构模型（图 4-7），直至今天仍为人们所认可。

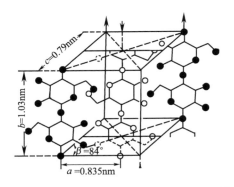

图 4-6　天然棉纤维的 X 射线衍射图　　　图 4-7　天然纤维素单元晶胞（Meyer-Misch 模型）

天然纤维素的结晶格子称为纤维素Ⅰ,纤维素结晶格子是一个单斜晶体,即具有3条不同长度的轴和一个84°的夹角,其晶胞参数见表4-4。在这个晶胞中,纤维素分子链只占据结晶单元的4个角和中轴,而每个角上的链为4个相邻单位晶胞所共有,即每个单位晶胞只含(4×1/4+1)即2个链单位。结晶格子中间链的走向和位于角上链的走向相反,并在轴向高度上彼此相差半个葡萄糖剩基。b轴的长度正好是纤维二糖的长度,这些链围绕着纵轴扭转180°。

表4-4 各种纤维素的晶胞参数

纤维素类型	晶胞参数	例 子
纤维素Ⅰ	$a=0.835nm, b=1.03nm, c=0.79nm, \beta=84°$	天然纤维素
纤维素Ⅱ	$a=0.814nm, b=1.03nm, c=0.914nm, \beta=62°$	丝光纤维和再生纤维
纤维素Ⅲ	$a=0.774nm, b=1.03nm, c=0.99nm, \beta=58°$	氨丝光纤维素

现已发现,天然纤维素Ⅰ晶胞结构在经过不同的处理后会产生变化,因此可以认为,纤维素具有多晶型格子。除纤维素Ⅰ外,还有纤维素Ⅱ、纤维素Ⅲ、纤维素Ⅳ。从纤维素Ⅰ转变成纤维素Ⅱ要经过Na—纤维素Ⅰ的形式;从纤维素Ⅰ转化为纤维素Ⅲ还要经过NH_3—纤维素Ⅰ的形式。纤维素的晶格在一定条件下可以转变成各种晶格变体,各种晶格变体在一定条件下可以相互转变。纤维素各种晶格变体的转变途径如图4-8所示。

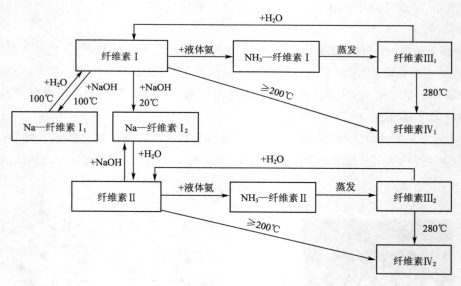

图4-8 纤维素各种晶格间的转变

纤维素Ⅰ晶胞结构的特点前已述及。纤维素Ⅱ除了存在于 Halicysis 海藻中外,主要存在于丝光纤维素和再生纤维素中,可由以下方法获得:

(1)以浓碱液(11%～15%NaOH)作用于纤维素生成碱纤维素,再用水将其分解为纤维素,这样生成的纤维素称为丝光纤维素,具有纤维素Ⅱ晶胞结构。(详见本章第四节中"一、碱对纤维素的作用")

(2)将纤维素溶解后再从溶液中沉淀出来,或将纤维素酯化后再皂化,这样生成的纤维素称为再生纤维素。

(3)将纤维素磨碎后以热水处理。

纤维素Ⅱ、纤维素Ⅲ的晶胞仍属于单斜晶系,只是晶胞参数不同于纤维素Ⅰ,见表4-3。把纤维素Ⅰ、Ⅱ和Ⅲ经高温(超过200℃)处理得到纤维素Ⅳ$_1$和纤维素Ⅳ$_n$,它们属于斜方晶系。

2. 纤维素的微细纤维结构　纤维素是棉、麻及黏胶纤维的主要成分,理论上纤维素水解可以制备葡萄糖,这些都是人们早已熟知的事实。然而,对纤维细胞壁、微细纤维与纤维素分子之间的微细结构关系等的研究,是近几十年特别是近二十年借助电子显微镜等现代测试仪器才开始的。Browning 认为,微细纤维的直径为20~40nm,在高分辨率电子显微镜中可进一步分为直径10nm 的微纤维丝。Hanna 则认为,原微细纤维的直径为1.5~2.5nm,即由2~9 个线状纤维素分子所组成。Fengel 认为,微细纤维的直径为25nm,这种结构不稳定,经过化学处理可分为12nm 的微纤维丝,微纤维丝则可水解为原微细纤维,原微细纤维的长度为30nm 左右。Kerr 和 Goring 认为,微细纤维是由2~4 个径向表面互相连接的原微细纤维所组成的束状结构,微细纤维的切向表面与胞间层平行,原微细纤维的径向宽度为3.5nm,切向宽度为2nm。Thomas 认为,微细纤维的宽度依其来源及制备方法的不同而异,大小一般为10~30nm,其厚度为宽度的一半;每个微细纤维是由4 个3.5nm 的原微细纤维所组成;原微细纤维则是由大小为1nm 的亚原微细纤维(sub-elementory fibril)所组成。由此可见,亚原微细纤维的大小与纤维素Ⅰ单位晶胞的大小是一致的。

尽管对于微细纤维的精细结构还有些不同认识,但是,纤维素长链分子与细胞壁中微细纤维之间的结构关系则是基本清晰的。微细纤维构成了纤维细胞壁的骨架;微细纤维(micro-fibril)是由比它更小的结构单位——原微细纤维组成的;原微细纤维(proto-fibril)也称基本微细纤维(elementary fibril),是由亚原微细纤维(sub-elementary fibril)组成的;纤维素长链分子以一定的方式组成亚原微细纤维。纤维素大分子中微细纤维的微细结构可用图4-9 表示。

天然纤维素分子链长度约为5 000nm,结晶区(微晶体)长度为100~200nm,因此沿着纤维素分子链的长度必须通过多个微晶体,这些微晶体存在于基本微细纤维之中。基本微细纤维的横截面是3.5nm×3.5nm,其纤维素分子链通过氢键结合在一起。原微细纤维是高等植物的真正结构单元,原微细纤维之间存在着半纤维素。

纤维素在结晶体内的排列是平行的,按目前的观点,天然微细纤维呈现伸展链的结晶,而再生纤维素和一些纤维素衍生物呈现折叠链的片晶。有的学者认为,纤维素分子链是在(101)平面内折叠,其折叠长度为聚合度的极限值(极限聚合度),形成薄片晶结构,这些薄片晶沿(101)方向堆砌成晶体或形成原微细纤维。纤维素分子链主要部分仍是线型的 β 连接。

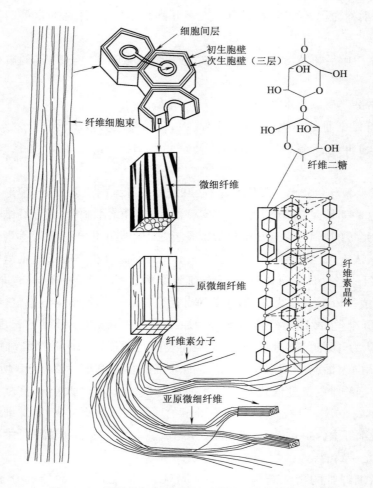

图 4-9　纤维素大分子中微细纤维的微细结构示意图

3. 纤维素纤维聚集态结构模型　纤维素纤维的聚集态结构是十分复杂的,缨状胶束(也称缨状微胞)模型(fringed micelle model)和缨状原纤模型(fringed fibril model)理论是目前大多数采用的结构观点。随着高分子物结构理论研究的进展,关于纤维素又发展了折叠链结构及缺陷晶态结构等理论。

缨状胶束模型和缨状原纤模型理论都认为,在纤维素的结构中存在着结晶部分和无定形部分(两相结构),两者没有严格的界面。无定形部分是由结晶部分延伸出来的分子链构成的,结晶部分和无定形部分是由分子链贯穿在一起的。

缨状胶束模型理论认为,在两相共存的体系中,由于结晶区和无定形区没有严格的界面,其间必然存在着有序程度逐渐过渡的区域。纤维素分子链是以伸展状态按一定方向排列的,由低序区域向较高序区域过渡,因此分子链可通过几个整列区域和非整列区域,形成纤维的结晶区和无定形区。纤维素的缨状胶束模型如图 4-10 所示。有人则认为结晶部分是由折叠链构成的,提出了修正的缨状胶束模型(modified fringed micelle model),如图 4-11 所示。

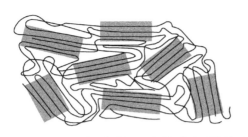

图 4-10 缨状胶束结构模型(阴影部分表示结晶区)   图 4-11 修正的缨状胶束结构模型

缨状原纤模型理论是在缨状胶束模型理论的基础上提出来的,因为在实验中,通过一般光学显微镜就可以直接观察到棉纤维中较粗大的原纤组织,通过电子显微镜还能观察到棉纤维中的微原纤组织。该理论认为,X射线确定的结晶区就是电镜中观察到的微原纤,微原纤整齐排列形成原纤。原纤中也有少数大分子分支出去组成其他原纤,成为连续的网状组织。原纤之间是由一些大分子联结起来形成的无定形区。缨状原纤模型如图 4-12 所示。

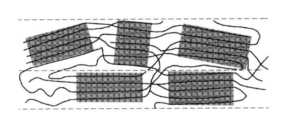

图 4-12 缨状原纤结构模型

缨状胶束理论和缨状原纤理论的区别在于:一是缨状胶束概念具有较短的结晶区,而缨状原纤概念具有长的结晶区;二是缨状原纤中纤维大分子排列比缨状胶束更紧密而有序。两者的关系可视作互为极限情况,即微胞扩大到一定程度可视作原纤,而原纤缩小到一定程度又可视作微胞。缨状原纤理论认为纤维的结构具有较高的连续性,这适用于解释结晶度较高的天然纤维素纤维的力学性能,而缨状微胞理论至今仍能对结晶度较低的再生纤维素纤维结构做出有力的解释,例如,在普通黏胶纤维中就很少有原纤结构特征。

缨状原纤有抵抗纤维延伸的能力,而缨状胶束的形式则容易延伸。因此,用这两种结构模型可以解释天然纤维素纤维与普通黏胶纤维强度、伸长率及应力—应变曲线等的差别。

第三节 纤维素纤维的物理性质

一、纤维素纤维的吸湿性

纤维素的游离羟基对能够可及的极性溶剂和溶液具有很强的亲和力。干的纤维素纤维置于大气中,很容易吸收水分,它的回潮率达 8%。前已述及,在纤维素的无定形区,链状分子中的羟基只是部分形成氢键,还有部分仍是游离羟基。由于羟基是极性基团,易于吸附极性的水分子,并与吸附的水分子形成氢键结合,这就是纤维素吸附水的内在原因。

纤维素所吸附的水分可分为结合水和游离水。结合水的水分子受到纤维素羟基的吸引,排列有一定的方向,密度较高,能降低电解质的溶解能力,使冰点下降,并使纤维素发生溶胀。纤维素吸附结合水是放热反应,故有热效应产生,而吸附游离水时无热效应,亦不能使纤维素发生溶胀。

除了引起纤维溶胀或收缩外,纤维素纤维吸湿后会引起许多重要性质的变化。如棉纤维湿态强度高于干态强度,而黏胶纤维则相反。纤维素物质在绝对干燥时是良好的绝缘体,吸湿后则比电阻迅速下降。

二、纤维素纤维的溶胀与溶解

1. 溶胀　固体吸收溶胀剂后,其体积变大但不失其表观均匀性,分子间的内聚力减少,固体变软,此种现象称为溶胀。纤维素纤维的溶胀可分为有限溶胀和无限溶胀。

(1)有限溶胀。纤维素吸收溶胀剂的量有一定限度,其溶胀的程度亦有限度,这种现象称为有限溶胀。有限溶胀又分为结晶区间的溶胀和结晶区内的溶胀两种。结晶区间的溶胀是指溶胀剂只到达无定形区和结晶区的表面,纤维素的 X 射线衍射图不发生变化。结晶区内的溶胀则是溶胀剂占领了整个无定形区和结晶区,并形成溶胀化合物,产生新的结晶格子,此时纤维素原来的 X 射线衍射图消失,出现了新的 X 射线衍射图。多余的溶胀剂不能进入新的结晶格子中,只能发生有限溶胀。

(2)无限溶胀。溶胀剂可以进入纤维素的无定形区和结晶区发生溶胀,但并不形成新的溶胀化合物,因此对于进入无定形区和结晶区的溶胀剂数量并无限制。在溶胀过程中,纤维素原来的 X 射线衍射图逐渐消失,但并不出现新的 X 射线衍射图。溶胀剂无限进入的结果,必然导致纤维素溶解,所以,无限溶胀就是溶解,必然形成溶液。

纤维素的溶胀剂大多是有极性的,因为纤维素上的羟基本身是有极性的。通常,水可以作为纤维素的溶胀剂,LiOH、NaOH、KOH、RbOH、CsOH 等和磷酸也可以导致纤维溶胀。在显微镜下观察纤维的外观结构和反应性能,常滴入磷酸使纤维溶胀后进行观察比较。其他的极性溶液,如甲醇、乙醇、苯胺、苯甲醛等也有类似的现象出现。一般来说,液体的极性越大,溶胀的程度越大,但上述几种溶液引起的溶胀都比水的小。

纤维素纤维溶胀时直径增大的百分率称为溶胀度(swelling degree)。影响溶胀度的因素很多,主要有溶胀剂种类、浓度、温度和纤维素纤维的种类等。

2. 溶解　纤维素属于高分子物,其特点是相对分子质量大,具有分散性,在溶解扩散时,既要移动大分子链的重心,又要克服大分子链之间的相互作用,扩散速度慢,不能及时在溶剂中分散。溶剂分子小,扩散速度快。所以溶解分两步进行:首先是溶胀阶段,快速运动的溶剂分子扩散进入溶质中,在纤维素无限溶胀时即出现溶解,此时原来纤维素的 X 射线衍射图消失,不再出现新的 X 射线衍射图。

纤维素溶液是大分子分散的真溶液,而不是胶体溶液,它和小分子溶液一样,也是热力学稳定体系。但是,由于纤维素的相对分子质量很大,分子链又有一定的柔顺性,这些分子结构上的特点使溶液性质又有一些特殊性,如溶解过程缓慢,溶液性质随浓度不同有很大变化,热力学性质和理想溶液有很大偏差,光学性质等与小分子溶液有很大的不同。纤维素溶剂可分为含水溶剂和非水溶剂两大类。

(1)含水溶剂。纤维素可以溶解于某些无机酸、碱、盐中,例如,它可以用 $72\%H_2SO_4$、$40\%\sim42\%HCl$、$77\%\sim83\%H_3PO_4$ 来溶解,这些酸可以导致纤维素的均相水解。浓 HNO_3(66%)不能溶解纤维素,但能像在 NaOH 中那样形成一种加成化合物,作为纤维素硝化的一个中间体。纤维素也能溶解在某些盐中,如 $ZnCl_2$ 等能溶解纤维素,但一般需要较高的浓度和温度。

一般纤维素的溶解多使用氢氧化铜与氨或胺的配位化合物,如铜氨溶液或铜乙二胺溶液。纤维素在铜氨溶液与铜乙二胺溶液中,分别形成纤维素的铜氨配位离子和铜乙二胺配位离子,详见本章第四节中"三、铜氨氢氧化物对纤维素的作用"。

(2)非水溶剂。以有机溶剂为基础的不含水的溶剂称为非水溶剂(non-aqueous solvent)。非水溶剂共分三个体系,其中一元体系含单一的组分,二元、三元体系的溶剂均由所谓"活性剂"(active agent)与有机液组成。在二元和三元体系中,按三个类型形成了三个系列:第一类是属于亚硝酰基(Nitrocylic,—NO)化合物(N_2O_4、$NOCl$、$NOHSO_4$ 等)与极性有机液组成的溶剂;第二类是由硫的氯氧化物与胺和极性有机液组成的溶剂;第三类是无机酸酐或氧化物的含氨或氯的体系。已知的纤维素非水溶剂有:

①一元体系。三氟醋酸(CF_3COOH),乙基吡啶化氯($C_2H_5C_5H_5NCl$)。

②二元体系。N_2O_4—极性有机液,SO—胺,CH_3NH_2—DMSO(二甲基亚砜),NOCl—极性有机液,SO_3—DMF 或 SO_3—DMSO,三氯乙醛—极性有机液,$NOHSO_4$—极性有机液,多聚甲醛—DMSO,NH_3—NaSCN。

③三元体系。SO_2—胺—极性有机液,NH_3—钠盐—极性有机液(如 DMSO、乙醇胺),$SOCl_2$—胺—极性有机液,SO_2Cl_2—胺—极性有机液。

关于非水溶剂体系溶解纤维素的机理,NaKao 首先提出是在溶剂体系中形成了电子给予体—接受体(EDA,electron donar-accept)配位化合物,认为纤维素和溶剂之间相互作用的模式为:

a. 在 EDA 相互作用中,纤维素羟基的氧原子和氢原子参与了作用,氧原子作为一种 π-电子对给予体,氢原子作为一种 δ-电子对接受体。

b. 在溶剂体系的"活性剂"中存在给予体和接受体中心,两个中心均在适合于与羟基的氧原子和氢原子相互作用的空间位置上。

c. 在一定最优距离范围内存在着 EDA 相互作用力,该作用力与电子给予体和接受体中心的空间位置和极性有机液的作用有关,它引起羟基电荷分离达到最佳量,从而使纤维素链复合体溶解。

第四节　纤维素纤维的化学性质

从纤维素的化学结构来看,至少可能进行以下两类化学反应:

第一类,纤维素大分子的降解反应。由于苷键的存在,使得纤维素大分子对水解作用的稳定性降低。在酸或高温下与水作用,可使苷键断裂,纤维素大分子降解。另外,纤维素在受到各种化学、物理、机械和光等作用时,分子链中的苷键或其他共价键都有可能受到破坏,并导致聚合度降低。

第二类,葡萄糖剩基上自由羟基的化学反应。由于纤维素大分子的每个葡萄糖环上存在三个醇羟基,它们可能发生氧化、酯化、醚化、接枝等反应。当然,这些羟基的反应能力是不同的。

染整加工过程中的化学反应,都是在保持纤维状态下进行的(即多相反应),所以,纤维素在进行各种类型反应时有一个共同的特点,就是化学反应程度的不均一性。其主要原因与纤维的形态结构和聚集态结构的不均一性有关。化学试剂首先接触纤维表面,再向内部渗透,纤维内部存在着结晶区和无定形区,不同试剂在不同介质中只能深入到纤维内部某种侧序度以下的区域(称为可及区),而不能到达侧序度更高的区域(称为非可及区),以致造成纤维各部分所发生化学反应的程度不均一。

化学试剂的可及区用可及度来表征,可及度是指化学试剂可以到达并起反应的部分占全体的百分率。可及度 A 和结晶度 f 有如下关系:

$$A=\sigma \cdot f+(100\%-f) \tag{4-3}$$

式中:f——纤维素纤维的结晶度,%;

σ——结晶区表面部分的纤维素分数。

化学法测定纤维素的可及度有水解法、重水置换法、甲酰化法等,其中,重水置换法是用重水中的氘与纤维素羟基中的氢起置换反应:

$$ROH+D_2O =\!=\!= ROD+HDO \tag{4-4}$$

上述反应是在无定形区和结晶区表面进行的,最初反应很快,反应后期,反应趋向终止。由于置换反应会导致水的物理性质如折射率、密度的变化及干纤维素质量增加,故可测定纤维素的可及度。由氘交换法测出的可及度也可换算成结晶度。

一、碱对纤维素纤维的作用

印染厂经常用烧碱处理棉织物,如退浆、煮练和丝光等。纤维素纤维对碱是相当稳定的,但当棉纤维上有碱存在时,空气中的氧对纤维素纤维能发生强烈的氧化作用,这时碱起着催化作用。因此,在染整加工中应避免让带碱的棉织物长时间与空气接触,以防纤维受损伤。

一般情况下,稀烧碱溶液(9%以下)能使棉纤维发生可逆的溶胀;浓烧碱溶液(9%以上)能使棉纤维发生剧烈的溶胀,截面积增加,纵向收缩,这种溶胀是不可逆的。

在常温下以浓烧碱溶液(18%～24%)处理棉织物,然后在对织物施加张力的条件下,洗除织物上的碱液,从而改善棉纤维的性能,这一过程在染整工艺中称为丝光。经丝光后,棉纤维的吸附能力和化学反应活泼性提高,织物的光泽、强度和尺寸稳定性也得到改善。这些性能的变化,主要与纤维素聚集态结构的变化密切相关。

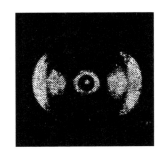

图 4 - 13　丝光棉纤维 X 射线衍射图

天然纤维素即纤维素 Ⅰ,当它与浓碱作用后生成碱纤维素,碱纤维素经水洗去碱后,生成水合纤维素也称纤维素 Ⅱ。纤维素 Ⅱ 与纤维素 Ⅰ 的性能不同,这是因为它们的聚集态结构发生了不可逆的变化。它们有各自的 X 射线衍射图,如图 4 - 6 和图 4 - 13 所示。

水合纤维素的结晶度较天然纤维素低,天然纤维素的结晶度为 70%,而水合纤维素约为 50%。这些变化说明,水与浓碱对棉纤维的溶胀作用不同,前者仅限于拆散无定形区分子间的结合力,后者则能深入纤维的结晶区,部分地克服晶体内的结合力,使晶格发生一定程度的改变,但仍不能克服晶体内所有的结合力,故不致发生无限溶胀。水洗去碱后,经过这样巨大变化的分子链便不可能完全回复到原来的状态,从而使纤维的形态结构和聚集态结构发生不可逆的变化。利用这种性能获得的纺织品整理效果是持久的。

浓碱引起棉纤维发生剧烈溶胀的机理,虽然还不十分清楚,但可做如下解释:纤维素大分子上的羟基可视作具有弱酸性的基团,它与浓碱作用时,可能生成醇钠化合物,如式(4 - 5)所示;同时也可能生成加成化合物,如式(4 - 6)所示:

$$Cell—OH + NaOH \longrightarrow Cell—ONa + H_2O \qquad (4 - 5)$$

$$Cell—OH + NaOH \longrightarrow Cell—OH \cdot NaOH \qquad (4 - 6)$$

一般认为,葡萄糖剩基中 2 位碳原子上的羟基处于苷键的 α 位置,酸性较强,与碱作用生成醇钠化合物的可能性较大,而 3、6 位碳原子上的羟基与碱结合成加成化合物的可能性较大,故上述两种反应是同时存在的。

钠离子是一种水化能力很强的离子,固定在它周围的水分子很多,或说其水化层很厚,当它与纤维素大分子结合时,有大量水分子被带入纤维内部,从而引起纤维的剧烈溶胀。一般,随着碱液浓度的提高与纤维素结合的碱量增多,纤维的溶胀程度也相应增大。当碱液浓度达到一定程度时,若此时溶液中的水分子已全部以水化状态存在,纤维的溶胀已经达到最大限度,继续提高碱液浓度,对每一个钠离子来说,能结合到的水分子的数量反而有减少的倾向,也就是使钠离子的水化层变薄,所以纤维的溶胀程度反而减小。如果在碱液中加入盐(如 NaCl),它将与结合在纤维素上的碱金属离子争夺水分子,也有使纤维溶胀程度降低的作用。

碱液的种类不同,其溶胀能力不同。其他碱液中的金属离子与钠离子一样,也以"水合离子"的形式存在,半径越小的离子对外围水分子的吸引力越强,可以形成直径较大的水合离子,这对于劈裂开纤维素的无定形区和打开结晶区的进入渠道更为有利。几种碱的溶胀能力次序为:LiOH > NaOH > KOH > RbOH > CsOH。

对同一种碱液,在同一温度下,纤维素的溶胀度随其浓度增加而增加,至某一浓度时溶胀度达最高值。纤维素在碱液中的溶胀，有一最优的碱浓度，如棉纤维素在 NaOH 中的溶胀，以 18％浓度为最佳。每种碱的浓度和纤维溶胀度的关系如图 4－14 所示，由图可见，15％～20％ 是 NaOH 对纤维素的适宜溶胀浓度。如果碱液的浓度再继续增大，溶液中的金属离子增多，到 达一定程度后，由于离子的密度太大，所形成的水合离子的半径反而减小，故溶胀度会有所下 降。此外，由于纤维素与浓碱作用是放热反应，因此提高处理温度，不利于生成碱纤维素，也就 不利于纤维的溶胀。

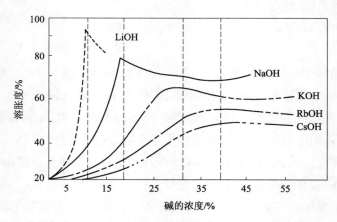

图 4－14　棉纤维的溶胀度与各种碱液浓度间的关系(25℃)

二、液氨对纤维素纤维的作用

纤维素纤维与液氨的作用虽然早已有人进行研究，但在染整加工中获得实际应用的时间还 不长。在染整加工中，使用液态氨处理棉、麻等天然纤维素纤维的制品，以改善其性能的工艺， 称为液氨处理。

纤维素与液氨作用，可形成两种复合物：氨纤维素 I 和氨纤维素 II，其组成分别为 $[C_6H_{10}O_5 \cdot NH_3]_n$ 和 $[C_6H_{10}O_5 \cdot (NH_3)_2]_m$。在接近液氨沸点($-33.4℃$)的温度下处理纤维 素时，生成氨纤维素 I；在更低的温度下纤维素结合氨的量增加，可生成氨纤维素 II。通常，液 氨处理都是在常压和液氨的沸点温度下进行的，因此认为生成的复合物是氨纤维素 I。

液氨具有与浓碱类似的作用，它不仅能进入纤维的无定形区，而且可以渗透到原纤及结晶 区内，并引起纤维的剧烈溶胀，使截面积增大，长度收缩，但溶胀的程度较小些。液氨对棉纤维 溶胀作用的特点是，在纤维中的扩散速率快，溶胀作用迅速且均匀。棉纤维经液氨处理后，其结 晶度约降低至 54％。氨纤维素 I 经蒸发去氨后，转变成一种新的结晶变体——纤维素 III，它与 纤维素 II 不同。

三、铜氨氢氧化物对纤维素纤维的作用

氢氧化铜与氨或胺的配位化合物如铜氨溶液(cuprammonium solution)或铜乙二胺溶液 (cupri-ethylene diamine solution)，能使纤维素直接溶解。随着铜氨氢氧化物的组成和浓度不

同,纤维素可以发生不同的微晶间溶胀、有限的微晶内溶胀和无限的微晶内溶胀(溶解),这在化学纤维工业中和理论研究上都有重要意义。

纤维素在铜氨溶液和铜乙二胺溶液中,分别形成纤维素的铜氨配位离子和铜乙二胺配位离子,如图 4-15 所示。

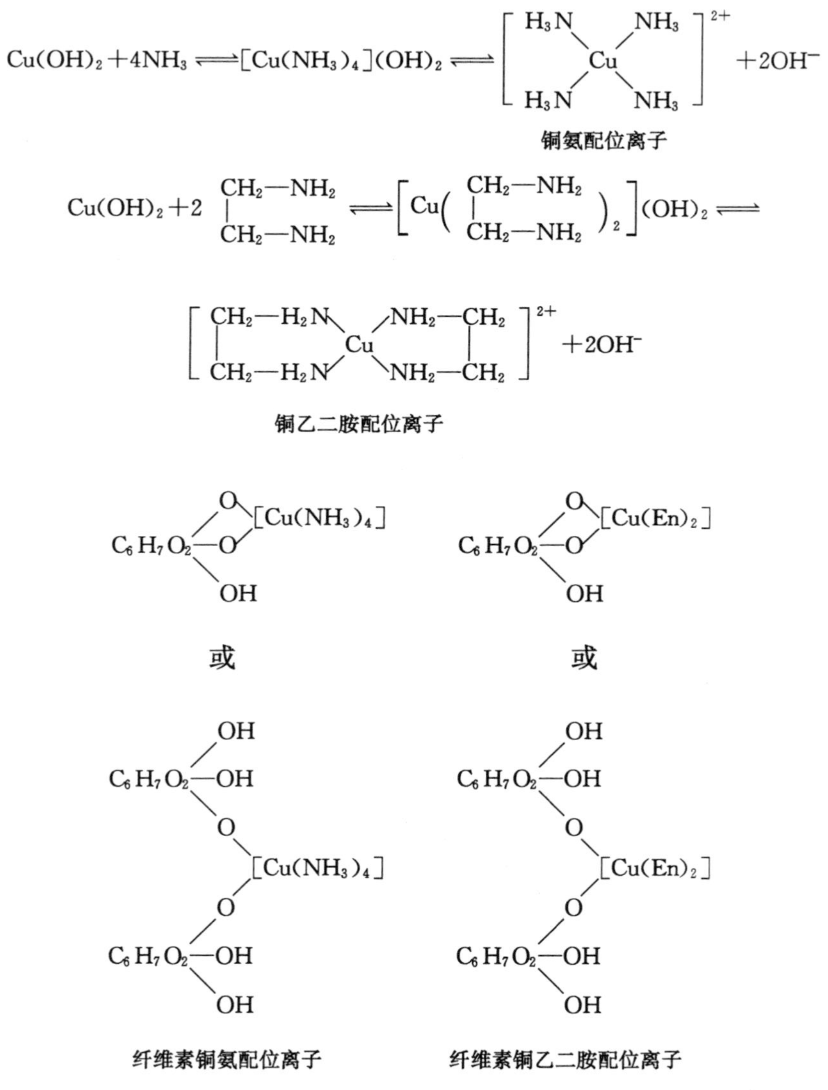

图 4-15　纤维素配位离子结构

一般认为,纤维素中能与铜氨溶液或铜乙二胺溶液起反应的羟基是 2、3 位碳原子上的羟基。在进行上述反应时,常用"γ 值"表示化学反应进行的程度。γ 值(γ value)是指每 100 个葡萄糖剩基中起反应的羟基数目,显然,γ 值最大为 300,最小为 0。纤维素在铜氨溶液中的溶解度取决于所形成的纤维素铜氨化合物的 γ 值及纤维素本身的聚合度。

　　铜氨溶液的优点是具有较高的溶解能力;缺点是对氧与空气具有非常强的敏感性(发生纤维素的氧化降解),只要有少量氧存在,纤维素就会发生剧烈的氧化裂解,引起聚合度降低。纤维素在铜氨溶液中的降解速率还随温度的升高而急剧增加。因此,在用铜氨溶液测定纤维素的聚合度时,必须采取防止氧化降解的措施,如在溶液中添加金属铜、葡萄糖或亚硫酸钠等阻氧化剂,但很难完全避免纤维素的氧化降解。纤维素的铜乙二胺溶液对空气的敏感性不及铜氨溶液,因此纤维素受到的氧化降解较少,故用铜乙二胺溶液测定纤维素的聚合度较用铜氨溶液的高。

　　纤维素铜氨化合物受到稀无机酸作用时,可迅速而完全地分解,并析出纤维素。在化学纤维工业中,利用这一原理制造的再生纤维素纤维称为铜氨人造纤维:

$$C_6H_7O_2 \begin{matrix} -OH \\ -OH \\ -OH \end{matrix} : Cu(NH_3)_m(OH)_n + \left(1+\frac{m}{2}\right)H_2SO_4 \longrightarrow$$

$$C_6H_7O_2(OH)_3 + CuSO_4 + \frac{m}{2}(NH_4)_2SO_4 + 2H_2O \qquad (4-7)$$

　　对此类溶剂进行一系列的研究后,发现了镉、镍、钴、锌等金属的乙二胺配位化合物及纤维素溶解时不因受空气作用而降解的酒石酸铁钠溶液,均是纤维素的理想溶剂。

四、酸对纤维素纤维的作用

　　纤维素大分子的苷键对酸的稳定性很差,在适当的氢离子浓度、温度和时间条件下,发生水解降解,使相邻两葡萄糖单体间碳原子和氧原子所形成的苷键发生如下断裂:

$$(4-8)$$

　　上述反应中,氢离子起催化作用,显然它的浓度是影响水解反应的主要因素之一,而且氢离子浓度并不因反应程度的加深而降低,如果没有其他条件变化,水解反应将持续进行下去。水解反应使纤维素大分子中的 1,4 -苷键断裂,在苷键的断裂处与水分子结合形成两个羟基,其中一个是自由羟基,无还原性;另一个是半缩醛羟基,它可以转变成醛基,具有还原性。

理论上，如果酸水解进行完全，最终产物是单糖——葡萄糖。纤维素的酸水解分均相酸水解和多相酸水解两种过程。

均相酸水解反应是比较简单的，水解以均匀的速度进行，用浓 H_2SO_4 或浓 HCl 进行水解，反应产物是 D-葡萄糖，再通过水解和发酵可得到很多其他工业产品。

由于稀酸对纤维素的水解反应是在多相介质中进行的，因此反应程度也是不均一的。水解过程初期，试剂迅速渗入纤维的无定形区，使这个区域的大分子降解，这时水解速率很快；当无定形区全部被破坏后，由于试剂向结晶区内渗透较为困难，所以只能使结晶区发生由表及里的水解反应，这时水解反应速率明显降低，同时纤维素发生降解。在高温高压条件下，用稀酸也可将纤维素完全水解成葡萄糖。在最初阶段的水解，纤维素失重 $10\%\sim12\%$，聚合度很快降到平衡值，此平衡值视试样不同而有所差异，通常每个纤维素链分子中有 $200\sim300$ 个 D-葡萄糖单元。多相酸水解过程可以用来生产水解纤维素和胶体微晶纤维素。

在染整加工过程中常用酸处理织物，如退浆工艺中的碱酸退浆，漂白过程中的酸洗等。由于纤维素大分子中的 1,4-苷键对酸很敏感，虽然纤维素纤维在染整加工过程中一般不致受到使纤维降解程度的水解作用，但会引起纤维的损伤，所以在酸处理时必须严格控制工艺条件，以免造成纤维损伤。

通常把经过酸作用而受到一定程度水解后的纤维素称为水解纤维素。显然，它不是一个均一的化合物，而是不同聚合度水解产物的混合物。与天然纤维素相比，水解纤维素的化学组成没有明显变化，但聚合度下降，醛基含量增加。此外，水解纤维素在碱溶液中的溶解度增加，力学性能下降，如强度和伸长率降低。其损伤程度如前所述，可通过聚合度和还原性能的测定来判断。在印染厂多采用铜氨溶液测定纤维素的聚合度，并采用"铜值"和"碘值"表示纤维素还原性能的大小。

铜值（copper value），是指 100g 干燥纤维素能使二价铜还原成一价铜的克数。

$$Cell—CHO+2CuSO_4+2H_2O \longrightarrow Cell—COOH+Cu_2O\downarrow+2H_2SO_4 \qquad (4-9)$$

碘值（iodine value），是指 1g 干燥纤维素能还原 $c\left(\dfrac{1}{2}I_2\right)=0.1mol/L$ 的碘溶液的体积（毫升）。

$$Cell—CHO+I_2+2NaOH \longrightarrow Cell—COOH+2NaI+H_2O \qquad (4-10)$$

影响纤维素水解的因素主要有酸的性质、浓度、反应温度和作用时间等。

（1）酸的性质。实践证明，在其他条件（如浓度、温度、时间等）相同时，酸性越强，催化能力越强，水解速率越快。强的无机酸如硫酸、盐酸、硝酸等作用最强烈，磷酸较弱，硼酸更弱；有机酸中即使是酸性较强的甲酸、醋酸等，其作用也较缓和，但有机酸中的羟基酸，如柠檬酸、酒石酸等在加热条件下作用也较强烈，必须注意。

（2）酸的浓度。当酸的浓度较低时，纤维素水解速率与酸的浓度几乎成正比；浓度较高时，纤维素水解速率比酸浓度增加的速率快。

（3）反应温度。如果酸的浓度恒定，在 $20\sim100℃$，温度每升高 $10℃$，纤维素水解速率增加 $2\sim3$ 倍。

（4）作用时间。在其他条件相同的情况下，纤维素水解的程度与作用时间成正比。

综上所述，当织物需要进行酸处理时，必须对酸的浓度、温度、时间等因素加以严格控制，否则将会造成纤维素的严重损伤。此外，在酸处理后必须将酸从织物上彻底洗净，尤其要避免在带酸情况下进行干燥。生产中常使用稀硫酸处理棉、麻等纤维及其制品，这时只要能满足工艺要求，应尽量采用比较缓和的工艺条件，不致使纤维的强度和聚合度发生大幅度下降。

五、氧化剂对纤维素纤维的作用

纤维素对氧化剂是不稳定的，一些氧化剂能使纤维素发生严重降解。但在漂白及染色等染整加工过程中，常需要用氧化剂处理纤维或其制品，这时只要选择适当的氧化剂，并严格控制工艺条件，就能够将纤维的损伤降低到最低程度。

氧化剂对纤维素的氧化作用主要发生在纤维素葡萄糖剩基环 C_2、C_3、C_6 位的三个自由羟基和大分子末端 C_1 的潜在醛基上，根据不同条件相应生成醛基、酮基或羧基（图 4 - 16）。

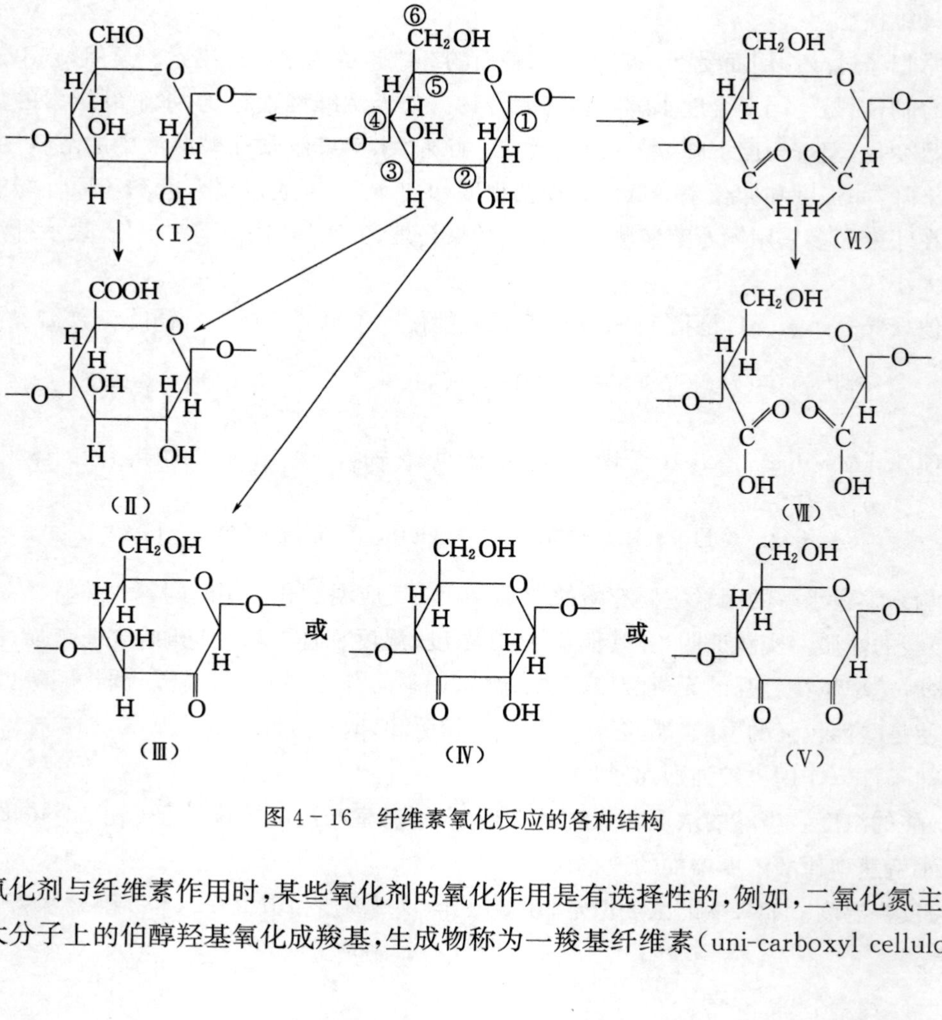

图 4 - 16　纤维素氧化反应的各种结构

当氧化剂与纤维素作用时，某些氧化剂的氧化作用是有选择性的，例如，二氧化氮主要是使纤维素大分子上的伯醇羟基氧化成羧基，生成物称为一羧基纤维素（uni-carboxyl cellulose）；高碘酸能使纤维素大分子上的仲醇羟基氧化成两个醛基,并使环破裂,生成物称为二醛基纤维素(dialdehyde cellulose)。但在实际生产中使用的氧化剂对纤维素的氧化作用非常复杂,多属于非选择性氧化。

纤维素经氧化作用后生成的各种氧化产物的混合物,称为氧化纤维素。氧化纤维素是不均一的化合物,它的结构与性质和原来的纤维素不同,随氧化剂及氧化条件不同,其组成也不相同。多数情况下,随着羟基被氧化,纤维素的聚合度也同时下降,这种现象称为氧化降解(oxidation degradation)。若氧化产物中醛基含量高,还原性强,这种产物称为还原性氧化纤维素(disoxidation hydroxycellulose),其醛基含量可用铜值表示。

纤维素在其基团被氧化的同时,还可能发生分子链的断裂。纤维素受到氧化作用时,分别在 C_2、C_3、C_6 位或在 C_2、C_3 位同时形成羰基,具有羰基的纤维素称为还原性氧化纤维素。分子链中由于葡萄糖环上形成羰基(醛基或酮基)后,就产生了 β-烷氧基羰基结构(β-alkoxy carbonyl structure)。

根据低分子羰基结构可知,当强吸电子基的 α-碳原子上连结着氢原子时,β-碳原子上的醚键变得不稳定,在碱的作用下容易发生断裂,称为 β-分裂(β-cleavage),其反应历程可用式(4-11)和式(4-12)表示(式中 L 代表强吸电子基):

$$R-O-\overset{|}{\underset{\underset{H}{|}}{C^\beta}}-\overset{|}{\underset{|}{C^\alpha}}-L+OH^- \rightleftharpoons R-O-\overset{|}{\underset{|}{C}}-\overset{|}{\underset{|}{C^\ominus}}-L+H_2O \qquad (4-11)$$

$$R-O-\overset{|}{\underset{|}{C}}-\overset{|}{\underset{|}{\overset{\ominus}{\ddot{C}}}}-L \longrightarrow R-O^{\ominus}\colon + \overset{|}{C}=\overset{|}{C}-L \qquad (4-12)$$

上述反应是由于强吸电子基的诱导效应使 α-碳原子上的氢原子酸性增强,而容易被碱移去,接着发生电子对的迁移,在两个碳原子之间形成双键,同时使 β-碳原子上的醚键发生断裂。当纤维素在碱性介质中氧化而在葡萄糖剩基环上形成羰基时,便构成了 β-分裂的条件。举例如式(4-13):

$$ (4-13) $$

显然,β-分裂还可能发生在大分子的其他部位。式(4-14)中各氧化纤维素结构式中虚线部分,表示由于形成的羰基引起 β-烷氧基消除反应(elimination reaction),导致苷键断裂。

$$(4-14)$$

但当醛基进一步氧化成羧基后,由于其诱导效应大大降低,在碱性介质中就不致造成分子链的断裂。

β-烷氧基消除反应的结果,产生了各种分解产物,形成一系列的有机酸(末端羧酸或非末端羧酸),再进一步氧化分解还可产生乙醛酸(OCH—COOH)、甘油酸(CH₂OH—CHOH—COOH)、草酸(COOH—COOH)及 CO₂ 和 H₂O 等分解产物。

氧化产物中羧基含量高,具有较强的酸性,称为酸性氧化纤维素(acidic hydroxycellulose),其羧基含量以碱性染料(亚甲基蓝)的吸收量表示。无论是还原性纤维素还是氧化性纤维素,这两种形式的氧化纤维素在碱液中的溶解度均升高,但前者对碱液特别不稳定,因为纤维素氧化形成羰基后,就产生了 β-烷氧基羰基结构,故促使配糖键在碱性溶液中断裂,从而降低了聚合度,并易于老化泛黄。后者对碱的稳定性要好些,但 C₆ 上的羰基比 C₂、C₃ 上的羰基对碱的作用较不稳定。

在某种条件下,如果纤维素只发生基团的氧化和葡萄糖剩基的破裂,并未发生分子链的断裂,这时纤维的强度变化不大,而纤维素铜氨溶液的黏度却明显下降,这种现象称为纤维素受到潜在损伤(latency damage)。受到潜在损伤的纤维素若经碱液处理,其强度会大幅度降低,其原因是在碱处理过程中,因发生 β-分裂而使纤维素的聚合度下降。

为了判断纤维在漂白过程中受到损伤的程度,通常可测定纤维制品的强度,这是一种简单易行的方法,但它不能反映纤维所受全部损伤的情况。如果测定氧化前后纤维素铜氨溶液黏度的变化,就能比较全面地反映问题,因为具有潜在损伤的纤维素在溶解于铜氨溶液的过程中会发生 β-分裂,能更准确地反映出纤维素受损伤的程度。

六、热对纤维素纤维的作用

热对纤维素的作用大致可分为两种情况:第一种是在纤维的热裂解温度以下,纯粹是由于温度升高,大分子链段热运动增强,分子间作用力减弱,引起纤维强度降低,当温度降低后其力学性质仍可复原,这种抗热性能称为纤维的耐热性。第二种是在纤维的热裂解温度以上,在高温下的热裂解作用使纤维的聚合度降低,大多数情况下还伴随着高温下的氧化及水解作用,由此而导致的纤维性质变化,在温度降低后是不能复原的,这种抗热性能称为纤维的热稳定性。

一般,棉纤维的抗热性能较好,100℃ 以下,纤维素稳定;140℃ 加热 4h,纤维素不发生明显变化;加热至 140℃ 以上,纤维素中葡萄糖剩基开始脱水,出现聚合度降低、羰基和羧基增加等化学变化;温度超过 180℃,纤维热裂解逐渐增加;温度超过 250℃,纤维素结构中糖苷键开始断裂,一些 C—O 键和 C—C 键也开始断裂,并产生一些新的产物和低分子量挥发性化合物;当温度超过 400℃时,纤维素结构的残余部分进行芳环化,并逐渐碳化形成石墨结构。

纤维素在高温下裂解,生成碳和水及甲烷、乙烯、丙酮、醋酸、一氧化碳、二氧化碳等低分子挥发物,同时产生大量的 $\beta-1,6-D-$脱水吡喃葡萄糖,继而变成焦油。热裂解产物的组成除与热裂解的条件有关外,还与纤维素中所含杂质的种类及含量有关。

在高温条件下,纤维素的热降解过程使质量损失较大,当加热到 370℃时,质量损失达 40%～60%,结晶区受到破坏,聚合度下降。

七、光对纤维素纤维的作用

纤维制品在使用过程中,因光线照射而引起的破坏作用有两种类型,一种是光照对化学键的直接破坏作用,它与氧的存在与否并无关系,称为光解作用;另一种是由于光敏物质的存在,而且必须在氧及水分同时存在时才能使纤维破坏,这种光化学作用称为光敏作用。

1. 光解作用(photolysis)   纤维素大分子中 C—C 键或 C—O 键的键能为 $3.35 \times 10^5 \sim 3.77 \times 10^5$ J/mol,波长为 340nm 或更短的紫外光所具有的能量可直接使纤维素发生光降解。实验证明,在上述波长范围的紫外光照射下,无论是在惰性气体(He 等)中,还是在氧中,纤维素的破坏程度是相同的,因此光解作用与氧的存在无关。

2. 光敏作用(photosensitization)   波长大于 340nm 的光线虽不能直接引起纤维素的降解,但当纤维素中含有某些染料或 TiO_2、ZnO 等化合物时,它们能吸收近紫外光和可见光。有人认为,当这些光敏物质吸收了光能后,分子被激发并将能量转给周围空气中的氧,氧被活化成臭氧,在有水蒸气存在时,活化氧还能与水蒸气反应形成过氧化氢,而活性氧和过氧化氢就能促使纤维素氧化降解。由此可见,光敏作用对纤维素的破坏,取决于敏化剂、氧和水三个因素,某些还原染料及硫化染料和 TiO_2、ZnO 等颜料都是光敏物质,实际上纤维素因光线照射而破坏,主要是光敏作用引起的。

八、纤维素纤维的酯化、醚化反应

纤维素是地球上存在的最丰富的天然资源之一。棉、麻等天然纤维素纤维可直接用于纺织工业,不能直接使用的纤维素,通过酯醚化反应,可以制成许多适合各种用途的产品。

1. 酯化反应

(1)纤维素硝酸酯(又称硝化纤维素,nitro-cellulose)。工业上用 HNO_3、H_2SO_4 和 H_2O 配制成一定组成的混酸作为硝化剂:

$$[C_6H_7O_2(OH)_3]_n + 3nHNO_3 \rightleftharpoons [C_6H_7O_2(ONO_2)_3]_n + 3nH_2O \qquad (4-15)$$

硝化纤维素可用来制造塑料、喷漆、无烟火药等,最早的人造纤维是用硝化纤维素制造的。

(2)纤维素醋酸酯(又称醋酸纤维素,acetyl cellulose)。工业上常用醋酸酐作酯化剂、硫酸作催化剂、醋酸作溶剂进行酯化反应,制成的纤维素醋酸酯 $\gamma=300$,称为三醋酸纤维素:

$$[C_6H_7O_2(OH)_2]_n + 3n \begin{array}{c} CH_3CO \\ O \\ CH_3CO \end{array} \rightleftharpoons [C_6H_7O_2(OCOCH_3)_3]_n + 3nCH_3COOH$$

$$(4-16)$$

三醋酸纤维素经部分水解制成 $\gamma = 250$ 的产物，称为二醋酸纤维素，它们都可以用来制造人造纤维，此外还广泛用于制造电影胶片基、X 光片基、绝缘薄膜及各种塑料。

2. 醚化反应

(1)纤维素乙基醚(又称乙基纤维素，ethyl cellulose)。工业上多采用氯乙烷和碱纤维素进行反应，制取 γ 为 $220\sim250$ 的乙基纤维素：

$$[C_6H_7O_2(OH)_3]_n + 2nNaOH + 2nCH_3CH_2Cl \rightleftharpoons$$
$$[C_6H_7O_2(OH)(OCH_2CH_3)_2]_n + 2nNaCl + 2nH_2O \qquad (4-17)$$

它具有许多优良性能，用于制造塑料、清漆、涂料和黏合剂等，是纤维素醚中应用最广泛的一种。

(2)纤维素羧甲基醚(又称羧甲基纤维素，carboxymethyl cellulose，CMC)。它是由一氯醋酸与碱纤维素作用而制得的：

$$[C_6H_7O_2(OH)_3]_n + nClCH_2COOH + 2nNaOH \rightleftharpoons$$
$$[C_6H_7O_2(OH)_2OCH_2COONa]_n + nNaCl + 2nH_2O \qquad (4-18)$$

羧甲基纤维素的醚化度不同，溶解性能也不相同。它是一种用途广泛的水溶性高分子物，例如，在合成洗涤剂工业中，它是洗衣粉的必要添加剂之一；在纺织工业中，它是性能良好的浆料。

第五节　其他天然纤维素纤维

一、彩棉纤维

彩棉是指天然生长的非白色棉花。20 世纪 60 年代以来，人们利用远缘杂交遗传育种技术和生物基因工程技术在棉花的植株上插入产生某种颜色的基因，让这种基因使棉株具有活性，因而使棉桃内的纤维具有相应的颜色，这就是彩棉的由来。

由于彩棉纺织品不含对人体有害或过敏的染料和化学品，且在染整加工过程中可以免去漂白、染色等工序，大大减少了污水排放量，同时降低能源消耗，印染加工成本下降，产品附加值提高。

1. 彩棉纤维的结构　彩棉纤维的化学组成与普通白棉有相似之处，也是由纤维素、果胶质、蜡质、含氮物质、灰分组成，所不同的是彩棉还含有一定量的色素，但色素的结构至今没有确定。对于同种颜色而言，木质素含量越高，颜色越深。另外，彩棉中纤维素含量、水分及果胶质含量均低于白棉，脂肪、蛋白质和灰分含量均大于白棉。彩棉中纤维素的相对分子质量均较普通白棉低。

彩棉纤维的形态结构与普通白棉类似,纵向呈扁平带状,有天然扭曲,横截面呈耳形或椭圆形,但胞腔大于普通白棉。研究认为,彩棉中的色素主要分布在纤维的胞腔内,部分在次生胞壁中,这是彩棉纤维胞腔大、颜色深的主要原因。

对彩棉纤维的聚集态结构研究表明,绿棉和棕棉纤维的结晶完整性以及结晶度均低于普通白棉纤维。

2. 彩棉纤维的性能特点

(1)彩棉纤维的内在品质。彩棉纤维短而细,强度低,因此可纺性低于白棉,纺纱时成本较高,这是制约大规模开发使用天然彩色棉的症结之一。目前一般彩棉织物均为彩棉与长绒棉或其他纤维的混纺产品,目的就是提高其可纺性。实践发现:彩棉的颜色越深,品级就越差,长度就越短,短绒率就越高,纺纱性能就越差,纺织成品质量就越差。

(2)色谱及颜色稳定性。目前彩棉在我国及世界范围内已有种植,已投入商业开发的仅有棕色、绿色两个颜色系列品种,其他如红、蓝、紫、灰等品种均处于观察和探索阶段,还无法实现大规模种植。色泽单调、色谱不全,这些也是严重制约彩棉产业的发展的原因之一。

彩棉的色泽稳定性较差,表现在两个方面:一是色素遗传变异大;二是在纺织染整加工过程和作为服装穿着过程中出现变色和褪色现象。在纺织品加工过程中,彩棉色泽易受化学品、处理条件的影响而发生变化,尤其是不耐酸,因此在前处理过程中,宜选用生物淀粉酶退浆和环保型硅油柔软剂,在低温和松式工艺条件下进行处理。日常服用过程中,特别是绿棉耐日晒牢度差,甚至在室内自然光线照射的情况下,绿色都会随时间的迁移而逐渐向黄绿色、黄棕色转变,此外,受洗涤、熨烫影响,彩棉的颜色也会发生变化。

天然彩棉作为绿色环保产品未经染整加工,其手感较普通白棉织物更加柔软,更富有弹性,穿着更舒适,目前主要用于制作直接和皮肤接触的内衣、衬衫、T恤、休闲装、妇女及婴幼儿服装、毛巾、床上用品等。

二、麻纤维

麻的种类很多,其中苎麻(ramie)、亚麻(flax)、黄麻(jute)、大麻(hemp)等属于韧皮纤维(bast fiber),它们质地柔软,适合纺织加工,被称为"软质纤维";而剑麻(sisal)、蕉麻(又称马尼拉麻,abaca)、新西兰麻(flax lily)和凤梨麻(pineapple)等则属于叶脉纤维(leaf fiber),这种麻纤维较为粗硬、刚性强,被称为"硬质纤维"。麻的种类虽多,但适宜制作衣着材料的主要是苎麻、亚麻等。其他麻类中,在纺织工业较有实用价值的是剑麻和蕉麻,它们的纤维较长、强度高、耐腐蚀、不易霉变,适合于制作缆绳、包装用布和粗麻袋等,也可用来制造地毯基布。

韧皮纤维处在麻茎的韧皮组织处。虽然不同的麻茎结构不同,但基本类似,韧皮组织处在麻茎的表皮层之下,呈纤维束共生(图4-17),由果胶、半纤维素等植物附生物黏结在一起(图4-18)。麻植物成熟收割后,必须通过脱胶将麻纤维取出,制得纺织可用的麻纤维原料。

脱胶是获取韧皮纤维的关键工序,通常采用的方法有化学脱胶法和微生物脱胶法,微生物脱胶通常又称为沤麻处理。

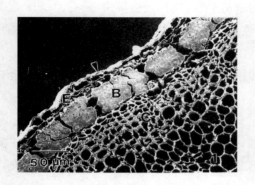

图4-17 未经沤麻的亚麻茎截面
B—韧皮纤维束 E—皮层,箭头所指为表皮
C—内芯

图4-18 未经沤麻的亚麻纤维细胞
(F为细胞壁;箭头所指为细胞间的高密薄层,主要
由果胶和半纤维素组成;细胞中腔在
成熟的亚麻纤维中比较小)

1. 麻的表观形态 各种韧皮纤维都是一个植物单细胞,纤维细长、两端封闭、有胞腔。胞壁的厚薄、纤维的长短和外形随品种和成熟程度的不同而有所差异(表4-5,图4-19)。苎麻纤维是单纤维长度较长的纤维,就目前的麻类纤维品种和工艺技术上看,苎麻是唯一能够制成单纤维而实现纺织加工的麻纤维原料。其他的麻纤维由于单纤维长度短、长径比小,只能制成工艺纤维(未完全脱胶,保留部分麻胶,将许多单纤维黏结成多细胞的较长纤维)的形式才能实现后道的纺织加工。工艺纤维直接从韧皮纤维束中分离而获得,一根工艺纤维截面内包含2～3根以上的单纤维。由于工艺纤维实际上是由果胶、半纤维素等植物附生物将多根单纤维黏结在一起的复合纤维,这就使这类纤维的沤麻工艺至关重要。如果脱胶、沤麻处理过头,纤维将趋于松散,工艺纤维长度短,将影响麻纤维的质量和纺纱性能。

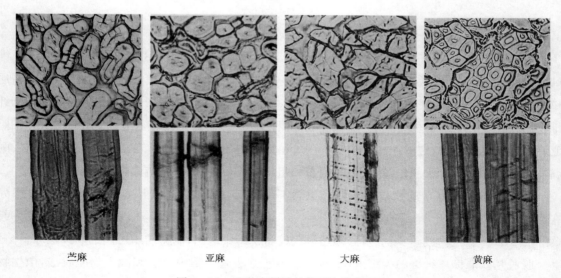

苎麻　　　　　亚麻　　　　　大麻　　　　　黄麻

图4-19 几种麻纤维的截面和纵向形态

　　麻纤维的截面呈椭圆形或多角形,有的纤维细胞胞壁有裂缝使胞腔与外面相通,纤维的纵向通常有竖纹和横节(表4-5,图4-18)。竖纹的形成与纤维中分子组成的原纤排列有关,同时也与许多麻纤维的多角截面形状和胞壁裂纹有关。

　　苎麻的纤维形态不规则,纤维表面有时呈竖纹,有时呈横纹,两端形状有的呈圆形,有的呈长矛形。纤维的木质化程度很低,几乎不含木质素,故纤维富有韧性和弹性,不易折断。

表4-5　各种麻类纤维单纤维的形态特征

麻的种类	细胞长度/mm	细胞宽度/μm	截面形状	纵向形态
苎麻	20～250	30～40	腰圆形	宽窄不一致,有横节纹
亚麻	17～25	12～17	多角形	表面有横节纹
大麻	15～25	15～30	椭圆形	有横节纹,但不如亚麻明显
黄麻	2～4	15～18	多角形	表面有横节纹
洋麻	2～6	14～33	多角形或圆形	—
青麻	1～2	15～30	多角形	—
剑麻	1.5～4	20～30	多角形	—
蕉麻	3～12	16～32	不规则卵形	—

　　亚麻纤维很长,长径比达1 000以上。纤维的外表面平滑,两端渐尖,胞腔甚小,胞壁较厚,腔壁上有明显的节纹及稀少的纹孔。

　　大麻纤维与亚麻纤维相似,但长度稍短,长径比约为1 000。纤维表面有明显的竖纹和横纹、纹孔稀少、胞壁甚厚、胞腔极小,纤维两端直径与中段直径近似相等,尖端为钝尖形。

　　黄麻纤维细胞互相黏结成束,每束由20～30根纤维细胞黏结而成,纤维束长达2～5m,单根纤维长度多为2～5mm,直径为15～25m,长径比为100左右。纤维表面光滑无节,其横截面为多角形,内腔清晰、呈圆形,细胞壁厚薄不均匀。纤维的木质化程度较高,木质素含量较多。

　　2. 麻的化学组成　麻纤维的主要成分也是纤维素,但含量较棉纤维的低,而共生物含量却较棉纤维的高。成分也复杂得多。几种常见麻纤维的化学组成见表4-6。

表4-6　几种麻纤维的组成

麻的种类	苎　麻	亚　麻	黄　麻	大　麻
纤维素/%	65～67	70～80	57～60	77
半纤维素/%	14～16	12～15	14～17	9.3
木质素/%	0.8～1	2.5～5	10～13	9.3
果胶/%	4～5	1.4～5	1～2	3.4
水溶物/%	4～8	0.3～0.6	—	1.2
蜡质/%	0.5～1	0.3～1.8	0.3～0.6	1.2
灰分/%	2.6～3.4	0.7	0.5～1.5	—

3. 麻及其纺织品　麻纤维与棉纤维相比,纤维刚性强,制成的纺织品虽挺括、滑爽,但舒适性较差,易使人感到刺痒,需经柔软整理。苎麻和亚麻作为服用纤维材料制成的纺织品,不仅光泽自然柔和,而且具有凉爽透气的特性,是优良的夏季服装面料。

苎麻是麻纤维中品质最好的一种,我国是世界上主要的苎麻生产国。从表4-4中可以看出它的单纤维较长。苎麻纤维还具有优良的力学和服用性能,但原麻中的纤维被胶质黏结在一起成为粗硬的片状物,不能直接纺纱,要经脱胶使单纤维相互分离,才能进行纺织加工。由于苎麻的单纤维较长,故可利用单纤维纺纱。

亚麻的单纤维由果胶等杂质紧密黏结,也不能直接纺纱,需经过浸渍脱胶制成精洗麻,然后去除表皮和木质部分制成打成麻,才能进行纺纱。亚麻的单纤维较短,不能用单纤维纺纱,通常采用若干根单纤维细胞通过果胶质等黏结而成的纤维束进行纺纱。

此外,苎麻和亚麻纤维还可以用来开发装饰用纺织品,如台布、餐巾、窗帘等制品以及床上用品。黄麻、大麻等适合于开发包装用布、绳索、地毯基布等。

第六节　再生纤维素纤维

再生纤维素纤维(regenerated cellulose)是人造纤维中的一大类。再生纤维素纤维是以棉短绒、木材、竹材、甘蔗渣等天然纤维素为原料,经过子处理和机械加工而制成。

再生纤维素纤维中以黏胶纤维发展最早,且有长丝与短纤维之分,铜氨纤维仅有长丝。再生纤维按外观光泽区分为有光丝、半光丝和无光丝三种。半光丝和无光丝是在纺丝液中分别加入不同量的消光剂而得到的,不加消光剂的为有光丝。因此人造丝及合成纤维标准局(BISFA)对再生纤维素纤维命名如表4-7所示。

表4-7　再生纤维素纤维的名称和缩写

纤维名称	英文名称	英文缩写
黏胶纤维	Viscose	CV
莫代尔纤维(高湿模量)	Modal	CMD
波里诺西克纤维(高湿模量)	Polynosic	CMD
铜氨纤维	Cupro	CUP
醋酯纤维(二醋酯纤维)	Acetate	CA
三醋酯纤维	Triacetate	CTA
莱赛尔纤维	Lyocell	CLY
天丝	Tencel	Tel

一、黏胶纤维

1. 概述　黏胶纤维是以天然纤维素为基本原料,经纤维素磺酸酯溶液纺制而成的再生纤维素纤维。在各类化学纤维中,黏胶纤维是最早投入工业化生产的品种。早在 1891 年,Cross、Bevan 和 Beadle 等首先将天然纤维素用烧碱浸渍,制成碱纤维素,然后使之与二硫化碳反应,生成纤维素磺酸钠盐(亦称纤维素磺酸酯)溶液,由于这种溶液的黏度很大,因而被命名为"黏胶"。黏胶遇酸后,纤维素又重新析出。根据黏胶的这种性质,1893 年发展了一种制备化学纤维的方法,由这种方法制得的纤维称为"黏胶纤维"。到 1905 年,Mailer 等发明了稀硫酸和硫酸盐组成的凝固浴,使黏胶纤维的性能得到较大改善,从而实现了黏胶纤维的工业化生产。由于采用不同的原料和纺丝工艺,可分别制得普通黏胶纤维、高湿模量黏胶纤维、强力黏胶纤维和改性黏胶纤维等。普通黏胶纤维又可分为棉型(人造棉)、毛型(人造毛)、中长型、高卷曲和长丝型(人造丝)。高湿模量黏胶纤维具有较高的强力、湿模量,湿态下强度为 22cN/tex,伸长率不超过15％,其代表产品为富强纤维。强力黏胶纤维具有较高的强力和耐疲劳性能。改性黏胶纤维如接枝纤维、阻燃纤维、中空纤维、导电纤维等。

20 世纪 30 年代末期,出现了强力黏胶纤维。20 世纪 40 年代初,日本研制成功高湿模量黏胶短纤维,称为"Toramomen 虎木棉",国际上命名为"Polynosic 波里诺西克纤维",我国在 1965年也生产出这种纤维,取名为"富强纤维",简称"富纤",这种纤维克服了黏胶纤维的致命缺点,性能接近于棉纤维。20 世纪 50 年代初期,高湿模量黏胶纤维实现了工业化生产;60 年代初期,黏胶纤维的发展达到高峰,其产量占化学纤维总产量的 80％以上。在这个时期,美国开发了一种高湿模量(HWM)黏胶纤维"Avril 阿夫列尔",其有些性能优于波里诺西克纤维,另外,美国还开发出中等强力黏胶短纤维"Avron 阿芙纶"、高强力高伸长耐磨好的黏胶短纤维"XL 阿芙纶"和高湿模量高卷曲黏胶短纤维"Prima 普列玛"等。在欧洲,富强纤维和高湿模量黏胶纤维统称为"Modal 莫代尔"。其他国家也有许多黏胶纤维新品种,使黏胶纤维的纺织产品性能更加接近于棉纤维。从 20 世纪 60 年代中期起,由于合成纤维的兴起,并因其强度高、力学性能好,备受人们青睐,黏胶纤维则在湿强等性能方面有明显不足,因此,黏胶纤维的发展趋于平缓,到1968 年产量开始落后于合成纤维;至 80 年代,随着纺织科技的发展,黏胶纤维可以做到既具有其他化学纤维所不可相比的舒适性,又克服了湿强力、湿模量低的弱点,出现了换代产品。近年来,黏胶纤维也有向细旦化方面发展的趋向,细旦黏胶纤维有利于开发轻薄型、桃皮绒、仿真丝等新风格、高档次的纺织品。黏胶纤维突出的干爽等风格,受到广泛的重视。

2. 黏胶纤维与纺织品　黏胶纤维吸湿性好,制成的纺织品具有吸汗透湿功能,服用舒适性强,是制作内衣的优良面料。

黏胶纤维虽然湿强低,织物易变形褶皱,但其具有较好的吸湿性、透气性及染色性,这恰好可以弥补合成纤维的不足。因此,黏胶纤维与合成纤维按一定比例混纺或交织,可以相互取长补短,提高织物的服用性能。黏胶纤维与合成纤维混纺或交织能够改善纺织品吸湿性差、静电和熔孔性等缺点,但在混纺品中,若黏胶纤维比例过高,混纺品的折皱回复性将明显降低,耐磨性和强度下降,缩水率大幅度升高。研究表明,作为服用涤/黏织物,较合适的黏胶纤维用量为

30%～35%。

黏胶纤维也能与羊毛混纺制成呢绒和毛毯。黏胶纤维的加入不仅可以提高纺纱性能,增加强力,而且有利于产品成本的降低。在羊毛中混入30%以下的黏胶纤维,混纺产品的毛型感和缩绒性基本不受影响。

3. 黏胶纤维的生产原理　黏胶纤维以含有纤维素但不能直接纺纱的物质为原料,经蒸煮、漂白等提纯过程制成黏胶纤维浆粕,由黏胶纤维浆粕制成黏胶纤维的具体生产工艺流程为:浆粕→浸渍→压榨→粉碎→碱纤维素→老成→磺化→纤维素黄原酸钠→溶解→混合→过滤→熟成→脱泡→纺丝→后处理→上油→烘干→黏胶纤维。

由浆粕制成黏胶纤维的主要过程如下:

(1)黏胶纺丝液的制备。将浆粕与浓碱作用制成碱纤维素,再将碱纤维素与二硫化碳作用生成纤维素黄原酸酯。反应如下:

$$[C_6H_7O_2(OH)_3 \cdot NaOH]_n + nCS_2 \longrightarrow [C_6H_7O_2(OH)_2 - O - \overset{\overset{\displaystyle S}{\|}}{C} - SNa]_n + nH_2O$$

$$(4-19)$$

将纤维素黄原酸酯溶解于稀碱液中,再经过滤、脱泡等过程制成符合纺丝要求的黏胶纺丝液。

(2)纺丝成型。经纺丝孔挤压出来的黏胶细流,进入含酸的凝固浴,纤维素黄原酸酯分解,纤维素再生。反应如下:

$$[C_6H_7O_2(OH)_2 - O - \overset{\overset{\displaystyle S}{\|}}{C} - SNa]_n + nH_2SO_4 \longrightarrow [C_6H_{10}O_5]_n + nNaHSO_4 + nCS_2$$

$$(4-20)$$

(3)后处理。包括水洗、脱硫、漂白、上油及烘干等过程。黏胶短纤维是将成型后的纤维束切断后再进行上述处理。

4. 黏胶纤维的结构　由于黏胶纤维属于纤维素纤维,所以它的化学和物理性能与棉纤维非常相似,但在结构上与棉有很大差别。在显微镜下观察,普通黏胶纤维的纵向为平直的柱体,截面呈不规则的锯齿状。黏胶纤维的基本组成物质和棉、麻相同,都是纤维素,但聚合度较低,一般只有250～350。由于生产过程中易受到氧化作用,其纤维素中羧基和醛基的含量较高。

研究表明,黏胶纤维也是部分结晶的高分子物,其晶胞参数与纤维素Ⅱ相同。它的结晶度较低,结晶尺寸也较小,在电镜中观察不到原纤组织,但其结晶部分是由折叠链构成的,它的聚集态结构可由经过修正的缨状微胞结构模型表示(图4-11)。黏胶纤维的取向度也较低,但可随生产过程中拉伸程度的增加而提高。黏胶纤维的截面结构是不均一的,纤维外层(皮层)和纤维内部(芯层)的结构与性质有所不同,皮层的结构紧密,结晶度和取向度较高;芯层的结构较疏松,结晶度和取向度都较低。普通黏胶纤维与富强纤维在结构方面的差异见表4-8。

表 4 - 8　普通黏胶纤维与其他纤维的结构差异

表 4 - 8　普通黏胶纤维与其他纤维的结构差异

项　目	普通黏胶短纤维	富强纤维	高湿模量纤维
聚合度	300～400	500～600	450～550
截面形态	锯齿形皮芯结构	圆形全芯结构	圆形皮芯结构
微细结构	几乎无原纤结构	有原纤结构	有原纤结构
结晶度/%	30	44	41
取向度/%	70～80	80～90	75～80
羟基可及区/%	65	50	60

5. 黏胶纤维的主要性能

（1）力学性能。为了便于比较说明黏胶纤维的性能，特将黏胶纤维与棉纤维的力学性能、物理性能列于表 4 - 9。

表 4 - 9　普通黏胶纤维、富强纤维和棉纤维的性能比较

性　能	普通黏胶纤维	富强纤维	优质棉纤维
线密度/tex	0.17～0.55	0.17	1.1～1.5
干态强度/cN·tex^{-1}	16～22	6～50	24～26
湿态强度/cN·tex^{-1}	8～13	8～13	30～34
湿强/干强/%	50～60	75～80	1.05～1.15
湿模量/%	8～11	2.6	—
干态伸长率/%	＞15	10～12	7～9
湿态伸长率/%	＞20	11～13	12～14
钩结强度/cN·tex^{-1}	1～9	4～5	—
7%NaOH 处理后的微纤结构	被破坏	无影响	无影响
水中溶胀度/%	90～115	55～75	35～45

由表 4 - 9 可见，普通黏胶纤维的断裂强度较低，干、湿强度大大低于富强纤维和棉纤维，且其湿强仅为干强的 50%～60%，断裂伸长率较高，模量低。此外，弹性回复性能差，耐磨性和耐疲劳性均比棉纤维低，尤其湿态耐磨性更低，仅为干态耐磨性的 20%～30%。

（2）拉伸性能。天然纤维素纤维的结晶度、取向度和分子量都较高，分子链之间形成大量氢键。棉、麻纤维的断裂很可能是由于其聚集态结构中存在某些缺陷和薄弱环节，在受到拉伸时这些部位首先被破坏，并逐渐伸展，进而将应力集中于部分取向的大分子主链上，最后这些分子链被拉断而导致纤维断裂。棉、麻纤维在潮湿状态下，由于水的增塑作用，使应力分布趋于均匀，从而增加了纤维的强度。对黏胶纤维来说，其结晶度、取向度和聚合度都较低，分子链之间的作用力较弱，在外力拉伸时，分子链或其他结构单元之间的相对滑移可能是纤维断裂的主要原因。黏胶纤维润湿后，由于水分子的作用削弱了大分子间的作用力，有利于分子链或其他结构单元之间的相对滑移，它的湿强比干强低得多。如果在黏胶纤维的分子链之间进行适当的交

联,由于增强了分子链之间的结合,不利于分子链或结构单元之间的相对滑移,从而能提高纤维的强度。

纤维在张力作用下发生伸长,主要是由两种作用引起的:一种是分子链的主价键和分子链间或结构单元间氢键的形变,但范围很小;另一种则是分子链或结构单元的取向。麻类纤维的取向度高,所以断裂伸长率最小;棉纤维的取向度比麻低些,所以断裂伸长率较大;由于黏胶纤维的聚合度只有 250~350,且结晶度、取向度又较低,因此在取向过程中纤维能发生较大的伸长,在同样大小的外力作用下,其形变量大于棉、麻等天然纤维素纤维。当黏胶纤维润湿后,纤维溶胀,分子间作用力进一步降低,纤维更易变形,容易起皱,所以在选择染整加工方式和设备时,必须考虑这一性质,将张力控制在黏胶纤维允许承受的范围之内。当然,如果在黏胶纤维的生产过程中,能设法提高成型时的拉伸倍数,以提高纤维的结晶度和取向度,也可制得强度和模量较高而伸长率较低的黏胶纤维。黏胶纤维的耐磨性较棉纤维差,特别是湿态耐磨性仅为干态的 20%~30%,因此洗涤其织物时,应避免强烈的揉搓,否则将严重影响其使用寿命。

(3)服用性能。从服用的角度看,黏胶纤维的主要优点是吸湿性强、染色性好、发色性好、不易产生静电、可纺性好、能与各种纤维包括天然纤维及化学纤维混纺和交织。主要缺点是湿强低、易伸长、弹性差、塑性大、伸长回复率低、湿膨胀大、耐碱性差、易燃。富强纤维和高湿模量纤维已基本上克服了大部分缺点,达到了棉纤维性能的水平,有些还超过了棉纤维。

从织物的角度看,黏胶纤维织物,不论是长丝织物还是短纤维织物,虽有吸湿好、色彩鲜艳、穿着舒适等长处,但都具有易皱、易缩、易伸长、易变形、不耐磨、湿强低、不宜机洗等致命弱点。

(4)吸湿性。黏胶纤维的吸湿性强是它的一大特点。当相对湿度为 65% 时,黏胶纤维的标准回潮率高达 13%,而棉纤维仅为 8.5%。黏胶纤维织物吸水后有明显的厚实和粗糙感,主要是因为纤维吸湿(或吸水)后膨化现象显著,其截面膨胀率可达 50%~140%,纱线直径变粗,排列更加紧密,因此,黏胶纤维织物的缩水率大。当然,黏胶纤维也不易引起静电,与其他合成纤维混纺,可以改善可纺性,混纺织物的舒适性也较好。

(5)耐热性能。纤维素纤维的耐热性较好,因为这些纤维不具有热塑性,不会因温度升高而发生软化、粘连及力学性能的严重下降。实验证明,在一定温度范围内,黏胶纤维的耐热性优于棉纤维,例如,当温度由 20℃ 升高到 100℃,天然纤维素纤维的断裂强度约降低 26%,而黏胶纤维的断裂强度反而有所提高。

(6)化学性质。黏胶纤维的化学性质同其他纤维素纤维一样,对酸和氧化剂的抵抗力差,而对碱的抵抗力较强,但对碱的稳定性低于天然纤维素纤维,除了少数特殊品种外,一般的黏胶纤维不能经受丝光处理。黏胶纤维在碱液中会发生不同程度的溶胀和溶解,使纤维失重,力学性能下降,其程度首先取决于纤维本身的聚合度和结晶度,提高纤维的聚合度和结晶度可提高纤维的耐碱性。此外,纤维失重和力学性能下降的程度还取决于碱液的浓度和温度,例如,普通黏胶纤维在 0℃ 经 10% 氢氧化钠溶液处理后,失重率高达 78%,但失重率随碱液浓度的降低和温度的升高而减小。

(7)耐日光性。长时间日光照射,黏胶纤维的强力降低,稍变黄。黏胶纤维的耐气候性也类似,长时间在室外,其强力稍有降低。黏胶纤维对光化学作用的稳定性略低于天然纤维素纤维,在日光照射下,棉纤维经 940h,强度损失 50%,而同样强度损失黏胶纤维约为 900h。

(8)染色性。黏胶纤维和棉纤维的染色性能相似,凡能染棉纤维的染料,均可用来染黏胶纤维,并可获得鲜艳的色泽。但由于黏胶纤维存在着皮芯结构,皮层结构紧密,妨碍染料的吸收与扩散,而芯层结构疏松,对染料的吸附量高,所以低温短时间染色,黏胶纤维得色比棉浅,且易产生染色不匀现象;高温较长时间染色,黏胶纤维得色比棉深。

二、Modal(莫代尔)

Modal 是 20 世纪后期由奥地利兰精(Lenzing)公司开发生产的一种再生纤维素纤维,是以中欧森林中的山毛榉木浆粕为原料制成的,Modal 采用高湿模量黏胶纤维的制造工艺,从性能上它属于变化型高湿模量纤维。

1. Modal 的结构 Modal 分子中纤维素的聚合度高于普通黏胶纤维,低于 Lyocell。

Modal 的形态结构为纵向表面有 1~2 根沟槽,截面不规则,类似腰圆形,也有皮芯层结构。皮芯层结构是湿法纺丝过程中纤维表层与芯层的凝固速率不同造成的。皮层的结晶度较低,取向度较高;芯层的结晶度较高,取向度较低。

从 Modal 的超分子结构来看,其结晶度为 47.0%,取向因子为 0.53。Modal 的结晶度和取向度比普通黏胶纤维高,比 Lyocell 低。

2. Modal 的特性 Modal 柔滑、光洁;吸湿能力与普通黏胶纤维和 Lyocell 相近,比棉纤维高出 50%,透气性优于棉纤维;干强介于普通黏胶与 Lyocell 之间,比棉纤维高;湿强损失约 40%,湿强降幅度介于普通黏胶与 Lyocell 之间;具有较好的抗碱性,可与棉混纺进行丝光处理。而普通黏胶短纤维不耐碱,经碱溶液处理后,强度和湿模量明显下降,纤维素剧烈溶胀并有部分溶解,不能经受丝光处理。与棉纤维相比,Modal 具有较好的形态与尺寸稳定性,使织物具有天然的抗皱性能;染色性能较好,吸色透彻,色牢度好。

Modal 的以上性能使得其织物表面平整,手感光滑细腻,悬垂飘逸,具有丝绸感,穿着时给人一种柔软、轻松、舒适的感觉,是理想的贴身织物和保健服饰面料。其染色织物色彩鲜艳亮丽,成衣服用效果好,形态稳定。经测试比较,与棉织物一起经过 25 次洗涤后,柔软度、亮洁度都比棉好,传统的棉织物经多次水洗后,手感会越来越硬,而 Modal 面料则相反,越洗越柔软、越亮丽。

Modal 价格适中,可在传统的纺织染整设备上加工,织物服用性能良好,因而颇受消费者青睐,是目前纺织品市场上的畅销产品。在美国市场上,用 Modal 生产的各类休闲服装以每年 15% 的速度递增。有资料显示,Lyocell 和 Modal 产品的销量比约为 1:7。Modal 自 2000 年进入我国市场,原料进口数量逐年增加,产品开发种类也增至几百种之多。

Modal 可纯纺,也可与羊毛、羊绒、棉、麻、真丝和涤纶等纤维混纺,改善和提高纱线的品质。Modal 可用于生产各类针织内衣、童装、衬衫、浴巾、床上用品、时装面料等。

三、Lyocell(莱赛尔纤维)

莱赛尔纤维为再生纤维素纤维,是以天然纤维素高聚物为原料,生产采用 N-甲基吗啉-N-

氧化物(N – Methy Morpholine Oxide,简称 NMMO)的水溶液溶解纤维素后进行纺丝再生出来的一种再生纤维素纤维。生产过程中使用的有机溶剂 NMMO 在生产系统中回收率可达 99％以上,对环境没有污染,且莱赛尔纤维易于生物降解,焚烧也不会产生有害气体污染环境。所以,莱赛尔纤维是一种符合环保要求的再生纤维素纤维。1993 年底,莱赛尔纤维由英国化学纤维生产商 Courtaulds 公司在美国 Mobile 生产,纤维的商品名称为天丝(Tencel)。其后,世界各国纷纷投资生产该纤维。现将目前生产莱赛尔纤维的公司、商品名和纤维类型归纳如表 4 – 10 所示。

表 4 – 10　莱赛尔纤维主要生产情况

生产国家或地区	商品名称	纤维种类	规格
Mobile(美国)	Tencel	纺织和工业用短纤维	
Grimsby(英国)	Courtaulds Lyocell		1. 11dtex、1. 23dtex、1. 39dtex、1. 67dtex、2. 44dtex、3. 66dtex 全消失,长度为 38mm、51mm、70mm
Heiligenkrenuz(奥地利)	Lenzing Lyocell	短纤维	3～1. 7dtex,38～40mm
Obernburg(德国)	Newcell	长丝	40dtex(30f) 80dtex(60f) 120dtex(60f) 150dtex(90f)
Rudolstalt(德国)	Alceru	短纤维	
Masan(韩国)	Cocel	短纤维	
Mytishi(俄罗斯)	Orcel	试验产品	
台湾(中国)	Acell	短纤维	

1. Lyocell 的结构　Lyocell 中纤维素的化学结构与棉相似,只是其相对分子质量较小,聚合度一般为 500～550,而黏胶纤维的聚合度为 250～300。

Lyocell 的形态结构为纵向表面光滑,截面呈椭圆形或近圆形。这与黏胶纤维的纵向有沟槽、截面呈锯齿形以及棉纤维纵向呈扁平带状、截面腰圆形不同(图 4 – 20)。同普通黏胶纤维相似的是,Lyocell 也存在皮芯层结构,但其皮层相当薄,呈半透明状。

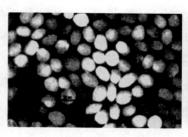 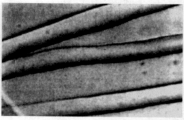

(a) Lyocell横截面　　　　　　　　(b) Lyocell纵向形态

图 4 – 20　Lyocell 的形态结构

人们对 Lyocell 超分子结构进行了研究,认为 Lyocell 的晶体结构为单斜晶系纤维素 Ⅱ 晶型,其结晶度和取向度都比黏胶纤维高,晶体粒子较大,纤维之间堆砌密度较小。

2. Lyocell 的性能　Lyocell 的干、湿强度明显高于棉和其他再生纤维素纤维,干强度接近于涤纶,湿强度可保持干强度的 80% 左右,远远高于其他再生纤维素纤维。

Lyocell 的干湿断裂伸长率均小于普通黏胶纤维,Lyocell 长丝的湿断裂伸长率为 8%~14%,短纤的湿断裂伸长率为 16%~18%,均比其相应的干断裂伸长率略高。

Lyocell 的初始模量是普通黏胶纤维的数倍,更有意义的是在湿态下能保持很高的模量值,其 15% 伸长湿模量为 250~270cN/tex,远高于普通黏胶纤维的湿模量 40~50 cN／tex,这意味着 Lyocell 具有良好的湿态尺寸稳定性和保形性。

Lyocell 的吸湿性能与普通黏胶纤维相近,其标准回潮率为 11.5%。Lyocell 不但吸湿性好,其导湿性也好,在人体出汗时,Lyocell 能比棉纤维吸收更多的汗液,特别是其热传导能力比棉高 62% 左右,汗湿汽传导能力比棉高 8.6% 左右,因此当人体蒸发的汗液和热量被织物吸收后,又能很快地从织物表面扩散出去,使人体感觉凉爽舒适。

Lyocell 在水中膨润的异向特征十分明显,其横向膨润率可达 40%,而纵向仅有 0.03%。这样高的横向膨润率会使纤维间的接触面积变大,表面摩擦阻力增大,给织物的湿加工带来困难,造成织物遇水后结构紧绷及僵硬的现象,湿加工时容易产生折痕、擦伤等疵病。

Lyocell 可染性好,用于棉纤维和普通黏胶纤维染色的染料都适用,如活性染料、直接染料、硫化染料、还原染料等,常以活性染料染色为主。

Lyocell 存在原纤化现象。所谓"原纤化"是指沿着纤维长度方向在纤维表面分裂出更细小的原纤,这些原纤一端固定在纤维本体上;另一端暴露在纤维表面形成许多微小绒毛(图 4−21)。不同的纤维由于化学和聚集态结构的不同,其原纤化程度不同。Lyocell 是由微原纤构成的取向度非常高的纤维素分子的集合体,纤维大分子之间纵向结合力较强,而横向结合力相对较弱,这种明显的各向异构特征使得纤维可以沿纵向将更细的纤维逐层剖离出来,尤其是在湿态下经机械外力摩擦作用,Lyocell 的原纤化

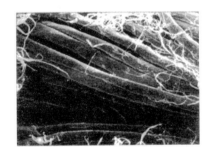

图 4−21　Lyocell 的原纤化

现象更为明显,在极度原纤化作用下,原纤相互缠结使织物表面产生起球现象。Lyocell 的原纤化性能具有双重效应:一方面对于要求表面光洁的纺织品来说,纤维原纤化会影响织物的外观;另一方面可利用纤维易原纤化的倾向,可以获得具有"桃皮绒"柔软舒适风格的织物。对于前者,可采用经过交联处理的 Lyocell(如 Lenzing Lyocell LF 和 Tencel A100)或通过染整化学加工(如生物酶抛光处理)来防止原纤化的产生。

四、竹浆纤维(再生竹纤维)

传统的黏胶纤维生产以棉短绒和木材制出的棉浆和木浆为原料,而竹浆纤维是以竹浆粕为原料采用普通黏胶纤维的湿法纺丝方法而制成。因此,从本质上竹浆纤维的化学组成与普通黏

胶纤维等再生纤维素纤维是相同的。有资料报道,竹浆纤维中纤维素的聚合度在 400～500。

竹浆纤维纵向形态平直,表面有沟槽,横截面与黏胶纤维相似,呈锯齿形或多边不规则状,截面上存在大小不一、分布不匀的微孔(图 4-22)。与黏胶纤维不同的是,竹浆纤维没有明显的皮芯层结构。竹浆纤维中的微孔和沟槽,一方面可给纤维提供较好的吸湿透气性;另一方面在纤维中形成了缺陷,对纤维的强伸性造成负面影响,导致竹浆纤维的断裂强度不高。

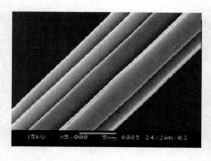 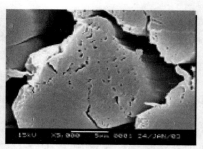

图 4-22 竹浆纤维的形态结构

竹浆纤维的聚集态结构与黏胶纤维相似,其结晶变体属于典型的纤维素 II 晶型,其结晶度与黏胶纤维基本相同,均为 31%。

竹浆纤维的力学性能与普通黏胶纤维接近,而且湿强度不高,约为干强的一半,其性能指标见表 4-11。因此在纺纱和织造过程中应注意减小纤维的损伤,在染整加工中应注意对烧碱浓度的控制以及加工张力的控制。

表 4-11　竹纤维与几种其他纤维力学性能的比较

性　　能	黏胶纤维	竹纤维	Modal	Tencel	棉	涤纶
线密度/dtex	1.7	1.5～1.7	1.7	1.7	1.5	1.7
干强度/cN·tex^{-1}	22～26	25～30	34～36	40～42	24～26	55～60
湿强度/cN·tex^{-1}	10～15	12～17	19～21	34～38	30～34	54～58
干断裂伸长率/%	20～25	17～22	13～15	13～15	7～9	25～30
湿断裂伸长率/%	25～30	20～25	13～15	16～18	12～14	25～30
湿模量(伸长率:5%)/cN·tex^{-1}	3～4	—	7	12～27	—	—
标准回潮率/%	13	13	12.5	11.5	8	0.5
钩结强度/cN·tex^{-1}	7	—	8	20	20～26	—
原纤化等级/级	1	—	1	4	2	—

竹浆纤维的吸湿能力强,标准回潮率为 12%,这与纤维中的众多微孔和沟槽以及低结晶度有关。研究表明,竹浆纤维的吸湿放湿数值很高,是纯棉的两倍,因此竹浆纤维穿着舒适凉爽,特别适合制作夏季服装、运动服和贴身内衣。

利用竹纤维的天然抗菌、抑菌性,可生产医院的护士服、手术服、口罩、纱布、绷带、病人的床被等,能有效防止病菌的传播。

五、醋酯纤维

醋酯纤维(acetate fiber)是以纤维素为原料,经乙酰化处理使纤维素上的羟基与醋酐作用生成醋酸纤维素酯,再经干法或湿法纺丝制得的。醋酯纤维根据乙酰化处理的程度不同,可分为二醋酯纤维(diacetate fiber)和三醋酯纤维(three cellulose acetate fiber)。

(1)醋酯纤维截面多为瓣形、片状或耳状,无皮芯结构。

(2)醋酯纤维中二醋酯纤维由二醋酯纤维素的线性大分子构成,其74%~92%的羟基被乙酰化处理。三醋酯纤维是由三醋酯纤维素构成的纤维素纤维,其羟基被乙酰化处理的程度在92%以上。醋酯纤维的大分子结晶、取向度低,结构较为松散,醋酯纤维的强度较黏胶纤维的断裂强度小,干强为10.6~15cN/tex,湿强为6~7cN/tex;三醋酯纤维的干强为9.7~11.4cN/tex,湿强与干强相接近;断裂伸长率比黏胶纤维大,约为25%,湿态伸长率为35%左右;但纤维的耐磨性能较差。

(3)醋酯纤维的密度小于黏胶纤维,二醋酯纤维为1.32g/cm^3,三醋酯纤维为1.30g/cm^{3}左右。

(4)醋酯纤维的羟基被酯化,因而吸湿能力比黏胶纤维差,在标准大气条件下,二醋酯纤维为6.5%左右,三醋酯纤维为4.5%左右。

(5)醋酯纤维的吸湿能力较差,给染色带来了一定的困难,染色性能较黏胶纤维差,通常采用分散性染料和特种染料染色。

(6)醋酯纤维对稀碱和稀酸具有一定的抵抗能力,但由于浓碱会使纤维皂化分解,纤维在浓碱中会发生裂解。

(7)醋酯纤维是热塑性纤维,二醋酯纤维在140~150℃开始变形,软化点为200~230℃,熔点为260~300℃。三醋酯纤维的软化点为260~300℃。所以醋酯纤维的耐热性和热稳定性较好,具有持久的压烫整理性能。

(8)醋酯纤维的比电阻较小,抗静电性能较好。

(9)黏胶纤维的耐光性与棉纤维相近。

醋酯纤维吸湿较低,不易污染,洗涤容易,且手感柔软,弹性好,不易起皱,故较适合于制作妇女的服装面料、衬里料、贴身女衣裤等。也可与其他纤维交织生产各种绸缎制品。

六、铜氨纤维

铜氨纤维(cuprammonium fiber)没有捻度,单丝十分纤细,最细的可到0.11tex。所以,组成丝条的单丝根数多,手感柔软,光泽柔和,比黏胶纤维更接近于蚕丝。铜氨纤维的断裂强度与黏胶纤维相仿,但湿强度的降低比黏胶纤维少得多。铜氨纤维对酸的作用与黏胶纤维相似,易被冷浓酸和热稀酸溶解,对碱的稳定性也较差。铜氨纤维的染色性能基本上与黏胶纤维相同,但铜氨纤维的截面比较均一,轮廓光滑,没有明显的皮芯结构,因而在染液中容易膨化,吸色较快,初染率和竭染率均比黏胶纤维的高。由于吸色快,容易产生色花,故铜氨纤维织物染色时应选择低温条件,使用吸收性能及扩散性能良好的染料。

七、其他纤维素纤维

1. 木棉纤维 木棉纤维具有超细、质轻、浮力小、吸湿性好、保暖抗菌等优异性能。由于木棉纤维强力低、可纺性差等缺点,单纺成纱难度较大,常用于填充类絮料等,其许多优良性能难以发挥,结合木棉纤维特性制备的功能织物提高了该类产品的应用价值。

木棉纤维的主要成分是纤维素、木质素、灰分等,其表面还富含蜡质。木棉纤维纵向呈圆柱状,木棉纤维整体形态是中段较粗,稍端较细,两端封闭,截面呈圆形或椭圆形,中空度高达80%～90%,壁薄且接近透明。纤维长度 8～32mm,细胞壁厚为 0.5～2μm,平均直径 30～36μm,密度仅为 0.29g/cm³;线密度很小,仅 0.6～0.7dtex,能使纱线间的孔隙变得更小,可用于防止羽绒钻出。木棉和棉纤维的主要性能指标见表 4－12。

表 4－12 木棉和棉纤维的性能指标

纤维性能指标	棉	木棉
纵向形态	有天然扭曲	圆柱形,表面光滑,转曲少
截面形态	腰圆形截面,有中腔	圆形或椭圆形,薄壁大而中
公定回潮率/%	8.5	10.7
纤维线密度/dtex	1.75	0.9～3.2
纤维长度/mm	23～64	8～34
断裂长度/cN·tex^{-1}	21	8.4～19.7
断裂伸长/%	8～10	1.5～3.0

木棉纤维耐碱不耐酸,其中木质素使得木棉纤维具有一定的抗菌性能,吸油、水分挥发快,而半纤维素则使得木棉纤维具有良好的吸湿性能。通过对比木棉纤维与棉纤维织物的吸湿性能发现:木棉纤维的吸湿性以及放湿性均优于棉纤维。木棉纤维的回潮率可达 10.75%,分别高于白棉和彩棉 2.25% 和 0.95%。由于木棉纤维不仅具有大中空的结构特性,而且其纤维集合体的蓬松度高,可在纤维集合体中储存大量静止空气,具有良好的保暖效果和保暖透湿性。

2. 汉麻纤维 汉麻又名大麻、火麻、魁麻、线麻、寒麻、杭州麻等,系大麻料(或桑科)大麻属一年生草本植物。茎梢及中部呈方形,韧皮粗糙有沟纹,被短腺毛。雌雄异株,雄株茎细长,韧皮纤维产量多,质佳而早熟;雌株茎粗短,韧皮纤维质量差,晚熟。我国是汉麻的主要生产国,全国都有种植,以北方为多,北方的汉麻比南方的汉麻洁白、柔软,其中以河北蔚县、山西路安及山东莱芜的汉麻品质最优。我国汉麻产量已占世界汉麻产量的 1/3 左右,居世界第一位。

汉麻有早熟和晚熟两个品种。前者纤维品质优良,后者纤维粗硬。其束纤维大多存在于中柱梢,纤维束层的最外一层为初生纤维,位于次生韧皮部的纤维为次生纤维。单纤维呈圆管形,表面有龟裂条痕和纵纹，无扭曲，纤维的横截面略呈不规则椭圆形和多角形，角隅钝圆，胞壁较厚，内腔呈线形、椭圆形或扁平形。单纤维长度短，差异大，一般为 15～25mm，宽度一般为 15～30μm，断裂强度为 52～61cN/tex。纤维呈淡灰带黄色，漂白较困难，但可将麻皮用硫黄烟熏漂白，也可直接用麻茎熏白后再剥制。汉麻的主要化学成分是纤维素，此外还含有一定数量的半纤维素、木质素、果胶等，汉麻、苎麻、亚麻的化学组成见表 4-13。

表 4-13　汉麻、苎麻、亚麻的化学组成成分

品种	纤维素	半纤维素	木质素	果胶	脂蜡质	水溶物	灰分
汉麻	57.01%	17.84%	7.31%	5.80%	1.96%	10.08%	1.30%

由表 4-13 可见，汉麻纤维中的纤维素含量较低，而其他非纤维素成分含量较高，尤其以木质素最为明显，其含量高达苎麻的 6.14 倍，其次是果胶物质和半纤维素。

近年来，汉麻纤维制品因其具有独特风格和优异性能，成为人们衣柜内的常客，深受国内外消费者的青睐。汉麻手感柔软，穿着舒适。汉麻是麻类中非常细软的一种，单纤维纤细且末端分叉呈钝角绒毛状。用其制作的纺织产品无须经特殊的处理，就比较柔软舒体；吸、放湿性能好，透气透湿，凉爽宜人。由于汉麻中含有大量的极性亲水基团，纤维的吸湿性非常好，而且它的结晶度和取向度较高，横断面为不规则的椭圆形和多角形，纵向多裂纹和空洞（中腔），因此汉麻纺织品强度高、比表面积大，有较好的毛细效应，透气性好、吸湿量大，且散湿速率大于吸湿速率，能使人体的汗液较快排出，降低人体温度；汉麻制品未经任何药物处理，对金黄葡萄球菌、绿脓杆菌、大肠杆菌、白色念珠菌等都有不同程度的抑制效果；由于汉麻纤维的横截面很复杂，有多种形状，而且中腔形状与外截面形状不一，纤维壁随生长期的不同，其原纤排列取向不同，分成多层。因此，当光线照射到纤维上时，一部分形成多层折射被吸收，大部分形成漫反射，使织物看上去光泽柔和。同时，汉麻韧皮中化学物质种类繁多，结构中有许多 $\sigma—\pi$ 价键，具有吸收紫外线辐射的功能。因而大麻纤维的耐热、耐晒及防紫外线辐射功能较好；由于汉麻纤维的截面形状不规则和具有复杂的纵向结构以及较高的比刚度和较宽的直径范围，加之分子结构呈多棱形，较松散，有螺旋线纹，因此汉麻织物对声波和光波具有良好的消散作用。

3. 菠萝叶纤维　菠萝叶纤维又称凤梨麻，取自凤梨植物叶片中，由许多纤维束紧密结合成，属于叶片类麻纤维。菠萝主要产于热带和亚热带地区，我国的主要产地在广东、广西、海南、台湾等地。目前，世界上有不少国家正致力于菠萝叶纤维开发利用的研究，并将其誉为继棉、麻、毛、丝之后的第五种天然高档纤维。

菠萝叶纤维表面比较粗糙。纤维纵向有缝隙和孔洞，横向有枝节，无天然卷曲。单纤维细胞呈圆筒形，两端尖，表面光滑，有中腔，呈线状。横截面呈椭圆形至多角形，每个纤维束由 10～20 根单纤维组成。单纤维细胞长 2～10mm，宽 1～26μm，长宽直径比为 450。纤维细胞壁的次生壁具有稍许木质化的薄外层和厚内层，外层微纤维与纤维轴的交角为 60°，内层为 20°。在内层的表面还覆着一层很薄的无定形物质。胞腔较大，胞间层是高度木质化的。菠萝叶纤维的结晶度为 0727，取向因子为 0972，双折射率为 0.058，除双折射率略低于亚麻外，其余

均高于亚麻和黄麻,说明菠萝叶纤维中无定形区较小,大分子排列整齐密实,同时较高的结晶度和取向度导致纤维的强度和刚度大,而伸长率小。

全手工纯菠萝麻纱(线)可织制菠萝麻布,菠萝麻与苎麻交织布,菠萝麻与芭蕉麻交织布等,其制成的织物容易染色,吸汗透气,挺括不起皱,具有良好的抑菌防臭性能;用菠萝叶纤维生产的针刺法非织造布,可作为土工布用于水库、河坝的加固防护。由于菠萝叶纤维纱强度比棉纱高且毛羽多,这对橡胶与纺织材料黏合成一体是非常有利的,菠萝叶纤维是生产橡胶运输带的帘子布、三角胶带芯线的理想材料。

4. 竹原纤维　以竹子为原料提取其中的纤维素而得到的纤维称为竹原纤维,也称竹纤维、原竹纤维。我国是世界上竹类品种最多的国家,竹子资源丰富。竹材是一种成活 2～3 年即可成林砍伐的速生原料,其中纤维素含量平均在 40% 以上。根据选材及加工工艺的不同可分为天然竹纤维(亦称竹原纤维)与再生竹纤维(亦称竹浆纤维),两者具有不同的价值和产品风格。这一节主要介绍竹原纤维。

将竹材通过前处理工序(整料、制竹片、浸泡)、分解工序(蒸煮、水洗、分丝)、成型工序(蒸煮、分丝、还原、脱水、软化)和后处理工序(干燥、梳纤、筛选、检验),去除竹子中的木质素、聚戊糖、竹粉、果胶等杂质,直接提取天然竹纤维。

(1)竹原纤维的结构。竹材中天然竹纤维单根平均长度为 1.5～2.0mm,宽度多为 12～16μm,可纺性差。实际中多制成束状竹纤维,即各单纤维被竹材中的某些非纤维素物质黏结在一起。

竹材的主要成分为纤维素、聚戊糖和木质素,另外还有少量的灰分、蜡质、果胶质等。竹材中纤维素的含量为 45%～52%,木质素含量为 22%～30%,聚戊糖含量为 17%～25%。杂质尤其是木质素的存在会严重影响天然竹纤维的可染性,在印染前处理过程中必须充分去除。

竹原纤维的横截面形状为不规则腰圆形,内有胞腔,纵向表面有沟槽、横节,无天然扭曲(图 4-23),无皮芯结构。

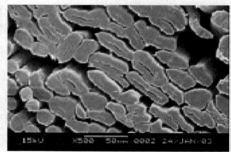

图 4-23　天然竹纤维的形态结构

采用扫描电镜(SEM)、红外光谱(IR)、X 射线衍射等分析技术对竹原纤维的聚集态结构进行了研究,表明天然竹纤维具有天然纤维素结晶的特点,即其结晶变体属于典型的纤维素Ⅰ。天然竹纤维的结晶度与苎麻相同,约为 71%,比棉高。

(2)竹原纤维的特性。竹原纤维的断裂强度与苎麻相似,高于棉纤维,属强度高、伸长率小的脆性纤维。

竹原纤维具有较好的吸湿性能,回潮率为 $9\%\sim13\%$,吸湿放湿速率很高,是一种能够快速吸湿、放湿的纤维,穿着舒适。

☞ 复习指导

纤维素纤维是主要的服用纤维之一,包括天然纤维素纤维和再生纤维素纤维。通过本章的学习,主要掌握以下内容:

1. 了解棉纤维的结构、组成和性能。

2. 熟悉纤维素纤维的形态结构。

3. 理解纤维素的链结构和链间结构。

4. 熟悉纤维素纤维的物理性质。

5. 熟悉纤维素纤维的化学性质。

6. 了解彩棉纤维、竹纤维、Lyocell、Modal 的概念及发展。

7. 理解各种纤维素纤维的结构与性能之间的关系。

☞ 思考题

1. 解释下列名称和术语:

皮棉、籽棉、初生胞壁、次生胞壁、苷键、韧皮纤维、彩色棉、竹纤维、铜氨溶液、铜乙二胺、可及区、可及度、水合离子、γ 值、铜值、碘值、β-烷氧基羰基结构、β-分裂、潜在损伤、酸性氧化纤维素、还原性纤维素、氧化性纤维素、乙基纤维素、铜氨纤维、醋酯纤维、富强纤维、Lyocell、Modal。

2. 简述棉和黏胶纤维的形态结构及聚集态结构。

3. 纤维素分子链是刚性的还是柔性的? 试分析其原因。

4. 通过用光学显微镜、电子显微镜和 X 射线衍射法对棉纤维结构的观察研究,关于棉纤维的结构方面获得了哪些资料? 说明了哪些问题?

5. 试述纤维素纤维的一次分子结构及其特点。

6. 说明纤维素大分子的二次结构。

7. 简述纤维素Ⅰ、纤维素Ⅱ、纤维素Ⅲ的晶胞参数,并叙述纤维素Ⅰ和它的各种结晶变体间的变化。

8. 试述纤维素微细结构。

9. 纤维素纤维的溶胀有什么特点?

10. 说明棉纤维丝光前后聚集态结构的变化。

11. 分析说明氧化剂对纤维素的作用情况。

12. 试述 β-分裂的条件及其对纤维素制品造成的危害。

13. 对于棉和黏胶纤维(再生纤维素纤维)的聚集态结构的描述采用哪几种结构模型比较合适,为什么?

14. 试用力学性质的基本指标说明棉、麻、黏胶纤维的应力—应变曲线形状的差别。

15. 结合棉、黏胶纤维的分子结构和聚集态结构,解释两种纤维断裂强度和断裂伸长率的差异。

16. 试说明棉和黏胶纤维拉伸断裂的机制。

17. 了解棉、苎麻、黏胶纤维的弹性,并说明纤维素纤维弹性较差的原因。

18. 若回潮率为 9‰ 时,称得棉纱的质量为 100g,计算其绝对干燥质量及其含水率。

19. 影响酸对纤维素作用的因素有哪些? 为什么经酸处理的织物必须彻底洗净? 怎样判断纤维素受到的损伤程度?

20. 比较棉纤维经酸和氧化作用的相似及相异处,并说明怎样能够比较全面地了解棉纤维在漂白过程中所受的损伤程度,为什么?

21. 试述天然纤维素用烧碱溶液处理时发生剧烈溶胀的主要原因,处理前后其性能发生了哪些主要变化? 为什么?

22. 试写出纤维素酯化和醚化反应各三例。

23. 棉纤维经液氨处理后结构和性能发生了哪些变化? 与碱溶液处理相比有哪些异同之处?

24. 黏胶纤维是怎样生产的? 黏胶纤维在使用中存在哪些缺点?

25. 与普通黏胶纤维相比,富强纤维、Tencel 和 Modal 分别有什么优点?

26. 判断下列说法是否正确:

(1)Tencel 属于 Lyocell。

(2)Lyocell 干态强度低于棉纤维。

(3)普通黏胶短纤维不能经受丝光处理,而 Modal 可与棉混纺进行丝光处理。

(4)竹纤维有明显的皮芯层结构。

(5)彩棉纤维目前可纺性差,色谱不全,制约了其发展。

27. 什么是纤维的原纤化现象? 试解释 Lyocell 容易原纤化的原因。

参考文献

[1]蔡再生. 纤维化学与物理[M]. 北京:中国纺织出版社,2004.

[2]王菊生,孙铠. 染整工艺原理:第一册[M]. 北京:纺织工业出版社,1982.

[3]Sara J K,Anna L L. Textiles[M]. 9th ed. New Jersey:Pearson Education, Inc. , 2002.

[4]Akira Nakamura. Raw Material of Fiber[M]. New Hampshire:Science Publishers, Inc. ,2000.

[5]杨淑蕙. 植物纤维化学[M]. 北京:中国轻工业出版社,2001.

[6]Betty F S,Ira B. Textile in Perspective[M]. New Jersey:Prentice Hall, Inc. Englewood Cliffs,1982.

[7]陶乃杰. 染整工程:第一册[M]. 北京:中国纺织出版社,1996.

[8]Corbman B P. Textiles:Fiber to Fabrics[M]. 5th ed. New York:McGraw Hill Book Company, 1975.

[9]滑钧凯. 纺织产品开发学[M]. 北京:中国纺织出版社,1997.

[10]高绪珊,吴大诚. 纤维应用物理学[M]. 北京:中国纺织出版社,2001.

[11]张力田. 碳水化合物化学[M]. 北京:轻工业出版社,1988.

［12］Joseph M L. Introductory Textile Science［M］. 4th ed. New York：Holt，Rinehart and Winston，1981.

［13］邬义明. 植物纤维化学［M］. 北京：轻工业出版社，1991.

［14］Warner S B. Fiber Science［M］. New Jersey：Prentice Hall，Inc. ，1995.

［15］周玉遭. 黏胶纤维生产基本知识［M］. 北京：纺织工业出版社，1982.

［16］陈嘉翔，余家鸾. 植物纤维化学结构的研究方法［M］. 广州：华南理工大学出版社，1989.

［17］Greaves P H，Saville B P. Microscopy of Textile Fibers［M］. Oxford：BIOS Scientific Publishers Ltd. ，1995.

［18］Marjorie A T. Technology of Textile Properties［M］. 2nd ed. London：Forbes Publications Ltd. ，1981.

［19］杨之礼，王庆瑞，邬国铭. 黏胶纤维工艺学［M］. 2 版. 北京：纺织工业出版社，1991.

［20］王德骥. 苎麻纤维素化学与工艺学［M］. 北京：科学出版社，2001.

［21］张新民. 天然彩色棉开发现状及前景瞻望［J］. 中国纤检，2002(2)：35－36.

［22］刘杰，卢士艳. 天然彩棉纺织品的研究与开发［J］. 四川纺织科技，2003(6)：18－19.

［23］程隆棣，徐小丽，劳继红. 竹纤维的结构形态及性能分析［J］. 纺织导报，2003(5)：101－103.

［24］朱静芳. 纤维素纤维的新宠——竹纤维［J］. 针织工业，2003，12(6)：23－24.

［25］李云台，刘华. 新型再生纤维素纤维的性能对比与鉴别［J］. 棉纺织技术，2003，31(9)：31－34.

［26］唐人成，赵建平，梅士英. Lyocell 纺织品染整加工技术［M］. 北京：中国纺织出版社，2001.

［27］刘志迎. 莫代尔纤维的丝光处理中外技术情报［J］. 中外技术情报，1991(2)：17－18.

［28］朱碧红，刘春明. Modal 纤维面料的开发［J］. 棉纺织技术，2002，30(1)：52－54.

［29］张一心，朱进忠，袁传刚. 纺织材料［M］. 北京：中国纺织出版社，2015.

第五章　蛋白质纤维

蛋白质纤维(protein fiber)，是指其基本组成物质为蛋白质的一类纤维。可用于纺织加工的蛋白质纤维很多，可简单地做如下分类：

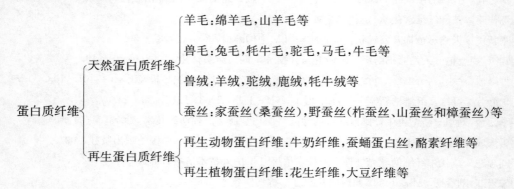

其中，羊毛和桑蚕丝在纺织原料中占有重要地位，本教材主要讨论羊毛、桑蚕丝的结构与性能。

第一节　蛋白质的基础知识

一、蛋白质的化学组成

大多数蛋白质含 50%～55% 的碳、6%～7% 的氢、20%～23% 的氧、12%～19% 的氮、0.2%～3% 的硫，还发现某些蛋白质含有磷(3%)，有的还含有微量金属。各种蛋白质的含氮量很接近，其平均值为 16%，因此，只要测出生物样品中的氮含量，就可推算出蛋白质的大约含量。

19 世纪末，人们已经确切知道氨基酸是蛋白质的基本结构单元，而且大多数蛋白质含有 20 种不同的氨基酸。目前，倾向于将蛋白质的成分分成两大类。第一类是以肽键形式存在于蛋白质中的氨基酸，包括 20 种现在认为有确定遗传密码的氨基酸以及由特殊反应产生的氨基酸，这种特殊反应是在前体氨基酸加入肽链后发生的。但这一类不包括生物合成时仅短暂存在于多肽中的氨基酸，如 N-甲酰甲硫氨酸。蛋白质的第二类成分是各种非氨基酸物质，它们与蛋白质的结合可能是共价结合，也可能是通过强的非共价力结合，含这类物质的蛋白质叫结合蛋白质。水解后仅得到氨基酸的蛋白质叫简单蛋白质。因为简单蛋白质全部由氨基酸组成，而结合蛋白质的主要部分也是由氨基酸组成的，所以，欲了解蛋白质的结构、性质和生物功能，必须对氨基酸有一个概括性的了解。

二、氨基酸

1. 氨基酸的组成　组成蛋白质基本结构的 20 种氨基酸(amino acid),按其侧链基团的物理性质和其与水的相互作用性能列于表 5-1 中。除脯氨酸外,所有的氨基酸均有一通式(NH_2—CHR—COOH)和如图 5-1 所示的空间构型。其中,R 代表侧链基团,不同的氨基酸,R 不同。由表 5-1 可发现一个明显的特点,即有些氨基酸的侧链相对来说不溶于水(如 Ala、Val、Leu、Ile、Met、Pro、Phe、Tyr);有些氨基酸在生命自然条件下总可以电离,是强亲水性的(如 Asp、Glu、Lys、Arg)。组氨酸由于在 pH 值为 7 时能变成质子化的形式,因而很接近于后一类。其他的氨基酸处于这两个极端之间。如果按带电荷情况,氨基酸又可分为:

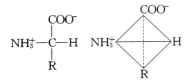

图 5-1　α-氨基酸结构示意

(1)不带电荷的,如 Ser、Thr、CysH、Tyr、Asn、Gln。

(2)在中性溶液中带负电荷的称酸性氨基酸,如 Asp、Glu。

(3)在中性溶液中带正电荷的称碱性氨基酸,如 His、Arg、Lys。

表 5-1　基本氨基酸分类表[①]

分　类		俗　名	学　名	略写	羊毛蛋白	桑蚕丝素蛋白	桑蚕丝胶蛋白	柞蚕丝素蛋白
脂肪族氨基酸	单氨基单羧基氨基酸	乙(甘)氨酸	α-氨基乙酸	Gly	5.25	42.8	8.8	23.6
		丙氨酸	α-氨基丙酸	Ala	4.1	32.4	4	50.5
		缬氨酸	β-甲基-α-氨基正丁酸	Val	5.38	3.03	3.1	0.95
		亮(白)氨酸	γ-甲基-α-氨基正戊酸	Leu	8.26	0.68	0.9	0.51
		异亮(白)氨酸	β-甲基-α-氨基正戊酸	Ile	3.41	0.87	0.6	0.69
	羟基氨基酸	丝氨酸	β-羟基-α-氨基丙酸	Ser	9.66	14.7	30.1	11.3
		苏(酥)氨酸	β-羟基-α-氨基正丁酸	Thr	6.54	1.51	8.5	0.9
	单氨基二羧基氨基酸	(天)门冬氨酸	α-氨基丁二酸	Asp	6.65	1.73	16.8	6.58
		(天)门冬酰胺	α-氨基丁二酸单酰胺	Asn	—	—	—	—
		谷氨酸	α-氨基戊二酸	Glu	14.41	1.74	10.1	1.34
	单羧酸二氨基氨基酸	赖(软)氨酸	α,ε-二氨基己酸	Lys	3.22	0.45	5.5	0.26
		羟基赖氨酸	δ-羟基-α,ε-二氨基己酸	Hyl	0.16	—	—	—
		精氨酸	δ-胍基-α-氨基正戊酸	Arg	9.58	0.9	4.2	6.06
	含硫氨基酸	蛋(甲硫)氨酸	γ-甲硫基-α-氨基丁酸	Met	0.52	0.1	0.1	0.03
		胱氨酸	双-β-硫代-α-氨基丙酸	Cys	12.02	—	0.33	—

分类		俗 名	学 名	略写	羊毛蛋白	桑蚕丝素蛋白	桑蚕丝胶蛋白	柞蚕丝素蛋白
芳香族氨基酸	含硫氨基酸	半胱氨酸	β-巯基-α-氨基丙酸	CysH	—	0.03	—	0.04
	—	苯丙氨酸	β-苯基-α-氨基丙酸	Phe	3.8	1.15	0.6	0.52
		酪氨酸	β-对羟基苯基-α-氨基丙酸	Tyr	5.25	11.8	4.9	8.8
杂环族氨基酸		组氨酸	β-咪唑基-α-氨基丙酸	His	1.02	0.32	1.4	1.41
		脯氨酸	α-氨基四氢吡咯	Pro	6.79	0.63	0.5	0.44
		色氨酸	β-吲哚基-α-氨基丙酸	Trp	1.43	0.36	0.5	1.41

① 所列数值为每100g蛋白质中分析得出的氨基酸克数。

2. 氨基酸的构型 一个分子并不是写在纸面上的一些原子的平面组合,而是在三维空间中存在一定的排布方式。同一组成的分子,其原子或基团的空间几何排布可以不同,一般称这种结构上的差异为立体异构。在生物化学中,立体异构这个概念很重要,这一方面是由于天然存在的生物碱和氨基酸等都有其特异的立体构型;另一方面,蛋白质、酶等生物大分子的反应特异性,若不是建立在立体化学的基础上,很多问题很难得到确切的解释。

前已述及,除脯氨酸(它实际是一个亚氨基酸)外,所有的氨基酸均由一个碳原子(即α-碳原子)和四个取代基(即羧基、氨基、氢原子和一个R基团)构成,不同的氨基酸R基团不同。如果α-碳原子的四个取代基各不相同,那么该原子就称为不对称碳原子。天然存在的20种氨基酸,除甘氨酸外(它的R基团是H),都有一个不对称碳原子,即α-碳原子,这四个不同的取代基有两种不同的排布形式,结果形成彼此镜像的结构。这是因为,碳原子的sp^3轨道具有四面体结构,因此,四个取代基可以有两种方式排布在这个碳原子的周围。当然,还可以有一些其他的排布方式,但都与这两种排布形式中的一种等效,因为只要简单地转动,就可以互相代替。我们可以把彼此成镜像的两个结构分别称为D-构型和L-构型,因此,每种氨基酸都可能有D-构型和L-构型之分。图5-2表示丙氨酸的立体异构体。

在比较温和的条件下,水解蛋白质所得到的所有氨基酸都具有旋光性,这是由α-碳原子上四个取代基的不对称性引起的。D-构型氨基酸和L-构型氨基酸的区别在于,它们能使平面偏振光向相反的方向转动,但它们的熔点、溶解度和其他物理性质相同,这种彼此成镜像的化合物(即D-型氨基酸和L-型氨基酸)称

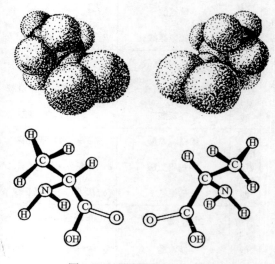

图5-2 丙氨酸的立体结构

为对映结构体。等量混合 D-构型和 L-构型物质,所得到的混合物称为外消旋混合物或 DL 型物质,它没有旋光性。虽然自然界也有 D-型氨基酸,但蛋白质中的所有氨基酸都是 L-构型。

三、蛋白质分子的结构层次

蛋白质的功能,不仅与蛋白质的一次结构有关,而且还与蛋白质的二次结构、三次结构乃至空间结构(高次结构)有关。如果只了解蛋白质的一次结构,而不了解蛋白质的二次结构、三次结构和空间结构,那么,就不可能全面彻底地阐明蛋白质结构与性能的相互关系。

1. 蛋白质分子的近程结构　蛋白质可以视为氨基酸大分子中的氨基(—NH₂)和羧基(—COOH)脱水缩合形成酰胺键(肽键 peptide bond)而连接起来的大分子组成,这种大分子称为肽(peptide)。由两个氨基酸分子脱水缩合而成的肽称二肽(dipeptide),二肽再与一个氨基酸分子缩合形成三肽(tripeptide)等,这种缩合氨基酸的长链称为多肽(polypeptide),也叫蛋白质大分子的主链。α-氨基酸缩合而成的大分子链可用以下简式表示:

$$(5-1)$$

R_1、R_2、R_3……为不同氨基酸的侧基。除个别氨基酸外,在分子组成中共同的成分是肽链中氨基酸由于缩合时失去了羧基中的羟基和氨基中的氢,已不同于原来的氨基酸分子,而变为—HN—CHR—CO—,称为氨基酸的剩基。多肽链中各种氨基酸是按一定的顺序互相连接构成蛋白质的一次结构(也称初级结构)。

2. 蛋白质分子的远程结构　蛋白质分子是具有完整生物功能的蛋白质的最小单位。蛋白质分子是由一条或多条肽链组成。肽链既不呈直线,也不呈任意的线团,而是在三维空间上呈现特定的走向与排布。

蛋白质的分子结构和其他高聚物一样,也可以分成一级结构、二级结构、三级结构和四级结构。所谓蛋白质分子的二级结构,是指多肽链主链骨架中的若干肽段,各自沿着某个轴盘旋或折叠,并以氢键维系,从而形成有规则的构象,如 α-螺旋、β-折叠和 β-转角等。二级结构不涉及氨基酸剩基的侧链构象。

(1)α-螺旋(α-helix)。蛋白质多肽链的基本结构如下:

$$(5-2)$$

在此结构中,$H_2N—C^\alpha H—C'O—NH—C^\alpha H—C'O—NH—C^\alpha H—$……是主链骨架;—$C^\alpha$—C'O—NH—是主链骨架的重复单元,—C'O—NH—即肽键,而 R_1、R_2、R_3、……是侧链基团。多

肽链就是由许多肽键在 α-碳原子(C^{α})上互相连接而成的。

Pauung 和 Corey 根据各种氨基酸、肽类以及其他有关化合物的 X 射线衍射结构分析数据，提出了下列立体化学原则：

①肽键具有部分双键性质，不能自由旋转。

②肽键是刚性平面结构。

③在肽键上，C═O 与 N—H 或两个 C^{α} 呈反式排布。

蛋白质的多肽链一般含有 100～150 个氨基酸剩基，因此，多肽链含有许多肽键。按照上述立体化学原则，所有肽键上的原子，其成对二面角的规律性决定了多肽链构象的规律性。如果一系列原子的成对二面角都分别取同样的数值时，则多肽链的构象一般是螺旋构象。所谓螺旋构象，是指多肽链主链骨架围绕螺旋中心轴一圈一圈地上升，形成螺旋式的构象。如果每一圈所包含的氨基酸剩基是整数(如 3 个剩基)，则这种螺旋就叫整数螺旋；如果每圈的氨基酸剩基是非整数(如 3.6 个剩基)，则这种螺旋就是非整数螺旋。由于主链骨架旋转方向有左手和右手之分，因此，螺旋可分为左手螺旋和右手螺旋。

按照氢键形成的方式不同，可以把螺旋分成两大类：一类是 α-系螺旋；另一类是 γ-系螺旋。在 α-系螺旋构象中，每一个氢键所封闭的环如式(5-3)所示：

$$-\overset{\overset{\displaystyle O\cdots\cdots\cdots\cdots\cdots\cdots\cdots\cdots H}{\|}}{C} \!\!\leftidx{}{}-NH-C^{\alpha}HR-CO\!\!\leftidx{}{}\overset{\displaystyle |}{N}- \qquad (5-3)$$

α-系螺旋有许多不同的螺旋构象，如 2.2_7-螺旋($n=1$)、3_{10}-螺旋 ($n=2$)、3.6_{13}-螺旋 ($n=3$)、4.4_{16}-螺旋($n=4$)等。其中 3.6_{13}-螺旋就是非整数的 α-螺旋，它的多肽链主链骨架围绕螺旋中心轴呈一圈一圈螺旋式上升，每隔 3.6 个氨基酸剩基上升一圈，每上升一圈相当于向上平移 0.54nm。螺旋上升时，每个氨基酸剩基沿螺旋中心轴旋转 100°，向上平移 0.15nm。相邻的螺圈之间形成链内氢键，即一个肽键的 N—H 中氢原子与其前的第三个肽键的 C═O 中氧原子生成氢键，氢键的取向与螺旋中心轴几乎平行。氢键所封闭的环包含 13 个原子(图 5-3)。α-螺旋构象允许所有的肽键都能参与链内氢键的形成，因此，α-螺旋构象是相当稳定的。其实，α-螺旋构象仅靠氢键维持，若破坏氢键，则 α-螺旋构象便遭到破坏，而变成伸展的多肽链。

(2)β-折叠(β-sheet)。β-折叠又叫 β-折叠层状结构、β-结构等。在此结构中，若干条肽链或一条肽链的若干肽段平行排列，相邻主链骨架之间靠氢键维系。为了在主链骨架之间形成最多的氢键，避免相邻侧链间的空间位阻，锯齿状的主

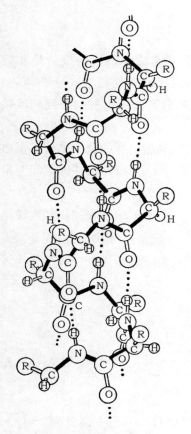

图 5-3　右手 α-螺旋结构

链骨架必须做一定的折叠，以形成一个折叠状片层。与 Cᵅ 相连的侧链交替地位于片层的上方和下方，它们均与片层相垂直(图 5－4)。

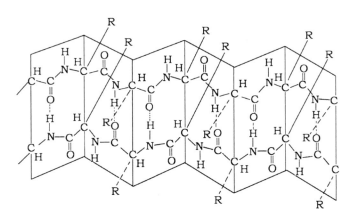

图 5－4　反平行 β-折叠

β-折叠有两种类型：一种是平行式，即所有肽链的 N-末端都在同一端；另一种是反平行式，即所有肽链的 N-末端按正反方向交替排列，如图 5－5 所示。从能量上看，反平行 β-折叠更为稳定。此外，在蛋白质中还发现、平行与反平行互相交替的 β-折叠形式以及只有一段充分伸展的锯齿形肽链。

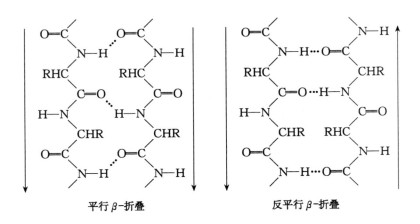

平行 β-折叠　　　　　　　　反平行 β-折叠

图 5－5　两种类型的 β-折叠

β-折叠大量存在于丝心蛋白和 β-角蛋白中。在一些球状蛋白分子中，如溶菌酶、羧肽酶 A、胰岛素等，也有少量的 β-折叠存在。

（3）无规线团(random coil)。在多肽链主链骨架中，与螺旋构象和 β-折叠不同的构象，通常称为无规线团，也称无规构象、无规卷曲、自由折叠、自由回转。无规卷曲是指没有规则的那部分肽链构象。

在螺旋构象或 β-折叠中，所有氨基酸剩基的成对二面角，都存在于典型构象图的固定点上。然而，在无规卷曲中，不同氨基酸剩基的成对二面角，存在于典型构象图的不同点上，因此可以产生许多不同的构象。一般球蛋白分子,除含有螺旋构象和β-折叠以外,往往含有大量的无规卷曲,倾向于产生球状构象。这种球状构象具有高度的特异性,与生物活性密切相关,对外界的理化因子极为敏感。

3. 蛋白质分子的三级结构　蛋白质分子的三级结构是指一条多肽链在二级结构的基础上,由于其顺序上相隔较远的氨基酸剩基侧链的相互作用,形成盘旋和折叠,从而产生特定的很不规则的球状构象。这里所指的三级结构是一条多肽链中所有原子的空间排布,不涉及一条多肽链上的原子与另一条多肽链的关系。必须指出,该定义仅适用于球状蛋白。

有关蛋白质分子四级结构的定义比较复杂,不在这里叙述,读者可以参考其他资料。有些蛋白质分子仅有一级、二级、三级结构,而没有四级结构,如肌红蛋白、细胞色素 C、溶菌酶、核糖核酸酶、羧肽酶 A 等;另外一些蛋白质分子不但有一、二、三级结构,而且还有四级结构,如血红蛋白、固氮酶、乳酸脱氢酶、天冬氨酸转氨甲酰酶等。

四、维系蛋白质分子构象的作用力

蛋白质分子的二级、三级、四级结构离开了化学键是不可能存在的。研究发现,维持蛋白质分子构象的有下列化学键:氢键、疏水键、范德瓦尔斯力、离子键、二硫键、配位键,如图 5-6 所示。

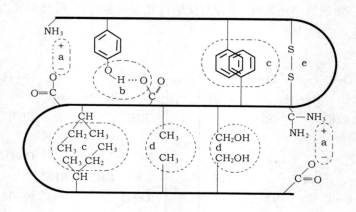

图 5-6　维系蛋白质分子构象的各种化学键
(a)离子键　(b)氢键　(c)疏水键　(d)范德瓦尔斯力　(e)二硫键

1. 氢键　在两条多肽链之间,或一条多肽链的不同部位之间,主链骨架上的羰基氧原子与亚氨基氢原子形成氢键:

$$\tag{5-4}$$

N、H、O、C 在一条直线上,氢键的键能约为 3.35×10^4 J/mol,氢键长度为 (0.279 ± 0.012) nm。

这种氢键对于维持蛋白质分子二次结构,保持蛋白质的稳定性,起着极其重要的作用。

在蛋白质的某些侧链之间,如酪氨酸剩基的—OH 与谷氨酸剩基或天冬氨酸剩基的—COOH,可以形成氢键:

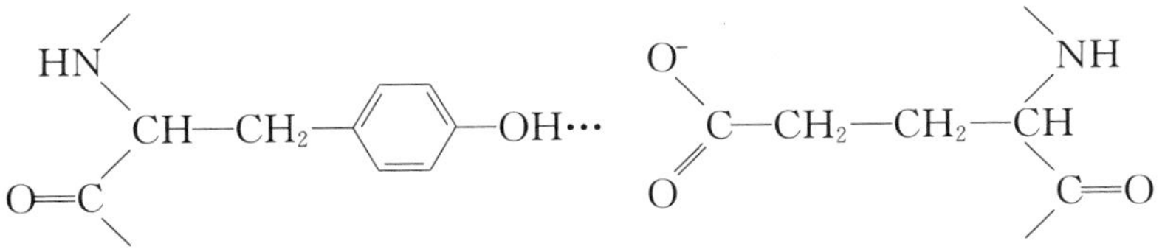

$$(5-5)$$

某些侧链与主链骨架之间,如 Tyr 的羟基与主链骨架的羰基,可以形成氢键:

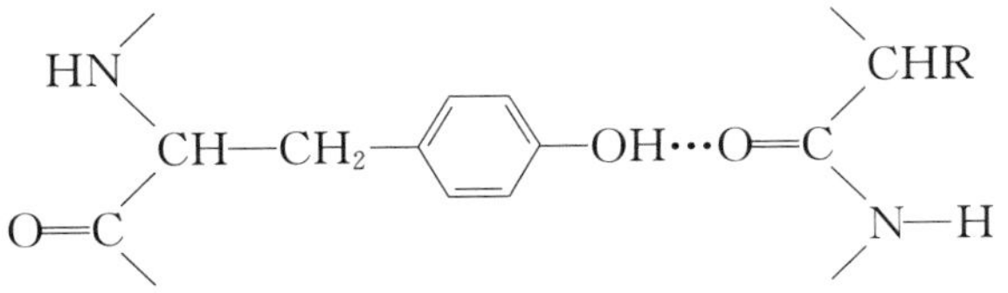

$$(5-6)$$

侧链之间、侧链与主链骨架之间的氢键,虽然数量不多,但对维持蛋白质分子的三级、四级结构,亦有一定的作用。

在水溶液中,极性水分子能与蛋白质分子中的氢供体或氢受体形成氢键:

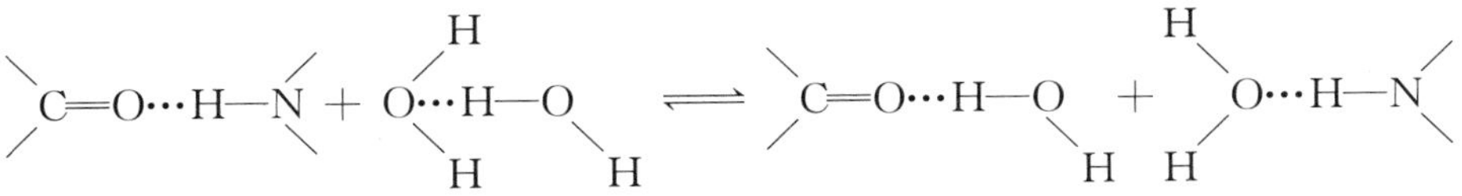

$$(5-7)$$

上述平衡趋向左方,即蛋白质分子在水中仍然是稳定的,但是,其氢键的能量已相应地降低了。

2. 疏水键　疏水键是指两个非极性基团(疏水基团)为了避开水相而群集在一起的作用力,如图 5-6(c)所示。

肽链中的丙氨酸、缬氨酸、亮氨酸、异亮氨酸等剩基上的非极性疏水侧链,在水溶液中因其疏水性有尽量减少与水分子接触、彼此相互连接的趋向而形成疏水键。如:

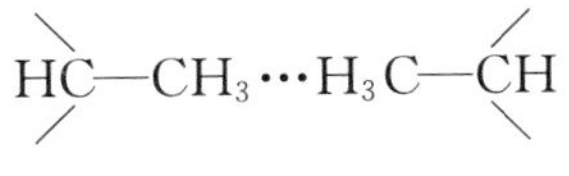

$$(5-8)$$

非极性侧链与主链骨架的 α-CH 基也可以生成疏水键。

在蛋白质分子的多肽链中,上述氨基酸剩基的疏水侧链有一种自然的趋势,即避开水相,互相黏附,藏于蛋白质分子的内部。当蛋白质的肽链卷曲成特定的构象时,疏水键的存在对于维系蛋白质分子构型有一定的作用。疏水键在室温范围内因温度升高而增强,超过一定温度(40~60℃)时又有下降。非极性溶剂、去污剂等易破坏疏水键。

3. 范德瓦尔斯力　范德瓦尔斯力,其实质也是静电引力,它有三种表现形式,已在第二章中述及,这里不再赘述。

4. 离子键　离子键又叫盐键,或盐桥。离子键是由于正负离子之间的静电吸引所形成的化学键,如图 5-6(a)所示。

蛋白质分子中往往有带正电荷的基团和带负电荷的基团。其中,带正电荷的基团有:N-末端的 $\alpha-NH_3^+$,肽链中的 $Lys-\varepsilon-NH_3^+$,$Arg—NH—C^+\overset{\displaystyle NH_2}{\underset{\displaystyle NH_2}{\big\langle}}$;带负电荷的基团有:C-末端的 $\alpha-COO^-$,肽链中的 $Asp-\beta-COO^-$,$Glu-\gamma-COO^-$。

在蛋白质分子的空间结构与环境都适宜的情况下,上述正负离子可以生成离子键,如图 5-6(a) 所示。

高浓度的盐、过高或过低的 pH 值,均可以破坏蛋白质构象中的离子键。如果溶液的 pH 值比羧基的 pK 值低 1～2 个 pH 单位,或者比氨基的 pK 值高 1～2 个 pH 单位,那么,这些基团就不能生成离子键,这是强酸强碱使蛋白质变性的原因所在。

5. 配位键　配位键是指在两个原子之间,由单方面提供共用电子对所形成的共价键。不少蛋白质分子含有金属离子。如铁氧蛋白、固氮酶铁蛋白及细胞色素 C,含有铁离子,胰岛素含有锌离子等,金属离子与蛋白质的连接往往是配位键。在一些金属蛋白质分子中,金属离子通过配位键参与维持蛋白质分子的三级、四级结构。当用螯合剂从蛋白质中除去金属离子时,则蛋白质分子便解离成亚单位,或者是三次结构遭到局部破坏,以致活力丧失。

6. 二硫键　二硫键(—S—S—)又叫二硫桥。二硫键是指两个硫原子之间的化学键,其键能很大($1.25\times10^5\sim4.18\times10^5 J/mol$),是很强的化学键。它可以把不同的肽链或同一条肽链的不同部分连接起来,对稳定蛋白质构象具有重要作用。在某些蛋白质中,二硫键一旦破坏,则蛋白质的生物活力即丧失。二硫键的数目增多,则蛋白质分子抵抗外界因素的能力也增强,即蛋白质分子的稳定性也增加。在生物体中,具有保护功能的毛、发、鳞、甲、角、爪中的角蛋白,含二硫键最多,因此,角蛋白对外界的一般物理化学因素都非常稳定。

维持蛋白质分子二级、三级、四级结构的化学键,主要是次价键,如氢键、疏水键和范德瓦尔斯力。这些次价键单独存在时,是比较弱的键,但是,各种次价键加在一起时,就产生了一种足以维持蛋白质空间结构的强大作用力。在一些蛋白质分子中,离子键、二硫键或配位键也参与维持蛋白质的空间结构。

五、蛋白质的主要性质

1. 蛋白质两性性质和膜平衡　蛋白质分子中除末端的氨基与羧基外,侧链上还含有许多酸、碱性基团,因而蛋白质具有既像酸又像碱一样的性能,是典型的两性高分子电解质,可进行下列反应:

$$H_3N^+PCOOH \underset{+H^+}{\overset{-H^+}{\rightleftharpoons}} H_3N^+PCOO^- \underset{+H^+}{\overset{-H^+}{\rightleftharpoons}} H_2NPCOO^- \qquad (5-9)$$

$$\big\Updownarrow$$

$$H_2NPCOOH$$

式中,"P"表示多肽链。由此可明显地看出,这三种状态之间的关系是由溶液中的 H^+ 浓度决定的。当调节溶液 pH 值,使蛋白质分子的正、负离子数目相等,此时溶液的 pH 值即为该蛋白质的等电点(isoelectric point)。羊毛和桑蚕丝的等电点分别为 4.2～4.8 和 3.5～5.2。等电点是蛋白质的一项重要性质,此时蛋白质的溶胀(swelling)、溶解度(solubility)、渗透压(osmotic pressure)、电泳(electrophoresis)及电导率等(conductivity)都最低。当蛋白质溶液处于等电点时,通以电流,它们既不向负极移动,也不向正极移动,加入酸液使蛋白质溶液的 pH 值低于等电点时,它们则移向负极(蛋白质以正离子形式存在)。另外,蛋白质的正离子能与带负电荷的物质结合,蛋白质的负离子能与带正电荷的物质结合。

　　如上所述,蛋白质属两性电解质,其与酸、碱的滴定曲线形状,不但与其中的酸性或碱性基团的电离常数有关,而且因可电离基团并非一种,还具有多元酸或多元碱的性质。至于其对酸或碱的结合量,则决定于酸性或碱性基团的数量、溶液的 pH 值和离子总浓度等。当溶液 pH 值达到一定程度时,蛋白质才开始结合酸或碱,并在特定 pH 值时结合量达到最高。如羊毛和桑蚕丝在盐酸溶液中,开始结合酸时的 pH 值分别为 5 和 3;在 pH 值为 1.3～1.8 时,达到稳定、最大结合量;但如果溶液的 pH 值由 0.8 继续下降时,会出现吸酸量又很快上升的现象,如表 5-2 所示。

表 5-2　每 100g 纤维吸收酸的物质的量

pH 值	羊　毛	桑　蚕　丝
1.3～1.8	0.08～0.10mol	0.019～0.024mol
0.5	0.330mol	0.310mol
0.2	0.550mol	0.469mol

　　上述现象可能是溶液 pH 值很低时,肽链中亚氨基氮吸附 H^+ 所致。测定蛋白质的吸碱量是相当困难的,以羊毛蛋白为例,当溶液 pH 值提高到 10 以上时,才开始明显地吸碱,而在强碱性溶液里,二硫键易被破坏,甚至多肽链水解。丝蛋白比羊毛蛋白更容易被强碱破坏。

　　蛋白质与酸、碱作用时,还有另一个重要现象,即将纤维放在不同 pH 值的介质中,纤维内部和外部(溶液)的 pH 值往往不一致,也就是 H^+ 或 OH^- 在纤维内、外部是不均匀分布的,并且会受到电解质浓度的影响。这种现象可用膜平衡原理来解释。纤维的表面具有类似半透膜性质,膜内蛋白质分子上带有的正或负离子是不能离开母体的,并与其中的溶液一起组成膜内体系,纤维外面的溶液为膜外体系。

　　蛋白质纤维在酸(HCl)与盐(KCl)共存的溶液中,并设 C_1 为蛋白质正离子的浓度,即蛋白质结合酸(H^+)的浓度,C_2 为 HCl 原来的浓度,C_3 为 KCl 原来的浓度,X、Y 分别为由膜外向膜内迁移的 H^+、K^+ 的浓度,假定膜内、外溶液具有相等和不变的容积,则达到平衡时,膜内、外离子的分布为:

膜

膜内		膜外	
PN^+H_3	C_1		
H^+	X	H^+	$C_2 - C_1 - X$
Cl^-	$C_1 + X + Y$	Cl^-	$C_2 + C_3 - C_1 - X - Y$
K^+	Y	K^+	$C_3 - Y$

按唐南膜平衡原理,平衡时分配系数 λ 为:

$$\lambda = \frac{[H^+]_{\text{外}}}{[H^+]_{\text{内}}} = \frac{[K^+]_{\text{外}}}{[K^+]_{\text{内}}} = \frac{[Cl^-]_{\text{内}}}{[Cl^-]_{\text{外}}} \tag{5-10}$$

即:

$$\lambda = \frac{C_2 - C_1 - X}{X} = \frac{C_3 - Y}{Y} = \frac{C_1 + X + Y}{C_2 + C_3 - C_1 - X - Y} \tag{5-11}$$

所以:

$$\lambda = \frac{C_2 + C_3}{C_2 - C_1 + C_3} \tag{5-12}$$

当溶液中无盐存在时$[K^+] = 0$,即 $C_3 = 0$ 时,则:

$$\lambda = \frac{C_2}{C_2 - C_1} \tag{5-13}$$

因此,$\lambda \geqslant 1$,从而,可获得如下所示的重要结论:

$$[H^+]_{\text{外}} > [H^+]_{\text{内}} \tag{5-14}$$

或

$$pH_{\text{内}} > pH_{\text{外}} \tag{5-15}$$

$$[Cl^-]_{\text{内}} > [Cl^-]_{\text{外}} \tag{5-16}$$

若体系中 C_2 很大或有大量盐存在时,则 λ 接近于1,即表示电解质离子在膜内或膜外的浓度近似相等。如果溶液的 pH 值在其蛋白质的等电点以上,则膜内不能迁移的蛋白质将带有负电荷(P^-),这时 $\lambda < 1$,即:

$$[H^+]_{\text{外}} < [H^+]_{\text{内}} \tag{5-17}$$

或

$$pH_{\text{内}} < pH_{\text{外}} \tag{5-18}$$

综上所述,蛋白质纤维在酸、碱溶液中,平衡时,可迁移离子在纤维内外分布的情况,可简要归纳如下:与蛋白质离子电荷相同的可迁移离子的浓度,是纤维内低于纤维外;与蛋白质离子电荷相反的可迁移离子的浓度,是纤维内高于纤维外。

研究结果证明,用同一种酸,在有盐(如 KCl)与无盐存在的不同情况下处理羊毛或蚕丝纤维时,它们的最大结合酸量相同,但是结合酸或结合碱量对溶液的 pH 值所作的滴定曲线,却随溶液中所含中性盐浓度的不同而有所差异。以羊毛为例,有盐与无盐存在时其与盐酸的滴定曲线,如图 5-7 所示,可以看出溶液中盐的浓度越高,所得到的滴定曲线形状越接近于内滴定曲线(即蛋白质结合酸或结合碱量对纤维内 pH 值所作的曲线);在某一 pH 值,有盐存在时的结合酸量较无盐存在时的大。

2. 蛋白质溶液的胶体性质 蛋白质颗粒的大小处于胶体粒子的范围之内,蛋白质溶液亦呈现胶体的性质。蛋白质的分子较大,几乎不能穿过半透膜(分子、离子等小物质可以穿过半透

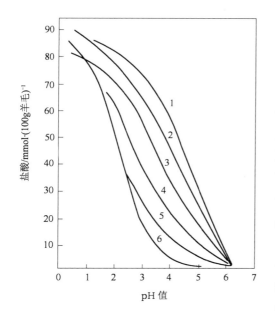

图 5-7 羊毛与盐酸的滴定曲线

1—内滴定曲线 2—盐浓度 1mol/L 3—盐浓度 0.2mol/L
4—盐浓度 0.04mol/L 5—盐浓度 0.005mol/L 6—无盐

膜），因此常用此法来提纯蛋白质，又称为透析。蛋白质颗粒较小，它们的总面积很大，因此蛋白质的表面吸附作用非常明显。

蛋白质溶于水后，众多亲水基团使极性的水分子总是排列在蛋白质颗粒表面，形成水化层，同时在一定 pH 值时，蛋白质带有同性电荷，彼此产生排斥，此两种作用均阻止着蛋白质相互碰撞而凝聚成大颗粒，若破坏上述两因素时，则有利于蛋白质的凝聚。蛋白质溶液除产生凝聚作用外，在温度下降时还会凝结成胶冻状态。

3. 蛋白质的变性 天然蛋白质，可根据其分子的几何形状分为纤型（也称纤维状）和球型（也称球状）两大类，例如羊毛和蚕丝皆属于前者，而蚕丝中的丝胶和鸡蛋蛋白则属于后者。

球型蛋白在受到热、高压、机械搅拌等因素或酸、碱、某些有机溶剂和盐类的影响时，性质常会有所改变，最明显的是溶解度降低和生物活性丧失。这些变化可不涉及多肽链的断裂；视变化程度不同，有时可逆有时是不可逆的。一般将这类现象笼统地称为蛋白质变性。

蛋白质变性是一个复杂而又重要的问题。在某些情况下，蛋白质的变性应尽量避免，如蚕丝表面易溶的丝胶变为难溶后，会给脱胶处理带来困难；但也有可以利用的地方，如使某些球型蛋白变为纤型蛋白以制造蛋白质纤维等。

球型蛋白变性后，一般是分子链舒展，分子外形的长、短径比例变大，从而导致黏度增大、溶解度降低。

蛋白质变性的可逆性，主要与其高次结构的改变或破坏程度有关。蛋白质分子中维系高次结构的交联点很多，在变性过程中，如果只是较少部分交联点遭到破坏，在适当条件下恢复到原来结构的可能性较大；但是当大部分交联点被拆散后，恢复到原来结构的概率就极小。

4. 蛋白质的紫外线吸收 一般蛋白质溶液对紫外线有三个吸收区域（280nm、210～250nm 和 210nm 以下），其中 280nm 左右的吸收峰，是由蛋白质分子中带有芳香族侧基的色氨酸与酪氨酸在溶液 pH 值为 8 的条件下所引起的，其他两个吸收区域的原因比较复杂而不能确定，因而，在蛋白质分光光度分析中，常用对 280nm 紫外线的吸收，测定含色氨酸、酪氨酸剩基蛋白质的含量。

5. 蛋白质的显色反应 蛋白质和多肽一般均是无色的。蛋白质的显色反应系指蛋白质和某种化学药剂作用后生成有色物质，由此可以用来鉴别蛋白质，并可用于定量分析。显色药剂种类较多，与蛋白质作用后生成物的颜色各异，作用的灵敏度亦不相同。蛋白质的具体显色反应可参见其他资料。

第二节　羊毛纤维

羊毛(wool)是人类最早利用的纺织纤维之一，人类使用羊毛的历史可以追溯到公元前3000～4000 年的新石器时代。羊毛是最高档的纺织纤维之一，羊毛纤维制品具有许多优良特性，如光泽柔和，手感丰满而富有弹性，悬垂性良好，不易沾污，吸湿性强，穿着舒适，保暖性及抗皱性较好，耐磨性优良等。用羊毛可以制成各种精纺及粗纺的高级衣料，还可以制造工业用呢和各种装饰用品。

羊毛通常是指绵羊毛，它是纺织工业的重要原料。从羊身上剪下的毛称为原毛，原毛中除含有羊毛纤维外，尚含有羊脂、羊汗、泥沙、污物及草籽、草屑等杂质。羊毛纤维在原毛中的含量百分率称为净毛率，净毛率随羊毛品种和羊的生长环境等不同有很大变化，一般在 40％～70％。可见，原毛不能直接用来纺织，必须经过选毛、开毛、洗毛、炭化等初步加工，才能获得较为纯净的羊毛纤维。

一、羊毛的结构特征

羊毛是一种天然蛋白质纤维，是由许多细胞聚集构成，具有天然卷曲，纵表面上有鳞片覆盖，横截面的形状近似于椭圆柱状(一般椭圆形横截面的长短轴之比为 1.1～1.3)，羊毛的直径、长度、卷曲以及起鳞程度等因具体情况不同而存在很大差异，其鳞片及横截面形态如图 5－8所示。

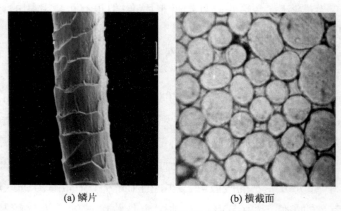

(a) 鳞片　　　　　　　　(b) 横截面

图 5－8　羊毛纤维鳞片的形态

虽然对羊毛的某些结构目前尚未完全清楚，但基本是由四部分组成：包覆在纤维外部的鳞片层(cuticle)、组成羊毛实体主要部分的皮质层(cortex)、处于纤维中心因含空气而不透明的髓质层(medulla)和细胞膜复合体(cell membrane complex，简称 CMC)。其中髓质层只存在于较粗的羊毛中，有的呈连续状，有的呈断续状，细羊毛则无髓质层。细羊毛的结构模型如图 5－9所示。羊毛结构中各部分成分见表 5－3。

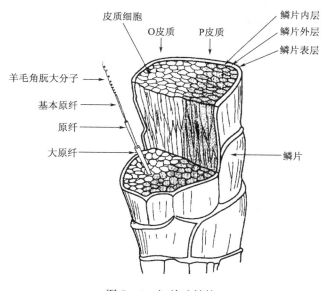

图 5-9　细羊毛结构

表 5-3　羊毛结构中各部分成分

组　成　成　分		纤维中的含量/%	胱氨酸交联度物质的量分数/%	蛋白质类型	备　注
鳞片层	鳞片表层	0.1	6	角蛋白质	疏水性
	鳞片外层	6.4	10	角蛋白质	—
	鳞片内层	3.6	1.6	非角蛋白质	亲水性
皮质层	原　纤	74		角蛋白质	—
	细胞残留物和细胞间质	12	1.6	非角蛋白质	亲水性
细胞膜复合体	脂　质	0.8		非蛋白质	醇溶性
	可溶性蛋白质	1	1.1	非角蛋白质	亲水性
	惰性膜	1.5	5	角蛋白质	—

1. 鳞片层　鳞片层是由角质化的扁平状细胞通过细胞间质粘连而成,是羊毛纤维的外壳。鳞片如鱼鳞或瓦片一样重叠覆盖,自由端均指向毛尖方向并包覆在羊毛纤维的表面,因其形似动物鳞片故称为鳞片层。各种羊毛的鳞片大小基本上相近,平均宽度约 $28\mu m$、长度约 $36\mu m$、厚度 $0.5\sim1\mu m$。但鳞片在毛干上的覆盖密度,却因羊毛品种和粗细的不同存在较大差异,因而鳞片的可见高度(鳞片暴露程度)和鳞片层的总厚度不完全一样,一般细羊毛鳞片的可见高度低于粗羊毛,其鳞片层的总厚度则较粗羊毛的大。鳞片排列的密度和鳞片伸出羊毛表面的程度,对羊毛光泽和表面性质影响较大。细羊毛鳞片排列紧密,呈环状覆盖,伸出端较突出,所以其光泽柔和;粗羊毛鳞片排列较疏,呈瓦片状或龟裂状覆盖,同时鳞片面积较大而且光滑,因此其光

211

泽比细羊毛的明亮。

羊毛的鳞片层约占羊毛总量的 10％，有着十分复杂的结构，具体结构如图 5－10 所示。羊毛的鳞片层由鳞片表层（epicuticle，Epi）、鳞片外层（exocuticle，Exo）和鳞片内层（endocuticle，End）三部分组成，各层又有其各自的微细结构。

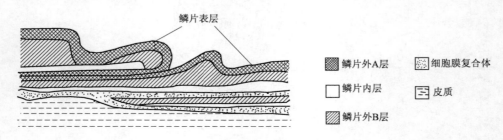

图 5－10　羊毛鳞片的结构

（1）鳞片表层。鳞片表层又称表皮细胞薄膜层，主要是含胱氨酸量达 12％的蛋白质。在鳞片各亚层中，鳞片表层含量最少（厚度仅约为 3nm，质量约占羊毛的 0.1％），但却是羊毛结构研究的一个重点部位。鳞片表层实质上就是一般动物细胞表面的原生质细胞膜转化而成的一层薄膜，具有良好的化学惰性，现在已知它具有耐碱、氧化剂、还原剂和蛋白酶的功能。处于暴露状态的鳞片部位（可见部分）的鳞片表层之所以如此稳定，和其独特的化学结构有关。由于鳞片表面呈整齐的类脂层排列，使羊毛具有一定的拒水性能。现在已知羊毛表层类脂的主要成分为18－甲基二十酸和二十酸，它和羊毛鳞片表层的蛋白以酯键和硫酯键结合，类脂层的厚度约为0.9nm。在类脂层之下为蛋白层，该蛋白层在肽链间除有二硫键交联外，还存在酰胺键交联，该交联由谷氨酸和赖氨酸剩基反应形成。据估计，鳞片表层中 50％的赖氨酸和谷氨酸剩基形成了这种酰胺键交联。酰胺键交联的存在，可能是鳞片表层具有较强耐化学性能的原因之一，由于酰胺交联键的键长约为二硫交联键的 2 倍，这样使肽链之间具有较大的伸缩空间和韧性，故鳞片表层不易破裂。

（2）鳞片外层。鳞片外层位于鳞片表层之下，是一层较厚的蛋白质，但在整个羊毛鳞片中其厚度分布并不均匀。鳞片外层主要由角质化蛋白质构成，在细羊毛中其质量约占羊毛总质量的6.4％，结构坚硬难以被膨化，是羊毛鳞片的主要组成部分。鳞片外层又可以细分为鳞片外 A层和鳞片外 B 层两层。其中 A 层位于羊毛的外侧，是含硫量最高的部位，胱氨酸剩基的含量也很高，约占 35％（摩尔分数），即每三个氨基酸剩基中就会有一个胱氨酸剩基。由于胱氨酸以大量二硫键形式存在，致使 A 层微结构十分致密，且结构坚硬，能起到保护毛干的作用，能经得起生长过程中的风吹日晒，经得起一般氧化剂、还原剂以及酸碱的作用，性质远比皮质层稳定，以致在羊毛的漂、染等过程中成为阻挡各种试剂扩散的"障壁"。B 层位于内侧，其含硫量稍低，但是仍比其他部位的含硫量高。

鳞片外层内的蛋白质分子肽链主要是以无定形形式存在，这是因胱氨酸含量过多，难以有效形成有序排列所致。

（3）鳞片内层。鳞片内层位于鳞片层的最内层,由含硫量很低的非角质化蛋白质构成,其厚度在整个鳞片中的分布也不均匀,在细羊毛中其质量约占 3.6%。由于鳞片内层中只含约 3%（摩尔分数）的胱氨酸剩基,且极性氨基酸的含量相当丰富,所以其化学性质活泼,易于被化学试剂、水等膨润,可被蛋白酶消化。

由此可见,鳞片是角质化了的细胞,可以保护羊毛内层组织,抵抗外界机械、化学等的侵蚀。鳞片是羊毛纤维的最外层,具有方向性,在生长过程中,前缘向着纤维顶端,形成一个突出物,因此羊毛纤维之间从不同方向摩擦时,会产生异向摩擦效应,再加上机械、水分、热、化学等的作用,会急速推进羊毛毡化（felt）现象。

在羊毛的工业加工中,采用化学方法破坏其鳞片结构或对其进行表面处理,称为防缩加工。经过防缩加工的羊毛表面,鳞片凸出物减小,毡化现象明显减轻。另外,在纺织染整加工中,控制好鳞片产生的定向摩擦效应,还能起到提高织物丰满程度的缩绒作用,但不能过于激烈,否则易于出现毡化现象。如果羊毛的鳞片层因过度漂白、永久定形或剧烈化学试剂的作用而被破坏,皮质层就会裸露于外部,羊毛的耐光性变差,将严重影响其使用寿命。

2. 皮质层　皮质层是由皮质细胞通过细胞间质粘连而成,它是羊毛纤维的最主要组成部分,占羊毛总体积的 75%～90%。皮质层是由纺锤形细胞组成的,其主要成分是由谷氨酸、胱氨酸等组成的角质蛋白,又称为角朊,它决定着羊毛的主要物理（如粗细度、长度、断裂伸长、强度、弹性等）和化学性能。

角朊是 α-氨基酸缩合而成的链状大分子,大分子链间形成各种肽键,使角朊大分子具有网状结构。这些肽键的键能都不一样,它们易被拆散和重建,所以,羊毛的角朊分子,实际上是属于一种动态平衡的网状结构的大分子。

组成角朊分子的多缩氨基酸多以螺旋形式存在,属 α-螺旋构象,称为 α-型角朊。平均每两个螺旋圈中含 7 个 α-氨基酸单元,螺旋周期约为 0.51nm。在张力和湿热的条件下,纤维伸长,大分子链伸直,变成曲折的 β-型角朊,如果去掉张力,又可以回复到 α-型。α-型和 β-型可以相互转换,发生如下可逆变化：

$$(5-19)$$

α-型角朊　　　　β-型角朊

皮质细胞长 80～130μm,粗 2～5μm。羊毛纤维的皮质细胞一般分为两种,即结构相对疏松的 O 皮质细胞(又称正皮质细胞,ortho-cortical cell)和结构相对紧密的 P 皮质细胞(又称副皮质细胞,para-corteical cell),个别纤维中有时还含有介于两者之间的皮质细胞,但较为少见。在羊毛的同一横截面上,O 皮质细胞的含量比 P 皮质细胞多,且两种皮质细胞的构造不同。在优良品种的细羊毛中,两种皮质细胞分别聚集在毛干的两半边,并且沿纤维轴向互相缠绕,O 皮质细胞始终位于羊毛卷曲波形的外侧,而 P 皮质细胞则位于卷曲波形的内侧。O、P 皮质细胞的双侧异构分布结构,简称双侧结构,它形成了羊毛纤维的天然卷曲(图 5－11)。不同种类的羊毛纤维其 O、P 皮质细胞所占的比例以及分布差异极大,美利奴羊毛具有双侧结构(double side structure);马海毛的 O、P 皮质细胞呈轴向分布,O 皮质细胞处于中心。

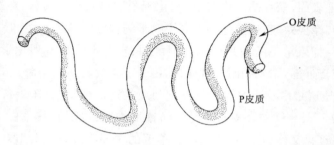

图 5－11　羊毛纤维的天然卷曲

O 皮质细胞含硫量较 P 皮质细胞的低,其吸湿性较强,对碱性染料的亲和力较强,易于染色,对生物酶和一些化学试剂的反应活泼性也较高。P 皮质细胞的含硫量较高,对化学试剂的反应性稍差,对酸性染料的亲和力较强。在某些粗长的羊毛纤维中,O 皮质细胞较集中于毛干的中央,P 皮质细胞呈环形分布于周围,这种羊毛很少甚至没有卷曲。

O 皮质细胞由大原纤组成,其直径为 2μm 左右。P 皮质细胞由微原纤直接组成,其直径为 20～50nm。在皮质细胞中,氨基酸大分子呈特殊规整排列,赋予了羊毛纤维优良的力学性能,而原纤之间的空隙则使得染料溶液等有可能进入细胞之间。

另外,在鳞片和皮质层之间有一层细胞间质,厚约 15nm,与纤维的耐磨性关系很大,其主要成分是非角质化蛋白质,染料和其他助剂一般能通过该层进入皮质层。

3. 髓质层　髓质层是由结构疏松、内部充有空气的薄膜细胞所组成,它们在纤维横截面上彼此联系成网状,细胞壁由疏密不等的角质物组成,髓质层可以贯通整根羊毛纤维,也有的羊毛纤维具有不连续的髓质层。细羊毛(如美利奴羊毛)中则几乎没有髓质层。不同类型羊毛的髓质层形状如图 5－12 所示。

羊毛中髓腔的存在或加大,使得皮质层体积减小,导致羊毛纤维的力学性能变差,甚至易出现脆断。因此,髓质腔越多越大,羊毛纤维的弹性和强度就越低,羊毛的品质越差,当髓质层占羊毛中腔 2/3 以上时,脆断更为明显,已无纺纱价值,称为死毛。

4. 细胞膜复合体　细胞膜复合体(CMC)是指两相邻细胞的细胞膜原生质和细胞间质所组成的整体,在羊毛的毛囊中形成,由活性细胞的细胞膜和细胞间质演化而来。它的含量虽然很

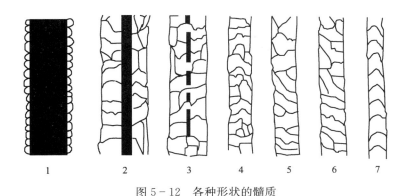

图 5-12 各种形状的髓质

1—死毛的髓层 2—有髓毛的髓层 3—两型毛的髓层 4、5、6、7—无髓毛

少,仅占羊毛质量的 3%~5%,但由于 CMC 以网状结构存在于整个羊毛结构中,是羊毛内部唯一连续的组织,因而对羊毛的力学性能起着至关重要的作用。

CMC 主要由下列三部分组成:一是柔软的、易溶胀的细胞胶黏剂即细胞间充填物(δ层),该部分有轻微交联的球状蛋白;二是类脂双分子结构(β层);三是处于球状蛋白和类脂结构之间的耐化学蛋白层,即惰性膜层。

(1)δ层。它主要由非角质化蛋白质构成。在构成蛋白质的氨基酸剩基中,胱氨酸剩基含量极低,而甘氨酸、酪氨酸、苯丙氨酸等带有疏水性侧基的氨基酸剩基含量最高。δ层的性质柔软,易于膨化,是 CMC 中较为薄弱的部分,其厚度约 15nm,但分布不均,细胞间的空隙均被其充填。

(2)β层。CMC 实质是由细胞的原生质派生而成,因此它保留了原生质膜的某些特征,具有双分子层脂膜的结构特征。β层约占羊毛质量的 1.5%,它们可以部分地溶解于甲酸和有机溶剂中。

(3)惰性膜层。惰性膜层是角质化蛋白质,它在整根羊毛中具有相近的胱氨酸剩基含量,并含有较多的赖氨酸剩基和谷氨酸剩基,具有较好的化学稳定性。皮质层中惰性膜层约占羊毛质量的 1.5%,在鳞片层中的惰性膜层含量稍高。

CMC 是羊毛除鳞片表层以外的内部脂质,CMC 的脂质分布占整个毛干纤维的 57%,是羊毛的主要结构脂质,占羊毛质量分数的 5%~7%,在鳞片和皮质细胞之间的 CMC 厚约 28nm。CMC 脂质与蛋白质结合形成脂蛋白,能围绕羊毛纤维形成一个连续的网状结构,起到对鳞片细胞之间、鳞片与皮质细胞之间的黏合作用。CMC 脂质与人表皮角质层脂质类同,其主要组分为:脂酰基鞘氨醇、胆固醇硫酸酯、胆固醇等。由于 CMC 是鳞片和皮质细胞的重要黏合剂,因此当羊毛受到各种物理化学因素影响时,也会导致羊毛中 CMC 含量的减少,结果会使鳞片细胞脱落,鳞片翘起。

二、羊毛的表观性状

1. 密度 羊毛的密度在天然纤维中最小,为 1.32g/cm³。无髓毛的相对密度可以认为是一个常数,由于有髓毛的髓质层充满空气,其密度比无髓毛稍大些。各种纤维的密度如图3-1所示。

2. 细度 羊毛的细度差异很大,最细羊毛的直径为$7\sim8\mu m$,粗羊毛直径可达$200\mu m$。同一根羊毛,不同位置的细度差异也可达$5\sim6\mu m$。羊毛纤维的横截面一般为椭圆形,其长短轴之比,细羊毛为$1\sim1.2$,半细羊毛为$1.05\sim1.5$,粗羊毛大于1.5。羊毛越细,纺成纱后截面不匀率越小,条干越均匀,当然,过细的羊毛纺纱时容易产生疵点。羊毛纤维的细度与手感、光泽、织物风格以及起球、耐磨性、强度等力学性能都有密切的关系。

3. 长度 羊毛存在自然卷曲,它的长度可分为自然卷曲长度(又称为毛丛长度)和伸直后长度。自然卷曲长度是毛丛两端间的直线距离,一般不特别注明的羊毛纤维长度就是指自然卷曲长度。我国细羊毛的长度为$55\sim90mm$,半细羊毛长度为$70\sim150mm$,粗羊毛长度为$60\sim400mm$。

4. 卷曲度 沿羊毛纤维长度方向,存在周期性的自然弯曲,一般以每厘米长羊毛的卷曲个数来表征羊毛卷曲的程度,称为卷曲度。

羊毛纤维的各种卷曲形态如图5-13所示,可以分为7种类型:(a)~(c)是弱卷曲,其卷曲弧度小于半圆,属浅平波形,卷曲数少,半细羊毛多属此类;(d)为正常卷曲波形,波形的弧度接近或等于半圆,其卷曲对称于中心线,美利奴羊毛和我国良种羊毛都属此类,其品质优良,多用于精纺,纺制表面光洁的毛纱;(e)~(g)属高卷曲纤维,每个卷曲的弧度都超过半圆,该类羊毛不适于精纺,而适于粗纺系统,制成的呢面绒毛丰满,有弹性。羊毛的卷曲形态对羊毛纺织加工和成品的品质有较大影响,卷曲度和卷曲的形状与毛纱的柔软性及弹性等有关。某些具有三维空间卷曲形态的羊毛,如螺旋形弯曲的羊毛,缩绒性不好,成品手感松散,质量较差。

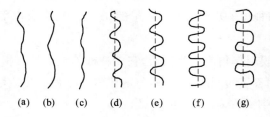

(a)　(b)　(c)　(d)　(e)　(f)　(g)

图5-13　羊毛纤维的各种卷曲形态

羊毛按其形态结构的特点,主要可分为细绒毛、粗毛、两型毛和死毛等,其特点简述如下:

(1)细绒毛。其直径在$30\mu m$以下,无髓质层,鳞片密度较大,纤维较短,卷曲多,光泽柔和,具有良好的纺织性能,是最有价值的毛纺原料。

(2)粗毛。其直径在$52.5\mu m$以上,有连续的髓质层,外形粗长,卷曲少,光泽强。粗毛的纺织性能较差。

(3)两型毛。两型毛又称中间毛或过渡毛,直径在$30\sim52.5\mu m$,有断续的髓质层,粗细差异较大,粗的部分似粗毛,细的部分如细绒毛,我国没有完全改良好的羊种,其羊毛多属这种类型。

(4)死毛。除鳞片层外,死毛几乎全为髓质层,强度和弹性很差,呈枯白色,没有光泽,也不易染色,没有纺织价值。

三、羊毛的近程结构

在羊毛纤维的元素组成中,除碳、氢、氧、氮之外,还含有一定量的硫,各元素的含量因羊毛的品种、饲养条件、体体部位等不同而有一定的差异,其中以硫含量的变化较为明显。羊毛的细度不同,含硫量不同,随羊毛直径的增大含硫量减少。在一根羊毛中,鳞片含硫量最高,皮质层次之,髓质层最低。在皮质层中,P 皮质细胞的含硫量高于 O 皮质细胞。

从表 5-1 可明显看出,在羊毛蛋白质的氨基酸组成中,二羧基氨基酸和二氨基氨基酸的含量较高,其次是含硫氨基酸,尤其是胱氨酸的含量很高。因此,在羊毛蛋白的肽键之间和同一肽链之中,除氢键外,还存在较多数量的盐键和二硫键,如图 5-14 所示。

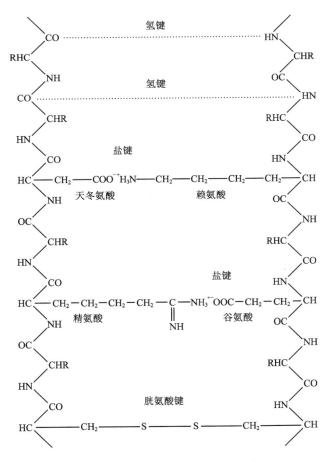

图 5-14　羊毛角蛋白大分子结构示意图

四、羊毛的远程结构

羊毛蛋白分子链的构象是比较复杂的,在羊毛蛋白的分子链中,一般具有 α-螺旋构象。从羊毛纤维的微结构来看,羊毛纤维的蛋白质是由 α-角蛋白大分子链叠加而成的。

α-角蛋白大分子链是由大量 α-氨基酸以一定顺序首尾连接而形成的多肽链,多肽链如同沿着圆柱体的表面呈螺旋形卷绕形成具有 α-螺旋构象的角蛋白大分子。但并不是所有羊毛蛋白的分子链都呈螺旋构象,它只存在于约 50% 的低硫蛋白的多肽链中,高硫蛋白的多肽链是无规卷曲的。

羊毛在有水分存在下拉伸,当伸长率达到 20% 以上时,肽链的螺旋构象开始转变;当伸长率达到 35% 时,转变明显;伸长率达到 70%,完全转变成 β-构象(肽链的伸直状态构象)。放松后,肽链的构象发生可逆变化,最后恢复到螺旋的 α-构象。在拉伸状态下,如能在多肽键之间建立起新的稳定交联键,则有阻止肽链构象回复的作用,能使羊毛纤维较长久地保持在伸长后的状态。

五、羊毛的聚集态结构

如前所述,羊毛纤维的主体是皮质层,它由纺锤形皮质细胞组成。羊毛蛋白的多肽链在皮质细胞中的聚集状态非常复杂。一般认为,低硫蛋白质的多肽链具有 α-螺旋结构,3~7 条具有 α-螺旋结构的多肽链如绳索状相互捻合而成为基本原纤,其直径为 1~3nm,多肽链之间由次价键相连。11 根基本原纤较规整地排列在一起组成微原纤,微原纤直径为 10~50nm,其中含有 1nm 左右的缝隙和空穴。由许多结晶性微原纤和基质组成棒状大原纤,大原纤的直径为 100~300nm。各种原纤都包埋在基质中,形成皮质细胞。基本原纤和微原纤的结构如图 5-15 所示。

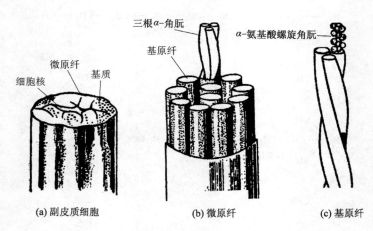

(a) 副皮质细胞   (b) 微原纤   (c) 基原纤

图 5-15 皮质细胞、微原纤和基本原纤模型图

六、羊毛纤维的性能

1. 吸湿性和水的作用 羊毛的吸湿性较强,在一般情况下,其含水量为 8%~14%,标准回潮率为 14%,公定回潮率为 15%,相对湿度为 60%~80% 时的回潮率可高达 18%,高于其他纺织纤维。在非常潮湿的空气中,羊毛吸收水分高达 40%,而手感并不觉得潮湿。羊毛纤维吸水性高的原因,一方面在于角质蛋白分子中含有亲水性的羟基(—OH)、氨基(—NH$_2$)、羧基(—COOH)和酰氨基(—CONH—)等;另一方面,羊毛是一种多孔性纤维,具有毛细管作用,所

以水分易被吸入纤维孔隙中或较易吸附在纤维表面。

羊毛纤维一般不溶于水，单纯的吸湿溶胀并不引起纤维分子结构的变化，但是在较剧烈条件下，水也会与羊毛纤维起化学反应，主要使蛋白质分子的肽键水解，从而导致力学性能的变化。在80℃以下的水中，羊毛纤维受影响较小，短时间汽蒸也无严重损害。随着处理温度提高和时间的延长，羊毛损伤也逐渐加重，如将羊毛置于 $90\sim110℃$ 的蒸汽中处理 3h、6h、60h，其质量损失分别为 18%、23%、74%；蒸汽温度为 $200℃$ 时，羊毛几乎完全溶解。

在沸水中经较长时间处理，羊毛蛋白中的二硫键可遭到破坏，其反应如下：

$$
\begin{array}{c}
\text{O=C} \quad \quad \quad \quad \quad \quad \quad \quad \quad \text{N—H} \\
\text{CH—CH}_2\text{—S—S—CH}_2\text{—CH} \quad \xrightarrow{\text{H}_2\text{O}} \\
\text{H—N} \quad \quad \quad \quad \quad \quad \quad \quad \quad \text{C=O}
\end{array}
\tag{5-20}
$$

$$
\begin{array}{c}
\text{O=C} \quad \quad \quad \quad \quad \quad \quad \quad \text{N—H} \\
\text{CH—CH}_2\text{—SOH + HS—CH}_2\text{—CH} \\
\text{H—N} \quad \quad \quad \quad \quad \quad \quad \quad \text{C=O}
\end{array}
$$

生成的 $—CH_2—SOH$ 不稳定，可释放出 H_2S 而本身变为醛基：

$$
\begin{array}{c}
\text{O=C} \quad \quad \quad \quad \quad \quad \text{O=C} \quad \quad \text{O} \\
\text{CH—CH}_2\text{—SOH} \longrightarrow \quad \text{CH—C} \quad \text{+H}_2\text{S} \\
\text{H—N} \quad \quad \quad \quad \quad \quad \text{H—N} \quad \quad \text{H}
\end{array}
\tag{5-21}
$$

它也可以与邻近的氨基反应，生成新的共价交联键，以赖氨酸的氨基为例，反应如下：

$$
\begin{array}{c}
\text{O=C} \quad \quad \quad \quad \quad \quad \quad \quad \quad \text{N—H} \\
\text{CH—CH}_2\text{—SOH + H}_2\text{N—(CH}_2)_4\text{—CH} \quad \xrightarrow{-\text{H}_2\text{O}} \\
\text{H—N} \quad \quad \quad \quad \quad \quad \quad \quad \quad \text{C=O}
\end{array}
\tag{5-22}
$$

$$
\begin{array}{c}
\text{O=C} \quad \quad \quad \quad \quad \quad \quad \quad \quad \text{N—H} \\
\text{CH—CH}_2\text{—S—NH—(CH}_2)_4\text{—CH} \\
\text{H—N} \quad \quad \quad \quad \quad \quad \quad \quad \quad \text{C=O}
\end{array}
$$

所以，羊毛在沸水中处理时，随着处理时间延长，羊毛中硫及胱氨酸含量会逐渐降低，见表 5-4。

表5-4 羊毛在沸水中处理时含硫量及胱氨酸含量的变化情况

处理时间/天	羊毛溶解/%	硫含量/%	胱氨酸含量/%
0	0	3.65	10.6
0.5	1.0	3.44	9.4
1	4.0	3.33	8.6
2	7.3	3.11	7.5
4	10.7	3.07	6.9
8	37.2	2.66	4.6

2. 拉伸与回复性能 将羊毛纤维的拉伸曲线与其他纤维相比较可以看出,羊毛纤维的拉伸强度是常用天然纤维中较低的。一般,羊毛线密度越小,髓质层越少,其强度越高。由图5-16可见,羊毛纤维的初始模量比较低,屈服应力和断裂强度小,但断裂伸长率却是常用天然纤维中最大的,断裂功也比较大,因而羊毛在很小的应力下,即可产生较大的形变,尤其是在超过屈服应力时,更是如此。

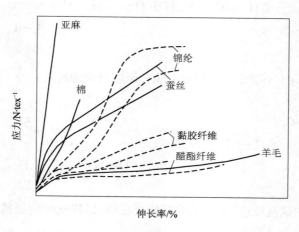

图5-16 一些纤维的强度与拉伸曲线

羊毛是吸湿性很强的纤维,随着相对湿度的变化,其拉伸性能也同时发生一定的变化,当相对湿度增大时,纤维的初杨氏模量、屈服点、断裂强度都发生下降,而断裂伸长率有所增加。

除相对湿度外,温度对羊毛的拉伸性能也有一定影响。湿羊毛随着温度升高,屈服应力和断裂强度皆明显下降,而断裂伸长率稍有增加,所以在湿热条件下,羊毛的拉伸定型容易进行,并有较好的效果。

羊毛从拉伸形变中回复的性能比较突出,一般条件下仅次于锦纶,而优于其他纺织纤维,特别是在低形变量时,羊毛的回复性能最好。由于羊毛具有优良的弹性,所以毛织物穿着挺括,不易起皱。

羊毛的拉伸和回复性能与其分子结构及聚集态结构有关。羊毛的多肽链是卷曲的,并具有螺旋构象,肽链之间存在着各种次价键包括二硫键,当受到外力拉伸时,螺旋状的 α-构象可以

转变成伸直的 β-构象,肽链之间的交联键能阻止分子链之间的相对滑移,所以,羊毛既具有较大的延伸性能,又具有良好的回复性能。

许多学者认为,羊毛在有水分存在下拉伸,当伸长率超过 20％ 时,其分子构象开始转变,趋于伸直;当伸长率达到 35％ 时,转变明显;当伸长率达到 70％ 时,α-螺旋则完全转变为伸直链(β-折叠链)。E. G. Bendit 及 Hideaki Munakata 通过 X 射线衍射技术研究表明,α-β 构象转变在伸长率小于 5％ 时已经开始进行。M. Spei 等通过 DSC 技术研究人发的拉伸,结果表明,即使在比较高的伸长率(如 80％ 以上)时,仍有相当数量的 α-角蛋白存在。放松后,分子构象产生可逆变化,最后回复到 α-螺旋构象。在拉伸中,如果多肽链间形成新的稳定交联键,则能阻止分子构象的回复,使羊毛纤维较长久地保持在伸长后的状态,即显示定形效果。

3. 可塑性　羊毛在加工过程中常受到拉伸、弯曲、扭转等各种外力作用,使纤维原来的形态发生改变。由于羊毛具有良好的弹性,纤维力图回复到原来形态,因此在纤维内部产生了各种应力。这种内应力需要在相当长的时间内逐渐衰减直至消除,常给羊毛制品的加工造成困难,也是造成羊毛制品在加工和使用过程中尺寸与形态不稳定的因素之一。羊毛的可塑性是指羊毛在湿热条件下,可使其内应力迅速衰减,并可按外力作用改变现有形态,再经冷却或烘干使形态保持下来的性能。

羊毛的可塑性与其多肽链构象的变化、肽链间次价键的拆散和重建密切相关。例如,将受到拉伸应力的羊毛纤维在热水或蒸汽中处理很短时间,然后除去外力并在蒸汽中任其收缩,纤维能够收缩到比原来的长度还短,这种现象称为"过缩"(hyper-shrink)。产生这种现象的原因,是外力和湿热作用使肽链的构象发生了变化,原来的次价键被拆散,但因处理时间很短,尚未在新的位置上建立起新的次价键,多肽键可以自由收缩,故产生过缩。若将受到拉伸应力的羊毛纤维在热水或蒸汽中处理稍长时间,除去外力后纤维并不回复到原来长度,但在更高的温度条件下处理,纤维仍可收缩,这种现象称为"暂定"(temporary setting)。产生这种现象的原因,是次价键被拆散后,在新的位置上尚未全部建立起新的次价键或次价键结合得尚不稳固,只能使形态暂时稳定,遇到适当的条件仍可回缩。如果将伸长的羊毛纤维在热水或蒸汽中处理更长时间,如 1～2h,则外力去除后,即使再经蒸汽处理,也仅能使纤维稍微收缩,这种现象称为"永定"(permanent setting)。这是由于处理时间较长,次价键被拆散后,在新的位置上又建立起新的、稳固的次价键,使多肽链的构象稳定下来,从而能阻止羊毛纤维从形变中回复原状,所以产生永定。

毛织物的定型就是利用羊毛纤维的可塑性,将毛织物置于一定的温度、湿度及外力作用下处理一定时间,通过肽链间次价键的拆散和重建,使其获得稳定的尺寸和形态。此外,毛织物在染整加工过程中的煮呢、蒸呢、电压和定幅烘燥等都具有定型的作用,它们的定型作用究竟属于暂定还是永定,要看定型的条件和效果,两者并没有截然的界限。毛料服装的熨烫也是利用羊毛的可塑性,即在湿、热和压力作用下,使服装变得平整无皱,形成的褶裥也可保持较长时间。

由此可见,在羊毛的定型过程中存在三个重要的现象,即过缩、暂定和永定,它们反映了羊毛定型过程对温度、时间的依赖性。

4. 缩绒性　羊毛在湿、热条件下经外力的反复作用,纤维之间互相穿插纠缠,纤维集合体逐渐收缩变得紧密,这种性能称为羊毛的缩绒性(felting)。在天然纺织纤维中,只有羊毛具有这一特性。

羊毛的缩绒性主要是由于其表面有鳞片结构,纤维移动时,顺鳞片方向和逆鳞片方向的摩擦系数不同(两者之差称为定向摩擦效应,directional friction effect,D. F. E.),在反复的外力作用下,每根纤维都带着与它缠结在一起的纤维向着毛根的指向缓缓蠕动,从而使纤维紧密纠缠毡合。此外,羊毛的高度拉伸与回复性能以及羊毛纤维具有的稳定卷曲,也是促进羊毛缩绒的因素。

毛纺工业利用羊毛的这一特性,将毛织物在湿热状态下经机械力的反复作用,使纤维间相互穿插纠缠,从而使织物的长度和幅宽收缩,厚度增加,表面露出一层绒毛,从而获得外观优美、手感柔厚丰满和保暖性较好等效果。这一加工工序称为缩绒或缩呢。

5. 导电性能　干净的干羊毛是电的不良导体,有很大的比电阻。但是,实际环境中,由于羊毛纤维本身含有电解质,在其表面的和毛油也含有电解质,因而羊毛纤维的比电阻随着这些电解质种类和数量的不同而不同,故其所表现的导电性能也不同。此外,羊毛纤维的导电性能还与环境湿度相关。一般而言,当回潮率在 13%～16% 时,回潮率每增加 2%,羊毛的导电性能增加 8～10 倍,如图 5-17 所示。

6. 耐热性　羊毛纤维在 100～150℃ 下加热时,可使它的水分完全蒸发,此时其手感变得粗硬,强力明显下降。长时间受热可使羊毛纤维分解、变黄。在 130℃ 干热的条件下,也可使羊毛纤维分解,205℃ 时可使羊毛纤维发焦,300℃ 可使其燃烧。若在 100℃ 下处理时间超

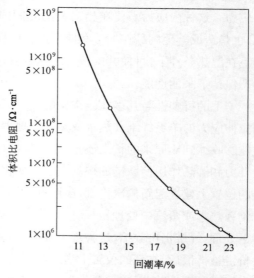

图 5-17　羊毛回潮率与体积比电阻的关系

过 48h,羊毛的角质蛋白将会分解。所以,散毛和毛织品的烘干温度不宜超过 100℃。

7. 耐光性　在天然纤维中,羊毛是耐晒性能较好的纤维,但在长时间的日光照射下,羊毛纤维也会遭受不同程度的破坏。这种破坏是由于二硫键被裂解而使胱氨酸氧化分解为半胱氨酸,然后发生水解而造成的。日光照射可使羊毛纤维的相对分子质量降低,颜色变黄,失去光泽,使强度及弹性降低,手感粗硬。试验表明,羊毛纤维经日光照射 1100h 后,其强力降低 50%。

8. 耐碱性　羊毛对碱非常敏感,很容易被碱溶解。主要因为碱不仅能拆散肽链间的盐键,还可催化肽键水解,影响这种水解作用的因素主要是碱的种类、浓度、作用温度和时间以及电解质的总浓度等。在其他条件相同时,苛性碱的作用最为强烈,而碳酸钠、磷酸钠、焦磷酸钠、硅酸钠、氢氧化铝以及肥皂等弱碱性物质对羊毛的作用较为缓和,如果条件控制得好,可不致造成羊毛纤维明显的损伤。

羊毛在不同浓度氢氧化钠溶液中于 100℃ 处理 1h 以及在 0.065mol/L 的氢氧化钠溶液中于 65℃ 处理不同时间，被溶解的羊毛百分率如图 5-18、图 5-19 所示。

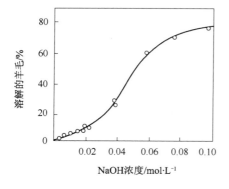
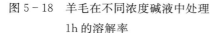

图 5-18　羊毛在不同浓度碱液中处理
1h 的溶解率

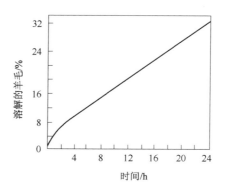

图 5-19　羊毛在 0.065mol/L 的 NaOH
溶液中处理不同时间的溶解率

由图可明显看出，羊毛在氢氧化钠溶液中，随着碱液浓度增加及作用时间的延长，其溶解率变大。受到损伤的羊毛，在碱液中的溶解率比正常的羊毛要大，因而可用羊毛在碱中的溶解百分率来测定羊毛受损伤的程度。标准的方法是以 0.1mol/L 的氢氧化钠溶液，在 65℃ 处理 1h，未受损伤的羊毛溶解率为 10%～12%。这个方法也可以用来测定羊毛蛋白中交联键的数量。但当二硫键被更为稳定的交联键代替时，碱溶解的百分率会因之而降低。新交联键的形成，有助于羊毛纤维形态的稳定。这可以说明羊毛在碱性溶液中处理时，纤维含硫量降低到一定程度后，即使再延长作用时间，纤维形态也基本上保持不变的原因。同时，由于二硫键断裂和新交联键形成，羊毛在碱液中处理时虽然胱氨酸的含量大为减少，但纤维的干强却没有明显减弱，只有当羊毛蛋白发生相当部分水解后干强才相应地降低。

9. 耐酸性　羊毛是一种耐酸性较好的纤维。酸对羊毛的破坏作用主要是影响蛋白质的盐键及对肽键的破坏。低浓度的酸主要作用是破坏盐键，对羊毛的化学结构和物理性质不会造成不可逆的破坏，即使在较高的温度和较长的作用时间下，都不会产生严重的后果。高浓度的酸在常温和较短时间的作用下，也不会对羊毛的强度产生明显的影响。甚至在浓度高达 80% 的硫酸溶液中短时间处理（不加热条件下），羊毛的强力也几乎不受损伤。羊毛在 1mol/L HCl 溶液，于 80℃ 处理不同时间，纤维发生的变化如表 5-5 所示。

表 5-5　羊毛在 1mol/L HCl、80℃ 下处理所发生的变化

处理时间/h	0	1	2	4	8
含氮量/%	16.5	15.4	16.0	15.1	14.8
胱氨酸含量/%	11.2	12.1	12.9	12.5	12.4
结合酸的能力/mg·100g⁻¹	0.82	0.88	0.95	1.03	1.12
肽键的水解/%	0.00	0.92	2.58	4.74	35.70

处理时间/h	0	1	2	4	8
纤维的溶解/%	—	0.3	3.6	18.1	52.6
干强力保持/%	100	83	75	51	4
湿强力保持/%	100	78	49	10	5

此外,有机酸对羊毛的作用比无机酸更弱些,因此甲酸、乙酸等被广泛应用于羊毛的化学处理工艺中。

10. 耐氧化剂作用　羊毛对氧化剂是非常敏感的。氧化剂对羊毛的破坏作用主要是使肽链间的交联受到破坏,另外还可能使蛋白质大分子中的肽键水解。氧化剂的作用主要集中在含硫氨基酸剩基部分,但羊毛蛋白质中的其他部位,如二硫键、咪唑基等也可与氧化剂反应。氧化剂对羊毛的破坏程度取决于氧化剂的种类、浓度、溶液的 pH 值、处理时间、温度等因素对羊毛具有影响的氧化剂主要包括含卤素氧化剂、过氧化氢(H_2O_2)、高锰酸钾($KMnO_4$)及重铬酸钾($K_2Cr_2O_7$)等。

含氯氧化剂对羊毛的作用很强烈,会使羊毛变黄、强度降低,不适合用于羊毛的漂白。含卤素氧化剂能使羊毛降低缩绒性,如采用氯化法进行毛条或毛织物的防毡缩整理,但对羊毛强力损伤较大、处理后织物易泛黄。此外,处理过程中所产生的有机卤化物 AOX 会严重污染环境,与"生态纺织"概念相违背。溴与羊毛的作用与氯相似,而碘的活泼性较低,对羊毛的损伤较小。H_2O_2 对羊毛的强力影响较小,常用于羊毛的漂白。但如果条件控制不当,也会造成羊毛纤维的严重损伤。这与 H_2O_2 的浓度、处理温度和时间,尤其是与溶液的 pH 值有关;而铜、镍等金属离子的存在对 H_2O_2 起到催化作用,会加速其对羊毛纤维的氧化作用。用 $KMnO_4$ 溶液处理羊毛时,$KMnO_4$ 与羊毛纤维发生氧化反应,生成褐色的 MnO_2 沉积在羊毛表面,而后用还原剂对处理后的羊毛进行还原清洗,将 MnO_2 去除,这一类化学改性的方法被称为高锰酸钾法。$KMnO_4$ 可破坏羊毛分子中的二硫键,也有可能使肽键断裂。反应中二硫键、肽键被氧化发生断裂后,新生成的—SO_3H、—$COOH$、—NH_2 等亲水基会产生吸水作用,使鳞片充分膨化变软而变形,鳞片被部分去除,导致顺逆摩擦系数差值减小,达到防毡缩的目的。经过 $KMnO_4$ 处理的羊毛延伸性增加,而回缩能力下降,且手感柔软,同时羊毛上的色素也被高锰酸钾氧化,提高了羊毛的白度。反应如式(5-23)所示。

$$\begin{array}{c} \overset{\displaystyle |}{\underset{\displaystyle |}{\text{CO}}} \\ \text{HC—CH}_2\text{—S—S—CH}_2\text{—CH} \\ \overset{\displaystyle |}{\underset{\displaystyle |}{\text{NH}}} \end{array} \quad\xrightarrow{KMnO_4}\quad 2\,\begin{array}{c} \overset{\displaystyle |}{\underset{\displaystyle |}{\text{CO}}} \\ \text{HC—CH}_2\text{—SO}_2 \\ \overset{\displaystyle |}{\underset{\displaystyle |}{\text{NH}}} \end{array} \quad\xrightarrow{\text{水解}}\quad 2\,\begin{array}{c} \overset{\displaystyle |}{\underset{\displaystyle |}{\text{CO}}} \\ \text{HC—CH}_2\text{—SO}_3 \\ \overset{\displaystyle |}{\underset{\displaystyle |}{\text{NH}}} \end{array}$$

$$(5-23)$$

重铬酸盐长期以来被用于羊毛的染色,在媒染剂中,Cr^{6+} 溶液通过与羊毛角质蛋白中的胱氨酸、酪氨酸和赖氨酸的剩基发生氧化反应,被还原为 Cr^{3+},在羊毛角蛋白和染料之间形成稳定的络合物,从而达到提高染色湿处理牢度的目的。媒染处理后,必须将羊毛充分水洗,除去羊毛上残余的重铬酸盐,防止羊毛进一步被氧化损伤。

11. 耐还原剂作用 还原剂对羊毛的破坏性较小,几乎只限定在与二硫键反应,在碱性介质中作用较为剧烈,在酸性条件下破坏较小。常用的有效还原剂包括硫化钠(Na_2S)、亚硫酸氢钠($NaHSO_3$)、连二亚硫酸钠($Na_2S_2O_4$)、巯基乙酸($HSCH_2COOH$)等。

羊毛用硫化钠处理时,由于水解生成碱,纤维发生较强的溶胀,使还原反应更易进行。当硫化钠的浓度为 1%,在 $65℃$ 时处理羊毛纱,纤维会遭到明显的损伤,作用 $30min$ 后其质量损失可达 50%,含硫量从 3.16% 下降到 3.04%。反应如下:

$$Na_2S + H_2O \rightleftharpoons NaOH + NaHS \tag{5-24}$$

$$\begin{array}{c} | \\ CO \\ | \\ CH-CH_2-S-S-CH_2-CH \\ | \\ NH \end{array} \xrightarrow[OH^-]{NaHS} \begin{array}{c} | \\ CO \\ | \\ 2CH-CH_2-S^- \\ | \\ NH \end{array} \tag{5-25}$$

因有大量的 P—S⁻("P"代表多肽链)生成,并存在于膜内,促使更多的 Na^+ 进入纤维内部,使纤维发生剧烈溶胀,$NaOH$ 还能使肽键水解。所以,经 Na_2S 处理后羊毛的失重率很高,在较高的温度下,可使羊毛全部溶解。当然,生成的半胱氨酸离子剩基还可与二氨基氨基酸中的自由氨基作用生成新的交联键。

羊毛与酸式亚硫酸盐的作用,具有较为重要的实际意义,如应用于羊毛漂白、羊毛纤维的定型以及羊毛经高锰酸盐防缩处理后除去残留在纤维上的二氧化锰等。在条件缓和时,酸式亚硫酸盐可不使羊毛中的二硫键遭到明显破坏;但在较剧烈条件下,二硫键可被还原,其反应如下:

$$\begin{array}{c} | \\ CO \\ | \\ CH-CH_2-S-S-CH_2-CH + NaHSO_3 \\ | \\ NH \end{array} \longrightarrow \begin{array}{c} | \\ CO \\ | \\ CH-CH_2-SH + NaO_3-S-S-CH_2-CH \\ | \\ NH \end{array}$$

$$\tag{5-26}$$

此外,还原剂巯基乙酸在碱性溶液中,可与羊毛的二硫键发生如下反应:

$$\begin{array}{c} | \\ CO \\ | \\ CH-CH_2-S-S-CH_2-CH + 2HSCH_2COOH \\ | \\ NH \end{array} \longrightarrow \begin{array}{c} | \\ CO \\ | \\ 2CH-CH_2-SH + (SCH_2COOH)_2 \\ | \\ NH \end{array}$$

$$\tag{5-27}$$

此反应与溶液的 pH 值有很大关系。如图 5−20 所示,当溶液的 pH 值为 2～6 时,羊毛中的胱氨酸含量几乎是不变的,而当 pH 值大于 6 时,胱氨酸的含量开始下降。在还原反应中所形成的巯基是很不稳定的,很容易被再氧化成二硫键。此外,巯基还可与二官能度的化合物如二卤代烷基作用,生成—S—R—S—类型的共价交联键,R 基可为—CH₂—到—CH₂(CH₂)₄CH₂ 等系列烷基。还原剂中除巯基乙酸外,人们还研究过不少其他还原剂,如亚硫酸氢钠与甲醛结合使用,可形成—S—CH₂—S—结构的共价交联键。

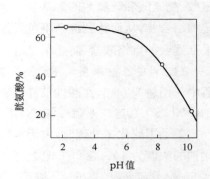

图 5−20　羊毛胱氨酸含量与 pH 值的关系(0.2mol/L 巯基乙酸,35℃,20h)

上述二硫键经还原拆散后,引入 R 基所形成的新共价交联键是相当稳定的,如在碱液中溶解度明显降低,以 0.1mol/L NaOH 在 65℃下处理 1h,建立了新交联键的羊毛,其失重仅 2%～3%,而原来羊毛的质量损失可高达 10%～20%。除形成这种新的交联键外,尚可利用羊毛蛋白质中其他可反应性基团与多官能度化合物作用,生成新的比较稳定的交联键。

连二亚硫酸钠($Na_2S_2O_4$)常用作羊毛的还原漂白剂,用它漂白羊毛时,其二硫键也受到一定程度的破坏,生成巯基(—SH)。可通过测定羊毛在碱溶液中的溶解百分率,来判断 $Na_2S_2O_4$ 对羊毛的破坏程度。另外,在还原反应中所形成的—SH 很不稳定,将其较长时间暴露在空气中或以强氧化剂如过氧化氢处理,很容易再次被氧化形成二硫键。

12. 染色性能　羊毛染色多采用酸性染料、中性染料及酸性媒染染料。由于羊毛属于蛋白质纤维,具有两性性质,羊毛的等电点为 4.2～4.8。当染液 pH 值等于或高于羊毛等电点时,羊毛纤维不带电荷或带有一定的负电荷,染料与纤维之间不能形成离子键结合,主要是以范德瓦尔斯力和氢键作用上染纤维,所以染色湿牢度差,中性染料上染羊毛就是这种情况。当染液 pH 值低于羊毛等电点,阴离子染料与带有正电荷的羊毛纤维之间形成离子键结合,这就是酸性染料上染羊毛主要存在的键合力。酸性媒染染料通过使用媒染剂(如重铬酸钾),在纤维、金属离子和染料之间形成络合物,以达到提高其染色湿牢度的目的。但染色过程常排放较多的含铬废水,给环境造成严重污染。

其次,活性染料可以通过活性基团与羊毛纤维之间形成共价键交联。由于染料与羊毛纤维间形成共价键结合,使用活性染料上染羊毛,其固色率、色牢度等指标都得到显著提高。根据活性染料具有活性基团的类型不同,染料与毛纤维的染色反应主要分为亲核取代和亲核加成两类。

除此之外,可以借助葡萄糖为还原剂,在适当 pH 值条件下很好地实现硫化染料上染羊毛,且织物得色浓艳、色牢度高。采用新型交联剂,封闭羊毛上的极性基团,可完成分散染料对羊毛的上染。

在实际生产加工中,由于羊毛的结构特征,其纤维表面存在鳞片层,对羊毛染色性能起到一定负面影响。主要表现在两个方面:一方面,鳞片层的存在,妨碍了染料向羊毛纤维内部的扩散,对染料的吸附上染起到阻碍作用;另一方面,羊毛鳞片的最外层含有很薄的疏水层,润湿性能差,使得羊毛纤维不易被染液浸湿,也阻碍了染料的吸附和扩散,染色残液中染料浓度较高,给污水处理带来沉重的负担。为了改善羊毛的染色性能,可以在羊毛染色前进行剥鳞处理。

第三节　蚕丝纤维

蚕丝(silk)具有柔和悦目的光泽、平滑柔软的手感、轻盈美丽的外观,其吸湿性好,穿着滑爽舒适,蚕丝的这些优良性质是任何其他纺织纤维无法相比的。蚕丝是高档纺织原料之一,历来被誉为纤维"皇后"。我国是世界上最早种桑、养蚕、缫丝、织绸的国家,迄今已有六千多年的历史。

蚕有家蚕和野蚕两大类。家蚕在室内饲养,以桑树叶为饲料,吐出的丝称为桑蚕丝或家蚕丝(俗称真丝);野蚕在野外饲养,吐出的丝分别有柞蚕丝、木薯蚕丝、蓖麻蚕丝、樟蚕丝等之分。蚕丝中以桑蚕丝(Bombyx Mori silk)的产量最高,应用最广,其次是柞蚕丝(Tussah silk)。本节重点讨论桑蚕丝。

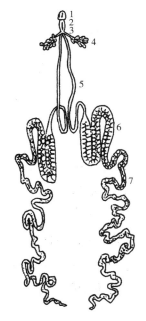

图 5-21　家蚕绢丝腺
1—吐丝部　2—压丝部　3—回合部
4—黏液部　5—前部丝腺
6—中部丝腺　7—后部丝腺

一、蚕丝的形成和形态

蚕的一生由卵、幼虫、蛹和成虫四个阶段组成。幼虫一般称为"蚕儿"。蚕儿的一生要脱皮四次,即有五个龄期。一龄的小蚕儿又称蚁蚕,五龄结束时称熟蚕,在蚕儿的食管下面有一对用以形成蚕丝的半透明的管状腺体分别在蚕体的两侧,称为绢丝腺。当蚕儿成为熟蚕时,蚕体内的一对绢丝腺已发育成熟。绢丝腺的后端是闭塞的,整个腺体由后部丝腺、中部丝腺、前部丝腺和吐丝部(包括回合部、压丝部和吐丝口)等几部分组成。如图 5-21 所示。蚕丝是蚕体内绢丝腺分泌出的丝液经吐丝口吐出后凝固而成的纤维,称为茧丝(cocoon silk)。绢丝腺的各个部分在将储存于腺体中的液状绢转变成蚕丝的过程中起着不同的作用。后部丝腺分泌丝素物质,并由蚕儿体壁肌肉的收缩向前推进至中部丝腺,中部丝腺分泌丝胶,包覆于丝素的表面。达到前部丝腺时,丝素在内,丝胶在外,在经过黏液腺、回合部,使左右两侧的两组绢丝液汇合,由于吐丝部的压缩作用及蚕儿头部摆动的牵引力,液状绢丝液从蚕儿口中排出体外时,在前部空气中凝固硬化成一根蚕丝。

蚕儿老熟吐丝结茧时,先在蚕蔟上寻找适当的位置,吐出一些丝缕攀绕在蚕蔟上,作为结茧的骨架,然后吐出一些凌乱的丝圈,做成初步具有茧子轮廓的茧衣。接着开始以有规则的形式进行吐丝,每吐出 15～20 个丝圈,更换一次吐丝位置,很多丝圈的相互重叠,构成茧层。吐丝终了时,吐丝形式变得无规则,丝缕细弱而排列紊乱,构成蛹衣(或蛹衬),吐丝结茧到此完成。

蚕茧主要分为三层,外层为茧衣,中间为茧层,靠近蚕蛹体的部分为蛹衬。茧层的丝粗细均匀,约占全部丝质量的 70%～80%,经缫丝而获得的长丝称为生丝,可直接用于织造。茧衣、蛹衬的丝细而脆弱,不能缫丝,可作绢纺原料。每一根茧丝由两根主体为丝素的平行单丝组成,丝素的外面被丝胶包围。桑蚕丝单丝的横截面大略呈三角形,三边相差不大,角略圆钝,如图 5-22 所示。越靠里层的茧丝,其单丝的横截面越扁平。脱胶以后的桑蚕丝素纤维纵向具有光滑均匀的棒状外观。

柞蚕茧与桑蚕茧有所不同,柞蚕茧个大、色深、呈黄褐色,并有茧柄以适宜在柞树枝条上缠绕。柞蚕丝也是由两根丝素为主体的单丝合并而成,但其单丝的截面三角形更趋于狭长扁平,呈锐角三角形或楔形而不规整,纵向有卷曲和条纹。单丝上有较多的毛细孔,越靠近纤维中心越粗。柞蚕丝横截面如图 5-23 所示。

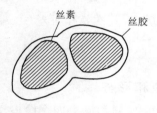

图 5-22　蚕丝的横截面

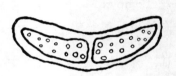

图 5-23　柞蚕丝的横截面

一个蚕茧的丝长为 1 300～1 500m,平均线密度为 3.1dtex,平均当量直径为 17.4μm。若去掉丝胶,则一根丝素的线密度为 1.1dex 左右,横截面积为 87.2μm²。

普通的蚕吐丝,开始时线密度约为 3.3dtex,缓慢加粗,到 200～300m 时,可达 3.9dtex,以后再缓慢变细,直至约 1.7dtex。

生丝的相对密度为 1.33 左右,一般在 1.25～1.37,远低于计算值 1.45,因为蚕丝吐出时会有水分脱出,形成很多小孔和间隙,使结构疏松,所以蚕丝是一种多孔性物质。

二、蚕丝的组成和结构

1. 蚕丝的组成　蚕丝除了丝素和丝胶两种蛋白质外,还含有少量脂蜡、色素、碳水化合物和无机物等其他组分,主要存在于丝胶中,其含量随蚕的品种、饲养条件等不同而变化。桑蚕丝和柞蚕丝各组分的含量见表 5-6。

表 5-6　桑蚕丝和柞蚕丝的各组分含量

品　　种	丝素/%	丝胶/%	脂蜡、色素/%	无机物/% (以灼烧残留灰分表示)
桑蚕丝	70～80	20～30	0.6～1.0	0.7～1.7
柞蚕丝	79.6～81.3	11.9～12.6	0.9～1.4	1.5～2.3

桑蚕丝丝胶在热水中能够溶出的部分一般相当于蚕丝质量的25%，在制丝过程中要损失3%～4%，在生丝上一般只留下20%左右。柞蚕丝丝胶含量比桑蚕丝要低，但其丝胶粒子大，有的还渗入到丝素层深处，所以柞蚕丝的脱胶比较困难。

丝素、丝胶蛋白和其他蛋白一样，除了含有C、H、O、N四种主要元素以外，还含有多种其他元素。丝胶与丝素相比，含碳量减少，含氧量和含硫量增加。用质子诱导X射线发射光谱对多种丝素蛋白进行研究表明，它们含有K、Ca、Si、Sr、P、Fe和Cu等元素，这些元素与丝素蛋白之间的相互关系仍在探索之中。

2. 丝素的结构

（1）丝素蛋白的近程结构。丝素的基本结构单元是氨基酸，每一个大分子链平均含有400～500个氨基酸剩基。丝素蛋白中各种氨基酸的含量如表5-1所示。从表5-1可见，丝素蛋白包含18种氨基酸，其中，较为简单的甘氨酸（Gly）、丙氨酸（Ala）和丝氨酸（Ser）约占总组成的85%，三者的摩尔比为4∶3∶1，并且按一定的序列结构排列成较为规整的链段，大多位于丝素蛋白的结晶区域；带有较大侧基的酪氨酸（Tyr）、苯丙氨酸（Phe）、色氨酸（Trp）等主要存在于非结晶区域。带亲水基团的丝氨酸（Ser）、酪氨酸（Tyr）、谷氨酸（Glu）、天门冬氨酸（Asp）、赖氨酸（Lys）和精氨酸（Arg）等约占氨基酸总量的30%。酸性氨基酸多于碱性氨基酸。

丝素蛋白的相对分子质量极高，同时由于其分子结构和分子间的相互作用极其复杂，不同方法测定的相对分子质量差别较大。有的学者认为，它们的平均分子量为10^4～10^6，一般为3.4×10^5。至于丝素蛋白的分子链是单一分子链还是由两个以上亚单元连接而成的，尚无定论。有些研究者认为，丝素蛋白是由两种亚单元构成，大的亚单元相对分子质量为2.8×10^5～3.0×10^5，小的亚单元相对分子质量为2.0×10^4～3.0×10^4。同隐和蔡再生等发现丝素蛋白是由相对分子质量为2.8×10^5、2.3×10^5和2.5×10^4的三种亚单元组成，并且进一步证明了丝素蛋白中存在两个或更多个非二硫键连接的独立亚单元。

近年来，随着对DNA分子中核苷酸排列顺序测量方法的发展，一般认为丝素蛋白的基本单元由三种肽链构成，其一为H链，约含5112个氨基酸剩基，相对分子质量约为3.5×10^5；其二为L链，约含244个氨基酸剩基，相对分子质量约为2.85×10^4；其三为一种糖蛋白P25，约含203个氨基酸剩基，相对分子质量约为2.36×10^4，另加3个寡糖链。H链与L链以二硫键相连，然后可能由6个H链和L链复合体围绕P25形成丝素蛋白的复合体，即三种肽链的分子数H∶L∶P25为6∶6∶1，总的相对分子质量约为2.3×10^6。

（2）丝素蛋白的远程结构。丝素蛋白分子的构象可以分为两类：SilkⅠ、SilkⅡ结构。其中，SilkⅠ结构包括无规线团（random coil）和α-螺旋（α-helix）结构，SilkⅡ呈反平行β-折叠（β-sheet）结构。也有文献认为SilkⅠ的结构是一种介于β-折叠和α-螺旋结构之间的中间态结构，其立体构象呈曲柄形。丝素蛋白的分子链在不同条件下可以形成不同的构象和结晶形态。丝素蛋白往往同时含有SilkⅠ和SilkⅡ结构，很难得到只含有一种结构的丝素蛋白样品。SilkⅠ是不稳定的结构，而SilkⅡ则是稳定的，在一定的外界条件下（如冷冻、加热、浓缩、稀释、溶剂浸泡、pH值、金属离子作用和应力影响等），三种构象可以互相转化。SilkⅠ经过湿热、稀酸、极性溶剂等的处理并拉伸会转变成稳定的 Silk Ⅱ 结构。在经蚕的吐丝作用而形成的茧丝中,结晶区的丝素主要以 Silk Ⅱ 的形式存在。

采用先进的近代测试技术对桑丝丝素测定,结果发现丝素大分子的空间结构主要以 β-折叠结构为主。β-折叠结构是一种基本伸展同时略带折曲的长链结构,分子链上相邻两个肽基在空间的方向恰好相反,其键长、键角及大分子空间构型如图 5-24 所示。经计算,两个肽基间的理论长度应为 0.727nm(7.27Å),而实测只有 0.645～0.697nm(6.45～6.97Å),这说明大他子在空间存在着垂直于图示方向的轻微折曲。

这种充分伸展的 β-折叠分子链之间,以反平行排列的形式由氢键将它们紧密地结合起来,形成丝素分子的片状折叠结构。参见图 5-25～图 5～27。

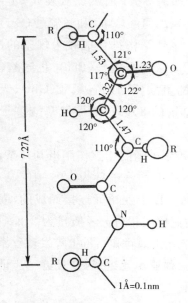

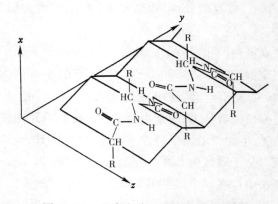

图 5-24 丝素的 β-折叠多肽长链分子　　　　图 5-25 丝素大分子的片状折叠结构

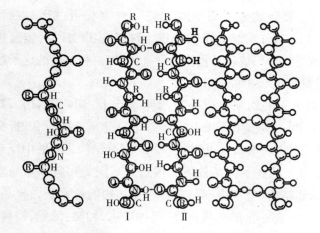

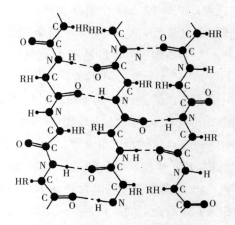

图 5-26 反平行排列示意图　　　　　图 5-27 多肽分子间的连接方式

（3）丝素蛋白的聚集态结构。邵建中等对脱胶和过度脱胶的蚕丝进行了 SEM 观察，如图 5-28、图 5-29 所示，综合其他表面直接分析法和溶解分析法分析发现：丝素纤维表面存在一层连续的外表层，厚度为 150～250 nm；该连续外表层将丝素纤维内部 50～100 个微结构单元（也称原纤）通过无序层的粘连包覆集合成纤维整体；原纤由若干个直径为 0.04～0.1 μm 的微原纤呈层状聚集而成，原纤直径为 0.1～0.5 μm，微原纤和原纤外围均有一层无序层结构，在这些无序层结构中间分布着一些微小的空隙。蚕丝丝素形态结构模型如图 5-30 所示。高温、日晒、化学试剂以及机械力等作用可使丝素外表层破坏或损伤，从而影响蚕丝纤维的光泽、手感、强力和染色性能等。

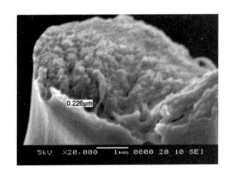

图 5-28　脱胶蚕丝的横截面 SEM 图像

图 5-29　过度脱胶蚕丝的横截面 SEM 图像

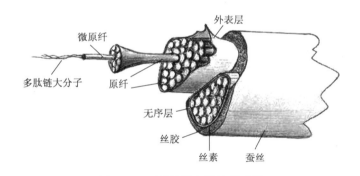

图 5-30　蚕丝形态结构示意图

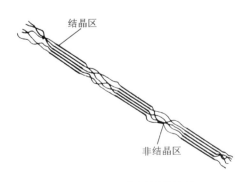

图 5-31　丝素原纤的结构

关于丝素蛋白的聚集态结构，一般认为由结晶态和无定形态两大部分组成，结晶度为 50%～60%，可以用"边缘（缨状）原纤结构"模型表示。有人曾提出一种嵌段分子模型（图 5-31），由 18～22 个重复单元组成，每一个重复单元包含结晶区和非结晶区，结晶区相对分子质量为 4100，非结晶区的相对分子质量为 3800。通过偏振拉曼光谱首次发现，蚕的中前部丝腺内丝素蛋白还以向列型液晶形态存在，用小角 X 射线散射法测得含有两种似棒状的结构，其宽度方向尺寸均为3.94nm,长度方向尺寸分别为6.02nm和70nm。

由于丝素无定形区主要由带有较大侧基的氨基酸,如苯丙氨酸(Phe)、酪氨酸(Tyr)和色氨酸(Trp)等组成,它们阻碍了肽链整齐而密集的排列,同时又集中了具有活泼官能团的氨基酸剩基,所以丝素与其他物质的化学作用主要发生在这一区域。

丝素的结晶结构如图5-32所示,丝素分子链在纤维的结晶区呈反平行折叠β-构象,排列较为规整。丝素分子中氨基酸大分子伸展链的长度约为150nm。丝素的晶胞属斜方晶系,晶胞参数为:$a=9.44$(平面内分子间方向),$b=6.97\pm0.03$(纤维轴方向,2个氨基酸剩基高度),$c=9.20$(平面间方向),$\beta=90°$。每个晶胞内都含有α-氨基酸结构单元,计算密度为1.45g/cm^3。

丝素纤维的聚集态结构属于樱状原纤结构。丝素的结晶度,不同测定方法所得结构有些差异,一般在40%~60%之间。

3. 丝胶的结构及其变性

(1)丝胶的层状结构。丝胶中各种氨基酸的含量与丝素相比有很大的不同,侧基较大的氨基酸以及侧基中含羟基的氨基酸在丝胶中占多数,导致丝胶分子排列的松散和具有良好的水溶性。近年来,随着实验技术的进步,人们逐渐认识到丝胶是一种复合蛋白。按此观点,包覆在丝素周围的丝胶可分成四层,自外向内分别被称为丝胶丝胶Ⅰ、丝胶Ⅱ、丝胶Ⅲ、丝胶Ⅳ(图5-33),丝胶的这种层状结构又称丝胶的复合性。这四种丝胶的溶解性能依次减弱,这主要是因为由外层到内层,丝胶中反应性能较活泼的极性氨基酸含量在递减,而结晶度却在递增,故最里层的丝胶Ⅳ最难溶解。因为结果度提高以后,丝胶分子空间结构的密实程度必定要提高,同时长链分子可能和水分子接触的极性基团数也会相应减少。在热水中溶解后所得丝胶组分的结晶度百分比为3.0:18.2:32.5:37.6。

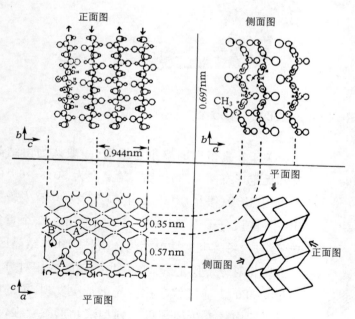

图5-32 丝素的结晶部分

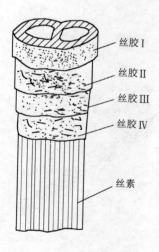

图5-33 丝胶的层状
分布示意图

各层丝胶的含量见表 5-7。从表中可看出,四种丝胶组分的比例关系大致为丝胶Ⅰ:丝胶Ⅱ:(丝胶Ⅲ＋丝胶Ⅳ)=4:4:2。内层丝胶的含量较少。丝胶Ⅰ和丝胶Ⅱ中极性氨基酸的含量较高,且水溶性好,而丝胶Ⅳ中的极性氨基酸含量极低,故水溶性差。

表 5-7　四种丝胶的含量

材　　料	溶解条件	丝胶组分/%			
		丝胶Ⅰ	丝胶Ⅱ	丝胶Ⅲ	丝胶Ⅳ
茧丝	热水(98℃)	41.2	38.1	17.9	2.8
茧丝	pH＝9 硼酸盐缓冲液	42.3	37.2	17.8	2.7

(2)丝胶的分子形态。丝胶蛋白质分子的形态结构,主要有充分伸展的β-折叠结构(占60%~70%)和规线团型(占25%~35%),其大分子在空间盘曲成球状或椭圆状。

(3)丝胶的变性。丝胶的变性是因多肽长链的空间结构发生变化的结果。丝胶在受到温度、湿度、射线和化学药剂等外界重要条件的作用下,其空间结构的改变导致丝胶的膨润和溶解性能的下降,称为变性。变性主要发生在丝胶Ⅰ和丝胶Ⅱ中,因为这两类丝胶中的分子基本都是无规线团的构象,在湿热条件下,这种无规线团型的丝胶分子一旦吸湿,吸着的水分子会切断分子内的氢键等次价键,解开弯曲结构为伸展结构,从而变成β-折叠结构。如果把原有的湿热条件解除,重新放湿除去水分子,只能使已取得β-折叠构象的分子链部分回复为无规线团型,则整个丝胶分子的空间结构形态发生了变化。在加热条件下,这种变化将加速进行,从而导致丝胶的溶解性下降。

三、蚕丝的主要性能

蚕丝的基本组成是蛋白质,其性质与氨基酸种类、含量以及这些蛋白质分子的聚集态结构有关。

1. 吸湿性和水的作用　丝素的吸湿性比较高,在标准状态下(20℃,相对湿度为 65%),丝素的回潮率为 9%~10%,而含有丝胶的桑蚕丝的回潮率为 10%~11%。在饱和湿度下(相对湿度为 100%),丝素的吸湿量可达 30%~35%,且散湿速度快,吸湿后纤维膨胀,直径可增加65%。蚕丝具有多孔性及较高的回潮率,因此透气性好,而且手感光滑柔软,穿着舒适。

蚕丝与水接触时,丝胶能迅速膨化,以致部分溶解;丝素由于结晶区与无定形区的网状分布,只能产生有限膨化,而不能发生溶解。丝素、丝胶在水中的膨化、溶解性能,除了与它们各自的组成和结构相关外,还与处理温度、时间、溶液的 pH 值以及电解质的存在有关。单纯的吸湿溶胀,并不引起丝素分子结构的变化,但是在比较激烈的条件下,水会与丝素起化学反应,主要使蛋白质分子肽链水解,从而导致纤维失重和力学性能变化。

丝胶在水中溶解之前先行膨化,随着温度的提高,膨化程度加深。如果温度低于 60℃,丝胶的溶解度极小;温度在 60℃以上时,丝胶溶解速度逐渐加快;在 100℃时煮沸 10h,则能全溶;温度高于 105℃时,溶解速度明显增加;温度在 110℃时,生丝在 1h 内可以完全脱胶。丝素在

100℃时短时间处理,并不发生毁坏性变化,但长时间沸煮,丝素有部分溶解的倾向,如将丝素纤维在120℃的纯水中处理9~12h,直径可减小1/3,纤维的光泽减弱。所以,工业上进行蚕丝及其织物的脱胶,常借助化学助剂的作用在100℃下进行。

2. 力学性能 蚕丝的应力—应变曲线中存在着明显的屈服点(图5-16),就屈服应力和断裂强度来说,桑蚕丝比羊毛高得多。

蚕丝纤维在形成过程中,即由液体变为固体纤维时,曾经受到强烈的拉伸和吐丝口处的挤压,不但分子链较为伸直(具有反平行 β-折叠结构)、取向度较高,而且分子链之间的排列也比较整齐,结晶度较高,故比羊毛具有较高的断裂强度、初始杨氏模量和较低的断裂伸长率。

蚕丝是吸湿性很强的纤维,随着相对湿度的变化,其拉伸性能也同时发生一定的改变。一般而言,当相对湿度变大时,蚕丝的初始杨氏模量、屈服点、断裂强度都发生下降,而断裂伸长率增加。但与羊毛比,断裂强度下降的幅度蚕丝较大,而断裂伸长率增加的幅度羊毛较大。

除相对湿度外,温度对蚕丝的拉伸性能也有一定影响,一般随着温度提高,桑蚕丝的屈服应力和断裂强度下降,断裂伸长率有所增加。

在常用纺织纤维中,桑蚕丝的弹性处于中等水平,而羊毛的形变回复性能高,弹性好。

3. 热性能 蚕丝对热的抵抗力比较强。丝素纤维在110℃以下干燥,只是排除其中的水分,对纤维并无损害;于120℃放置2h,丝内水分全部放出,伸长率略有减小,强力尚无明显变化;于150℃处理30min以上,则丝内的油脂散发,多肽链开始分解,含氮物质减少,色泽逐渐变黄,强度下降;至170~180℃时,放置1h后丝纤维出现收缩、分解,并开始炭化,强度下降约15%,伸长率降低约20%;于250℃下处理15min,则变成黑褐色;280℃时,短时间内即会冒烟,放出角质燃烧时的臭味。

这种因加热而引起蚕丝纤维品质的恶化,主要原因可归纳为:

(1)纤维大分子链段的热运动加剧,导致分子间作用力破坏。

(2)空气中氧的存在引起热氧化作用。

(3)水分子存在引起的水解作用。

(4)纤维大分子链发生热降解,甚至高温炭化。

Magoshi小组系统地研究了丝素蛋白的热力学行为,发现无定形的丝素蛋白在100℃附近开始脱水,其分子内和分子间的氢键在150~180℃时被破坏;它的玻璃化温度为175℃左右;在温度大于180℃时,由于氢键重新开始形成,无规线团向 β-折叠转变,并在190℃时开始结晶;无论 α-螺旋还是 β-折叠的丝素蛋白,在加热到100℃以上时均会脱水;在270℃时,由于热诱导作用,丝素蛋白由 α-螺旋结构转向 β-折叠结构。

柞蚕丝比桑蚕丝的耐热性好。

4. 光氧化、光泛黄和光脆损 蚕丝对光的作用很敏感,是天然纤维中耐光性最差的一种。蚕丝蛋白分子中的肽键是其长链分子主链中的弱键,对日光作用比较敏感。一方面由于C—N键的键能比较低,日光中小于400nm的紫外线的能量足以使它发生裂解;另一方面,蚕丝蛋白分子本身对紫外线有强烈地吸收。如在夏天的光照和气候条件下,经10天实验,桑蚕丝的强度降低 30%。有人以汞灯(100V、2A)为紫外线光源,将精练的桑蚕丝(线密度为 1.33dtex)放在相距 30cm 处照射(空气相对湿度为 70%)25h 和 54h 后,其强度由 0.49N/tex 分别下降到 0.32N/tex 和 0.24N/tex,伸长率由 12.5% 分别下降到 7.81% 和 6.06%。紫外线作用是引起桑蚕丝力学性能下降的重要原因。

泛黄(yellowing)是指织物在使用和储藏过程中白度下降、黄色增加的现象。泛黄严重影响外观质量,甚至损及强度。通常认为,泛黄是一种紫外线、氧气和水共同作用下的氧化过程。引起蚕丝泛黄的主要原因是丝素大分子链中带有芳香支链的氨基酸,如色氨酸、组氨酸、酪氨酸、苯丙氨酸和脯氨酸等。从结构上来看,苯丙氨酸和脯氨酸的化学活泼性较低,难以在紫外线照射下产生变化。即使产生变化,生成有色物质的可能性也较小,这一推断已被实验证实。比较蚕丝中几种芳香族氨基酸经紫外线照射后的损失率,以酪氨酸、色氨酸和组氨酸的损失最为明显,而且酪氨酸和色氨酸在日光和紫外线作用下都产生黄色物质,并已经能分离出来,因此,酪氨酸和色氨酸是引起真丝泛黄的主要氨基酸。紫外线波长不同,引起泛黄的程度也不同。能引起泛黄的紫外线波长约为 200~331nm,其中影响最大的波长为 279~292nm,这恰好与酪氨酸和色氨酸的吸收特征相接近。在湿态时,酪氨酸和色氨酸的吸收波长则分别为 253~386nm 和 292~305nm,即向长波方向移动。

光除了引起蚕丝制品泛黄外,也引起多肽链的氧化裂解和多肽链之间作用力的减弱,进一步导致蚕丝纤维的脆损,强力下降,并逐渐失去光泽。这也是丝绸业的棘手问题之一。蚕丝纤维泛黄脆损的微观变化主要表现为:

(1)丝素的微结晶明显变小,这是因为随着时间的推移,不断的氧化、裂解作用导致分子间氢键断裂以及大分子断裂,结晶逐渐微细化。

(2)从氨基酸分析的结果来看,随着时间的推移,甘氨酸、丙氨酸、丝氨酸、酪氨酸、色氨酸、组氨酸、缬氨酸、天门冬氨酸、谷氨酸和苏氨酸等均明显减少。

防止光氧化作用首先要阻止和消除紫外线的影响。有些物质可以阻止及消除紫外线对丝素的影响,如硫脲、硫氰酸铵、单宁、甲酸盐等还原性物质,这些物质可首先被氧化,对丝素纤维起保护作用。目前应用较多的防泛黄整理有:抗氧剂整理、紫外线吸收剂整理、树脂整理等。如二苯甲酮类紫外线吸收剂 101—S,能吸收 235~325nm 的紫外线,吸收能力强,安全性高,但易溶于水;反应性树脂可以将丝素分子中的活性基团及酪氨酸、色氨酸等易产生泛黄基团的氨基酸剩基封闭起来,同时也可隔断丝素分子与外界的联系,从而改善和缓解真丝织物的泛黄现象。若把紫外线吸收剂 101—S 与含羟基的氨基甲酸酯或硫脲甲醛树脂共同处理,则对真丝的防泛黄性可产生协同作用,将显示出显著的防泛黄效果,耐洗性也大大提高。

铜、铁、锡、铅等金属盐则对光氧化有着催化作用,其中,尤以铁盐的催化作用最为明显。这可能是金属离子易吸收能量并传给氧,使氧变成激发态或臭氧,从而加速纤维的氧化脆损作用。

5. 微生物的作用　有时丝素会发生霉烂变质,这是微生物的分泌物——酶作用的结果。丝素是一种蛋白质纤维,能为微生物的生长和繁殖提供养料,因此,丝素纤维对微生物的稳定性都较差。

6. 盐类的作用　蚕丝不溶于乙醇、丙酮、四氯化碳等有机溶剂,但丝素可以在某些特殊的盐溶液中无限膨润直至溶解,盐溶液主要有促进蚕丝纤维溶胀或溶解的作用。普通中性盐的影响已在酸、碱作用中提到,并可用膜平衡原理加以说明。各种盐类对蚕丝作用能力大小的顺序为:$SCN^- > I^- > Br^- > NO_3^- > Cl^- > CH_3COO^- > C_4H_4O_6^- > SO_4^{2-} > F^-$。

  蚕丝纤维在氯化钙、硝酸钙等中性盐类的浓溶液中处理,会发生显著膨润、收缩的现象,称为"盐缩"(salt-contraction)。利用蚕丝的盐缩性能,加工具有皱缩效果的蚕丝织物,赋予蚕丝织物蓬松而富有弹性的风格,这种整理叫"盐缩整理"。如图 5-34 所示,当 $CaCl_2$ 浓度高于 $1.30g/cm^3$,蚕丝收缩率随着 $CaCl_2$ 浓度增加而剧烈增加,至 $1.36g/cm^3$ 附近达到最大收缩率;如果 $CaCl_2$ 浓度继续增加,则丝素大分子中肽链水解并使蚕丝的溶解度增加。

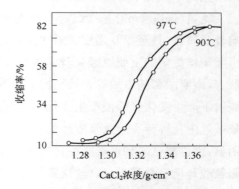

图 5-34 蚕丝收缩率与氯化钙浓度的关系

  由于氯化钙、硝酸钙等中性盐中的金属离子(如 Ca^{2+})具有较强的水合能力,在它们周围存在较厚的水化层,当 Ca^{2+} 进入蚕丝无定形区时会带入大量的水分子,从而引起蚕丝纤维的剧烈溶胀。在较高温度下,Ca^{2+} 引起的溶胀作用可破坏丝素蛋白质大分子间的盐键、氢键和范德瓦尔斯力等各种结合力。在无张力条件下,丝素纤维内蛋白质大分子链的构象发生变化,产生自由卷曲,宏观上表现为纤维或织物的急剧收缩。随着处理条件加剧,如盐浓度增加、处理温度提高或处理时间延长,蛋白质大分子之间的结合力被破坏的程度增大,使极性氨基酸溶解、剥离,无定形区部分遭到破坏,导致丝素纤维质量损失。处理条件越剧烈,丝素纤维遭到的侵蚀、破坏也越大,甚至可能使结晶区遭受破坏,结晶度呈下降趋势,最终可能发生无限溶胀——溶解。因此,进行盐缩整理时,应针对不同结构的蚕丝织物,选择合适的盐浓度、处理温度和时间,在纤维损伤不大的情况下获得尽可能高的盐缩率、起皱性和丰满感。

  丝素在某些盐类的浓溶液中,如锂、钡的氯化物、溴化物、碘化物、硫氰酸盐及氯化锌的浓溶液中,能无限膨润而成为黏稠的溶液。在一些络盐溶液中,如铜氨溶液、镍氨溶液及铜乙二胺溶液中,丝素也会因络合作用而发生溶解。另外,氯化钙:乙醇:水为 1:2:8(摩尔比)的混合溶液、无水氯化钙的甲醇溶液及氯化锌浓溶液对丝素也有很好的溶解性能,有些可用于分析或分离含有丝纤维的混合材料,有些可用于测定丝素的黏度,用以判断纤维在加工中受损伤的程度。

  柞蚕丝对盐类的抵抗作用比桑蚕丝强,在锌、钙、锂、镁的盐酸盐浓溶液及铜氨溶液中均难以溶解,这是因为柞蚕丝的丝素结构中支链较多,能保持一定程度的交联作用。

  7. 两性性质 蚕丝属蛋白质纤维,具有两性性质。在丝素和丝胶分子中,都是酸性基团占优势,它们的等电点 pH 值分别为 3.5～5.2 和 3.9～4.3。处于等电状态的丝素和丝胶其溶解度、膨化程度、反应能力等都最低,在这种状态下,若对蚕丝进行脱胶,效果就很差;要使染料与纤维产生离子键结合也很困难。丝素在高于等电点的水溶液中带负电荷,这时不能用阴离子染料染色;同样,在碱性浴中进行蚕丝练漂加工,也应避免使用阳离子型表面活性剂,否则会产生电性吸附。相反,在 pH 值低于等电点的酸性溶液中,丝素带正电荷,可与阴离子染料成盐结合,促进染色。

8. 耐酸性 蚕丝对酸具有一定的抵抗能力,耐酸性比纤维素纤维好得多,但不如羊毛,是较耐酸的纤维之一,可在酸性条件下染色。但随着酸的浓度、作用温度和时间以及电解质总浓度的增加,肽键会发生不同程度的水解。一般在强无机酸(如 HCl、H_2SO_4 等)的稀溶液中加热,丝素虽无明显破坏,但纤维的光泽、手感都受到一定的损害,强力、伸长率也有所降低;在强无机酸的浓溶液中,时间长能溶解丝素,不加热也能损伤丝素,加热时溶解更加迅速。如桑蚕丝在 $2\%\sim$ 4% 的稀硫酸中于 $95\,℃$ 下处理 2h,其失重率可达 10%;处理时间延长到 6h,失重率将增至 25%。

将蚕丝在浓无机酸、室温条件下进行短时间处理,如 $1\sim2\text{min}$,然后立即水洗除酸,其长度将发生明显收缩,称为蚕丝的"酸收缩"(acid-contraction)。如用 50% 的硫酸、28.6% 的盐酸可分别使蚕丝收缩 $30\%\sim50\%$、$30\%\sim40\%$。酸收缩后的丝纤维,不至于受到明显的损伤,因此可利用此原理制作皱缩丝织物。

弱的无机酸和有机酸,如醋酸和酒石酸等的稀溶液,在常温下并不损伤纤维,还可改善其光泽、手感并赋予"丝鸣"的特性。单宁酸很易被丝纤维吸收,这与其他纤维相比是较为特殊的,如纤维素纤维虽然也能吸收单宁酸,但易被水洗去;羊毛吸收单宁酸的量很少,而丝纤维吸收单宁酸的量可高达 25%,并且不会明显改变其他性质,手感柔软、膨松性、抗皱性和耐紫外线性得以改善,也较难被水洗去。因此,单宁酸可用作增重剂和媒染剂。

酸浴中增加盐分会增加酸对蚕丝的损伤,如甲酸中含有一定的氯化钙,在室温下可以使丝素溶解。因此使用硬水对蚕丝进行染整加工是非常不利的。

柞蚕丝对酸的抵抗力比桑蚕丝强得多,如用相对密度为 1.16 的盐酸,在室温下处理,桑蚕丝立即溶解,而柞蚕丝需要 12h 才缓慢溶解。

9. 耐碱性 丝素对碱的抵抗力比对酸的抵抗力弱,即耐碱性差,但比羊毛的耐碱性好。碱可催化肽键水解,影响这种水解作用的因素主要是碱的种类、浓度、作用温度和时间以及电解质的总浓度等。在其他条件相同时,苛性碱的作用最为强烈,而碳酸钠、磷酸钠、焦磷酸钠、硅酸钠、氢氧化铝以及肥皂等弱碱性物质,对蚕丝的作用较为缓和,如果条件控制得好,不会造成明显的损伤。所以,在丝绸染整加工中经常应用纯碱、氨水、肥皂和泡花碱(Na_2SiO_3)等溶液。

碱对蚕丝的作用,除碱液浓度外,温度的影响也很重要,强碱在高温时对蚕丝的损伤较大。如桑蚕丝在 1mol/L 的氢氧化钠溶液中,$70\,℃$ 处理 2h 的溶解量为 25%,4h 可增至 40% 以上;同样在 0.1mol/L 的氢氧化钠中处理,$90\,℃$ 比 $70\,℃$ 的溶解量明显增加。实际上在室温条件下,蚕丝对弱碱还是相当稳定的。将桑蚕丝置于碳酸钠和碳酸氢钠的混合液中,离子总浓度皆为 0.03mol/L,pH 值不同,$95\,℃$ 下处理 30min 和 60min,桑蚕丝所受到的影响如图 5-35 所示。

从图 5-35 中明显可见,即使溶液的 pH 值小于

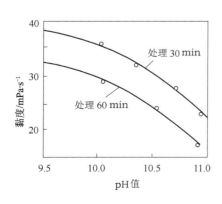

图 5-35 桑蚕丝黏度与溶液 pH 值的关系

10,丝纤维也会发生一定程度的水解,并且随着溶液 pH 值的提高而加剧。在相同 pH 值的碱性溶液中,电解质总浓度也影响着碱对蚕丝的作用。当碱液中加入中性盐时,会增加对蚕丝的损伤,并且损伤程度与盐的种类有关,有研究资料指出钙、钡等盐类对蚕丝纤维损伤的影响尤为明显。

从蚕丝的种类来说,在相同的处理条件下,柞蚕丝、蓖麻蚕丝等野蚕丝比桑蚕丝对碱的抵抗力要强。在 10% 的沸腾的 NaOH 溶液中,桑蚕丝仅需 10min 即可溶解,而柞蚕丝需要 50min 左右才能溶解。

酸、碱对丝素的作用随溶液 pH 值的变化而变化。在各自等电点附近的弱酸性溶液以及中性溶液中,丝素和丝胶都是稳定的。在 pH 值为 1.75～10.5 的溶液中,丝素基本不受损伤,而在 pH<2.5 和 pH>9 的溶液中,丝胶能很好地溶解和水解。所以,染整加工时,通常在 pH 值为 9～10.5 时进行脱胶处理。

10. 耐氧化剂和还原剂性能　蚕丝对氧化剂是比较敏感的,其中,柞蚕丝对氧化剂的抵抗力比桑蚕丝的略强。氧化剂的作用主要有以下三个方面:

(1)氧化丝素肽链上的氨基酸侧基。

(2)氧化肽链末端具有—NH₂ 的氨基酸。

(3)氧化肽链中的肽键。

丝素经氧化破坏后,纤维的强力等性能或多或少地受到影响。丝素中酪氨酸、色氨酸剩基氧化后,还将生成有色物质。

强氧化剂在高温下对丝素的氧化作用更为剧烈,如用高锰酸钾在高温下较长时间处理,可使丝纤维分解成氨、草酸、脂肪酸和芳香酸等产物。含氯氧化剂,如漂白粉、亚氯酸钠等不宜用于丝绸漂白,因为它们对丝素不仅有氧化作用,而且还有氯化作用,致使纤维强力降低乃至完全丧失。过氧化氢或还原漂白剂(如保险粉 Na₂S₂O₄·2H₂O)等在适当条件下可用于蚕丝及其织物的漂白。

还原剂对蚕丝的作用比氧化剂要弱得多,研究的也比较少。在蚕丝织物加工中常用的一些还原剂,如俗称的保险粉、亚硫酸盐及酸式亚硫酸盐等,在正常工艺条件下,不会使纤维受到明显损伤。

11. 染色性能　长期以来,蚕丝织物染色主要应用酸性染料和中性染料。酸性染料色谱齐全,色光鲜艳,但其缺点是染色牢度差,特别是湿处理牢度差;中性染料比酸性染料的染色牢度要好,但其色谱中鲜艳色较少。

活性染料是唯一能与蚕丝纤维以共价键结合的染料,当活性染料与蚕丝纤维以共价键结合时,染色牢度好,且颜色鲜艳,用活性染料染色可以从根本上解决蚕丝织物的染色牢度(湿牢度)问题。活性染料在蚕丝纤维上的反应性能,与蚕丝纤维的化学和物理结构特性密切相关,而蚕丝纤维的表面结构特性对于活性染料的吸附、反应性能以及最终染色物表面颜色深度、均匀性至关重要。

活性染料不但可用碱性浴、中性浴、酸性浴染色,还可用先酸后碱法、先碱后酸法染色。含有多个活性基团的活性染料可在丝纤维非晶区形成蛋白质大分子间的交联,故有提高折皱弹性、抑制泛黄的作用。

活性染料在棉的高色牢度染色中早已得到成功的应用,近几年来也正被逐步推广应用在蚕丝织物上,但仍然受到一些限制,其突出的问题是:染色的一次正确率仍不够高,改色困难。传统蚕丝染色所用的酸性染料由于色牢度差,当染色色光不符时,可通过剥色将染料洗脱下来后再重新染色,纠正色光。而活性染料与纤维间的共价键结合牢固,色牢度好,当色光不符时难以通过剥色来纠正,因而染色重现性差和改色困难是活性染料难以取代酸性染料、全面推广的主要原因。经研究发现:酚羟基与一氯均三嗪等含氮杂环类活性染料的反应能力最强,氨基与乙烯砜型类活性染料的反应能力也比较强;还发现 pH=8～9 是蚕丝上两类重要的亲核基团——酪氨酸酚羟基和氨基的共同活性区间,而且这一区间也是蚕丝纤维不易受损伤的 pH 值。因此应用含一氯均三嗪和乙烯砜异双活性基结构的活性染料,可以使蚕丝上两大类重要的亲核基团均充分发挥作用,并应用碳酸钠—碳酸氢钠体系控制染浴 pH 值稳定处在 8～9,满足丝素亲核基团最佳活性区间的 pH 值条件,可以使染料的固着率和染色的重现性均得以提高。因此活性染料在蚕丝染色中的全面推广指日可待。

四、柞蚕丝

柞蚕丝具有许多优良的特性,如强度高,弹性好,吸湿、透气性均优于桑蚕丝等。但长期以来,柞蚕丝织物存在着水渍、起毛、泛黄等缺点,加之柞蚕丝织物的染、印制品色泽较萎暗等,引起了染整界的关注。

柞蚕丝由于截面比较扁平,织物局部遇水滴后,纤维因吸湿膨胀,改变了单纤维在纤维束或纺织品中的排列角度,当光照射到织物上时,就会形成反射上的差异,产生水渍(织物局部着水再干燥后,着水部位显现出与未着水部位因光泽截然不同而形成的斑渍)。干缫丝水渍印程度比水缫丝严重,缩水率大的织物比缩水率小的织物严重,高温条件下烘干比自然晾干严重,厚重织物比轻薄织物严重。当服用时间延长,纤维性能退化后,水渍现象随之减轻。水渍印产生后,若将织物全部入水浸渍,然后再均匀干燥,可使斑渍消失。采用热固性树脂处理丝织物,水渍印也可有不同程度的减轻。

五、绢丝

绢丝(spun silk),也称绢纱,属于纱线一类,是由下脚丝和不能缫丝的蚕茧、茧衣、蚕种场的削口茧及丝织厂的回绵(回丝)等加工而成。绢丝是一种名贵的丝织原料。

绢纺生产工艺较为复杂,主要工序与毛纱线生产相似,即:

原料→筛选分类→煮熟→清洗、烘干→开松、混合→梳绵→并条→粗纺→精纺→烧毛→绢丝

绢丝是一种短纤维纱线,其物理机械性能除与纤维本身的性能有关外,还取决于它的纱线结构。例如,绢丝的回潮率较生丝低,伸长率、强度都比生丝低。常用绢丝的细度为 70.1dtex(140 公支)双股并合、47.6dtex(210 公支)双股并合以及 41.7dtex(240 公支)双股并合等。为了得到特殊的外观效应,有时还手工纺制条份很粗且粗细不匀的大条丝等。

六、丝素蛋白的其他用途

丝素蛋白是从蚕丝中提取的天然高分子纤维蛋白,它的水解产物富含氨基酸和多肽。经综合分析丝素蛋白在生物整体、细胞和分子生物学三个水平的试验结果,表明丝素蛋白是安全可靠、具有良好生物亲和性的功能材料。随着生物化学和分子生物学向生命科学各个领域的广泛渗透,蚕丝研究也逐渐向分子水平发展。丝素蛋白可以根据不同用途,制备成凝胶、粉末、薄膜和纤维等形式。所有这些均为丝素蛋白在食品工程、发酵工业,生物、医药、临床诊断,环境保护、精细化工等非纤维工业领域,提供了广阔的应用空间。

第四节 其他动物纤维

一、蜘蛛丝

迄今为止,发现蜘蛛产生的丝是最细的丝。一般蜘蛛丝网包含 3 种类型的丝(有的蜘蛛能产生 8 种类型的丝):捕捉丝(捕获猎物)、径向丝(辐条状)和圆周网丝。捕捉丝蛋白在蜘蛛的鞭毛腺体中合成,而径向丝和圆周网丝蛋白则在蜘蛛的壶腹腺中合成。蜘蛛的腺体液离开蜘蛛身体后立即固化成蛋白纤维,固化后的蜘蛛丝不溶于水,具有优良的性能。

蜘蛛丝蛋白的氨基酸组成以甘氨酸和丙氨酸为主(两者之和约占 70%),还含有丝氨酸、谷氨酸、亮氨酸、精氨酸和酪氨酸等。

蜘蛛丝是由一些被称为原纤的纤维束组成,而原纤又是几个厚度为 120nm 的微原纤的集合体,微原纤则是由蜘蛛丝蛋白(spideroin)构成的高分子物,蜘蛛丝蛋白则是由各种氨基酸组成的多肽链按一定方式组合而成。

蜘蛛的品种很多。不同品种和不同类型的蜘蛛丝性能有很大差异。一般来说,蜘蛛丝的直径为几个微米(人发约为 $100\mu m$)。据德国一研究所对一种名叫 Nephila Clavipes 的热带蜘蛛的研究,其丝线密度为 0.74~1.16dtex,强力为 64~82cN/tex,在湿态下,其伸长有所增加,但强度基本不变。有报道称,蜘蛛丝强度比钢丝高 5 倍。有一种被称为"黑寡妇"(产于美国南部)的蜘蛛丝强度比钢丝高 10 倍,比 Kevlar 和超高分子量聚乙烯纤维的强度还要大。一般蜘蛛丝的力学性能与其他纤维的对比如表 5-8 所示。

表 5-8 蜘蛛丝与其他一些纤维的力学性能

性 能	蜘蛛丝(径向丝)	真丝	棉	锦纶	Kevlar	钢丝
初始模量/N·m^{-2}	1×10^9~13×10^9	5×10^9	6×10^9~11×10^9	3×10^9	1×10^{11}	2×10^{11}
强度/N·m^{-2}	1×10^9	6×10^8	3×10^8~7×10^8	5×10^8	4×10^9	1×10^9
伸长率/%	9.8~32.1	15~35	5.6~7.1	18~26	4.0	8.0
断裂能/J·kg^{-1}	1×10^5	7×10^4	5×10^3~15×10^3	8×10^4	3×10^4	5×10^3

由表 5-8 可见,蜘蛛径向丝的强度明显高于真丝和锦纶,和钢丝相似(相同粗细),若考虑

密度的因素(蜘蛛丝密度为 $1.13\sim1.29\text{g/cm}^3$,钢丝为 7.8g/cm^3),在相同质量的情况下,蜘蛛径向丝的强度比钢丝的高 $5\sim6$ 倍。蜘蛛径向丝的断裂能最大,其刚性与韧性都优于其他材料。蜘蛛丝的另一个重要特性是它的耐低温性能,据报道,蜘蛛丝在 $-40℃$ 时仍能保持其弹性,只有在更低的温度下才变硬。

二、兔毛

用于纺织的兔毛(rabbit hair)主要是长毛兔所产的毛。兔毛具有摩擦系数较小、抱合力差、手感光滑、光泽好等特性。

1. 兔毛的结构特征　兔毛与羊毛相同,也是由 18 种氨基酸组成的,但某些氨基酸含量不尽一致。兔毛由鳞片层、皮质层和髓质层组成,细毛、两型毛和粗腔毛的鳞片层皆不相同,这与绵羊毛很相似,但鳞片的形态结构要比绵羊毛复杂得多。细毛的鳞片有的近似一个个花盆叠在一起,有的类似竹笋的外壳,每个鳞片呈锐角三角形,还有的鳞片呈斜条状。粗毛的鳞片有的类似水纹状,有的类似不规则瓦片状,鳞片的上端大多为波浪形。有的兔毛,特别是两型毛,从毛根到毛尖,鳞片形态差异很大。虽然兔毛鳞片的形态多种多样,但与羊毛相比,其特点是鳞片与毛干包覆较紧,鳞片尖端张开的角度较小。细兔毛的鳞片有 70 个/mm 左右,而细羊毛可达 90个/mm 以上。皮质层在兔毛中所占的比例要比细羊毛小得多,而且纤维越粗,皮质层所占的比例就越小。由于兔毛的正、偏皮质细胞大多呈不均匀的混杂分布,而且偏皮质细胞又多于正皮质细胞,这种皮质层结构导致兔毛的卷曲数较少,其卷曲性能较差,给纺纱造成一定的困难。大多数兔毛都有髓质层,而且其髓质层在所有可纺动物纤维中最为发达。其中,细绒毛多数为点状髓或单列断续髓,细兔毛则多数为单列或双列连续髓,两型兔毛和粗兔毛的髓质层列数较多,有 3 列、4 列的,甚至 8 列以上,这一结构直接影响了兔毛的力学性能。

兔身上部位不同,兔毛的形态也不相同,其中位于兔背部的毛质量最好,毛形清晰,毛丛形态较好,甚至还有波浪形卷曲存在。在兔毛集合体中,有很细的绒毛、细毛、两型毛和粗腔毛,细毛和粗毛的平均直径界限为 $30\mu m$。

2. 兔毛的性能　兔毛的长度除了取决于兔种、饲养条件、兔龄、性别和健康状况外,最为主要的是两次剪毛时间间隔的长短,如剪毛间隔时间为 60 天,则兔毛平均长度为 $25\sim50\text{mm}$;如间隔 75 天剪毛,平均长度则为 $50\sim64\text{mm}$;如间隔 90 天剪毛,平均长度可达 64mm 左右。为了提高兔毛的纺纱性能,一般间隔 $80\sim90$ 天剪毛 1 次,而以 80 天左右为多。

兔毛的粗细相差悬殊,其平均直径一般为 $13\mu m$ 左右,最细的只有 $7\mu m$,最粗的可达 $100\mu m$及以上。兔毛的细度随兔的品种、饲养地区、饲养条件以及毛所处部位的不同而异,一级兔毛的平均直径为 $13.6\mu m$,直径离散为 28.8%;二级兔毛平均直径为 $12.9\mu m$,直径离散为 36.2%;三级兔毛平均直径为 $12.9\mu m$,直径离散为 34.9%。兔毛的平均直径在特种动物毛中是最细的,但离散较大。根据细度可将兔毛分为 3 类:第一类为细绒毛,平均直径在 $20\mu m$ 以下,多为点状髓和单列髓,其中 $10\mu m$ 左右的兔毛占有相当比例;第二类为细毛,其平均直径为 $20.1\sim30\mu m$,毛髓的列数在两列左右,这部分纤维含量并不很高,纤维的卷曲仅次于细绒毛,但长度比细绒毛长;第三类为粗毛,不同的兔种其粗毛含量是不同的,有的兔种粗毛含量甚至高达 $10\%\sim15\%$,

这部分毛虽粗(30μm 以上),但在加工中无需去掉,因为这部分粗毛做成产品后,别具风格,可赋予呢面立体感或银枪感。也有的国家标准将兔毛分为细毛(平均直径 30μm 以下,一般有单列毛髓及卷曲)、粗毛(平均直径在 30μm 及以上,一般有两列以上毛髓而多无卷曲)和两型毛(即 1 根纤维上同时具有粗毛和细毛特征),这种分类方法的优点是既方便,又能反映兔毛的全貌。

兔毛的卷曲数为 2~3 个/cm,卷曲率为 2.6%,卷曲弹性率为 45.8%,残留卷曲率为 1.2%。显然,兔毛的卷曲性能不仅低于羊毛,而且也低于其他特种动物毛,因而兔毛的抱合力较差,这影响到兔毛的纺纱性能,比较好的解决方法是与其他纤维进行混纺,但也可进行纯纺,只是其制成率较低,为 80%~85%。

兔毛的密度小,质量轻,粗毛密度为 $0.96g/cm^3$,细绒毛密度为 $1.12g/cm^3$,混合原毛密度为 $1.096g/cm^3$。兔毛纤维轻,其制品的保暖性是特种动物纤维中最好的。

兔毛与细支羊毛的吸湿曲线较为相似,但前者高于后者,而且兔毛的起始吸湿速度比羊毛快,趋于吸湿平衡的时间也较长。这是因为:兔毛较细,表面积大;兔毛的髓腔发达;兔毛的结晶度略低于羊毛;兔毛分子中氨基酸极性基团总量略高于羊毛;兔毛的化学结构中有较多亲和力较强的游离极性基团(如—NH_3^+)存在。以上这些因素使兔毛的吸湿性高于羊毛。但是,在储存过程中,湿热天气会使兔毛吸湿增大,易引起变质霉烂现象。

兔毛卷曲少、表面光滑、纤维之间抱合性差、强度比较低,其单纤维的断裂强度,细绒毛为 15.9~27.4cN/tex,粗毛为 62.7~122.4cN/tex,平均断裂伸长率为 31%~48%,断裂长度约 12.416km。

兔毛的摩擦性能低于羊毛和其他特种动物纤维。由于摩擦力小,所以兔毛的抱合力差,手感顺滑。兔毛的摩擦性能差也影响到其缩绒性,由于兔毛较细,热收缩率较高,因此,其缩绒密度要比羊毛大得多,但兔毛经缩绒后的形状不像羊毛那样圆而匀,且有粗毛伸出外面,这是由于细毛与粗毛的鳞片结构不同、性能不同而造成缩绒在程度上有差异。也正是这种差异,使兔毛衫缩绒后粗毛外露,外观显示出特别的美感。

兔毛的静电现象较羊毛严重,尤其是在温度、湿度低的情况下更为明显。在标准条件下,兔毛的质量比电阻为 $5.11×10^{10}Ω·g/cm^2$,比羊毛($3.66×10^8Ω·g/cm^2$)高得多,故在纺纱生产中一定要在和毛油中加入抗静电剂,或者选用抗静电性能较好的和毛油。由于毛兔大多采用舍养,比较干净,且含油脂率一般在 1.5%以下,故在纺纱前不需要进行洗毛。

兔毛对酸、碱等化学药品的反应与羊毛相似,比较耐酸,而不耐碱,特别是在 pH 值高、温度高、时间长的情况下,纤维损伤尤为严重,所以,兔毛在化学加工中,一定要严格控制 pH 值和处理条件,以防止损伤纤维。兔毛的染色性能与羊毛接近或好于羊毛。

三、马海毛

马海毛(mohair)是安哥拉山羊毛的商业名称,其光泽与白度均好于羊毛。

1. 马海毛的结构特征 马海毛纤维的化学结构是由氨基酸长链构成的纤维状蛋白质,每根纤维由连续不断的皮质细胞、原纤维、微原纤、原原纤、蛋白质分子微小单元构成 α-螺旋结构。马海毛毛丛顶部收缩呈毛辫状的部分称毛尖,国产马海毛的毛尖长度为 2～10mm。

与细羊毛相比,马海毛纤维的鳞片高度较小,鳞片长度相对较长,纤维表面单位长度的鳞片边缘数较少,鳞片数约为细绵羊毛的一半,而且鳞片平阔紧贴于毛干,很少重叠,致使马海毛表面平滑,对光的反射较强,具有蚕丝般的光泽。因此,马海毛制品不易沾染杂质,洗涤后不易毡缩,耐磨损性能较好。马海毛的皮质层几乎都是由正皮质细胞组成的,有的有少量偏皮质细胞并呈环状或混杂排列于正皮质细胞之中,不像羊毛具有双侧结构,纤维很少弯曲,且对一些化学药剂的作用比一般羊毛敏感。马海毛横截面接近圆形,长径与短径之比很少超过 1.2：1,含一定量的有髓毛。

马海毛属异质毛,其品质随山羊的种系、产地、饲养条件等不同而变化很大。由安哥拉山羊身上剪下的原毛其形态与绵羊毛类似,呈被毛状,但没有绵羊毛那样整齐。根据被毛特征,安哥拉山羊可分为 3 种不同类型:

(1)紧毛型羊。其全身被毛均具有螺旋形(或蛇形)弯曲,毛股紧密、纤维细、均匀度好、强度高、产毛量高。

(2)平毛型羊。其被毛为波浪形弯曲,羊毛密度较紧毛型的小,毛型与产毛量居中。

(3)松毛型羊。其被毛不带弯曲,羊毛粗硬、羊毛密度小、产毛量低、一般属淘汰对象。

2. 马海毛的性能　马海毛纤维的长度与羊龄有关,最长的纤维可达 235mm,最短的只有 40mm,一般长度为 120～150mm。

马海毛的细度随着羊龄的增长而增大,纯种马海毛直径大多在 20μm 以上;马海羔毛及幼年羊马海毛质量最优,其直径在 10～40μm,平均直径为 28.2μm;成年羊马海毛的直径稍粗,达到 25～90μm,平均细度为 35μm。美国规定马海毛纤维平均直径小于 23μm 的为优级细毛,大于 43μm 的为低级粗毛。马海毛纤维的品质随山羊年龄的增长而下降。

纤维卷曲的形态与组成毛纤维的正、偏皮质细胞分布情况有关。由于马海毛呈皮芯结构,少量偏皮质细胞为芯,因此纤维卷曲少(卷曲个数为 2～7 个/10cm),卷曲形态呈螺旋形或波浪形。

马海毛的密度为 1.32g/cm^3,与牦牛绒和 70 支羊毛相同。

马海毛的吸湿性与羊毛接近,马海毛在水中吸收的水分可达其干燥质量的 35%,一般高温下,马海毛也含 10%～20% 的水分(我国马海毛洗净毛的公定回潮率定为 14%)。由于马海毛纤维能吸收汗液和空气中的水分,因此穿着其制成的服装令人感到特别舒适,又由于其鳞片表层的拒水性,液态水不易沾染,因而衣料不会变湿。同时,马海毛纤维与水之间的弱化学键可以释放热量,发生吸湿放热反应,当空气温、湿度发生变化时,服装可起到储热库的作用,提高了服装的保暖性和舒适性。

马海毛单纤维的强度与伸长率在特种动物毛中是最高的。直径为 24.6μm 的马海羔毛的平均断裂强力为 15.41cN,相对断裂强度为 24.46cN/tex;平均断裂伸长率为 39.2%。直径为 35.20μm 的成年羊马海毛其平均断裂强力为 30.65cN,相对断裂强度为 23.95cN/tex;平均断裂伸长率为 39.54%。马海毛的耐弯曲疲劳性和耐磨损性均比羊毛差。

马海毛的质量比电阻为 1.83×10^8Ω·g/cm^2,为羊毛的 1.54 倍,静电现象较为严重。

马海毛对酸碱的反应比羊毛稍敏感,对氧化剂和还原剂的敏感程度与羊毛相近。马海毛的白度较好,在大气中不易受腐蚀而发黄。另外,马海毛的染色性能较好。

四、山羊绒

山羊绒(cashmere,克什米尔),因过去曾以克什米尔作为山羊原绒的集散地而得名,我国将山羊绒称为开司米。山羊绒有"软黄金""纤维的钻石""纤维王子""白色的云彩""白色的金子"等美称。山羊绒纤维纤细而均匀,柔软而富有弹性,光泽柔和,具有集轻、暖、软、滑于一体的特点,是珍贵、高档的纺织原料,其产品具有外观华丽高雅、手感柔软、穿着舒适等特点。山羊绒的保温率为 70.3%,保暖性比绵羊毛好。

1. 山羊绒的结构特征 山羊绒的化学结构与绵羊毛相似,都是由 18 种氨基酸组成,但各种氨基酸含量稍有差异。山羊绒一般由鳞片层、皮质层组成。山羊绒的表面主要是环形鳞片,每个鳞片的上缘包围着下一个鳞片的下缘,鳞片数为 60～70 个/mm(细羊毛多为 70～80 个/mm,或更多)。皮质层是纤维的主体,它是由细而长的纺锤形角质细胞顺着绒、毛纤维纵轴紧密排列而成,纤维的各种性能主要取决于皮质层。山羊绒由很薄的鳞片层和发达的皮质层构成,由于山羊绒的皮质细胞大多呈双侧分布,正、偏皮质细胞各居细胞的一侧,因此山羊绒有卷曲,但又没有细绵羊毛的卷曲那样多,那样规则。

2. 山羊绒的性能 山羊绒的长度一般为 35～45mm。山羊绒的平均直径为 14～16μm,细度不匀率约为 20%。不同颜色的山羊绒有不同的长度和细度。

山羊绒的卷曲数较少(一般为 4～5 个/cm),卷曲率为 11%。其密度为 1.30～1.31g/cm³。其吸湿性好于羊毛,回潮率比羊毛高 1.5%左右。

山羊绒的电阻值受回潮率影响很大,一般在 $6.2 \times 10^{10}\ \Omega$ 左右,由于电阻值较大,在纺织加工中纤维易飞散,缠绕机件,给纺纱加工带来困难,可通过加和毛油与提高回潮率来解决。

山羊绒的平均断裂强力为 3.822cN,相对断裂强度为 14cN/tex,弹性模量为 216.5cN/tex,弹性伸长为 64.83%,剩余变形为 35.8%。这些性能指标与 70 支澳毛相接近。

山羊绒的摩擦系数比羊毛的低,一般摩擦系数越大缩绒性越好,但由于其细度小,所以其缩绒性与细羊毛接近。

山羊绒的化学性能与羊毛十分相似,但也稍有差异,如它对碱和热的反应比细羊毛稍敏感,即使在较低温度和浓度下,纤维损伤也较明显。山羊绒对氯离子很敏感,而耐酸性要好于羊毛,即使经强酸处理后,其强力和伸长率损伤也要低于羊毛。山羊绒在染色时有低温上色的特性,上色率在 70～80℃时达最高峰,但其经染色后长度缩短较明显,染色前后长度差异一般在 3mm 左右,这主要是经湿热处理后其长度收缩所致。

五、骆驼绒

骆驼绒(camel hair)是优良的纺织原料。骆驼绒的光泽与兔毛相当,比羊绒差,但比牦牛绒好。骆驼绒的压缩性能优于羊毛，且不易缩绒，保温率为 64.6％，常用作絮片，在长期使用中可保持蓬松轻暖的性能。

骆驼可分为单峰驼与双峰驼两大类。单峰驼又称为南方驼，主要产于热带的荒漠地区，如非洲、阿拉伯国家等地，身上绒层薄，毛短而稀，无纺织价值；双峰驼又称为北方驼，主要分布于温带和亚寒带的荒漠地区，如亚洲北部的沙漠地区，身上绒层厚密，保护毛也较多。它们是珍贵的纺织原料，每头双峰驼单产毛绒平均可达 4kg 左右，绒的平均直径在 18μm 左右，平均长度可达 60mm 左右。我国饲养的骆驼主要是双峰驼。

1. 骆驼绒的结构特征　骆驼绒、毛的化学结构与绵羊毛极为相似，也是由 18 种氨基酸组成。骆驼绒的横截面一般为圆形，主要是由鳞片层和皮质层构成的实心纤维，少数含有髓质层。驼绒的鳞片紧贴于毛干，其鳞片数少于羊毛乃至羊绒，一般为 40～60 个/mm，且鳞片厚，鳞片表面角质层比较光滑，棱基高度低，鳞片翘角小。细驼绒的鳞片多呈环形或斜条状，因此驼绒的表面光滑、柔软，缩绒性小，制成的产品尺寸稳定。粗驼毛呈八角状空心，中间大黑点就是空心孔，其中散布的小黑点是所含的天然色素；其鳞片呈镶嵌状，端面呈锯齿状，突出毛干的可见形状很不规则，鳞片与皮质细胞的黏结强度较差，这些特点使驼绒的缩绒性较差。驼绒的皮质细胞基本是呈双侧结构，正皮质细胞为扁长形，偏皮质细胞与羊毛接近，但细胞间质窄。粗驼毛的正、偏皮质细胞多呈皮芯结构，所以粗驼毛粗、硬、刚、直而没有卷曲。驼绒的大多数（约占 82％以上）为无髓毛，但也有少部分较粗驼绒具有点状髓，总的来讲，骆驼绒、毛的髓腔并不发达。直径在 50μm 以上的绒纤维多数含有粗短及粗长形的髓，而直径在 50μm 以下的绒纤维多数含有点状髓及细长的髓质层。

2. 骆驼绒的性能　不同驼种及不同地区的骆驼绒其长度和细度差异很大，即使是同一地区、同一驼种所产驼绒的细度也随年龄、性别、躯体部位等不同而异。

骆驼绒的长度差异很大，最短的只有 5mm，最长的可达 115mm，平均长度为 60mm 左右，粗毛长度可达 100～200mm，保护毛（鬃毛、嗉毛、肘毛）的长度可达 200～500mm，其中以内蒙古自治区阿拉善旗驼绒的长度较长，等级也较高，纺纱价值最高。

骆驼绒的细度差异更大，其中，2～4 龄的骆驼所产驼绒比成年驼所产绒要细，母驼又比公驼的绒细。驼绒的直径一般在 14～40μm，平均直径在 20μm 左右，与 70 支羊毛的粗细相当。粗驼毛的直径一般在 50μm 以上，最粗的可达 200μm 左右。介于粗毛和绒毛之间的界限毛也有一定的数量，这种界限毛常给分梳带来一定的困难。由于骆驼生长的环境相当恶劣，一年四季的营养状况极不均衡，因而使同一根绒毛不同部位的细度差异较大，以成年骆驼的绒毛为例，绒纤维的上段较粗，中段次之，下段较细，而且差异较大，少者为 5～7μm，多者可达 10μm 以上。这种单根绒纤维细度的不匀，将会影响绒纤维其他性能的不匀，从而也会影响其纺纱性能。

骆驼绒的卷曲不像羊毛那样有规则，其原因一方面是由于驼绒皮质细胞的双侧结构没有羊毛那样有规律；另一方面是由于驼绒纤维的细度不匀。一般直径为 10μm 左右的驼绒纤维卷曲多而深，卷曲数可达 6～7 个/10mm，其形状多为深弯、狭高弯或环状弯。直径为 20～30μm 的驼绒，其卷曲较前者少而浅，其形状多为正常弯或浅弯，卷曲数只有 3～5 个/10mm。当直径为

40μm以上时,基本上无卷曲,只有在纤维的下段有少量不规律的浅弯或平弯,卷曲数也只有1~3个/10mm。粗驼毛基本上无卷曲,这部分粗毛在分梳时较易除去。根据测定,驼绒的平均卷曲数为3.84个/10mm,卷曲率为18.64%,卷曲弹性率为83.22%,残留卷曲率为15.51%。卷曲度的大小,直接影响纤维之间的抱合力和产品的掉绒起球性能。

骆驼绒的密度为1.31~1.32g/cm^3,断裂强力为5.89cN,断裂伸长率为41.62%,弹性模量为231cN/tex,断裂长度为15.94km。其耐弯曲疲劳性与羊绒相当,比兔毛差。

骆驼绒的吸湿规律与羊毛相似,刚开始吸湿很快,呈直线上升,然后逐渐缓慢而达到平衡状态,但开始的吸湿速度较羊毛快。

骆驼绒的摩擦性能与缩绒性能在特种动物纤维中是最低的,这是由于驼绒的鳞片数较少、鳞片与毛干抱合紧密及鳞片翘角较小的缘故。

骆驼绒的质量比电阻值为1.003×10^{11} $\Omega \cdot$g/cm^2,比羊毛的比电阻值(3.66×10^8 $\Omega \cdot$g/cm^2)大很多,这是因为驼绒表面鳞片呈凹凸不平状态,这种凹凸不平状态加强了静电集聚效应,使电荷难以从凹处逸散,因而抗静电性能较差。所以在加工过程中,除应使原料具有一定的回潮率以外,还需在所加油剂中添加适量的抗静电剂,才能使生产顺利进行。

骆驼绒的耐酸、碱、氧化剂、还原剂的性能较强,均优于羊绒、牦牛绒和羊毛。就其染色性而言,由于驼绒的细度不匀率较大,易染花,在染色时应加入适量的匀染剂,同时,由于驼绒的沸水收缩率较高,故染色处理的时间不宜过长。

六、牦牛绒

牦牛又叫西藏牛、马尾牛(尾如马尾),一般生长在海拔2100~6000m的高寒地带。牦牛被毛浓密、粗长,内层生有细而短的绒毛,即牦牛绒(yak hair)。其颜色多为黑、深褐或黑白混色,纯白色很少,其光泽在特种动物绒毛中是最差的。牦牛绒的保暖性与羊绒相当,优于绵羊毛,其保温率为57%。

1. 牦牛绒的结构特征　牦牛绒的化学结构也与绵羊毛相似,由18种氨基酸组成,其各种氨基酸的含量随饲养条件和年龄大小的不同而有所差别。牦牛绒与绵羊毛具有相似的组织结构,细绒毛一般由鳞片层和皮质层组成,粗毛大多由鳞片层、皮质层和髓质层组成,而两型毛则介于绒毛与粗毛之间,具有断续的髓质层。不同细度的牦牛绒鳞片形状不相同,细绒的鳞片形似花盆,一个叠一个地包覆于毛干上,鳞片翘角较小。皮质层较发达,由正、偏两种皮质细胞组成。正皮质细胞的结晶区较小,因而吸湿性高,吸湿膨胀率较大,而偏皮质细胞结晶区较大,因而吸湿性较小,吸湿膨胀率低。细绒毛没有连续的髓质层,只有3.69%的断续点状髓和96.31%的无髓质层。

2. 牦牛绒的性能　牦牛绒的长度与细度因生长地区和生长部位的不同而有差异,其长度差异较大,在同一头牦牛身上,背部的绒纤维最长,约60mm,股部次之,约31mm,腹部最短,通常只有26mm左右,平均长度为36mm。而牦牛毛的长度则以腹部最长,背部次之,股部最短,一般在100mm以上,最长者可达450mm左右。

最细的牦牛绒纤维直径为7.5μm,大多数为30~35μm,平均直径为18μm左右。在细度分布中,30～40μm 的纤维数量较多,而且这种细度的纤维在分梳中很难去除,致使牦牛绒的含粗毛率较高。在标准中规定了 35μm 为牦牛绒和毛的细度界限,即直径 35μm 以下者称为绒,超过 35μm 者为毛,牦牛毛直径最粗可达 100μm。牦牛身上不同部位其牦牛绒细度和分布情况也有差异:背部含绒量较多,绒纤维较细;股部含绒量次之,但纤维偏粗;腹部的含绒量较少,细度居中。就某根绒纤维而言,上、中、下段的不匀率较大,上段为暖季牧草丰盛期长成,偏粗;中段为暖、冷过渡期长成,偏细;下段为冷季长成,最细。这种一根纤维上、中、下段细度不匀率较大的情况,反映了牦牛常年营养状况的不平衡性。

牦牛绒的卷曲数量较少,而且卷曲形态不规则,纤维卷曲数约为 6.20 个/25mm,卷曲率为 22.71%,卷曲弹性率为 89.43%,残留卷曲率为 20.31%,由于卷曲率与卷曲弹性率较高,所以牦牛绒的抱合力较好,其产品丰满柔软,穿着舒适。

牦牛绒的密度为 $1.32g/cm^3$,牦牛毛的密度为 $1.22～1.32g/cm^3$。

牦牛绒的吸湿性与羊毛相似,开始吸湿较快,然后逐渐缓慢,并达到平衡状态。

牦牛绒单纤维断裂强力为 5.15cN,断裂伸长为 45.86%,断裂长度为 15.75km。牦牛绒的抗弯曲疲劳性能比羊毛和其他特种动物绒毛都要差,绒纤维在重复弯曲作用下,纤维中大分子不断被伸直、弯曲,最终会使结构逐渐松散、破坏、甚至断裂。由于人的臂部经常活动,所以牦牛绒衫的腋部常会出现破损现象。

牦牛绒易产生静电现象,其比电阻值随着回潮率升高而降低。牦牛绒的静电现象较为严重,易使纤维飞散、缠绕机件,造成断头,严重时甚至无法进行生产。当牦牛绒的回潮率高于 20% 时,其质量比电阻可降至 $2.5×10^8Ω·g/cm^2$ 以下,此时牦牛绒可顺利上机加工。一般而言,当质量比电阻测试值保持在 $1×10^8～10×10^8Ω·g/cm^2$ 时,纤维可纺性最佳,而高于 $10×10^8Ω·g/cm^2$ 时,则纺纱难以进行,此时必须采取一定的措施,降低质量比电阻,以增加其可纺性。

牦牛绒的耐磨损性比羊绒和羊毛差,但优于驼绒和马海毛。牦牛绒的逆鳞片摩擦系数与顺鳞片摩擦系数差异较大,因此缩绒性较好,仅次于 70 支羊毛,但好于山羊绒,用手不易撕开,成球形状也较好。

无机酸(如 H_2SO_4)和有机酸对牦牛绒的损伤程度比羊绒轻,这说明牦牛绒对酸有一定的抵抗力,但在浓度、温度高的情况下,强酸对其仍会造成损伤。牦牛绒的耐碱性较差,仅好于羊绒,对氧化剂、还原剂的抵抗能力略好于羊绒。因此在化学加工中应注意处理条件,以减少牦牛绒纤维的损伤。

七、甲壳素纤维

甲壳素又称几丁质(Chitin),广泛存在于甲壳纲动物虾和蟹的甲壳,昆虫的甲壳,真菌(酵母、霉菌、蘑菇)的细胞壁中。它是种无毒、无味的白色或灰白色半透明固体,耐晒、耐热、耐腐蚀、耐虫蛀,不溶于水、稀碱及一般有机溶剂,可溶于浓无机酸(如浓硫酸、浓盐酸及 85% 磷酸),但在溶解的同时主键发生降解。甲壳素作为一种成纤高分子聚合物,具有良好的成丝性能,可溶于稀醋酸内,醋酸是良好的溶剂。溶于醋酸的甲壳素可用纺丝的方法纺成纺织用纤维。甲壳素经浓碱处理脱去其中的乙酰基,就变成可溶性甲壳素,叫作甲壳胺或壳聚糖,它的化学名称为聚-(1,4)-2-氨基-2-脱氧-β-D-葡萄糖,或简称聚氨基葡萄糖,其化学结构很像植物纤维素(图 5-36),故可视为一种动物纤维素纤维。将甲壳素或壳聚糖粉末在适当的溶剂中溶解,配制成一定浓度、一定黏度、有良好稳定性的溶液,经过滤去污后,加压喷丝入凝固浴槽中,变成固体丝状纤维,经拉伸、洗涤、烘干、卷绕即成为甲壳素纤维。由于制造甲壳素纤维的原料一般为虾、蟹类水产品的废弃物,一方面,利用废弃物减少了对环境的污染;另一方面,甲壳素纤维的废弃物又可生物降解,不会污染环境。用甲壳素制成的纤维属纯天然纺织材料,具有抑菌、镇痛、吸湿、止痒等功能,用它可制成各种抑菌防臭纺织品,被称为甲壳素保健纺织品。它是新世纪开发的又一种绿色功能纤维。

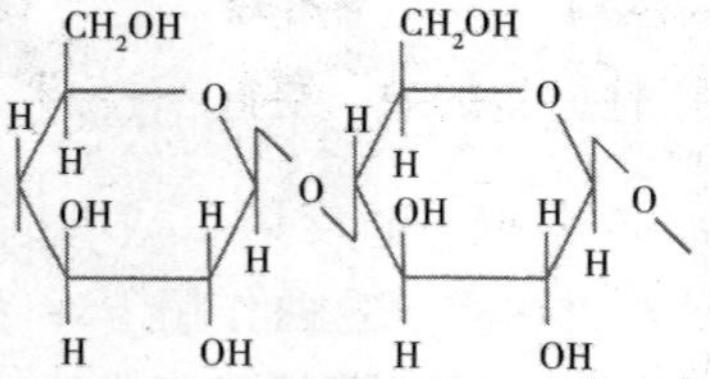

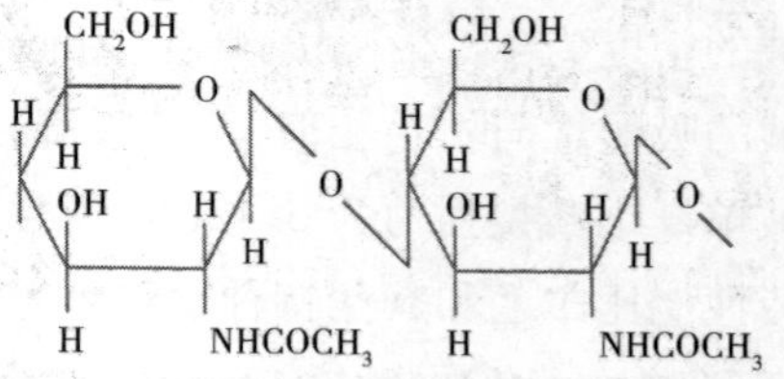

图 5-36 甲壳质和纤维素的化学结构式比较

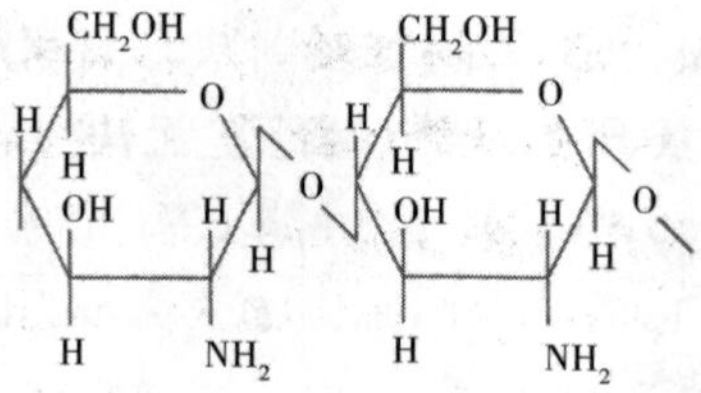

甲壳素纤维的性能如表 5-9 所示。与棉纤维相比,甲壳素纤维线密度偏大,强度偏低,在一定程度上影响成纱强度。在一般条件下,甲壳素纤维纯纺具有一定困难,通常采用与棉、毛、化纤混纺来改善其可纺性。此外,由于甲壳素纤维吸湿性良好,染色性优良,可采用直接、活性、还原及硫化等多种染料进行染色,且色泽鲜艳。

表 5-9　甲壳素纤维的性能

密度/g·cm^{-3}	线密度/dtex	回潮率/%	断裂强度/cN·dtex^{-1}	断裂伸长率/%
1.45	2.21~2.22	12.5	1.31~2.30	13.5

采用甲壳素纤维与棉、毛、化纤混纺织成的高级面料,具有坚挺、不皱不缩、色泽鲜艳、吸汗性能好,且不透色等特点。在医用方面主要用作甲壳素缝线和人造皮肤,以甲壳素纤维与超级淀粉吸水剂结合制成的妇女卫生巾、婴儿尿不湿等具有卫生和舒适的功效。

第五节　蛋白复合纤维

目前,市场上可见的蛋白复合纤维主要有大豆蛋白复合纤维、牛奶蛋白复合纤维和蚕蛹蛋白复合纤维等,人们习惯将它们归于再生蛋白质纤维一类,商业上分别称为大豆纤维、牛奶纤维和蚕蛹纤维。

一、大豆蛋白复合纤维

大豆蛋白复合纤维(soybean protein composite fiber),简称大豆纤维(soybean fiber),主要由大豆蛋白和聚乙烯醇(PVA)共混,经湿法纺丝而制得,其中大豆蛋白成分占 20%～55%,聚乙烯醇占 45%～80%。目前生产的大豆纤维为短纤维,外观呈柔和光亮的米黄色,并呈现自由卷曲状。

大豆纤维单丝较细,相对密度小,强度和伸长率较高,手感柔软,具有羊绒般的柔软手感,蚕丝般的优雅光泽,棉纤维的吸湿、导湿性及穿着舒适性、羊毛的保暖性。主要缺点为:不易漂白,含有甲醛,尺寸稳定性差,染整加工过程蛋白含量易流失。

纺丝、牵伸、交联、定型等过程的工艺条件对大豆纤维的结构和性能有很大影响。大豆纤维纵向具有不光滑的沟槽,截面呈不规则的哑铃形或花生形,横截面上有微细的孔隙。

大豆纤维的熔点为 233 ℃ ,与 PVA 的结晶熔融温度(230 ℃)基本接近。沸水收缩率为 2.2 % ,在 180℃ 、2 min 的干热条件下其收缩率为 2.3 %。大豆蛋白纤维在 110 ℃ 的水浴中会发生明显收缩,但低于 180 ℃ 的短时间干热处理对其性能基本没有影响。大豆纤维的等电点为 4.6 ,当溶液 pH<4.6 时,大豆蛋白纤维的溶解度随 pH 值的降低而增加;当溶液的 pH>4.6 时, pH 值升高,溶解度明显增大。目前还没有发现一种能完全溶解大豆蛋白纤维的溶剂。低浓度的有机酸和纯碱对大豆蛋白纤维的结构和性能没有影响。大豆纤维的弹性回复率为 55.4 % ,弹性较差,易变形。大豆纤维的染整加工性能既不同于天然蛋白质纤维,也不同于聚乙烯醇纤维,仍有待进一步完善。

二、牛奶蛋白复合纤维

牛奶蛋白复合纤维(milk protein composite fiber),简称牛奶纤维(milk fiber),是通过将液态牛奶制成干酪素蛋白,然后与聚丙烯腈或聚乙烯醇共混、揉和、脱泡,经湿法纺制的。干酪素蛋白与聚丙烯腈复合的纤维称为腈纶基牛奶纤维,和聚乙烯醇复合的纤维称为维纶基牛奶纤维。

牛奶纤维具有柔和、优雅、真丝般的光泽,具有类似于真丝的低热传导率,因此具有非常好的保温特性。与大豆蛋白复合纤维一样,牛奶蛋白复合纤维也存在漂白困难,蛋白成分不稳定,尺寸稳定性不好等问题。

牛奶蛋白纤维的截面呈现圆形或腰圆形,纵向有沟槽。成品牛奶蛋白纤维表观呈亮丽的棕色。牛奶蛋白纤维的断裂伸长率大于棉,接近羊毛。初始模量高于其他天然纤维。无论是腈纶基牛奶纤维还是维纶基牛奶纤维,干湿断裂强度差不多;维纶基牛奶纤维强度比腈纶基牛奶纤维要高,但腈纶基牛奶纤维的断裂伸长率较高。随着温度的升高,牛奶纤维的收缩率急剧增大,牛奶纤维的染整湿加工应控制在 90℃ 以下为宜。

三、蚕蛹蛋白复合纤维

蚕蛹蛋白复合纤维(pupa protein composite fiber),简称蚕蛹纤维(pupa fiber)是通过从蚕蛹中提取蚕蛹蛋白,再对其进行化学改性,制成蛋白质纺丝液,与黏胶纺丝液共混后一起纺丝,得到含有蚕蛹蛋白的黏胶纤维长丝。

蚕蛹蛋白黏胶纤维长丝的蛋白质集中于纤维表面,纤维的性能与蚕丝相近,且染色性、悬垂性优于蚕丝。纤维中蛋白质含量为 $10\%\sim20\%$,纤维强度为 $13\sim16cN/tex$,伸长率为 $15\%\sim25\%$,回潮率为 $10\%\sim15\%$,是一种新型优质蛋白质复合纤维。

☞ 复习指导

蛋白质纤维是服用纤维的主要品种,结构和性能与纤维素纤维有很大的不同,但服用性较好。通过本章的学习,主要掌握以下内容:

1. 了解蛋白质分子组成和结构特征。
2. 熟悉蛋白质的两性性质、唐南膜平衡理论。
3. 理解并掌握羊毛纤维的组成、结构和性能。
4. 理解并掌握蚕丝纤维的组成、结构和性能。
5. 了解蚕丝纤维与羊毛纤维这两种典型蛋白质纤维在结构和性能上的异同。
6. 了解其他动物纤维来源、结构和使用性能。

☞ 思考题

1. 解释下列术语和名词:

α-氨基酸、二肽、多肽、蛋白质分子的二次结构、α-螺旋、β-折叠、无规线团、疏水键、离子键、配位键、二硫键、等电点、蛋白质变性、净毛率、α-型角朊、鳞片层、皮质层、O 皮质细胞、P 皮质细胞、β-型角朊、细胞膜复合体、盐缩、水渍、绢丝。

2. 蛋白质纤维有哪些?
3. 试述蛋白质的两性性质和膜平衡原理。
4. 试分析羊毛、桑蚕丝丝素氨基酸组成的特点,并比较它们分子结构的异同。
5. 什么是蛋白质的饱和吸酸值、超饱和吸酸量、等电点?
6. 试述羊毛的形态结构和聚集态结构。
7. 试述羊毛的表观性状。

8. 羊毛的空间结构有什么特点？

9. 试述永定和过缩现象的原理。

10. 试分析羊毛的缩绒性。

11. 简要说明并描述桑蚕丝、柞蚕丝的形态结构。

12. 请分析桑蚕丝素与羊毛的分子结构及聚集态结构特点。

13. 与丝素相比，丝胶有什么结构特点？

14. 请比较蚕丝纤维、羊毛纤维拉伸性能的异同，并分析造成差异的原因。

15. 试比较蚕丝和羊毛纤维吸湿性大小，并分析其原因。

16. 试述蚕丝、羊毛纤维的耐酸性、耐碱性与耐光性。

17. 羊毛或蚕丝织物能否用 NaClO 进行漂白，为什么？

18. 什么叫蚕丝的盐缩？说明蚕丝纤维发生盐缩的基本原理。

19. 试述蜘蛛丝、兔毛、马海毛、山羊绒、骆驼绒、牦牛绒纤维的组成、结构特征和使用性能。

20. 试述大豆、牛奶、蚕蛹蛋白复合纤维的结构和性能。

参考文献

[1]蔡再生. 纤维化学与物理[M]. 北京:中国纺织出版社,2004.

[2]姚穆. 纺织材料学[M]. 北京:纺织工业出版社,1990.

[3]王菊生,孙铠. 染整工艺原理(第一册)[M]. 北京:纺织工业出版社,1982.

[4]陶慰孙. 蛋白质分子基础[M]. 北京:高等教育出版社,1981.

[5]Greaves P H, Saville B P. Microscopy of Textile Fibers[M]. Oxford:BIOS Scientific Publishers Ltd., 1995.

[6]Sara J K,Anna L L. Textiles[M]. 9th ed. New Jersey:Pearson Education, Inc., 2002.

[7]Jaenicke R. Protein Interactions[M]. New York:Springer Verlag Berlin Heidelberg,1972.

[8]陶乃杰. 染整工程:第一册[M]. 北京:中国纺织出版社,1996.

[9]Danilatos G, Feughelman M. The Microfibril Matrix Relationships in the Mechanical Properties of Keratin Fibers Part II: The Mechanical Properties of the Matrix During the Extension of an α-Keratin Fiber [J]. Textile Research Institute, 1980(9):568-574.

[10]姚金波,滑钧凯. 毛纤维新型整理技术[M]. 北京:中国纺织出版社,2000.

[11]胡玉洁. 天然高分子材料改性与应用[M]. 北京:化学工业出版社,2003.

[12]Marjorie A T. Technology of Textile Properties[M]. 2nd ed. London:Forbes Publications Ltd. ,1981.

[13]Akira Nakamura. Raw Material of Fiber[M]. New Hampshire:Science Publishers, Inc. ,2000.

[14]高绪珊,吴大诚. 纤维应用物理学[M]. 北京:中国纺织出版社,2001.

[15]Warner S B. Fiber Science[M]. New Jersey:Prentice Hall, Inc. ,1995.

[16]Betty F S,Ira B. Textile in Perspective[M]. New Jersey:Prentice Hall, Inc. Englewood Cliffs,1982.

[17]Joseph M L. Introductory Textile Science[M]. 4th ed. New York:Holt, Rinehart and Winston, 1981.

[18]Cai Zaisheng, Yu Tongyin. Examination of Subunit Composition of Bombyx Mori Silk Fibroin[J]. Journal of China Textile University, English Edition, 1998, 15(2): 28-31.

[19]君霆. 蚕丝纤维组成的研究[J]. 蚕桑通报,2002,32(4):1-5.

[20]Ishikawa H，Nagura M. Structure and physical properties of silk fibroin. Sen–I Gakkaishi，1983，39 (10)：353－363.

[21]Jianzhong Shao，Liu Jinqiang，Zheng Jinhuan，et al. Study on the Surface Structure of Silk Fibroin［M］. 杭州：浙江大学出版社，2007.

[22]周岚. 蚕丝丝素表面结构特性研究[M]. 杭州：浙江工程学院，2003.

[23]苏州丝绸工学院，浙江丝绸工学院. 制丝化学[M]. 北京：纺织工业出版社，1979.

[24]杨百春. 丝胶及其应用[J]. 王祥荣，译. 国外丝绸，2000(5)：33－37.

[25]宋肇堂，徐谷良. 真丝绸泛黄机理研究[J]. 苏州丝绸工学院学报，1991,11(3)：58－65.

[26]范雪荣，李义有，刘靖宏. 真丝织物的泛黄和防泛黄整理[J]. 印染助剂，1996,13(5)：1－6.

[27]郑今欢，周岚，邵建中. 蚕丝丝素中色氨酸含量及其在丝素纤维中的径向分布研究[J]. 高分子学报，2005 (2)：161－166.

[28]林红，陈宇岳. 钙盐处理对真丝纤维力学性能的影响[J]. 丝绸，2003(12)：33－35.

[29]邵敏，邵建中，刘今强，等. 活性染料与蚕丝亲核基团反应性能的高效液相色谱分析[J]. 分析化学，2007(5)：672－676.

[30]邵敏，邵建中，刘今强，等. 丝素与一氯均三嗪型活性染料反应性的 HPLC 研究[J]. 纺织学报，2007 (6)：83－87.

[31]沈一峰，林鹤鸣，杨爱琴，等. 双活性基活性染料真丝绸染色工艺研究. 染料与染色[J]，2004,41(2)：105－108.

[32]蔡再生，闵洁. 染整概论[M]. 北京：中国纺织出版社，2007.

第六章　合成纤维

合成纤维（synthetic fiber）是以石油、天然气、煤焦油及农副产品等非纤维性物质为起始原料，再经化学聚合、纺丝成型及后加工而制成的纤维。

合成纤维普遍具有强度高、弹性好、密度小、保暖性好、耐磨、耐化学药品腐蚀、不易霉变和虫蛀等特点。用合成纤维制成的织物经久耐用。合成纤维与天然纤维或再生纤维混纺或交织后更能发挥各自的优点，使混纺织物具有挺括、滑爽、免烫、快干等优异性能。

合成纤维的品种很多，本教材主要介绍涤纶、锦纶、腈纶、丙纶、维纶和氯纶6类，其中普通服用面料中占主导地位的是涤纶、锦纶、腈纶三大品种。涤纶作为后起之秀，在化学纤维中居于遥遥领先的地位。

随着科学技术的不断进步，人们开始利用化学改性和物理改性的手段，通过分子设计，制成具有特定性能的第二代化学纤维，即"差别化纤维"。随着化学纤维应用领域的不断扩大，高性能纤维如芳纶、芳砜纶、聚苯并咪唑纤维、聚四氟乙烯纤维不断涌现。

第一节　合成纤维的基础知识

一、合成纤维的共性

以下指常见的普通合成纤维的共性。

1. 相对密度　纤维材料的相对密度决定了纺织品的性能和经济性，对于纺织品的设计开发较为重要。作为服用纤维材料，相对密度较低，对于服装的舒适性有利；作为产业用纤维材料，相对密度较低则具有减小负荷的优点。与再生纤维和天然纤维相比，合成纤维，尤其是聚丙烯纤维（丙纶）、聚酰胺纤维（锦纶）和聚丙烯腈纤维（腈纶）的相对密度较低。

2. 力学性能　合成纤维的强度通常较高，在所有纤维材料中处于中上等水平，这是合成纤维材料的主要优点。其中，聚酰胺纤维、聚酯纤维（涤纶）、聚丙烯纤维和聚乙烯醇缩醛化纤维（维纶）的强度明显高于其他合成纤维。合成纤维的断裂伸长较大，除聚乙烯醇缩醛化纤维等个别品种外，均高于天然纤维和再生纤维，因此合成纤维是一类具有强韧性的纤维材料。耐磨性高是合成纤维的共性特征，尤其是聚酰胺纤维、聚酯纤维、聚乙烯醇缩醛化纤维的耐磨性最高，而个别品种如聚丙烯腈纤维等的耐磨性相对较低。

3. 光学性能　纤维材料的耐光性作为其重要的光学性能指标，日益受到人们的关注。在合成纤维中，聚丙烯腈纤维的耐光性最好，聚酯纤维的耐光性次之，而聚酰胺纤维、聚丙烯纤维及聚氯乙烯纤维（氯纶）的耐光性较差。

4. 电学性能 合成纤维的比电阻比天然纤维和再生纤维的高,这与其吸湿性较低有关。在合成纤维中,吸湿性很低的聚酯纤维和聚丙烯纤维比电阻最高。由于合成纤维的比电阻高,加工和消费过程中因摩擦等引起静电的现象十分严重,给工业生产和日常生活带来不少麻烦,这已成为合成纤维的一大缺点。

5. 耐热性和热收缩 随着温度的升高,纤维的断裂强度将逐渐下降。虽然合成纤维属热塑性纤维,对热敏感,但大多数合成纤维在高温下的强度仍高于天然纤维和再生纤维。此外,随着温度升高,合成纤维的断裂伸长率有所增加。在合成纤维中,聚酯纤维的耐热性最好,不仅熔点和分解温度较高,而且长时间承受高温作用后其强度损失较少。

纺织品一般要经过纺织、印染、后整理等加工工序,经受一系列干、湿热处理,因此其长度的收缩率也是一项重要检验指标。

合成纤维是线型或支链型的高分子物,在成型过程中,为获得良好的力学性能,经过了多次的拉伸和热定型处理,大分子间的取向和结晶已达到了一定的程度。但由于大分子间还残留一定的内应力,当纤维在干热和湿热处理时,原来大分子间的取向度与结晶状态会有所改变,有序排列的分子链段会趋于无序,还会发生链折叠和重结晶现象,使纤维产生不可逆的收缩,这种因热作用而产生的收缩称为纤维的热收缩。各种化学纤维热收缩的温度和热收缩率是不同的,甚至同一种纤维,因加工工艺条件不同,其热收缩率也有差异。如果把热收缩率差异较大的化学纤维混纺和交织,则在印染加工过程会造成纱线收缩不一,致使织物产生疵点。合成纤维的热收缩性能主要从湿热和干热收缩两个方面去考核。对具有一定吸湿性的纤维,如聚酰胺纤维,它的湿热收缩率远大于干热收缩率。对于吸湿性低的纤维,如聚酯纤维,它的干热收缩率远大于湿热收缩率。温度的高低也影响纤维的热收缩率,如聚氯乙烯纤维在 $70℃$ 热水中就开始收缩,在 $100℃$ 沸水中收缩达 50% 以上,聚乙烯醇缩醛化纤维的沸水收缩率达 5% 以上。对不同的合成纤维,要根据不同的后加工要求,选择相应的热处理温度、时间和热收缩方法来考核纤维的热收缩性能。例如,聚酯短纤维干热处理温度为 $180℃$,时间为 $30min$,所用张力为 $0.0750N/dtex$,量取收缩前后的长度即可计算热收缩率。

此外,长丝和短纤维在成型过程中,因经受的拉伸倍数不同,热收缩也不同。长丝拉伸倍数高,热收缩率大;短纤维拉伸倍数低,热收缩率小。例如,聚酰胺和聚酯长丝的沸水收缩率一般为 $6\%\sim10\%$,短纤维的沸水收缩率一般为 1% 左右。

鉴于合成纤维存在热收缩,为了生产质量好和尺寸稳定的合成纤维,在纤维成型和加工过程中都需对纤维进行热定型。

6. 染色性能 在合成纤维中,聚酰胺纤维和聚丙烯腈纤维易于染色,而聚酯纤维、聚烯烃纤维及含氯纤维等属于难染纤维,不仅需要特殊的染色设备和条件,而且有的品种染色深度不高。

二、化学纤维的分类

化学纤维的种类繁多,分类方法也有很多种,根据原料来源、化学组成、形态结构和纤维性能差别分类如下：

（一）按原料来源分

1. 再生纤维　再生纤维是以天然的高聚物为原料制成的、化学组成与原高聚物基本相同的化学纤维。它又可分为再生纤维素纤维和再生蛋白质纤维两种。

2. 合成纤维　合成纤维是以煤、石油、天然气及一些农副产品等天然的低分子化合物为原料，制成单体后，经过化学聚合或缩聚成高聚物，然后再制成纺织纤维。常见的合成纤维有七大类品种：聚酯纤维（涤纶）、聚酰胺纤维（锦纶）、聚丙烯腈纤维（腈纶）、聚乙烯醇缩甲醛纤维（维纶）、聚丙烯纤维（丙纶）、聚氯乙烯纤维（氯纶）和聚氨酯弹性纤维（氨纶）等。此外，还有很多特种合成纤维，如耐高温的芳纶、芳砜纶、聚苯并咪唑纤维和耐腐蚀的氟纶等。

3. 无机纤维　主要成分是由无机物构成的纤维为无机纤维。主要有金属纤维、玻璃纤维和碳纤维等。

（二）按化学组成分

按照化学纤维的化学组成分，可将常见的化学纤维分类如表 6-1 所示。

表 6-1　常见化学纤维名称、组成单体、分子结构、商品名称和纤维代号

学名、英文名		单体	分子结构	中国商品名	代号	外国商品名
再生纤维素纤维	viscose	葡萄糖剩基	$\left[C_6H_{10}O_5 \right]_n$	黏胶纤维	R	虎木棉（日）、波里诺西克（国际）、阿夫列尔（美国）
	Tencel	葡萄糖剩基		天丝	TEN	
	Lyocell				LY	
	Modal			莫代尔	MODAL	
聚酯系	聚对苯二甲酸乙二酯纤维 polyester	对苯二甲酸、乙二醇	$\left[OC{-}\bigcirc{-}COO(CH_2)_2CO \right]_n$	涤纶	PET	达克纶（美）、特丽纶（英）、帝特纶（日）、拉芙桑（俄罗斯）、柱纶（德）
	阳离子染料可染聚酯纤维 Cationic dyeable polyester fiber	对苯二甲酸、乙二酯第三单体或第四单体	$HO{-}\left[...\right]_{(100-m)}\left[OCH_2CH_2O\right]_{(100-m)}...{-}H$（含 SO_3Na、CH_3 结构）	阳离子染料可染聚酯纤维	CDP, ECDP, HCDP, PRSTER	达克纶 T64，达克纶 T65

学名、英文名		单体	分子结构	中国商品名	代号	外国商品名
聚酯系	聚对苯二甲酸丙二醇酯 polypropylene terephthalate	对苯二甲酸、丙二醇酯	$\left[CO-\bigcirc-COO(CH_2)_3CO\right]_n$	聚酯 PPT	PPT	科尔泰拉
	聚对苯二甲酸丁二醇酯 Polybutylene terephthalate	苯二甲酸、丁二醇酯	$\left[CO-\bigcirc-COO(CH_2)_4CO\right]_n$	聚酯 PBT	PBT	
	聚萘二甲酸乙二醇酯 Polyethylene naphthalate	萘二甲酸、乙二醇	$PEN-[O-CO-\bigcirc\bigcirc-CO-O-CH_2-CH_2]-$	聚酯 PEN	PEN	
聚酰胺系	聚酰胺6纤维 nylon 6	己内酰胺	$\left[HN(CH_2)_5CO\right]_n$	锦纶6	PA6	耐纶6或尼龙6(美、英)、贝纶(德)、阿米纶(日)、卡普纶(俄罗斯)
	聚酰胺66纤维 nylon 66	己二胺、己二酸	$\left[HN(CH_2)_6NHCO(CH_2)_4CO\right]_n$	锦纶66	PA66	耐纶66或尼龙66(美、英)
	聚酰胺56纤维 nylon 56	生物基—1,5—戊二胺、石油基己二酸		锦纶56	PA56	耐纶56或尼龙56
聚丙烯腈	聚丙烯腈纤维 acrylic	丙烯腈	$\left[CH_2-CH\right]_n$ 下接 CN	腈纶	PAN	奥纶、阿克利纶(美)、考特尔(英)、开司米(日)、特拉纶(德)、尼特纶(俄罗斯)
聚乙烯醇系	聚乙烯醇缩甲醛纤维 vinylon	醋酸乙烯	$\left[CH_2-CH-CH_2-CH\right]_n$ 下接 OCH_2O	维纶	PVA	维尼纶(日)、维纳纶(韩国)

学名、英文名		单体	分子结构	中国商品名	代号	外国商品名
聚烯烃系	聚丙烯纤维 propylene	丙烯	$\left[CH_2-CH \right]_n$ CH_3	丙纶	PP	梅拉克纶(意)、丽纺(美)、阿尔斯杜(英)、帕纶(日)
	超高分子量聚乙烯纤维	乙烯	$\left[CH_2-CH_2 \right]_n$	乙纶	UHMWPE	
含氯纤维	聚氯乙烯纤维 chlorofibre	氯乙烯	$\left[CH_2-CH \right]_n$ Cl	氯纶	PVC	帝维纶或天美纶(日)、罗维尔(法)、毛意尔(意)
聚氨酯系	聚氨基甲酸酯纤维 spandex	异氰酸酯二元醇	$\left[HNCOOR \right]_n$	氨纶	PU	斯潘达克斯(美)、莱卡(美)
芳香聚酰胺系	聚间苯二甲酰间苯二胺 Nomex	间苯二甲酸、间苯二胺	$\left[HN-\!\!\bigcirc\!\!-NH-CO-\!\!\bigcirc\!\!-CO \right]_n$	芳纶1313	PMIA	诺梅克斯(美)、康纳克斯(日)、菲尼纶(俄罗斯)
	聚对苯二甲酰对苯二胺 Kevlar	对苯二甲酸、对苯二胺	$\left[HN-\!\!\bigcirc\!\!-NH-CO-\!\!\bigcirc\!\!-CO \right]_n$	芳纶1414	PPTA	凯夫拉(美)、Terlon(俄罗斯)、Twaron(荷兰)、HM—50(日)
含氟纤维	聚四氟乙烯纤维 Teflon	四氟乙烯	$\left[CF_2-CF_2 \right]_n$	氟纶	PTEE	特氟纶(日、美)
其他	碳纤维 carbon fiber	聚丙烯腈黏胶纤维或沥青		碳纤维		

（三）按形态结构分

按照化学纤维的形态结构特征,通常分成长丝、短纤维和粗细节丝。

1. 长丝　化学纤维长丝为长度无限长的单根或多根连续的化学纤维丝条。化学长丝可分为单丝、复丝、捻丝、复合捻丝、变形丝和帘线丝。

（1）单丝。指长度很长的连续单根纤维。

（2）复丝。指两根或两根以上的单丝并合在一起。

（3）复合捻丝。复丝加捻成为捻丝,两根或两根以上的捻丝再合并加捻就成为复合捻丝。

（4）变形丝。化学纤维原丝经过变形加工使之具有卷曲、螺旋、环圈等外观特性而呈现蓬松性、伸缩性的长丝称为变形丝。变形丝又分弹力丝、蓬松丝和低弹丝,其中最多的是弹力丝。变形丝具有蓬松性和较好的柔软性,提高了织物的覆盖能力。变形丝织物具有较好的尺寸稳定性、外观保形性、耐磨性、强度、柔韧性和耐用性。目前加工变形丝的方法主要有假捻加工法、刀口变形法、填塞箱变形法和喷气变形法等。

(5)帘线丝。由一百多根至几百根单纤维组成的用于制造轮胎帘子布的丝条,俗称帘线丝。

2. 短纤维　化学纤维的产品被切成几厘米至十几厘米的长度,这种长度的纤维称为短纤维。根据切断长度的不同,短纤维可分为棉型、毛型、中长型。

(1)棉型短纤维。其纤维长度为 25~38mm,纤维较细(线密度为 1.3~1.7dtex),类似棉纤维,主要用于与棉纤维混纺,如用棉型聚酯短纤维与棉纤维混纺,得到的织物称"涤棉"织物。

(2)毛型短纤维。其纤维长度为 70~150mm,纤维较粗(线密度为 3.3~7.7dtex),类似羊毛,主要用于与羊毛混纺,如用毛型聚酯短纤维与羊毛混纺,得到的织物称"毛涤"织物。

(3)中长型纤维。其纤维长度为 51~76mm,其粗细介于棉型和毛型之间(线密度为 2.2~3.3dtex),主要用于织造中长纤维织物。

短纤维除可与天然纤维混纺外,还可与其他化学纤维的短纤维混纺,由此得到的混纺织物具有良好的综合性能。另外,短纤维也可进行纯纺。

3. 粗细节丝　粗细节丝,简称 T&T 丝。从其外形上能看到交替出现的粗节和细节部分,而丝条染色后又能看到交替出现的深浅色变化。粗细节丝采用纺丝成型后不均匀牵伸技术制造而成,所产生的两部分丝在性质上的差异可以在生产中控制,其分布无规律,呈自然状态。

粗细节丝粗节部分的强力低,断裂伸长大,热收缩性强,染色性好,而且易于碱减量加工,可以充分利用这些特性开发性能独特的纺织品。粗细节丝的物理性能与粗细节的直径比等因素有关。一般的粗细节丝具有较高的断裂伸长率和沸水收缩率及较低的断裂强度和屈服强度。其较强的收缩性能可以使粗细节丝与其他丝混合成为异收缩混纤丝。此外,粗细节丝粗节部分易于变形、强力低等问题应在织造、染整过程中加以注意。

最初的粗细节丝为圆形丝,随着粗细节丝生产技术的发展,一些特殊的粗细节丝相继出现,如异形粗细节丝、混纤粗细节丝、微多孔粗细节丝以及细旦化粗细节丝等,它们或具有特殊的手感和风格,或具有特殊的吸水性,多用于开发高档织物。

(四)按纤维性能差别分

近年来,随着化学纤维的天然化、功能化进程的加快以及绿色环保的迫切要求,具有特殊结构、形态和性能的化学纤维已逐渐得到发展与普遍使用。这一类化学纤维主要有三类:差别化纤维、功能纤维和高性能纤维。

1. 差别化纤维　差别化纤维系外来语,来源于日本,一般泛指在原有化学纤维基础上经物理变形或化学改性而得到的纤维材料,它在外观性状或内在品质上与普通化学纤维有明显不同。差别化纤维在改善和提高化学纤维性能与风格的同时,还赋予化学纤维新的功能及特性,如高吸水性、导电性、高收缩性和染色性等。由于差别化纤维以改善仿真效果、提高舒适性和防护性为主,因此主要用于开发仿毛、仿麻、仿蚕丝的服用纺织品,也有一部分用于开发铺饰纺织品和产业用纺织品。

(1)异形纤维。在合成纤维纺丝成型加工中,采用异形喷丝孔纺制的具有非圆形横截面的纤维或中空纤维称为异形截面纤维,简称异形纤维。目前,异形纤维的种类已有数十种,市场上出售的聚酯纤维、聚酰胺纤维及聚丙烯腈纤维,大约50％为异形纤维。图6-1所示为几种制造异形纤维所用喷丝孔的形状(上)和相应纤维横截面的形状(下)。

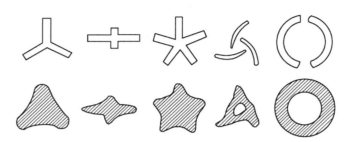

图6-1　几种非圆形喷丝孔形状及相应纤维横截面形状

需要说明的是,采用圆形喷丝孔湿纺所得纤维(如黏胶纤维和聚丙烯腈纤维)的横截面也并非正圆形,而可能呈锯齿形、腰圆形或哑铃形等。尽管如此,它们并不能称为异形纤维。

不同截面的异形纤维性能各异,在纺织品开发中的作用也不一样。与普通圆形纤维相比,异形纤维有如下特性:

①光泽性和手感。纤维的光泽与纤维的截面形状有关。三角形截面丝和三叶形截面丝具有闪耀的光泽,改善了圆形纤维的"极光"现象。例如,三角形横截面的聚酯纤维或聚酰胺纤维与其他纤维的混纺织物具有闪光效应,适于开发仿丝绸织物、仿毛织物及多种绒类织物。扁平、带状、哑铃形横截面的合成纤维具有麻、羊毛和兔毛等纤维的手感和光泽。五叶形横截面的聚酯长丝有类似真丝的光泽,同时抗起球、手感和覆盖性良好。多角形截面丝除具有闪光性外,覆盖力强,手感柔软,多用于制成变形丝制作针织物和袜子,其短纤维用于混纺,制成多种仿毛织物和毯类产品。矩形截面丝光泽柔和,与蚕丝和兽毛的光泽接近,其短纤维与棉纤维的混纺品具有毛料风格,与毛混纺则可得到光泽别致的织物。

②力学性能、吸水性和染色性。异形纤维的刚性较强,回弹性与覆盖性也可得到改善,强度略有降低。另外,异形纤维具有较大的表面积,对水和蒸汽的传递能力增强,而且干燥速度快,染色性好。

③抗起球性、蓬松性和透气性。具有扁平截面形状的纤维能够显著改善起毛起球现象,而且扁平度越大,效果越好,如聚酯和聚酰胺扁平截面纤维与毛混纺后,其织物一般不易起球。异形纤维通常都具有良好的蓬松性,织物手感丰满,保暖性强,又因孔隙增加,故透气性好,随截面不规则性的增加,其蓬松性和透气性也有所提高。

④中空纤维的特异性。中空纤维的保暖性和蓬松性优良,某些中空纤维还具有特殊用途,如制作反渗透膜,用于人工肾脏、海水淡化、污水处理、硬水软化、溶液浓缩等。

(2)复合纤维。在纤维横截面上存在两种或两种以上不相混合的聚合物,这种化学纤维称为复合纤维,或称双组分纤维。由于这种纤维中所含的两种或两种以上组分相互补充,因此复合纤维的性能通常优于常规合成纤维,具有多方面的用途。

复合纤维的品种很多,按形态可分为两大类,即双层型和多层型。双层型又包括并列型和皮芯型,多层型包括海岛型、裂离型、并列多层型、放射型、多芯型、木纹型和嵌入型等。几种复合纤维横截面形状如图 6-2 所示。

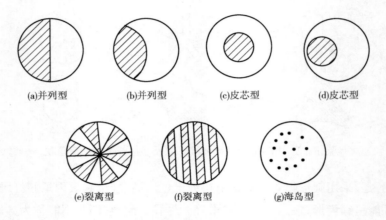

图 6-2　复合纤维的几种主要截面形状

　　并列型复合纤维的主要特性是高卷曲性,可以使织物具有蓬松、柔软、保暖的性能和仿毛风格,主要应用于膨体毛线、针织物、袜类和毯类制品。皮芯型复合纤维又分为偏皮芯型和同心皮芯型两种,前一种具有立体卷曲性,但卷曲性不如并列型复合纤维。

　　根据不同聚合物的性能及其在纤维横截面上分配的位置,可以得到许多不同性质和用途的复合纤维。例如:采用并列型复合和偏皮芯型复合[图 6-2(a)、(b)、(d)],由于两种聚合物热塑性不同或在纤维横截面上不对称分布,在后处理过程中产生收缩差,从而使纤维产生螺旋状卷曲,可制成具有类似羊毛弹性和蓬松性的复合纤维。皮芯型复合纤维是兼有两种聚合物特性或突出一种聚合物特性的纤维,如将锦纶作皮层,涤纶作芯层,可制得染色性好、手感柔中有刚的纤维;利用高折射率的芯层和低折射率的皮层可制成光导纤维。若利用岛组分不连续分散于海组分中形成海岛型复合纤维,再用溶剂溶去海组分,剩下不连续的岛组分,就制得非常细的极细纤维。裂离型复合纤维在纺丝成型和后加工过程中均以较粗的长丝形态出现,而在织造加工中,特别是整理和磨毛过程中,由于两组分的相容性和界面黏结性差,每一根较粗的长丝分裂成许多根丝,复合形式不同,裂离后纤维的截面形状和粗细也不同,如图 6-2(e)为橘瓣型复合纤维,裂离后纤维横截面为三角形,图 6-2(f)为裂片型复合纤维,裂离后成为扁丝,裂离型复合纤维生产技术在超细纤维的制造中已被广泛采用。

　　(3)超细纤维。由于单纤维的粗细对于织物的性能影响很大,所以化学纤维也可按单纤维的粗细(线密度)分类,一般分为常规纤维、细旦纤维、超细纤维和极细纤维。

　　①常规纤维。其纤维线密度为 1.5～4dtex。

　　②细特纤维。其纤维线密度为 0.55～1.4dtex,主要用于仿真丝类的轻薄型或中厚型织物。

　　③超细纤维。其纤维线密度为 0.11～0.55dtex,可采用双组分复合裂离法、海岛法、熔喷法等生产。

　　④极细纤维。其纤维线密度在 0.11dtex 以下,可通过海岛纺丝法生产,主要用于人造皮革

和医学滤材等特殊领域。

与常规合成纤维相比,超细纤维具有手感柔软、滑糯、光泽柔和、织物覆盖力强、服用舒适等优点,也有抗皱性差、染色时染料消耗较大的缺点,其主要性能详见表 6－2。超细纤维主要用于制造高密度防水透气织物、人造皮革、仿麂皮、仿桃皮绒、仿丝绸织物、高性能擦布等。

表 6－2　超细纤维及其产品特性

性　　能	纤维特性	产 品 性 能
几何性能	高卷曲率	高保湿性、吸音性
	极小线密度	高填充密度、毛细现象、防水透湿性、均匀性等
力学性能	高比强力	高强力、高补强效果
	高扭绕性	柔软、易折、高悬垂性
表面性能	高比表面积	高反应活性、高吸湿性
	平 滑 性	低流体阻力、低摩擦性

(4)新合纤。20 世纪 80 年代末期,新合纤在日本出现,它以新颖独特的超自然风格和质感,如桃皮面手感和超细粉末手感而风靡全球。新合纤作为高感性纤维材料是从聚合、纺丝、织造、染整及缝制等各个步骤都采用全新的改性和复合化技术,是一种以往天然纤维和合成纤维无法比拟的新型纤维材料。按其商品形式,新合纤主要包括超蓬松型、超悬垂型和超细型,按其手感可分为蚕丝手感、桃皮手感、超微细粉末手感和新羊毛手感。

①超蓬松型。在所有的服用合纤产品中,超蓬松高质感类纤维最多,几乎都采用异收缩混合纤维或多相混合技术制成。为使纤维产品的蓬松性提高,相继开发了具有高热收缩性的聚合物和低收缩潜在自发伸长丝,使织物获得更佳的蓬松效果。

②超细型。作为新合纤的超细纤维其线密度很低,一些品种的线密度达到 0.001dtex 以下,主要采用复合纺极细化技术纺制而成。由此开发的桃皮绒织物具有超柔软和细致的手感,是天然纤维产品难以比拟的。

③超悬垂型。超悬垂型纤维是在纺丝液中添加无机微粒子,纺丝成型后进行减碱量加工以消除无机微粒子,使纤维表面形成无数微细凹蚀。由于降低了单丝间的摩擦性,超悬垂型纤维制品具有超悬垂性和天然纤维不及的独特手感。

(5)易染性合成纤维。合成纤维,尤其是聚酯纤维的可染性差,而且难染深色,通过化学改性使其可染性与染深性得以改善和提高,这种改性的合成纤维称为易染性合成纤维,主要包括阳离子可染聚酯纤维、阳离子深染聚酰胺纤维以及酸性可染的聚丙烯腈纤维与聚丙烯纤维等。易染性合成纤维不仅扩大了纤维的可染范围,降低了染色难度,而且增加了纺织品的花色品种。

(6)亲水性合成纤维。由于合成纤维一般是疏水性的,因此在内衣和床上用品等领域内,合成纤维使用甚少。合成纤维如要在纺织品中扩大其使用范围,提高其亲水性是极其重要的。提高合成纤维的亲水性,主要强调的是液相水分的迁移能力及气相水分的放湿能力。亲水性合成纤维的研制有以下一些途径:调整分子结构亲水性,与亲水性的组分共混纺丝,由接枝聚合赋予纤维亲水性,由后加工赋予纤维亲水性和改变纤维的物理结构赋予其亲水性。

(7)着色纤维。在化学纤维生产过程中,加入染料、颜料或荧光剂等进行原液染色的纤维称为着色纤维,亦称为有色纤维。着色纤维色泽牢度好,可解决合成纤维不易染色的缺点。如着色涤纶、丙纶、锦纶、腈纶、维纶、黏胶纤维等可用于加工色织布、绒线、各种混纺织物、地毯、装饰织物等。

(8)抗起球纤维。聚酯纤维具有许多优良品质,但聚酯纤维与其他合成纤维一样,在使用过程中,纤维易被拉出织物表面而形成毛羽,毛羽再互相扭卷形成小球,又因聚酯纤维强度高,小球不易脱落,严重影响其使用效果。为此,国内外曾研制出多种抗起球纤维,它们的基本点在于最终降低纤维的强度和伸度,以便能使形成的小球脱落。研制的方法大致有:低黏度树脂直接纺丝法、普通树脂制备法、复合纺丝法、低黏度树脂共混增黏法、共缩聚法和织物表面处理法等。

(9)其他差别化纤维。如抗静电纤维、高收缩性纤维、新一代再生纤维素纤维和 PBT 等。

2. 功能纤维　功能纤维一般是指在纤维现有的性能之外,再同时附加上某些特殊功能的纤维。如导电纤维、光导纤维、离子交换纤维、含陶瓷粒子纤维、调温保温纤维、防辐射纤维、生物活性纤维、生物降解性纤维、弹性纤维、高发射率远红外纤维、可产生负离子纤维、抗菌除臭纤维、阻燃纤维、香味纤维及变色纤维等。

(1)导电纤维。导电纤维是指在标准状态(温度 20℃,相对湿度 65%)下,质量比电阻小于 $10^8 \Omega \cdot g/cm^2$ 的纤维。而在此条件下,涤纶的质量比电阻为 $10^{17} \Omega \cdot g/cm^2$,腈纶为 $10^{13} \Omega \cdot g/cm^2$,因此不导电。导电纤维具有优秀的消除和防止静电的性能,远高于抗静电纤维,导电的原理在于纤维内部含有自由电子,因此无湿度依赖性,即使在低湿度条件下也不会改变导电的性能。目前国内外制备导电纤维常用的方法是,通过将无导电性的有机纤维和导体复合来制成导电的复合纤维。导电纤维通常用于织成抗静电织物,制成防爆工作服和防尘工作服等。

(2)阻燃纤维。所谓阻燃是指降低纤维材料在火焰中的可燃性,减缓火焰的蔓延速度,使它在离开火焰后能很快地自熄,不再阴燃。赋予纤维阻燃性能的方法是:将阻燃剂与成纤高聚物共混、共聚、嵌段生产阻燃纤维共聚或对纤维进行后处理改性。现已开发的阻燃纤维有:阻燃黏胶纤维、阻燃聚丙烯腈纤维、阻燃聚酯纤维、阻燃聚丙烯纤维、阻燃聚乙烯醇纤维等。

(3)光导纤维。光导纤维也称导光纤维、光学纤维,即能传导光的纤维。光导纤维是两种不同折射率的透明材料通过特殊复合技术制成的复合纤维。用光导纤维可以制成各种光导线、光导杆和光导纤维面板,这些制品广泛应用在工业、国防、交通、医学、宇航等领域。光导纤维最广泛地应用于通信领域,即光导通信。

(4)离子交换纤维。离子交换纤维就是一种纤维形态的离子交换剂。由于同离子交换树脂相比,纤维形态的离子交换剂有许多优点,因此,离子交换纤维在环保、冶金等领域越来越受到人们的重视,显示出越来越广阔的应用前景。

(5)调温、保温纤维。调温、保温纤维分为单向温度调节纤维和双向温度调节纤维。单向温度调节纤维具有升温保暖的作用或者降温凉爽的作用。单向温度调节纤维有电热纤维、化学反应放热纤维、阳光吸收放热纤维、远红外纤维、吸湿放热纤维以及抗紫外线和热屏蔽纤维等。而双向温度调节纤维具有随环境温度高低自动吸收和放出热量的功能。双向温度调节纤维有介质溶解析出调温纤维和介质相应调温纤维等。

(6)防辐射纤维。各种辐射已对人们构成威胁,防辐射问题日显重要,因而防辐射纤维应运而生。目前的防辐射纤维有:抗紫外线纤维、防 X 射线纤维、防微波辐射纤维和防中子辐射纤维等。

(7)生物活性纤维。是指能保护人体不受微生物侵害或具有某种保健疗效的纤维。生物活性纤维品种很多,根据这些纤维具有的生物活性特点,可以分为抗细菌纤维、止血纤维、抗凝血纤维、抗炎症纤维、抗肿瘤纤维、麻醉纤维和含酶纤维等。

(8)生物降解性纤维。是指在自然界中光、热和微生物作用下能够自行降解的纤维。天然纤维具有生物可降解性,化学纤维是生物可降解改性的重点。现已生产的生物降解性纤维有棉粘纤维、醋酯纤维素纤维、甲壳素纤维和聚乳酸纤维等。

(9)其他功能性纤维。如水溶性纤维、粘合纤维、变色纤维、发光纤维及香味纤维等。

3. 高性能纤维　高性能纤维具有特殊的物理化学结构,某一项或多项性能指标明显高于普通纤维,而且这些性能的获得和应用往往与宇航、飞机、海洋、医学、军事、光纤通信、生物工程、机器人和大规模集成电路等高新技术领域有关,因此高性能纤维又称为高技术纤维。

高性能纤维通常按其具有的特殊性能加以区分,如高强高模量、高吸附性、高弹性、耐高温、阻燃、导光、导电、高效分离、防辐射、反渗透、耐腐蚀、医用和药物纤维等多种纤维材料。高性能纤维主要用于产业用纺织品的制造,但其中一些品种也可以用于开发铺饰用纺织品和服用纺织品,而且对这两类纺织品的性能有明显的改善和提高。

(1)芳香聚酰胺纤维。芳香聚酰胺纤维是耐高温合成纤维,耐高温纤维一般是指可在200℃以上高温条件下连续使用几千小时以上,或者是可在 400℃以上高温条件下短时间使用的合成纤维。目前已生产有多种耐高温纤维,最有代表性的是芳纶 1313、芳纶 1414。耐高温纤维一般还具有其他特殊性能,如耐化学腐蚀性、耐辐射性、防炎性、高强力等。耐高温纤维广泛应用于航空、无线电技术、火箭技术、宇宙航行等领域。

①芳纶 1313 的商品名为 Nomex,耐高温性能突出,熔点为 430℃,在 260℃下持续使用 1000h,强度仍保持为原来的 60%~70%。阻燃性好,在 350~370℃时分解出少量气体,不易燃烧,离开火焰自动熄灭。耐化学药品性能强,长期受硝酸、盐酸和硫酸的作用,强度下降很少。具有较强的耐辐射性能,耐老化性好。因此 Nomex 广泛应用于防火服、消防服、阻燃服等特殊防护服装,还用于航天工业,如美国阿波罗宇航服中就有 Nomex 和无机纤维的混纺织物。

②芳纶 1414 的商品名为 Kevlar,是一种超高强纤维,具有超高强度和超高模量。芳纶 1414 比芳纶 1313 的耐热性更高,到 500℃才分解。Kevlar 的强度为钢丝的 5~6 倍,而重量仅为钢丝的 1/5,而且耐高温性和耐化学腐蚀能力较强。广泛应用于高级汽车轮胎帘子线、防弹衣、特种帆布等产品中。

(2)聚苯并咪唑纤维。聚苯并咪唑(PBI)纤维是一种不燃的有机纤维,其耐高温性能比芳纶更优越。它有很好的绝缘性、阻燃性、化学稳定性和热稳定性。同时 PBI 纤维的吸湿性比棉纤维更好,能满足生理舒适要求。PBI 纤维织物可作为航天服、消防队员工作服的优良材料。PBI 纤维与 Kevlar 纤维混纺制成的防护服装、耐高温、耐火焰,在温度 450℃仍不燃烧,不熔化,并保持一定的强力。

（3）聚对苯二甲酸丁二醇酯纤维。聚对苯二甲酸丁二醇酯(PBT)纤维是 20 世纪 70 年代问世的一种新型聚酯纤维,其商品名为"Finecell"。该纤维不仅具有涤纶(PET)的耐久性、尺寸稳定性、湿态强力,锦纶(PA)的柔软手感与耐磨等性能,而且可染性优于涤纶和锦纶。近年来它也在弹力织物中得到广泛应用。

（4）其他高性能纤维。如超高分子量聚乙烯纤维、聚苯硫醚纤维、含氟纤维和碳纤维等。

4. 纳米纤维   通常把直径小于100nm 的纤维称为纳米纤维(1nm＝10^{-9} m,即 10^{-3} μm,仅是 10 个氢原子排起来的长度),目前也有人将添加了纳米级(即粒径小于100nm)粉末填充物的纤维称为纳米纤维。

目前,最细的纳米纤维为单碳原子链,这种纳米碳管被誉为纳米材料之王,其原因是这种细到一般仪器都难以观察到的材料有着神奇的本领:超高强、超柔韧、怪磁性。因碳纳米管中碳原子间距短,管径小,使纤维结构不易存在缺陷,其强度为钢的 100 倍,是一般纤维强度的 200 倍,而密度只有钢的 1/6。用它制作的绳索可以从地球拉到月球而不被自重拉断。它具有奇异的导电性,碳纳米管既有金属的导电性也有半导体性,甚至一根碳纳米管的不同部位由于结构变化也可显示不同的导电性。用它制作整流管可替代硅芯片,因而将引起电子学中的重大变化,可将计算机做得极小。用碳纳米管做的纳米器件可组装纳米机器人,即蚊子飞机、蚂蚁坦克等,可用于军事及医疗。碳纳米管可用来制作储氢材料,把氢开发成为人类服务的清洁能源。此外,碳纳米管还可用作隐形材料、催化剂载体及电极材料等。纳米纤维可以支持"纳米机"的排列,把集成排列的"纳米机"连接成大规模系统。

多数材料细度达到纳米级时,其物理和化学性能表现出非常规性,如:

（1）表面效应。粒子尺寸越小,比表面积越大,由于表面粒子缺少相邻原子的配位,因而表面能增大极不稳定,它易与其他原子结合,显出较强的活性。纤维的细度达到纳米级后其直径与比长度、比表面积的关系见表 6 - 3。

表 6 - 3　纳米纤维的直径与比长度、比表面积的关系

纤维线密度/dtex	直径/μm	比长度/m·g^{-1}	比表面积/m^2·g^{-1}
1.0	10.12	9000	0.2863
0.3	5.54	30000	0.5221
0.01	1.01	9.0×10^5	2.863
0.001	0.1(100nm)	9.0×10^6	9.051

由表 6 - 3 可看出,当纤维直径为 100nm 时,比表面积是直径为 10μm 的 30 多倍,而直径 1μm 时的比表面积仅是直径 10μm 的 10 倍。

（2）小尺寸效应。当微粒的尺寸小到与光波的波长、传导电子的德布罗意波长和超导态的相干长度或透射深度近似或比之更小时,其周期性的边界条件将被破坏,粒子的声、光、电磁、热力学等性质将会改变,如熔点降低、分色变色、吸收紫外线、屏蔽电磁波等。

（3）量子尺寸效应。当粒子的尺寸小到一定值时，费米能级附近的电子能级由准连续变为离散能级，此时，原为导体的物质有可能变为绝缘体，原为绝缘体有可能变为超导体。

（4）宏观量子的隧道效应。隧道效应是指微小粒子在一定情况下能穿过物体，就像里面有了隧道一样。

纳米纤维的制造方法可分为 3 大类：分子技术制备法、纺丝制备法、生物制备法。具体情况可参见其他专著。

三、合成纤维与纺织品

由于结构和性能的特点不同，各种合成纤维在纺织品中所发挥的作用各不相同，而且一些纤维品种若不与其他纤维混纺，其用途尤其是用作服用纺织品将受到很大限制。

聚酯纤维制成的纺织品具有较高的强度、弹性和耐磨性，而且形状稳定性好，易于水洗。聚酯长丝除可用于织造家用装饰织物外，还可以生产领带、外衣和内衬织物，也可加工成缝纫线、地毯基布及长丝非织造布。在产业方面，聚酯长丝可以生产各种厚重织物、传送带及船帆等。在聚酯纤维与纤维素纤维的混纺织物中，聚酯纤维不仅能够提高织物的强度、耐磨性和形态稳定性，而且对于折皱回复性、褶裥保持性的改善也十分有利。研究表明，只有聚酯纤维含量超过50%时，织物的性能才会明显提高。通常，聚酯纤维在混纺织物中的含量为 50%～75%。聚酯纤维与棉纤维的混纺比为 50/50 或 65/35。聚酯纤维与羊毛混纺织物也是重要的服装材料，一般聚酯纤维与羊毛的混纺比，机织为 55/45，针织为 70/30。提高聚酯纤维的含量，对制成品的强度、形状稳定性和免烫性等十分有利，也能有效地抑制羊毛的毡缩性；羊毛的含量应适当，对保持混纺织物的手感和风格、缓和织物的熔孔性及静电现象均有促进作用。

聚酰胺纤维具有优异的强度和耐磨性，制成的纺织品经热定型后有良好的形状稳定性和抗皱性。聚酰胺长丝大部分以变形丝形式制造各种袜品、内外衣料、手套及装饰织物，也应用于各种绳类、带类、网类及线类等产业用品。聚酰胺纤维通常以低于 20%的比例与其他纤维混纺，以提高织物的耐磨性，也可与天然纤维交织，制造各类服用织物，尤其是职业服装、制服和运动装的面料。

聚丙烯腈纤维具有类似羊毛的手感，质轻而蓬松，耐光性和耐气候性极佳，既可纯纺也可混纺制成各种绒线、针织品、装饰织物以及毯类制品，还能加工成多种篷布和滤材等产业用织物。在聚丙烯腈纤维与羊毛的混纺织物中，聚丙烯腈纤维能够改善织物的形状稳定性、毡缩性和起毛起球性。研究表明，聚丙烯腈纤维的含量在 50%以上时，其对混纺织物性能的改善才较明显，但含量过高会影响混纺织物的风格，而且对其折皱回复性和吸湿性不利。聚丙烯腈纤维也可与聚酯纤维混纺制成衣用纺织品，其中聚丙烯腈纤维含量的增加会改善纺织品的蓬松性，抑制起毛起球现象和熔孔性，但使折皱回复性下降，缩水率增加，两种纤维的混纺比在 50/50 左右时各种服用性能基本达到平衡。

其他合成纤维如聚烯烃纤维、聚乙烯醇缩醛化纤维、含氯纤维等，可以纯纺制造各种产业用品和体育用品，也可适当与其他纤维混纺，一方面弥补其他纤维的不足，改善纺织品的功能；另一方面扩大自身的应用领域。

可见，在纺织品的开发中合理选择化学纤维进行纯纺或与天然纤维等混纺，充分利用化学纤维的特点,相互补充,就能达到改善纤维加工性能、降低纺织品成本、丰富纺织品花色品种和提高纺织品附加值的目的。

四、合成纤维生产方法简述

合成纤维的品种很多,原料和生产方法各异,其生产过程可概括为如下四步:

①原料制备。高分子物的合成和机械处理。

②纺前准备。纺丝熔体或纺丝溶液的制备。

③纺丝。纤维的成型。

④后加工。纤维的后加工。

成纤高聚物(用于化学纤维生产的高分子物,也称成纤聚合物)可通过各种高分子物聚合方法获得,但必须满足如下要求:一是成纤高聚物分子必须是线型的、能伸直的分子,支链尽可能少,没有庞大的侧基;二是高分子物分子间有适当的互相作用力,或具有一定规律性的化学结构和空间结构;三是具有合适的相对分子质量和较窄的相对分子质量分布;四是具有一定的热稳定性,其熔点或软化点应比允许使用温度高得多。

化学纤维的纺丝方法主要有熔体纺丝法和溶液纺丝法,另外还有一些特殊方法,具体如下:

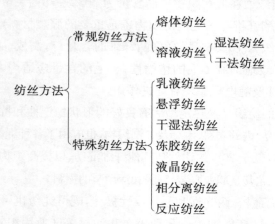

纺丝成型后得到的初生纤维结构还不完善,力学性能较差,如伸长大、强度低、尺寸稳定性差,还不能直接用于纺织加工,必须经过一系列的后加工。后加工随纤维品种、纺丝方法和产品要求而异,其中主要的工序是拉伸和热定型。

拉伸(drawing)的目的是使纤维的断裂强度提高,断裂伸长率降低,耐磨性和对各种形变的疲劳强度提高。

热定型(heat setting)的目的是消除纤维的内应力,提高纤维的尺寸稳定性,并且进一步改善其力学性能。热定型可以在张力下进行即紧张热定型,也可在无张力下进行,即松弛热定型。

在合成纤维的生产中,无论是纺丝还是后加工都需要进行上油。上油的目的是提高纤维的平滑性、柔软性和抱合力,减少摩擦和静电的产生,改善纤维的纺织加工性能。上油方式有油槽或油辊上油及油嘴喷油。

第二节　聚酯纤维

一、聚酯概述

聚酯(polyester)通常是指以二元酸和二元醇缩聚而得的高分子物,其基本链节之间以酯键连接。聚酯纤维的品种很多,如聚对苯二甲酸乙二酯(polyethylene terephthalate,PET)纤维、聚对苯二甲酸丁二酯(polybutylene terephthalate,PBT)纤维、聚对苯二甲酸丙二酯(polypropylene terephthalate,PPT)纤维等,其中以聚对苯二甲酸乙二酯含量在85%以上的纤维为主,相对分子质量一般控制在18 000～25 000,其主分子结构简式如下:

$$H \text{---} [OCH_2CH_2O \text{---} \overset{\text{O}}{\underset{\text{‖}}{C}} \text{---} \overset{\text{O}}{\underset{\text{‖}}{C}}]_n O \text{---} CH_2CH_2OH \tag{6-1}$$

我国将聚对苯二甲酸乙二酯含量大于85%的纤维简称为涤纶,俗称"的确良"。国外的商品名称很多,如美国的"Dacron(达克纶)"、日本的"Tetoron(帝特纶)"、英国的"Terlenka(特丽纶)"、前苏联的"Lavsan(拉夫桑)"等。本教材主要讨论涤纶。

聚酯纤维既宜于纺制长丝,又宜于制成短纤维,前者适宜制作变形纱和帘子线,而后者可纯纺或与其他天然纤维、化学纤维混纺制成服用性能优良的织物,如"棉的确良""毛的确良"等,这类织物以挺括著称。聚酯纤维具有柔软性,可制成毛衣及套衫,也可制成像黏胶丝或醋酯丝一样的有光或无光产品。

聚酯纤维具有一系列优良性能,如断裂强度和弹性模量高,回弹性适中,热定型优异,耐热性和耐光性好。聚酯纤维织物具有良好的洗可穿性,另外还具有很好的抗有机溶剂、肥皂、洗涤剂、漂白液、氧化剂性能以及较好的耐腐蚀性,对弱酸碱等稳定。聚酯纤维已成为合成纤维中发展最快、产量最高的品种之一。

尽管聚酯纤维的性能优良,但其制品尚有缺点,主要是吸湿性、染色性较差,静电现象严重,织物易起球,用其制作轮胎帘子布时与橡胶的黏结性差。为了克服上述缺点,科技工作者自20世纪60年代开始研究聚酯纤维的改性,80年代,聚酯纤维改性的研究工作获得重大进展,并使聚酯纤维生产转向新品种开发,生产出具有良好舒适性和独特风格的聚酯差别化纤维。聚酯纤维的改性方法大致可分为两类:一类是化学改性,包括共聚和表面处理;另一类是物理改性,包括共混纺丝、变更纤维加工条件、改变纤维形态以及混纤、交织等。

目前,聚酯纤维品种的多样化发展很快。采用不同工艺条件,可生产出品种繁多的产品,诸如分散性染料、阳离子染料可染等品种;通过精选工艺条件可生产出外观与手感十分近似棉、毛或丝的产品及仿鹅绒填絮品;聚酯纤维还可制作高强产品,如绳索、轮胎子午线、汽车安全带等,也可制成拒水性、吸水性或导水性产品;抗静电、导电聚酯和阻燃聚酯纤维的出现,使聚酯纤维的应用领域进一步扩大。

聚酯短纤维既可以纯纺,也特别适于与其他纤维混纺;既可与天然纤维如棉、麻、羊毛混纺,也可与其他化学短纤维如黏胶、醋酯、聚丙烯腈等混纺。其中,与纤维素纤维混纺的产品约占整个聚酯纤维总产量的 50%,为染整工业主要加工对象之一。

聚酯加捻长丝(twisted filament)主要用于织造各种仿真丝绸织物,它可与天然纤维或化学短纤维交织,亦可与蚕丝或其他化纤长丝交织,这种交织物保持了聚酯纤维的一系列优点。

聚酯变形纱(drawn textured yarn,DTY)是我国近年发展的主要聚酯纤维品种,它与普通长丝的不同之处是高蓬松、大卷曲度、毛型感强、柔软,且具有高度的弹性伸长率(达 400%)。聚酯变形纱织物具有保暖性好、覆盖性和悬垂性优良、光泽柔和等特点,特别适于织造仿毛呢、哔叽等西装、外衣、外套面料以及各种装饰织物如窗帘、台布、沙发面料等。

聚酯空气变形纱(air textured yarn,ATY)和网络丝的抱合性、平滑性良好,可以筒丝形式直接用于喷水织机,适合织造仿真丝绸及薄型织物,也可织造中厚型织物。

二、涤纶

涤纶的研究始于 20 世纪 30 年代,是由英国人 Whinfield 和 Dickson 等发明的,1949 年在英国、1953 年在美国相继实现工业化生产,它是大品种合成纤维中发展较晚的一种产品,但发展速度很快。

1. 生产原理　如上所述,涤纶的化学组成主要为聚对苯二甲酸乙二酯,是由对苯二甲酸或对苯二甲酸二甲酯与乙二醇进行酯化或酯交换后缩聚合成的成纤聚合物,再经纺丝制成。

(1)酯交换法。将对苯二甲酸二甲酯与乙二醇在催化剂存在的条件下进行酯交换,生成对苯二甲酸双羟乙酯,其反应式如下:

$$H_3COOC \long!!\!\!\langle\bigcirc\rangle\!\!\!\longrightarrow COOCH_3 + 2HOCH_2CH_2OH \rightleftharpoons$$

$$HOCH_2CH_2OOC \longrightarrow\!\langle\bigcirc\rangle\!\longrightarrow COOCH_2CH_2OH + 2CH_3OH \qquad (6-2)$$

对苯二甲酸双羟乙酯经缩聚释出乙二醇,并生成具有一定聚合度的聚对苯二甲酸乙二酯:

$$nHOCH_2CH_2OOC \longrightarrow\!\langle\bigcirc\rangle\!\longrightarrow COOCH_2CH_2OH \rightleftharpoons$$

$$HOCH_2CH_2O\text{-}[OC \longrightarrow\!\langle\bigcirc\rangle\!\longrightarrow COOCH_2CH_2O]_n H + (n-1)HOCH_2CH_2OH \qquad (6-3)$$

上述缩聚反应是可逆平衡反应,乙二醇排除的速率是控制反应速率及缩聚物相对分子质量的主要因素。

(2)直接酯化法。直接酯化法是近年来新发展的方法,即对苯二甲酸与乙二醇直接进行酯化,反应见式(6-4)。酯化产物通过缩聚反应制取成纤聚酯的反应同式(6-3)。

$$HOOC \longrightarrow\!\langle\bigcirc\rangle\!\longrightarrow COOH + 2HOCH_2CH_2OH \rightleftharpoons$$

$$HOCH_2CH_2OOC \longrightarrow\!\langle\bigcirc\rangle\!\longrightarrow COOCH_2CH_2OH + 2H_2O \qquad (6-4)$$

涤纶采用熔融纺丝法,熔体温度为 285～290℃,纺丝成型后,经给湿、给油后卷绕在绕丝筒上。其长丝的后加工包括热拉伸、加捻、热定型、络丝等,其短纤维的后加工包括集束、拉伸、上油、卷曲、热定型和切断等工序。

涤纶全拉伸丝(fully drawn yarn,FDY)可在纺丝—牵伸联合机上生产,而利用超高速纺丝工艺(纺丝速度达 5500m/min 以上)生产的全取向丝(fully oriented yarn,FOY),则不需要进行后加工,便可直接用作纺织原料。

2. 结构特征

(1)分子结构。聚对苯二甲酸乙二酯(PET)纤维的分子结构具有以下特征:

①PET 是具有对称性苯环结构的线型大分子,没有大的支链,因此分子线型好,易于沿着纤维拉伸方向取向而平行排列。

②PET 分子链中的 $-\!\!\!\!\bigcirc\!\!\!\!-\overset{\overset{\textstyle O}{\parallel}}{C}-O-$ 刚性较大,因此,纯净的 PET 熔点较高(约 267℃)。

③由于分子内 C—C 键的内旋转,故分子存在两种空间构象。无定形 PET 为顺式构象。

$$\hspace{12em}(6-5)$$

结晶时即转变为反式构象:

$$\hspace{12em}(6-6)$$

④PET 分子链的结构具有高度的立体规整性,所有的苯环几乎处在一个平面上,这样使得相邻大分子上的凹凸部分便于彼此镶嵌,从而具有紧密敛集能力与结晶倾向。

⑤PET 分子间没有特别强大的定向作用力,相邻分子的原子间距均是正常的范德瓦尔斯距离,其单元晶格属三斜晶系,大分子几乎呈平面构型。

(2)形态结构和聚集态结构。采用熔体纺丝法制成的聚酯纤维,具有圆形实心的横截面,纵向均匀而无条痕(图 6-3)。

聚酯纤维大分子的聚集态结构与生产过程的拉伸及热处理有密切关系,采用一般纺丝速度纺制的初生纤维几乎完全是无定形的,密度为 $1.335\sim1.337g/cm^3$,而经过拉伸及热处理后,就具有一定的结晶度和取向度。结晶度和取向度与生产条件及测试方法有关,涤纶的结晶度可达 $40\%\sim60\%$,取向度高的双折射值可达 0.188,密度为 $1.38g/cm^3$。

通常,涤纶和锦纶的聚集态结构基本相似。涤纶的基层组织是原纤,原纤之间有较大的微隙,并由一些排列不规则的分子联系着,而原纤本身则是由高侧序度的分子所组成的微原纤(即微晶、结晶区)堆砌而成。微原纤间可能存在着较小的微隙,并由一些侧序度稍差的分子联系起来。有人把这些联系分子称为缚结分子。根据上述情况看,涤纶的聚集态结构也可用缨状原纤结构模型来描述,但和棉纤维的不同。涤纶分子的基本结构单元中虽然含有苯环,难以绕单键

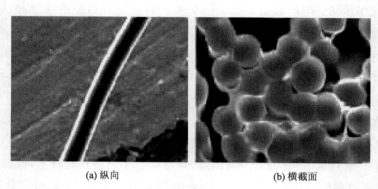

(a) 纵向　　　　　　　　　　(b) 横截面

图 6-3　聚酯纤维的形态结构

内旋转,该部分较为硬挺,但在基本结构单元中还存在一定数量的亚甲基,能比较容易地绕单键内旋转,显得比较柔顺,因而涤纶分子就能在该处发生折叠,形成折叠链结晶。因此,涤纶是伸直链和折叠链晶体共存的体系,即可用折叠链—缨状微原纤模型来解释。热处理可以提高折叠链的结晶含量,并增大纤维中大分子间的微隙尺寸,有利于染色。

另外,涤纶在纺丝成型时也会形成一些皮层和芯层结构,但不如黏胶纤维明显,而且皮层结构也稍紧密,对染色有一定影响,但一旦上染之后,皮层中的染料不易剥落。

3. 性能

(1)吸湿性。涤纶除了大分子两端各有一个羟基(—OH)外,分子中不含其他亲水性基团,而且其结晶度高,分子链排列紧密,因此吸湿性差,在标准状态下吸湿率只有 0.4%(锦纶 4%,腈纶 1%～2%),即使在相对湿度为 100% 的条件下吸湿率也仅为 0.6%～0.8%。由于涤纶的吸湿性低,因而具有一些特性,如在水中的溶胀度小,干、湿强度和干、湿伸长率基本相同,导电性差,容易产生静电和沾污现象以及染色困难等。涤纶织物穿着时感觉气闷,但又具有易洗快干的特性。

(2)热性能。

①受热性能。涤纶有良好的热塑性能,在不同的温度下产生不同的变形,是结晶型和非晶型两者混合的高分子物。涤纶有比较清楚的三种受热变形形态,它在玻璃化温度以上、软化点以下时,只有非晶区内某些分子链间作用力小的链段才能活动,分子链间相互作用力大的链段仍难运动,结晶区内的分子链不能运动,所以纤维只表现为比较柔韧,但不一定像高弹态那样有很好的弹性。当继续加热到 230～240℃时,到达涤纶的软化点,非晶区的分子链运动加剧,分子之间的相互作用力都被拆开,此时类似黏流态,而结晶区内的链段仍未被拆开,所以纤维只发生软化而不熔融,但此时已丧失了纤维的使用价值,所以在印染加工中不允许超越这个温度。涤纶织物的转移印花,就是利用非晶区受热分子链运动来达到的,但是必须严格控制温度,如果超过允许范围,织物的手感变得粗硬。当涤纶受到 258～263℃高温时,结晶区内的分子链也开始运动,纤维也就熔融了,这个温度就是涤纶的熔融范围。

涤纶在无张力的情况下,纱线在沸水中的收缩率达 7%,在 100℃ 的热空气中纤维收缩率为 4%～7%,200℃时可达 16%～18%。这种现象是涤纶纺丝时拉伸条件和纤维结晶状况所造成的。如将未拉伸、未定型的纤维预先在高于其结晶温度、有张力的条件下处理,然后在无张力的条件下热处理,纤维就不会有显著的收缩。经过高温定型处理后,涤纶的尺寸稳定性提高也是这个道理。

几种主要合成纤维的耐热性,以涤纶为最好。涤纶在170℃下短时间受热所引起的强度损失,在温度降低后可以恢复(腈纶在150℃、锦纶在120℃下短时间受热,其强度损失可以恢复)。大部分碳链纤维在高于80℃下受热要发生变形,其强度损失很难恢复。在温度低于150℃下处理,涤纶的色泽不变;在150℃下受热168h后,涤纶强度损失不超过3%,在150℃下加热1000h,仍能保持原来强度的50%。而在相同条件下,其他纤维如锦纶受热5h即变黄,纤维强度大幅度下降,所有的天然纤维和再生纤维素纤维在70~336h内将完全被破坏。

②玻璃化温度。在熔点以下的转变温度,首先是玻璃化温度(T_g)。涤纶的T_g随其聚集态结构而变化:完全无定形的T_g为67℃,部分结晶的T_g为81℃,取向且结晶的T_g为125℃。涤纶的T_g对于纤维、纱线和织物的力学性能(特别是弹性回复)有很大影响,是染整工作者必须考虑的。

T_g的高低标志着无定形区大分子链段运动的难易。有人研究涤纶的结晶与T_g的关系,发现结晶度从0升到30%时,T_g向较高的温度移动,而结晶度进一步升高时,T_g反而向低温移动。这一现象可能与结晶区的大小对无定形区的影响有关。在结晶度低时,可能产生的是众多的小结晶(晶区),晶区起着物理交联点的作用,阻碍着无定形区链段的运动,所以T_g升高;而当结晶度升高时,可能形成少而大的晶区,能允许无定形区的链段更自由。

(3)力学性能。涤纶大分子属线型分子链,分子上侧面没有连接大的基团和支链,因此涤纶大分子是分子间紧密结合在一起而形成的结晶,使纤维具有较高的机械强度和形状稳定性。

①强度和伸长率。涤纶的强度和拉伸性能与其生产工艺条件有关,取决于纺丝过程中的拉伸程度。按实际需要可制成高模量型(强度高,伸长率低)、低模量型(强度低,伸长率高)和中模量型(介于两者之间)的纤维。涤纶棉型短纤维的断裂强度为530~790N/tex,断裂伸长率为20%~50%。一般涤纶在生产过程中的拉伸倍数为4~5倍,其干强度为3.5~4.4cN/dtex,是合成纤维中干强度较高的一种纤维。它的伸长率在18%~36%,稍低于锦纶。由于其吸湿性低,所以干、湿强度基本相等,干、湿伸长率亦接近。涤纶的耐冲击强度比锦纶高4倍左右,比黏胶纤维高20倍。

②弹性和耐磨性。涤纶的弹性比其他的合成纤维都高,与羊毛接近。这是由于在涤纶的线型分子链中分散着苯环。苯环是平面结构,不易旋转,当受到外力后虽然产生变形,但一旦外力消失,纤维变形便立即恢复。快速地增加负荷,然后去掉负荷,1min后涤纶的弹性回复率为:伸长2%时,弹性回复率为97%;伸长4%时,弹性回复率为90%;伸长8%时,弹性回复率为80%。

涤纶的耐磨性能仅次于锦纶,比其他合成纤维高出几倍。耐磨性是强度、伸长率和弹性之间的一个综合效果。由于涤纶的弹性极佳,强度和伸长率又好,所以涤纶的耐磨性能也好,而且在干态和湿态下的耐磨性大致相同。将涤纶和天然纤维或黏胶纤维混纺,可显著提高织物的耐磨性。

③"洗可穿"性。涤纶织物的最大特点是具有优异的抗皱性和保形性,制成的衣服挺括不

皱,外形美观,经久耐用。这是因为涤纶的强度高、弹性模量高、刚性大、受力不易变形,又由于涤纶的弹性回复率高,变形后容易回复,再加上吸湿性差,所以涤纶服饰穿着挺括,十分平整,形状稳定性好。此外,因为涤纶吸水性差,湿强度几乎不降低,纤维膨化程度很小,所以织物形状保持不变。纯涤纶织物以及涤纶与其他纤维混纺的织物,其成衣经熨烫后的褶裥,虽经 10 次、20 次洗涤,仍能保持原样,平整、挺括如新。

(4)化学稳定性。在涤纶分子链中,苯环和亚甲基均较稳定,结构中存在的酯基是唯一能起化学反应的基团,另外,纤维的物理结构紧密,所以化学稳定性较高。

①对酸和碱的稳定性。涤纶大分子中存在酯键,可被水解,引起相对分子质量的降低。酸、碱对酯键的水解具有催化作用,以碱更为剧烈,涤纶对碱的稳定性比对酸的差。反应如下:

$$\underset{\text{—C—O—}}{\overset{\text{O}}{\|}} + H_2O \xrightarrow{H^+ \text{ 或 } OH^-} \underset{\text{—C—OH}}{\overset{\text{O}}{\|}} + \text{—OH} \qquad (6-7)$$

涤纶的耐酸性较好,无论是对无机酸或是有机酸都有良好的稳定性。在染整加工中最常接触到的是硫酸,有研究表明,将涤纶用 $5\% \sim 70\%$ 的硫酸在不同温度下处理 72h 后,其强度变化如图 6-4 所示。

由图 6-4 可见,将涤纶在 60℃ 以下,用 70% 硫酸处理 72h,其强度基本上没有变化;处理温度提高后,纤维强度迅速降低。利用这一特点用酸侵蚀涤棉包芯纱织物可制成烂花产品。

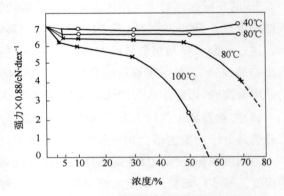

图 6-4 涤纶强度与硫酸浓度的关系

涤纶在碱的作用下发生水解,水解程度随碱的种类、浓度、处理温度及时间不同而异。由于涤纶结构紧密,热稀碱液能使其表面的大分子发生水解。水解作用由表面逐渐深入,当表面的分子水解到一定程度后,便溶解在碱液中,使纤维表面一层层地剥落下来,造成纤维的失重和强度降低,而对纤维的芯层则无太大影响,其相对分子质量也没有什么变化,这种现象称为"剥皮现象"。这种现象使纤维变细,增加了纤维在纱中的活动性,这就是涤纶织物用碱处理后可获得仿真丝绸效果的原因。

图 6-5 表明碱液的温度、浓度以及时间对涤纶的损伤均有影响。处理条件在浓度线的左面时,对纤维的损伤不大;相反,处理条件在浓度线的右面时,纤维受到明显的损伤。如用 0.5% 的 NaOH,在 93℃ 下处理 1h,纤维不致遭受损伤;如果处理时间延长到 2h,则产生一定的损伤。

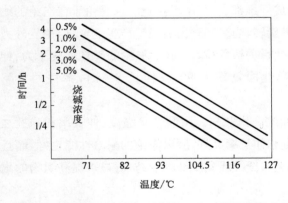

图 6-5 碱液浓度、处理时间和温度对涤纶的影响

酯键不仅能发生水解反应,还能发生氨解反应,而且酯的氨解不需任何催化剂可在常温下进行:

$$\cdots\!-\!\!\!\!\bigcirc\!\!\!\!-\!\overset{\displaystyle O}{\overset{\|}{C}}\!-\!OCH_2\!-\!CH_2\!-\!\cdots + HNH_2 \longrightarrow$$

$$\cdots\!-\!\!\!\!\bigcirc\!\!\!\!-\!\overset{\displaystyle O}{\overset{\|}{C}}\!-\!NH_2 + HO\!-\!CH_2CH_2\!-\!\cdots \qquad\qquad (6-8)$$

所以,在仿丝绸整理中可采用有机胺作为剥皮反应的催化剂。

②对氧化剂和还原剂的稳定性。涤纶对氧化剂和还原剂的稳定性很高,即使在浓度、温度、时间等条件均较高时,纤维强度的损伤也不十分明显。因此在染整加工中,常用的漂白剂如次氯酸钠、亚氯酸钠、过氧化氢和还原剂如保险粉、二氧化硫脲等都可使用。

③耐溶剂性。常用的有机溶剂如丙酮、苯、氯仿、苯酚—氯仿、苯酚—氯苯、苯酚—甲苯,在室温下能使涤纶溶胀,在 $70\sim110℃$ 下能使涤纶很快溶解。涤纶还能在 2% 的苯酚、苯甲酸或水杨酸的水溶液、0.5% 氯苯的水分散液、四氢萘及苯甲酸甲酯等溶剂中溶胀。所以酚类化合物常用作涤纶染色的载体。

(5)染色性能。对于服用纺织纤维,染色性颇为重要。纤维易染性是指它可用不同类型的染料染色,且在采用同类染料染色时,染色条件温和、色谱齐全、色泽均匀、色牢度好。

涤纶染色比较困难,原因除涤纶缺乏亲水性基团、在水中膨化程度低以外,还可以从两方面加以说明。首先,涤纶分子结构中缺少像纤维素或蛋白质那样能和染料发生结合的活性基团,因此原来能用于纤维素或蛋白质纤维染色的染料,不能用来染涤纶,但可以采用醋酯纤维染色的分散染料。其次,即使采用分散染料染色,除某些相对分子质量较小的染料以外,也还存在着另外的一些困难。这种困难主要是由于涤纶分子排列得比较紧密,纤维中只存在较小的空隙。当温度低时,分子热运动改变其位置的幅度较小,在潮湿的条件下,涤纶又不会像棉纤维那样能通过剧烈溶胀而使空隙增大,因此染料分子很难渗透到纤维内部。所以必须采取一些有效的方法,如载体染色法、高温高压染色法和热溶染色法等。目前正在开展涤纶分散染料超临界 CO_2 染色研究。

(6)起毛起球现象。涤纶的缺点之一是织物表面容易起球,这是因为其纤维截面呈圆形,表面光滑,纤维之间抱合力差,因此纤维末端容易浮出织物表面形成绒毛,经摩擦,纤维纠缠在一起结成小球,由于纤维强度高,弹性好,小球难于脱落,因而发生起球现象。而强度低的纤维,如黏胶纤维、棉纤维等以及脆性大的麻纤维,即使形成小球,但易脱落,所以不发生起球现象。

(7)静电现象。涤纶由于吸湿性低,表面具有较高的比电阻,因此当它与别的物体相互摩擦并又立即分开时,涤纶表面易积聚大量电荷而不易逸散,产生静电,这不仅给纺织染整加工带来困难,而且使人们穿着时有不舒服的感觉。为此,在染整加工时往往在设备上加装静电消除器,以及对织物进行抗静电整理。

(8)低聚物及其对染色性能的影响。前已述及,从涤纶的分子结构来看,聚对苯二甲酸乙二酯的聚合单体是对苯二甲酸和乙二醇,涤纶的相对分子质量一般控制在 18 000～25 000。实际上,其中还有少量(一般为 1%～3%)的单体和低聚物(又称齐聚物,oligomer)存在。这种低聚物的聚合度较低($n=2$、3、4 等),包括线型和环状低聚物,其中环状三聚物含量最多,约占低聚物总质量的 70% 以上。环状三聚物分子式如下:

$$(6-9)$$

有研究表明,环状三聚物是由于对苯二甲酸乙二酯分子链间或分子链内部酯基发生消去反应而形成的。在涤纶的生产加工工艺中,不可避免地会产生低聚物,当温度达到玻璃化温度以上时,它就开始从纤维内部扩散到表面。单分子溶解的低聚物,在纤维表面呈吸附平衡,反复进行吸附、解吸过程。纤维表面的结晶低聚物,随着结晶成长而粒径增大,牢固地停留在纤维表面。

在涤纶染色工艺中,随着染色温度提高和时间推延,低聚物自纤维内部逐渐向纤维表面迁移,到达表面的低聚物,部分溶解在高温染浴中,但因染浴中的低聚物溶解度低,当其浓度达到过饱和时,就会立即结晶。Holfeld 等确认,在相同条件下,玻璃化温度低的涤纶,其所析出的低聚物更多。

低聚物与分散染料有亲和性,大量环状低聚物进入染液中,以低聚物为中心,导致染料聚集。聚集的染料、低聚物及其他杂质黏附在纤维表面,形成染料色点、斑渍、色花等,影响织物的手感、色牢度、色光;染浴中的低聚物还有可能堵塞管道和阀门,限制正常的液流速度,导致染色不匀,重现性差。

(9)其他理化性能。

①燃烧性。涤纶与火焰接触时能燃烧,伴随着纤维发生卷缩并熔融成珠而滴落。燃烧时会产生黑烟且具有芳香味,但火焰移去后燃烧很快终止。紧密的涤纶织物较易燃烧,尤其是涤纶与其他易燃纤维混纺的织物更是如此,若进行防火、防熔融整理,可以减轻或克服这一缺点。

②对微生物作用的稳定性。和其他合成纤维一样,涤纶不受虫蛀和霉菌的作用,这些微生物只能侵蚀纤维表面的油剂和浆料,对涤纶本身无影响。

③耐光性。涤纶的耐光性较好,仅次于腈纶和醋酯纤维而优于其他纤维。涤纶对波长为

300～330nm 的紫外光较为敏感,在纤维中加入二氧化钛等消光剂,可导致纤维的耐光性降低,而在纺丝或缩聚过程中添加少量水杨酸苯甲酯或 2,5 -二羟基对苯二甲酸乙二酯等耐光剂,可使其耐光性显著提高。

三、其他聚酯纤维

1. 阳离子染料可染聚酯(CDP 或 CDPET)纤维　在 PET 分子链中引进能结合阳离子染料的酸性基团,就可制得能用阳离子染料染色的改性涤纶(cationic dyeable polyethylene terephthalate,CDP)。CDP 最早由美国杜邦(Du Pont)公司研制,20 世纪末其产量已占 PET 纤维总产量的 1/6,其典型品种有 Dacron T64、Dacron T65 等。CDP 不仅具有良好的染色性能,而且还可与羊毛等天然纤维同浴染色,便于混纺织物简化染色工艺,若与普通涤纶混纺、交织还可产生同浴异色效果,大大丰富了织物的色彩。因此,CDP 成为改性涤纶中发展较快的一个品种。

CDP 的制备主要是用共聚、接枝共聚等方法在 PET 大分子链上加入第三单体或第四单体,如间苯二甲酸二甲酯磺酸钠(SIPM)等。由于在 CDP 分子链上增加了带负电荷的磺酸基团,当染色时磺酸基团上的金属离子将与染料中的阳离子进行交换,因此染料离子就固定在 CDP 的大分子链上,染色生成的盐类在水溶液中不断除去,反应也就不断进行,最终达到染色效果。

CDP 由于在大分子链上增加了新的基团,因此破坏了纤维原有的结构,使纤维的熔点、玻璃化温度、结晶度有所降低。在无定形区,分子间空隙增加,有利于染料分子渗透到纤维内部。因此 CDP 比普通涤纶的强度有所下降,但是织物的抗起毛起球性能提高,使手感柔软、丰满,可制作高档仿毛制品。

普通 CDP 的染色仍需要高温(120～140℃)高压或在加入载体的条件下进行,这样才能有较好的染色性,因此,在选染料时必须注意所选染料要有较好的热稳定性。

2. 常温常压可染聚酯(ECDP)纤维　在普通 PET 聚合过程中,加入少量第四单体可制得常温常压可染聚酯(ECDP)。这主要是在 PET 大分子链上引入了聚乙二醇柔性链段,它使纤维的分子结构更为疏松,无定形区增大,更有利于阳离子染料进入纤维内部,并与更多的磺酸基团结合,因此可在常压沸染条件下染色。ECDP 纤维比 CDP 和 PET 纤维手感更为柔软,服用性能更好。但由于第四单体聚乙二醇链段的键能较低,ECDP 纤维的热稳定性降低,在180℃熨烫温度下 ECDP 纤维的强力损失达 30％以上。因此,用 ECDP 纤维制成的织物在后整理及洗涤熨烫时需格外注意。

3. PPT 纤维　PPT 纤维是聚对苯二甲酸丙二醇酯(polypropylene terephthalate)纤维的简称。国外有人把 PPT 纤维称作 21 世纪的大型纤维,其商品名为"Corterra(科尔泰拉)"。

PPT、PET 和 PBT 同属聚酯家族,性能也近似。PPT 纤维兼有涤纶和锦纶的特点,它像涤纶一样易洗快干,有较好的弹性回复性和抗折皱性,并有较好的耐污性、抗日光性和手感。它比涤纶的染色性能好,可在常压下染色,在相同条件下,染料对 PPT 纤维的渗透力高于 PET,且染色均匀,色牢度好。PPT 纤维与锦纶相比,同样有较好的耐磨性和拉伸回复性,并有弹性大、蓬松性好的特点,因而更适合制作地毯等材料。PPT 的基本性能及与同类产品性能的比较见表 6 - 4。

表 6-4　PPT 的基本性能与同类产品的比较

物 理 性 能	PPT	PET	PBT	PA6	PA66	PP
密度/g·cm⁻³	1.33	1.4	1.32	1.13	1.14	0.91
玻璃化温度/℃	45~65	80	24	40~87	50~90	-15
熔点/℃	228	265	226	220	265	168
吸水率/%(平衡24h)	0.03	0.09	—	1.90	2.8	—
吸水率/%(平衡14天)	0.15	0.49	—	9.5	8.9	≤0.03

4. PBT 纤维　PBT 纤维是聚对苯二甲酸丁二酯(polybutylene terephthalate)纤维的简称。PBT 纤维是由涤纶的主要原料对苯二甲酸二甲酯(DMT)或对苯二甲酸(TPA)与 1,4-丁二醇缩聚而成。用 DMT 与 1,4-丁二醇在较高的温度和真空度下,以有机钛或锡化合物和钛酸四丁酯为催化剂进行缩聚反应,再经熔体纺丝制成 PBT 纤维。PBT 纤维的聚合、纺丝、后加工工艺及设备与涤纶的基本相同。

与涤纶一样,PBT 纤维制品也具有强度好、易洗快干、尺寸稳定、保形性好等特点,最主要的是它的大分子链上柔性部分较长,因而它断裂伸长大,弹性好,受热后弹性变化不大,手感柔软。PBT 纤维的另一优点是染色性比涤纶好。PBT 织物在常压沸染条件下用分散染料染色便可得到满意的染色效果。此外,PBT 纤维还有较好的抗老化性、耐化学品性和耐热性。

PBT 纤维在工程塑料、家用电器外壳、机器零件上有着广泛的用途。

5. PTT 纤维　聚对苯二甲酸丙二酯纤维是 PBT 的同类高聚物,它是 20 世纪 90 年代美国 Shell Chemical(壳牌化学)公司研制成功的,并取名为"Corterra"。该纤维不仅兼具 PET、PBT 二者的优点,而且由于"奇碳效应",使其具有良好的回弹性和蓬松性,耐磨性接近于聚酰胺纤维。杜邦公司取名为"Sorona",旭日成公司取名为"Solo"。

PTT 长丝或 PTT 短纤维可用于制作各种机织或针织内衣、外衣、运动服、紧身服、游泳衣等弹性服装服饰,也可与其他纤维混纺、交织制作仿毛产品。其弹性好且耐磨、耐污,可做床上用品、窗帘及家具、沙发等的装饰布,尤其适合做地毯,PTT 纤维的成本只有锦纶的一半,具有较强的竞争力。PTT 短纤维与涤纶、锦纶、丙纶等纤维混合经针刺、水刺优制成的非织造布手感柔软、蓬松,可用于卫生、环保、生活及产业用领域。

6. PEN 纤维　PEN 纤维是聚萘二甲酸乙二醇酯(polyethylene naphthalate)纤维的简称。与涤纶一样,PEN 纤维是半结晶状的热塑性聚酯材料,最初由美国 KASA 公司推出,它的生产工艺是通过 2,6-萘二甲酸二甲酯(NDC)与乙二醇(EG)进行酯交换,再进行缩聚制得;另一种方法是将 2,6-萘二甲酸(NDCA)与乙二醇(EG)直接酯化,再经缩聚制得。若加入少量含有机胺、有机磷类的化合物则可提高 PEN 的热稳定性。

PEN 纤维的纺丝工艺与涤纶相似,其工艺流程为:切片干燥→高速纺→牵伸。由于 PEN 纤维的玻璃化温度高于涤纶,牵伸工艺要相应变动,应采用多道牵伸并提高牵伸温度,以免由于分子取向速度慢而影响了纤维的质量。

与常规涤纶相比,PEN 纤维具有较好的力学性能和热性能,如强度高,模量高,抗拉伸性能好,刚性大;耐热性好,尺寸稳定,不易变形,有较好的阻燃性;耐化学性和抗水解性好;抗紫外线,耐老化。

7. 导湿干爽型聚酯长丝 通过改变纤维截面形状使单纤维之间的空隙增大,比表面积的增大及毛细管效应使其导湿性能大大提高而制成导湿干爽型聚酯长丝。该纤维织物的导湿性能、水分扩散性能极佳,与棉纤维等吸湿性好的纤维搭配,采用合理的组织结构,效果更好,制成的服装穿着干爽、清凉、舒适,适用于针织运动服装、机织衬衫、夏季服装面料、涤纶丝袜等。

8. 高去湿四通道聚酯纤维 杜邦公司开发了一种四通道(Tefra-channel)聚酯纤维,商品名为 Coolmax,该纤维具有优良的芯吸能力,是采用疏水性合成纤维制成的高导湿纤维,可将高度出汗皮肤上的汗液用芯吸导到织物表面蒸发冷却。研究表明,30min 后湿度去除百分率棉纤维为 52%,而 Coolmax 为 95%。这种纤维应用于运动服装、军用轻薄保暖内衣特别有效,可保持皮肤干爽和舒适,且具有优良的保暖防寒功能。

9. 聚酯多孔中空截面纤维(WELLKEY) WELLKEY 的开发目的是把液态的汗作为对象,实现彻底的吸汗快干。WELLKEY 是聚酯中空纤维,从纤维表面看,有许多贯通到中空部分的细孔,液态水可以从纤维表面渗透到中空部分,这种纤维结构以最大的吸水速度和含水率为目标。在纺丝过程中,因共混了特殊的微细孔形成剂后再将它溶解,从而形成了这种纤维结构。该纤维具有优良的吸汗快干和干爽的特性,主要用作衬裙、紧身衣、运动服、衬衫、训练服、外套等服装的面料,另外,由于其吸水速干性和低干燥成本的优点,在非服用领域和医药卫生领域也具有广阔的应用前景。

10. 三维卷曲中空聚酯纤维 早期的三维卷曲纤维,是利用两种具有不同收缩性能的聚合物通过复合纺丝技术并配以特定冷却成型工艺,在拉伸后由于收缩率的差异而形成自然卷曲的方法制成,现在的制备工艺有了很大的发展,即采用独特的偏心喷丝孔设计专利技术,结合不对称成型冷却系统和相应的后道拉伸定型工艺,所制得的纤维卷曲度高,卷曲自然永久,保暖性好。目前已开发的品种有四孔、七孔甚至九孔的三维卷曲中空纤维。三维卷曲中空纤维广泛适用于填充、保暖纤维领域。

第三节　聚酰胺纤维

一、概述

聚酰胺纤维(polyamide fiber,PA)是指其分子主链由酰胺键（—CO—NH—）连接的一类合成纤维,各国的商品名称不同,我国称聚酰胺纤维为锦纶,美国和英国称为尼龙或耐纶(Nylon),苏联称卡普隆(Kapron),德国称贝纶(Perlon),日本称阿米纶(Amilan)等。

聚酰胺纤维是世界上最早实现工业化生产的合成纤维,也是化学纤维的主要品种之一。合成聚酰胺的研究可以追溯到 1928 年。1935 年,Carothers 及其合作者在进行缩聚反应的理论研究时,在实验室用己二酸和己二胺制成了高分子量的线型缩聚物聚己二酰己二胺(聚酰胺66)。1936～1937 年,杜邦公司根据 Carothers 的研究结果,用熔体纺丝法制成聚酰胺 66 纤维,并将该纤维产品定名为尼龙(Nylon),这是第一个聚酰胺品种,1939 年实现了工业化生产。另外,德国的 Schlack 在 1938 年发明了用己内酰胺合成聚己内酰胺(聚酰胺 6)和生产纤维的技术,并于 1941 年实现工业化生产。

经过半个多世纪的发展,许多聚酰胺(脂肪族聚酰胺、芳香族聚酰胺)品种相继问世。脂肪族聚酰胺包括尼龙 6、尼龙 610、尼龙 612、尼龙 1010、尼龙 11、尼龙 12 和尼龙 46 等;芳香族聚酰胺包括聚对苯二甲酰对苯二胺纤维(Kevlar,我国称芳纶 1414)和聚间苯二甲酰间苯二胺纤维(Nomex,我国称芳纶 1313)等;混合型的聚酰胺包括聚己二酰间苯二胺(MXD6)和聚对苯二甲酰己二胺(聚酰胺 6T)等。另外,还合成了酰胺键部分或全部被酰亚胺键取代的聚酰胺亚胺和聚酰亚胺等品种。随着聚酰胺品种的增加,其应用领域也从纤维扩展到机械、电气、化工、汽车、日化、医药和建筑等更为广泛的领域。

由于聚酰胺纤维具有优良的物理性能和纺织性能,发展速度很快,其产量曾长期居合成纤维首位,从 1972 年被聚酯纤维替代而退居第二位。聚酰胺纤维有许多品种,目前工业化生产及应用最广泛的仍以聚酰胺 66 纤维和聚酰胺 6 纤维为主,两者产量约占聚酰胺纤维的 98%,聚酰胺 66 纤维约占聚酰胺纤维总产量的 69%。我国目前的主要产品是聚酰胺 6 纤维和聚酰胺 66 纤维,其中聚酰胺 66 纤维的产量约占 60%,聚酰胺 6 纤维的产量约占 40%,也有少量的聚酰胺 610 纤维、聚酰胺 1010 纤维和聚酰胺 56 纤维等。此外,还有一些含苯环或脂环的聚酰胺纤维。由于历史原因和各国具体条件不同,美国以及英国、法国等西欧国家以生产聚酰胺 66 纤维为主,日本、意大利、苏联及东欧各国以生产聚酰胺 6 纤维为主,一些发展中国家大多发展聚酰胺 6 纤维。聚酰胺纤维生产中长丝占绝大部分,但短纤维的生产比例逐步有所上升。

脂肪族聚酰胺纤维一般可分成两大类。一类是由二元胺和二元酸缩聚制成的,其通式为:

$$\mathrm{\left[NH(CH_2)_\mathit{x}NHCO(CH_2)_\mathit{y}CO \right]_\mathit{n}} \tag{6-10}$$

根据二元胺和二元酸的碳原子数目,可得到不同品种的聚酰胺纤维。命名的原则是聚酰胺纤维前面一个数字是二元胺的碳原子数,后一个数字是二元酸的碳原子数,如聚酰胺 66 纤维(或锦纶 66)即由己二胺和己二酸缩聚而成的,聚酰胺 610 纤维是由己二胺和癸二酸缩聚而成的,依此类推。

另一类是由 ω-氨基酸缩聚或由内酰胺开环聚合而得,其通式为:

$$\mathrm{\left[NH(CH_2)_\mathit{x}CO \right]_\mathit{n}} \tag{6-11}$$

聚酰胺后面的数字即氨基酸或内酰胺的碳原子数,聚酰胺 6 纤维即由己内酰胺经开环聚合而制成的纤维。

除脂肪族(aliphatic series)聚酰胺纤维外,还有芳香族(aromatic series)聚酰胺纤维。根据国际标准化组织(international standard orgnization,ISO)的定义,聚酰胺纤维不包括芳香族聚酰胺纤维。

聚酰胺纤维具有诸多优良性能,如其耐磨性是所有纺织纤维中最好的;其断裂强度较高,回弹性和耐疲劳性优良,密度小,是除乙纶和丙纶外最轻的纤维,其吸湿性低于天然纤维和再生纤维,但在合成纤维中仅次于维纶,其染色性好等,因此应用非常广泛,在服用、产业用、装饰用三大领域均有很好的应用。在服用方面,它主要用于制作袜子、内衣、衬衣、运动衫等,并可和棉、毛、黏胶等纤维混纺,使混纺织物具有很好的耐磨损性,还可制作寝具、室外饰物及家具用布等。在产业方面,它主要用于制作轮胎帘子线、传送带、运输带、渔网、绳缆等,涉及交通运输、渔业、军工等许多领域。

当然,聚酰胺纤维也有一些缺点,如耐光性较差,在长时间日光或紫外光照射下,强度下降,颜色发黄;其耐热性也较差;它的初始模量比其他大多数纤维都低,因此在使用过程中容易变形。为了克服这些不足,可对聚酰胺纤维进行改性,开发聚酰胺纤维新品种,目前已取得很大成效。通过改性制成的聚酰胺差别化纤维有:可赋予织物特殊光泽、手感及弹性的异形截面纤维;异收缩混纤丝和不同截面、不同线密度的混纤丝;抗静电和导电纤维;高吸湿纤维;耐光、耐热纤维;抗菌防臭纤维;可改善"平点"效应的聚酰胺帘子线等。聚酰胺纤维的新品种有:脂环族聚酰胺纤维、锦纶连续膨体长丝、高模量长丝、锦纶 6 弹性纤维等。

本教材主要介绍聚酰胺 66 纤维和聚酰胺 6 纤维两大品种。

二、聚酰胺 66 纤维(锦纶 66)和聚酰胺 6 纤维(锦纶 6)

1. 生产原理　合成聚酰胺的原料有氨基酸、内酰胺、二元胺和二元酸及其衍生物(如二酰氯、二元酸的酯类、氰基酸)等。由二异氰酸酯和二元酸、二元氰和醛或醇类、丙烯酰胺等也可以制备聚酰胺。它们大多数可以通过缩聚反应生成聚酰胺大分子。环内酰胺(如丁内酰胺、己内酰胺)可以通过阴离子开环聚合反应生成聚酰胺,而丙烯酰胺则可以通过阴离子的氢转移聚合制备聚酰胺 3。由于原料和反应类型的不同,聚酰胺的聚合方法也有所不同。

(1)聚酰胺 66 的制备。聚酰胺 66 (聚己二酰己二胺)的分子结构如下:

$$H \text{—} NH(CH_2)_6 NHCO(CH_2)_4 CO \text{—}_n OH \qquad (6-12)$$

聚酰胺 66 由己二酸和己二胺缩聚制得。为了保证获得相对分子质量足够大的聚合体,要求在缩聚反应时己二胺和己二酸有相等的物质的量比,因为任何一种组分过量都会使由酸或氨端基构成的链增长终止。为此,在工业生产聚己二酰己二胺时,先使己二酸和己二胺生成聚酰胺 66 盐(简称 66 盐),然后用这种盐作为中间体进行缩聚制取聚己二酰己二胺。

①聚酰胺 66 盐的制备。聚酰胺 66 盐通常用己二酸的 20%甲醇溶液和己二胺的 50%甲醇溶液中和制得。另外,也可以以水为溶剂,即水溶液法制得,其反应式如下:

$$H_2 N(CH_2)_6 NH_2 + HOOC(CH_2)_4 COOH \longrightarrow$$
$$\overset{+}{H_3} N(CH_2)_6 N \overset{+}{H_3} \overset{-}{O}OC(CH_2)_4 COO^- \qquad (6-13)$$

②聚酰胺 66 盐缩聚反应。聚酰胺 66 盐在适当条件下发生脱水缩聚逐步形成大量酰胺键,生成聚己二酰己二胺,其缩聚反应式为:

$$n\overset{+}{H_3} N(CH_2)_6 N \overset{+}{H_3} \overset{-}{O}OC(CH_2)_4 COO^- \rightleftharpoons$$
$$\text{—} NH(CH_2)_6 NHCO(CH_2)_4 CO \text{—}_n OH + (2n-1) H_2 O \qquad (6-14)$$

(2)聚酰胺 6 的制备。聚酰胺 6(聚己内酰胺)的分子结构式为:

$$H \overline{\left[NH(CH_2)_5CO \right]_n} OH \tag{6-15}$$

聚酰胺 6 可由 ω-氨基己酸制得,工业上常以己内酰胺开环聚合制得。己内酰胺的聚合方法主要有三种,即水解聚合、阴离子聚合和固体聚合,目前生产纤维用的己内酰胺主要采用水解聚合工艺,主要反应如下:

①己内酰胺水解开环,生成氨基己酸。

$$HN(CH_2)_5CO + H_2O \rightleftharpoons H_2N(CH_2)_5COOH \tag{6-16}$$

②氨基己酸与己内酰胺进行加聚反应,形成聚合体。

$$HN(CH_2)_5CO + H_2N(CH_2)_5COOH \longrightarrow H_2N(CH_2)_5CONH(CH_2)_5COOH$$

$$\vdots$$

$$HN(CH_2)_5CO + H \overline{\left[NH(CH_2)_5CO \right]_{n+1}} OH \longrightarrow H \overline{\left[NH(CH_2)_5CO \right]_n} OH$$

$$\tag{6-17}$$

③大分子官能团之间的缩聚。

$$H \overline{\left[NH(CH_2)_5CO \right]_n} OH + H \overline{\left[NH(CH_2)_5CO \right]_m} OH \rightleftharpoons$$

$$H \overline{\left[NH(CH_2)_5CO \right]_{n+m}} OH + H_2O \tag{6-18}$$

2. 结构特征

(1)分子结构。聚酰胺的分子是由许多重复结构单元(链节)通过酰胺键连接起来的线型长链分子,在晶体中为完全伸展的平面锯齿形结构。聚己内酰胺的链节结构为 —NH(CH$_2$)$_5$CO—,聚己二酰己二胺的链节结构为 —OC(CH$_2$)$_4$CONH(CH$_2$)$_6$NH—,大分子中含有的链节数(聚合度)决定了大分子链的长度和相对分子质量。成纤聚酰胺的平均分子量要控制在一定范围内,过高和过低都会给聚合物的加工性能和产品性质带来不利影响。通常,成纤聚己内酰胺的数均分子量为 14 000~20 000,成纤聚己二酰己二胺的相对分子质量为 20 000~30 000。聚合物相对分子质量的分布对纺丝和拉伸也有一定影响。聚己二酰己二胺的相对分子质量多分散指数 $\overline{M}_w/\overline{M}_n = 1.85$,聚己内酰胺的相对分子质量多分散指数 $\overline{M}_w/\overline{M}_n = 2$。

(2)形态结构和聚集态结构。聚酰胺纤维是由熔体纺丝制成的,在显微镜下观察其形态(图 6-6)与涤纶相似,其截面接近圆形,纵向无特殊结构,在电子显微镜下可以观察到丝状的原纤组织。聚酰胺纤维 66 的原纤宽度为 10~15nm。

聚酰胺纤维的聚集态结构与涤纶相似,都是折叠链和伸直链晶体共存的体系。聚酰胺分子链间相邻酰氨基可以定向形成氢键,这导致聚酰胺倾向于形成结晶。一般说来,随着相邻两个酰氨基间烃基长度的增加和重复单元对称性的降低,脂肪族聚酰胺的结晶速率、结晶度均降低。从结构上分析可看出聚酰胺纤维分子较涤纶分子容易结晶。一般速度纺丝的初生

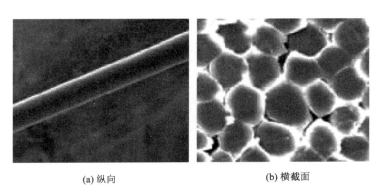

(a) 纵向　　　　　　　　(b) 横截面

图 6－6　聚酰胺纤维的形态结构

涤纶是无定形的,而聚酰胺纤维 66 在纺丝过程中即结晶。聚己二酰己二胺的晶态结构有两种形式:α 型和 β 型,其分子链在晶体中具有完全伸展的平面锯齿形构象,氢键将这些分子固定形成片,这些片的简单堆砌就形成了 α 结构的三斜晶胞。由于氢键作用的不同,聚己内酰胺的晶态结构比较复杂,有 γ 型(假六方晶系)、β 型(六方晶系)、α 型(单斜晶系)。α 型晶体是最稳定的形式,大分子呈完全伸展的平面锯齿形构象,相邻分子链以反平行方式排列,形成无应变的氢键。

由于冷却成氨时内外温度不一致,一般纤维的皮层取向度较高,结晶度较低,而芯层则结晶度较高,取向度较低。锦纶的结晶度为 50%～60%,甚至高达 70%。

3. 聚酰胺纤维的主要性质　聚酰胺纤维大分子中的酰胺键与丝素大分子中的肽键结构相同,但聚酰胺分子链上除了氢、氧原子外,并无其他侧基,因此,分子间结合紧密,纤维的化学稳定性、机械强度、形状稳定性等都比蚕丝高得多,但不及蚕丝柔软和轻盈。

(1)密度。聚己内酰胺的密度随着内部结构和制造条件的不同而有差异。α 型晶体密度计算值为 $1.30g/cm^3$,β 型晶体为 $1.50g/cm^3$,γ 型晶体为 $1.59g/cm^3$,无定形区的密度为 $1.84g/cm^3$。通常,聚己内酰胺是部分结晶的,测得的密度为 $1.2～1.4g/cm^3$;聚己二酰己二胺也是部分结晶的,其密度为 $1.3～1.6g/cm^3$。

(2)热性能。

①热转变点。与聚酯纤维和聚烯烃纤维相比,聚酰胺纤维具有较高的物理性能和熔点。聚酰胺是部分结晶高聚物,具有较窄的熔融范围。聚酰胺 6 与聚酰胺 66 的分子结构十分相似,化学组成可以认为完全相同,但聚酰胺 66 的熔点比锦纶 6 高 40℃。通常测得聚己内酰胺的熔点为 215～220℃,聚己二酰己二胺的熔点为 250～265℃,具体的热转变点如表 6－5 所示,这是由于聚酰胺 66 的氢链密度比聚酰胺 6 高得多。聚酰胺 6 是由偶数碳原子的基本链节组成的,在晶体中,只有当大分子呈反向平行排列时,所有的酰氨基均能形成氢键,顺向平行排列时只有一半的酰氨基能形成氢键(图 6－7),因此聚酰胺 6 的熔点低,熔融热也小。聚酰胺 66 的结构单元中有偶数的碳原子,因此大分子中羰基上的氧和氨基上的氢都能形成氢键,不受顺反平行排列的影响,所以熔点高,熔融热也大。

表 6 - 5　锦纶的一些热转变点

热转变点	锦 纶 6	锦 纶 66
T_g/℃	47～50	47～50
软化点/℃	160～180	235
T_m/℃	215～220	250～265

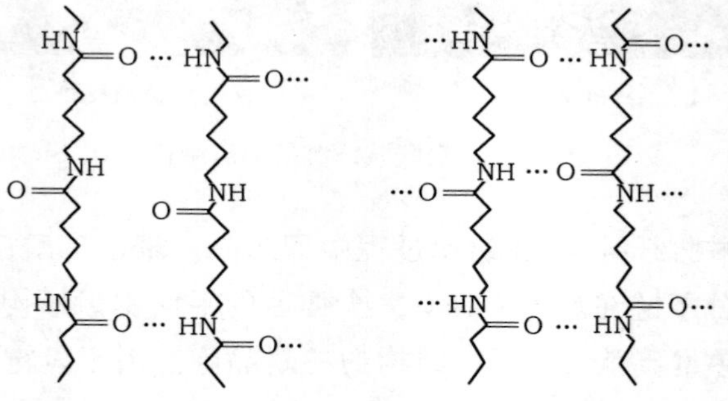

(a)正平行　　　　　　　　(b)反平行

图 6 - 7　聚酰胺 6 的氢键形成模型

聚酰胺的熔点具有如下特点：

a. 聚二酰二胺的熔点高于相应的聚 ω -氨基酸。由于聚二酰二胺的重复单元对称性好,分子链在晶格中较易排列并形成氢键,而聚 ω -氨基酸的重复单元对称性差,分子链在晶格中排列时受到较多限制,因此聚二酰二胺的结晶速率、结晶度及熔点均高于相应的聚 ω -氨基酸。

b. 酰氨基团间碳原子数少的聚酰胺熔点高于碳原子数多的。由于酰氨基团间烃基相当于酰氨基团的稀释剂,烃基的碳原子数越少,则酰氨基的相对数越大,即形成氢键的概率越大,因此熔点越高。

c. 聚酰胺根据其相邻两个酰氨基团间碳原子数可以分为两个系列,即偶系列和奇系列。对于聚二酰二胺,偶系列的熔点总是高于相应的奇系列;而对于聚 ω -氨基酸,奇系列的熔点则高于相应的偶系列。其原因为:对于聚二酰二胺而言,偶系列形成氢键的概率大;对于聚 ω -氨基酸而言,奇系列形成氢键的概率较多。

②耐热性。聚酰胺纤维的耐热性较差,在 150℃下受热 5h,强度和伸长率明显下降,弹性变差,收缩率增加。聚酰胺 66 和聚酰胺 6 的安全使用温度分别为 130℃和 93℃。

在高温条件下,聚酰胺纤维会发生氧化和裂解反应,主要是 C—N 键断裂,形成双键和氰基：

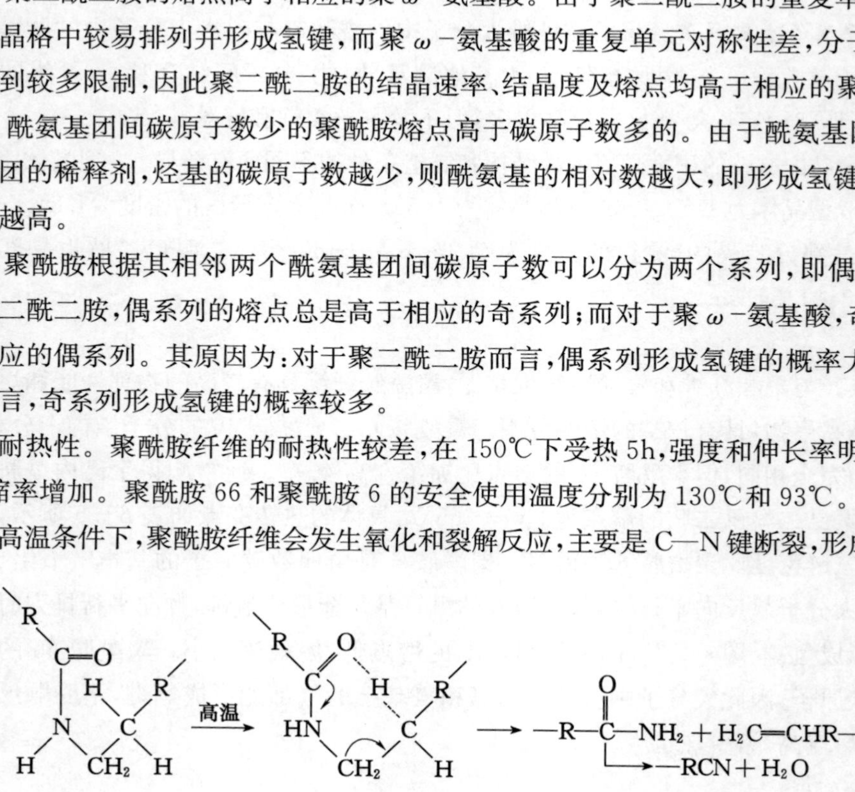

$$\longrightarrow —R—\overset{O}{\underset{}{C}}—NH_2 + H_2C=CHR— \qquad (6-19)$$
$$\longrightarrow RCN + H_2O$$

（3）力学性能。聚酰胺纤维的初始模量接近羊毛，远低于涤纶，其手感柔软，然而易变形。在同样条件下，聚酰胺 66 的初始模量略高于聚酰胺 6。

聚酰胺纤维大分子柔顺性甚高，分子间又有一定量的氢键，易于结晶，纺丝过程中经过拉伸，其取向度和结晶度都比较高，其强度比涤纶高。聚酰胺短纤维的强度为 $33.52\sim48.51cN/tex$；一般纺织用长丝的强度为 $35.28\sim52.92cN/tex$，比蚕丝高 $1\sim2$ 倍，比黏胶纤维高 $2\sim3$ 倍；特殊用途的高强力丝强度可达 $61.74\sim83.79cN/tex$，甚至更高，这种强力丝适合制造载重汽车和飞机轮胎的帘子线及降落伞、万吨级轮船的缆绳。湿态时，聚酰胺纤维的强度稍有降低，约为干态的 $85\%\sim90\%$。

聚酰胺纤维的断裂伸长率比较高，其大小随品种而异，普通长丝为 $25\%\sim40\%$，高强力丝为 $20\%\sim30\%$，湿态断裂伸长率较干态高 $3\%\sim5\%$。

到目前为止，在所有的普通纤维中，聚酰胺纤维的回弹性最高。当伸长 3% 时，锦纶 6 的回弹率为 100%，当伸长 10% 时，回弹率为 90%，而涤纶为 67%，黏胶长丝为 32%。

由于聚酰胺纤维的强度高、弹性回复率高，所以聚酰胺纤维是所有纤维中耐磨性最好的纤维，它的耐磨性比蚕丝和棉纤维高 10 倍，比羊毛高 20 倍，因此最适于制作袜子；与其他纤维混纺，可提高织物的耐磨性。

由于聚酰胺纤维的回弹性好，因此它的结节强度高，耐多次变形性也好，可经受数万次到百万次的双折挠才发生裂断，在同一条件下比棉纤维高 $7\sim8$ 倍，比黏胶纤维高几十倍，适合制造轮胎帘子线。

（4）耐光性。耐光性差是聚酰胺纤维的最大不足，但仍优于蚕丝。长时间日光和紫外光的照射，会引起其大分子链断裂，使强度下降，纤维颜色泛黄。实验表明，经日光照射 16 周后，有光聚酰胺纤维、无光聚酰胺纤维、棉纤维和蚕丝的强度降低分别为 23%、50%、18% 和 82%。

（5）吸湿与染色性能。聚酰胺纤维除大分子首尾的一个氨基和一个羧基都是亲水性基团外，链中的酰氨基也具有一定的亲水性，因此它具有中等的吸湿性（回潮率为 4.5% 左右）。聚酰胺纤维溶胀的各向异性很小，几乎是各向同性的。关于这个问题目前存在不同见解，多数认为是皮层结构限制了截面方向的溶胀。

聚酰胺纤维大分子的两端含有氨基和羧基，在酸性介质中带有正电荷，可用酸性染料染色，而在碱性介质中带有负电荷，故可用阳离子染料（碱性染料）染色。当然，这些端基的数量受缩聚时相对分子质量稳定剂的影响。一般说来，以醋酸为相对分子质量稳定剂，聚酰胺 6 大分子的氨基端基数量为 $0.098mmol/g$ 纤维，而聚酰胺 66 为 $0.04mmol/g$ 纤维。因此，用酸性染料在同一条件下染色，聚酰胺 6 容易染成浓色。此外，聚酰胺纤维也可用分散染料染色。

（6）化学性能。与碳链纤维相比，聚酰胺纤维因含酰胺键，因此容易发生水解，在 100℃ 以下水解作用不明显，但温度超过 100℃ 时，则水解反应逐渐剧烈。

酸是水解反应的催化剂，因此聚酰胺纤维对酸不稳定，对浓的强无机酸特别敏感。在常温下，浓硝酸、盐酸、硫酸都能使聚酰胺纤维迅速水解而溶于这些酸中，如在 10% 的硝酸中浸渍 1 天，聚酰胺纤维强度将下降 30%。

聚酰胺纤维对碱的稳定性较高，在 100℃、10% 氢氧化钠溶液中浸渍 100h，纤维强度下降不多。对其他碱及氨水的作用也很稳定。

聚酰胺纤维对氧化剂的稳定性较差。在通常使用的漂白剂中,次氯酸钠对聚酰胺纤维的损伤最严重,氯能取代酰胺键上的氢,进而使纤维水解。双氧水也能使聚酰胺大分子降解。因此,聚酰胺纤维不适于用次氯酸钠和过氧化氢(双氧水)漂白,而亚氯酸钠、过氧乙酸能使聚酰胺纤维获得良好的漂白效果。

三、Tactel 纤维

Tactel 纤维是美国杜邦公司生产的新型锦纶纤维。进入市场短短的几年,已形成系列产品。如 Tactel Aquator 纤维,透湿透气性好;Tactel Diaboalo 纤维具有特有的光悬垂性;Tactel Multisoft 纤维手感柔软,有不同的光泽效应;Tactel Micro 纤维为超细纤维;Tactel Strata 纤维具有深浅不同的双色层次变化,用于制作运动服和休闲服。

第四节　聚丙烯腈纤维

一、概述

聚丙烯腈(polyacrylonitrile,PAN)纤维,通常是指含丙烯腈 85% 以上的丙烯腈共聚物或均聚物纤维,我国称为腈纶,美国称"阿克利纶(Acrilon)"和"奥纶(Orlon)",丙烯腈含量在 35%～85% 的共聚物纤维,则称为改性聚丙烯腈纤维或改性腈纶。

早在 1894 年,法国化学家 Moureu 首次提出了聚丙烯腈的合成。直到 1929 年,德国的巴斯夫(BASF)公司成功地合成出聚丙烯腈,并且在德国申请了专利。1942 年,德国的 Herbert Rein 和美国 Du Pont 公司同时发明了溶解聚丙烯腈的溶剂二甲基甲酰胺(DMF),由于当时正处于第二次世界大战期间,故直到 1950 年才在德国和美国实现了聚丙烯腈纤维的工业化生产,德国的商品名为 Perlon,美国的商品名为 Orlon,它们是世界上最早实现工业化生产的聚丙烯腈纤维品种。聚丙烯腈纤维自实现工业化生产以来,因其性能优良、原料充足而发展很快。20世纪 60 年代,因实现了聚丙烯腈生产从电石乙炔路线向石油裂解路线的转变,并完成了多种溶剂的工艺开发以及纤维性能的改进,该纤维产量的年均增长率高达 22% 左右;进入 70 年代,由于受原料限制,该纤维的生产有所放慢。

聚丙烯腈纤维具有许多优良性能,如纤维柔软,保暖性好,密度比羊毛小(腈纶相对密度为 1.17,羊毛相对密度为 1.32),可广泛用于代替羊毛制成膨体绒线、腈纶毛毯、腈纶地毯,故有"合成羊毛"之称。特别是聚丙烯腈复合纤维的发展,改进了纤维的弹性,增加了腈纶针织物的"三口"稳定性,在针织工业领域的用途日益扩大。另外,聚丙烯腈纤维具有优异的耐光性和耐辐射性,但其强度并不高,耐磨性和抗疲劳性也较差。随着合成纤维生产技术的不断发展,各种改性聚丙烯腈纤维相继出现,如高收缩、抗起球、亲水、抗静电、阻燃等品种均有商品问世,使之应用领域不断扩大。聚丙烯腈纤维的价格比涤纶和锦纶低,这也促进了它的发展。

二、腈纶纤维的生产原理

目前,我国腈纶生产是以硫氰酸钠水溶液为溶剂,采用聚合、纺丝连续进行的湿纺工艺。纺丝原液的组成为:硫氰酸钠浓度约为 44%,共聚物浓度为 $12\%\sim13\%$。纺丝原液经脱泡、过滤,即可进行纺丝。从喷丝头挤压出来的纺丝液细流进入凝固浴(组成为 $10\%\sim12\%$ 的硫氰酸钠水溶液,温度为 $10\sim12℃$),由稀释纺丝液细流中的溶剂将聚合物凝固成型,即为初生纤维或初生丝。后处理过程长丝包括拉伸、水洗、上油、干燥、热定型等,短纤维则在热定型后还要经卷曲、切断等工序。一般腈纶多制成棉型、毛型或中长纤维。

三、腈纶纤维的结构特征

1. 化学组成　由于均聚丙烯腈制得的聚丙烯腈纤维不易染色,手感及弹性都较差,还常呈现脆性,不适应纺织加工和服用的要求,为此,聚合时需加入少量其他单体。一般的成纤聚丙烯腈大多采用三元共聚体。通常将丙烯腈称为第一单体,它是聚丙烯腈纤维的主体,对纤维的许多化学、物理及力学性能起着主要的作用。第二单体为结构单体,加入量为 $5\%\sim10\%$,通常选用含酯基的乙烯基单体,如丙烯酸甲酯、甲基丙烯酸甲酯或醋酸乙烯酯等,这些单体的取代基极性较氰基弱,基团体积又大,可以减弱聚丙烯腈大分子间的作用力,从而改善纤维的手感和弹性,克服纤维的脆性,也有利于染料分子进入纤维内部。第三单体又称染色单体,是使纤维引入具有染色性能的基团,改善纤维的染色性能,一般选用可离子化的乙烯基单体,加入量为 $0.5\%\sim3\%$。第三单体又可以分两大类,一类是对阳离子染料有亲和力,含有羧基或磺酸基的单体,如丙烯磺酸钠、苯乙烯磷酸钠、对甲基丙烯酰胺苯磺酸钠、亚甲基丁二酸(又称衣康酸)单钠盐;另一类是对酸性染料有亲和力,含有氨基、酰氨基、吡啶基的单体,如乙烯吡啶、2-甲基-5-乙基吡啶、丙烯基二甲胺等。显然,因第二、第三单体的品种不同,用量不一,就可得到不同的聚丙烯腈纤维,染整加工时应予注意。表 6-6 列举一些主要聚丙烯腈纤维的商品名称及其单体的化学组成。

表 6-6　几种主要聚丙烯腈纤维的商品名称及单体的化学组成

商　品　名　称	化　学　组　成
腈纶(中国兰州)	丙烯腈,丙烯酸甲酯,衣康酸钠盐
腈纶(中国金山)	丙烯腈,丙烯酸甲酯,丙烯磺酸钠
爱克斯纶(日本)	丙烯腈,丙烯酸甲酯,甲基丙烯磺酸钠
奥纶 42(美国)	丙烯腈,丙烯酸甲酯,苯乙烯磺酸钠
阿克利纶(美国)	丙烯腈,醋酸乙烯酯,乙烯吡啶
开司米纶(日本)	丙烯腈,丙烯酸甲酯,异丁烯磺酸钠
特拉纶(德国)	丙烯腈,甲基丙烯酸甲酯,甲基丙烯磺酸钠

目前,国内生产的腈纶基本上都是三元共聚的,主要有两类产品,一类是以丙烯酸甲酯为第二单体,用量为 7%,第三单体为丙烯磺酸钠,用量为 1.7% 左右,其余均为丙烯腈;另一类是第三单体为衣康酸,其余同上。三种单体在共聚物分子链上的分布是随机的。上述两者的差别在

于:用磺酸型的单体,染色的耐日晒牢度较高,而羧酸型的耐日晒牢度差,但染浅色时色泽较为鲜艳。

2. 形态结构　聚丙烯腈纤维的截面随溶剂及纺丝方法的不同而不同。用通常的圆形纺丝孔,采用硫氰酸钠为溶剂的湿纺聚丙烯腈纤维,其截面是圆形的,而以二甲基甲酰胺为溶剂的干纺聚丙烯腈纤维,其截面是花生形的,见图 6-8。聚丙烯腈纤维的纵向一般都较粗糙,似树皮状。

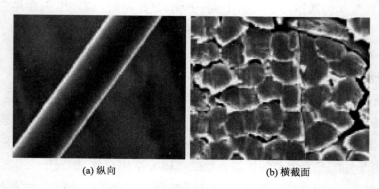

(a) 纵向　　　　　　　　　　　(b) 横截面

图 6-8　聚丙烯腈纤维的形态结构

湿纺聚丙烯腈纤维的结构中存在着微孔,微孔的大小及多少影响着纤维的力学及染色性能。微孔的大小与共聚体的组成、纺丝成型的条件等有很大关系。

3. 聚集态结构　由于侧基——氰基的作用,聚丙烯腈大分子主链呈螺旋状空间立体构象。在丙烯腈均聚物中引入第二单体、第三单体后,大分子侧基有很大变化,增加了其结构和构象的不规则性。

聚丙烯腈纤维中存在着与纤维轴平行的晶面,也就是说沿垂直于大分子链的方向(侧向或径向)存在一系列等距离排列的原子层或分子层,即大分子排列侧向是有序的;而纤维中不存在垂直于纤维轴的晶面,也就是说沿纤维轴(即大分子纵向)原子的排列是没有规则的,即大分子纵向无序。因此,通常认为聚丙烯腈纤维中没有真正的晶体存在,而将这种只是侧向有序的结构称为蕴晶。

聚丙烯腈纤维的聚集态结构与涤纶、锦纶不同,它没有严格称谓上的结晶部分,同时无定形区的规整程度又高于其他纤维的无定形区。经过进一步研究认为,用侧序分布的方法来描述聚丙烯腈纤维的结构较为合适,其中准晶区是侧序度较高的部分,其余则可粗略地分为中等侧序度部分和低侧序度部分。

腈纶不能形成真正晶体的原因可以认为是:聚丙烯腈大分子上含有体积较大和极性强的侧基——氰基(—CN),同一大分子上相邻的氰基因极性方向相同而相斥,相邻大分子间因氰基极性方向相反而相互吸引,如图 6-9 所示。

四、聚丙烯腈纤维的性能

1. 力学性能　聚丙烯腈纤维的干态强度,毛型为.17.64～30.87cN/tex,棉型为 29.11～

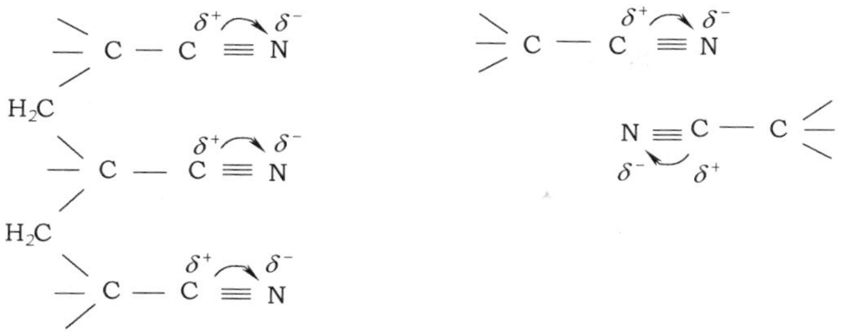

(a)同一大分子上相邻氰基间的相互作用　　　　(b)相邻大分子氰基间的相互作用

图 6 - 9　聚丙烯腈分子间的相互作用

31.75cN/tex,湿态强度为干态强度的 80%～100%。湿态强度有所降低,是由于共聚物组分中第三单体含有亲水基团,纤维在水中发生一定程度的溶胀,使得大分子间的作用力有所减弱所致。

聚丙烯腈纤维的干态伸长率一般为 25%～46%,毛型腈纶的伸长率应高于棉型腈纶,若因需要而和所混纺纤维的伸长率相近似,可以通过纺丝后的拉伸、热处理工序加以控制。

聚丙烯腈纤维的初始模量比涤纶小,比锦纶大,因此它的硬挺性介于这两种纤维之间。

聚丙烯腈纤维的回弹性在伸长较小时与羊毛相差不大,如当伸长为 2% 时,腈纶回弹率为 92%～99%(羊毛为 99%),但在穿着过程中,羊毛的回弹性优于腈纶,这是由于羊毛的多次循环负荷回弹性优于腈纶。

一般说来,羊毛经 2～3 次循环负荷后,滞后圈即行封闭,剩余形变值不再增加,而腈纶即使经 40 次循环负荷后,滞后圈仍未完全封闭,即剩余形变值还在继续增加。聚丙烯腈纤维由于剩余形变值大,因此腈纶针织物的"三口"稳定性较差。解决聚丙烯腈纤维的弹性问题,可在纺丝时采用两种收缩性质不同的组分纺制复合纤维,以获得永久性的螺旋卷曲纤维。近年来,也正是聚丙烯腈复合纤维的生产,促进了聚丙烯腈纤维的发展。

2. 玻璃化温度　聚丙烯腈纤维不像涤纶、锦纶那样有明显的结晶区和无定形区,而只存在着不同的侧序度区,所以,聚丙烯腈纤维没有明显的熔点,其软化温度为 190～240℃,软化温度范围较宽,但 250℃ 以上则出现热分解。一般认为,丙烯腈均聚物有两个玻璃化温度,分别为低序区的 T_{g1}(80～100℃)和高序区的 T_{g2}(140～150℃)。T_{g1} 或 T_{g2} 都比较高,这是因为聚丙烯腈大分子上带有极性较强的氰基,分子柔性较小。而丙烯腈三元共聚物的两个玻璃化温度比较接近,为 75～100℃,这是因为引入了第二、第三单体后,大分子的组成发生了变化,T_{g1} 和 T_{g2} 也产生较大的变异,使 T_{g2} 向 T_{g1} 靠拢或消失,只存在一个 T_g。在含有较多水分或膨化剂的情况下,还会使 T_g 下降到 75～80℃。因此,染色、印花时固色温度都应在 80℃ 以上。

3. 热弹性　由于大分子间氰基的相互作用,聚丙烯腈成为准晶高分子物。准晶高分子物不如一般结晶高分子物稳定,经过一般拉伸定型后的纤维还能在玻璃化温度以上再拉伸 1.1～1.6 倍,这是螺旋棒状大分子发生伸直的宏观表现。由于氰基的强极性,大分子处于能量较高的稳定状态,它有恢复到原来稳定状态的趋势。若在紧张状态下使纤维迅速冷却,纤维在具有较大内应力的情况下固定下来,这种纤维就潜伏着受热后的收缩性,即热回弹性。这种在外力作用下,因强迫热拉伸而具有热弹性的纤维,称为腈纶的高收缩纤维。

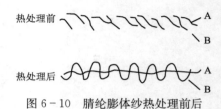

图6-10 腈纶膨体纱热处理前后

由图6-10可见,将高收缩纤维(A)与不经过再次热拉伸的低收缩纤维(B)按一定比例进行混纺,纺成的纱再在100℃以上进行热松弛处理(汽蒸或沸水处理),此时A沿着长度方向收缩,而B不具有回弹性,它受到A的影响被推到纱的表面,形成圈形弯曲,从而使纤维具有松柔的性质,这种纱线即为腈纶膨体纱(bulk yarn)。

4. 热稳定性 聚丙烯腈具有较好的热稳定性,一般成纤用聚丙烯腈加热到170~180℃时不发生变化。如果聚丙烯腈中存在杂质,则会加速聚丙烯腈的热分解并使其颜色变化。

5. 燃烧性 聚丙烯腈纤维能够燃烧,但燃烧时不会像锦纶、涤纶那样形成熔融黏流,这主要是由于聚丙烯腈纤维在熔融前已发生分解。燃烧时,除氧化反应外,还伴随着高温分解反应,不但产生 NO、NO_2,而且还产生 HCN 以及其他氰化物,这些化合物毒性很大,特别是大量纤维燃烧时更应特别注意。另外,聚丙烯腈纤维织物不会由于热烟灰或类似物质(如电焊火花)溅落其上而熔成小孔。

6. 吸湿性和染色性 聚丙烯腈纤维的吸湿性较差。在标准状态下,其回潮率为1.2%~2.0%,在合成纤维中属中等程度。

聚丙烯腈均聚物纤维很难染色。但在纤维组成中引入第二、第三单体后,不仅在一定程度上降低了结构的规整性,而且引进少量酸性基团或碱性基团,就能采用阳离子染料或酸性染料染色,使染色性能得到改善。染料在纤维上的染色牢度与第三单体的种类密切相关。

7. 化学稳定性 聚丙烯腈属碳链高分子物,其大分子主链对酸、碱比较稳定,然而,聚丙烯腈大分子的侧基——氰基在酸、碱的催化作用下会发生水解,先生成酰氨基,进一步水解生成羧基。水解的结果是使聚丙烯腈转变为可溶性的聚丙烯酸而溶解,造成纤维失重,强力降低,甚至完全溶解。例如,在$50g/L$的氢氧化钠溶液中沸煮$5h$,纤维将全部溶解。水解反应过程如下:

$$—CH_2—CH— \xrightarrow[\text{H}^+ \text{或OH}^-]{\text{H}_2\text{O}} —CH_2—CH— \xrightarrow[\text{H}^+ \text{或OH}^-]{\text{H}_2\text{O}} —CH_2—CH—+NH_3 \qquad (6-20)$$

带CN基、CO—NH₂基、CO—OH基

在水解反应中烧碱的催化作用比硫酸强。碱性催化时,水解释出的 NH_3 与未水解的氰基反应生成脒基,产生黄色。这就是聚丙烯腈纤维在强碱条件下处理易发黄的原因。

如果利用氰基的化学反应性能,并控制氰基的水解程度,使聚丙烯腈大分子上带有一定量的酰氨基、羧基,便能改善纤维的亲水性、染色性能,这就是聚丙烯腈纤维的化学变性。

聚丙烯腈纤维对常用的氧化性漂白剂稳定性良好,在适当的条件下,可使用亚氯酸钠、过氧化氢进行漂白;对常用的还原剂,如亚硫酸钠、亚硫酸氢钠、保险粉也比较稳定,故与羊毛混纺时可用保险粉漂白。

8. 耐光、耐晒和耐气候性　聚丙烯腈纤维具有优异的耐日晒及耐气候性能,在所有的天然纤维及化学纤维中居首位。试验证明,在日光和大气作用下,光照一年,聚丙烯腈纤维强度损失5%,羊毛损失50%,棉纤维损失60%~80%。所以,聚丙烯腈纤维特别适于制作户外用帐篷、炮衣及窗帘等。聚丙烯腈纤维优良的耐光和耐气候性,主要是聚丙烯腈的氰基中的碳、氮原子间的三价键(一个σ键和两个π键)能吸收较强的能量,如紫外光的光子转化为热,使聚合物不易发生降解,因此,聚丙烯腈纤维具有非常优良的耐光性能。棉纤维如用丙烯腈接枝或进行氰乙基化处理后,耐光性能也大大改善。

9. 其他性能　聚丙烯腈纤维具有较好的抗虫蛀性能,这是优于羊毛的另一重要性能。另外,聚丙烯腈对各种醇类、有机酸(甲酸除外)、碳氢化合物、油、酮、酯及其他物质都比较稳定,但可溶解于浓硫酸、酰胺和亚砜类溶剂中。

五、超吸水性变性腈纶"LANSEAI"

LANSEAI是以聚丙烯腈纤维为原料,使占纤维30%的表层部分发生碱性水解制得的。水解的结果是,表层部分成为含有羧酸基的水溶性高分子交联体,具有高吸水性能。70%的芯部是没有发生变化的聚丙烯腈纤维,表层部分是近于粉状高吸水树脂的材料。与水接触时,表层水溶性高分子的分子间隙中会吸入大量的水,使纤维直径方向大约膨胀12倍。另外,这种纤维具有很好的保温性能。LANSEAI可以和其他纤维混纺制成纱线、非织造布、过滤产品、薄膜、发泡体、复合体等,用作医疗卫生材料、水露吸收材料、食品包装材料、过滤材料、防漏材料、保水材料、冷却材料等。

六、阻燃腈纶

腈纶在服装、装饰、玩具类方面用途很广。腈纶同样是一种易燃材料,其极限氧指数(LOI)只有17%,极易点燃,且燃烧时发烟量较大并能产生有毒气体。因此,在某些场合下使用的腈纶产品,必须达到一定的阻燃指标。腈纶的阻燃改性同样可采用共聚、共混和后加工法,目前以共聚法为主,与丙烯腈单体共聚的阻燃单体有氯乙烯、偏二氯乙烯、偏二溴乙烯及溴乙烯等。共聚单体的含量一般占1/3,其LOI值达26%~30%,如以氯乙烯为单体,含量达40%~60%时,得到的改性腈纶称为腈氯纶;如用偏氯乙烯作共聚单体,含量达20%~60%时,称为偏氯腈纶。这两种改性腈纶的LOI值都可大于28%,并且具有较好的染色性。

第五节　聚丙烯纤维

一、概述

聚丙烯(polypropylene,PP)纤维,是以丙烯聚合得到的等规聚丙烯为原料纺制而成的合成纤维,商品名为丙纶。早期,丙烯聚合只能得到低聚合度的支化产物,属于非结晶性化合物,无实用价值。1954年,Ziegler和Natta发明了Ziegler-Natta催化剂并制成结晶性聚丙烯,具有较高的立构规整性,称为全同立构聚丙烯或等规聚丙烯。这一研究成果在聚合领域中开拓了新的方向,给聚丙烯大规模工业化生产和在塑料制品及纤维生产等方面的广泛应用奠定了基础。1957年,意大利Montecatini公司首先实现了等规聚丙烯的工业化生产。1958~1960年,该公司又将聚丙烯用于纤维生产,开发出商品名为Meraklon的聚丙烯纤维,以后美国和加拿大也相继开始生产。1964年以后,又开发出捆扎用聚丙烯膜裂纤维,并由薄膜原纤化制得纺织用纤维及地毯用纱等产品。20世纪70年代采用短程纺丝工艺与设备改进,优化了丙纶的生产工艺,特别是非织造布的出现和迅速发展,使聚丙烯纤维的发展与应用跃上一个新的台阶。目前,其产量仅次于聚丙烯腈纤维,其产品主要有普通长丝、短纤维、膜裂纤维、膨体长丝、烟用丝束、工业用丝、纺粘和熔喷法非织造布等。

聚丙烯纤维与其他合成纤维一样用途很广,其主要用途如下:

(1)室内装饰用途。用聚丙烯纤维制成的地毯、沙发布和贴墙布等装饰织物及絮棉等,不仅价格低廉,而且具有抗沾污、抗虫蛀、易洗涤、回弹性好等优点,但因染色性能差、耐光性差,它的使用受到一定限制。

(2)服饰用途。聚丙烯纤维可制成针织品,如内衣、袜类等;可制成长毛绒产品,如鞋衬、大衣衬、儿童大衣等;其短纤维可与棉纤维、毛、黏胶纤维等混纺制成服用纺织品,用于制作儿童服装、工作服、内衣、起绒织物及绒线等。

(3)产业用途。聚丙烯纤维具有高强度、高韧度、良好的耐化学性和抗微生物性以及低价格等优点,可以制作网具、安全带、箱包带、缝纫线、滤布、帆布、电缆包皮、造纸用毡和纸的增强材料等。

(4)其他用途。聚丙烯烟用丝束可作为香烟过滤嘴填料;聚丙烯纤维的非织造布可用于一次性卫生用品,如卫生巾、手术衣、帽子、口罩、床上用品、尿布面料等;聚丙烯纤维可制成土工布,用于土建和水利工程。

二、聚丙烯纤维的生产原理

1. 等规聚丙烯的制备　丙烯是聚丙烯的单体,从丙烯的化学结构 $CH_2\!\!=\!\!CH\!\!-\!\!CH_3$ 可以看出,它可以以几种不同空间排列的方式聚合,而各种聚丙烯构型的形成取决于所用聚合催化剂及聚合条件。等规聚丙烯(isotactic polypropylene)大分子的结构单元在空间都处于相同的对应位置上,聚合采用Ziegler-Natta催化剂。聚丙烯的生产过程包括四个主要工序,即丙烯的制备、催化剂的制备、丙烯聚合、聚丙烯的提纯和精处理。

2. 纺丝　聚丙烯纤维由等规聚丙烯经过熔体纺丝法制成,其纺丝过程与涤纶及锦纶相似,但由于成纤聚丙烯的相对分子质量高,熔体黏度很大,所以纺丝温度要比熔点高50~130℃,为220~300℃;纺丝后拉伸4~8倍,并进行热定型等处理。

三、聚丙烯纤维的形态结构和聚集态结构

聚丙烯纤维由熔体纺丝法制得，一般情况下，纤维截面呈圆形，纵向光滑无条纹（图6-11）。

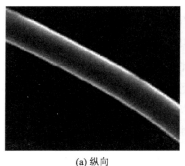 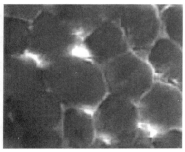

(a) 纵向　　　　　　　　　　　　　(b) 横截面

图6-11　聚丙烯纤维的形态结构

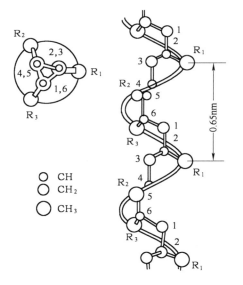

图6-12　聚丙烯的螺旋结构

从等规聚丙烯的分子结构来看，虽然不如聚乙烯的对称性高，但它具有较高的立体规整性，因此比较容易结晶。等规聚丙烯的结晶是一种有规则的螺旋状链，这种三维的结晶，不仅是单个链的规则结构，而且在链轴的直角方向也具有规则的链堆砌。图6-12是聚丙烯的螺旋结构。

等规聚丙烯结晶有 α、β、γ、δ 和拟六方变体五种，其中与成型加工有关的主要有 α、β 和拟六方变体。

α 变体为普通单斜晶系晶体，它的晶格参数为 $a = 0.665nm$，$b = 2.096nm$，$c = 0.65nm$，$\beta = 99.2°$，C 轴由三个基本链节组成。α 变体在 138℃ 左右产生，结构稳定、致密，熔点为 180℃，密度为 $0.963g/cm^3$。

β 变体属六方晶系结构，在 128℃ 以下产生，其稳定性较单斜晶系差，在一定温度下处理会转变成 α 变体，密度为 $0.939g/cm^3$。

拟六方变体是一种准晶或近晶结构的碟状液晶，将等规聚丙烯熔融后骤冷至 70℃ 以下，或在 70℃ 以下进行冷拉伸，即形成这种拟六方结晶，密度为 $0.88g/cm^3$。拟六方结晶最不稳定，在 70℃ 以上即能发生晶变。这种拟六方结晶的存在有利于进行纤维的后拉伸。

等规聚丙烯的结晶形态为球晶结构，最佳结晶温度为 125~135℃，温度过高，不易形成晶核，结晶缓慢；温度过低，分子链扩散困难，结晶难以进行。聚丙烯初生纤维的结晶度为 33%~40%，经后拉伸，结晶度上升至 37%~48%，再经热处理，结晶度可达 65%~75%。

291

虽然等规聚丙烯结晶变体较多，但纺丝拉伸后的晶体主要是 α 变体。等规聚丙烯纤维的聚集态结构属于折叠链和伸直链晶体共存的体系。

四、聚丙烯的性能

1. 密度　聚丙烯纤维的密度为 $0.90 \sim 0.92 \text{g/cm}^3$，在所有化学纤维中是最轻的，它比聚酰胺纤维轻 20%，比聚酯纤维轻 30%，比黏胶纤维轻 40%。因此，聚丙烯纤维质轻、覆盖性好。

2. 吸湿性　聚丙烯纤维大分子上不含有极性基因，纤维的微结构紧密，造成其吸湿性是合成纤维中最差的，其吸湿率低于 0.03%，因此用于衣着时多与吸湿性高的纤维混纺。

3. 热性能　聚丙烯纤维是一种热塑性纤维，其热性能常数见表 6 - 7。聚丙烯纤维的熔点较低，因此，加工和使用时温度不能过高。聚丙烯纤维在有空气存在的情况下受热容易发生氧化裂解，据研究，这种氧化裂解是自由基链式反应，自由基首先在聚丙烯的叔碳原子处形成，裂解的结果使相对分子质量降低，并生成一系列低分子挥发物。

表 6 - 7　聚丙烯纤维的某些热性能常数

性　能	数　值	性　能	数　值
玻璃化温度/℃	—15	比热容/$J \cdot (g \cdot K)^{-1}$	1.92
熔　点/℃	186	导热率/$J \cdot (cm \cdot s)^{-1}$	8.79×10^{-4}
软化点/℃	比熔点低 10～15	体膨胀系数/$℃^{-1}$	3.5×10^{-4}

氧化裂解主要取决于高分子物的化学结构，但也与纤维的聚集态结构有关。聚丙烯纤维的吸氧量与无定形区的含量有关，并且氧化裂解首先在无定形区进行，因此结构疏松比结构紧密更易发生氧化裂解。为了抑制这种氧化作用，常在聚合体中加入抗氧化剂，如芳香胺衍生物、硫醇、硫醚、磺酰苯酚、二硫代磷酸盐等，这些物质实际上都是自由基的吸收剂。

4. 力学性能　聚丙烯纤维与其他合成纤维一样，强度和伸长率与加工工艺有关。其主要力学性能见表 6 - 8。

表 6 - 8　聚丙烯纤维的主要力学性能

性　能	短纤维	复　丝	性　能	短纤维	复　丝
初始模量/$dN \cdot tex^{-1}$	23～63	46～136	弹性回复率/%(伸长 5%时)	88～95	88～98
断裂强度/$dN \cdot tex^{-1}$	2.5～5.3	3.7～6.4	沸水收缩率/%	0～5	0～5
断裂伸长率/%	20～35	15～35	—	—	—

聚丙烯纤维是热塑性纤维，在高温下强度下降，由于其熔点低，与其他合成纤维相比，在高温下强度下降更多，在染整加工时应予以特别重视。图 6 - 13 是丙纶和锦纶 66 的强力与温度的关系。在一定试验条件下，丙纶的弹性与涤纶、锦纶相仿。表 6 - 9 为丙纶、锦纶 66 和腈纶的形变回复性能比较。

丙纶的强度高，断裂伸长率和弹性都比较好，所以丙纶的耐磨性也较高，特别是耐反复弯曲性能优于其他合成纤维,它与棉纤维的混纺织物具有较高的耐曲磨牢度。丙纶耐平磨的性能也很好,与涤纶接近,但比锦纶差些。

表 6 - 9　丙纶、锦纶 66、腈纶伸长 5%、10%和 15%的回复性能

纤　维	伸长(5%)			伸长(10%)			伸长(15%)		
	F	S	P	F	S	P	F	S	P
丙　纶	38.4	61.6	0	29.4	64.2	6.4	27.5	61.7	10.8
锦纶 66	17.2	82.8	0	14.7	79.9	5.4	14.4	71.0	14.6
腈　纶	20.8	73.7	5.5	11.8	56.4	31.8	9.2	49.0	41.8

注　F—急弹性回复;S—缓弹性回复;P—永久形变。

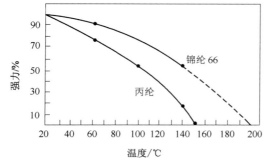

图 6 - 13　丙纶和锦纶 66 的强力与温度的关系

5. 染色性能　聚丙烯纤维不含可染色的基团,吸湿性又差,故难以染色,采用分散性染料,只能得到很淡的颜色,且染色牢度很差。通常采用原液着色、纤维改性、在熔融纺丝前掺混染料络合剂等方法,可解决丙纶的染色问题。

6. 化学稳定性　聚丙烯纤维是碳链高分子物,又不含极性基团,故对酸、碱及氧化剂的稳定性很高,耐化学性能优于一般化学纤维。

7. 耐光性　聚丙烯纤维耐光性较差,日光暴晒后易发生强度损失,这主要是由于光敏退化或光氧化作用。从化学组成来看,聚丙烯纤维没有吸收紫外光的羰基,但由于分子链中叔碳原子的氢比较活泼,易被氧化,所以耐光性差。

8. 其他性能　聚丙烯纤维的电阻率很高($7\times10^{19}\Omega\cdot cm$),导热系数很小,因此,与其他化学纤维相比,它的电绝缘性和保暖性最好,抗微生物性好,不霉不蛀。

五、细特聚丙烯纤维

"芯吸效应"是细特聚丙烯纤维织物所特有的性能,聚丙烯单丝线密度越小,这种芯吸湿透湿效应越明显,且手感越柔软。因此,细且聚丙烯纤维织物导汗透气,穿着时可保持皮肤干爽,出汗后无棉织物的凉感,也没有其他合成纤维的闷热感和汗臭,从而提高了织物的热湿舒适性和卫生保健性。此类织物适用于针织内衣和运动服装。在纺丝过程中添加陶瓷粉、防紫外线物质或抗菌物质,可开发出各种功能性聚丙烯纤维产品。

六、易染聚丙烯纤维

聚丙烯纤维是合成纤维中最难染色的品种之一,它基本上不吸水,回潮率为 0,其大分子上没有极性基团或能与染料分子相结合的官能团。对聚丙烯纤维的易染改性,同样可采用共混、共聚、复合纺、共聚接枝、高能辐射、表面化学处理及金属化合物改性等方法,如共混,可用聚对

苯二甲酸丁二酯改性,因其与聚丙烯纤维的熔点相近,亲和性更好,有利于纺丝及用分散染料染色。

为使聚丙烯纤维能用酸性(阴离子)染料染色,必须将碱性基团引入纤维中,同时为了提高染料分子的渗透性,还需加入第三或第四单体(脂肪酸钠盐等),以疏松纤维结构。也可用乙烯或长链烷基丙烯酸酯与有较强碱性的单体共聚,既提高了染色的均匀性,又引进了碱性基团。

第六节　聚氨酯弹性纤维

一、概述

聚氨酯弹性纤维(polyurethane elastic fiber),是指以聚氨基甲酸酯为主要成分的一种嵌段共聚物制成的纤维,我国的商品名为氨纶,国外商品名有美国的莱卡(Lycra)、日本的 Neolon、德国的 Dorlastan、日本旭化成的 ROICA、日本东泽纺的 ESPA 等。

聚氨酯弹性纤维最早由德国拜耳公司于 1937 年试制成功,但当时未能实现工业化生产。1958 年,美国杜邦公司也研制出这种纤维,并实现了工业化生产。由于它不仅具有橡胶丝那样的弹性,而且还具有一般纤维的特征,因此作为一种新型纺织纤维受到人们的青睐。20 世纪 60 年代初,聚氨酯弹性纤维的生产出现高潮,发展速度较快;60 年代末及 70 年代,由于生产技术、成本核算、推广应用以及聚酰胺弹力丝的高速发展对聚氨酯弹性纤维市场的冲击等原因,其发展较为缓慢;80 年代,随着加工技术的进步,包芯纱、包覆纱、细旦丝等新产品不断涌现,使其用途逐步扩大,聚氨酯弹性纤维进入第二个高速发展时期。

聚氨酯弹性纤维可制作各种内衣、游泳衣、松紧带、腰带等,也可制作袜口及绷带等,飞行服和航天服的紧身部分通常也用这种纤维编织。聚氨酯弹性纤维在针织或机织的弹力织物中得到广泛应用。归纳起来其使用形式主要有以下四种:

(1)裸丝。裸丝是最早开发的聚氨酯弹性纤维品种,其拉伸与回复性能好,且不用纺纱加工便可用于生产,因此具有成本低的优点。由于裸丝的摩擦系数大,滑动性差,直接用于织造织物的不多,一般适宜在针织机上与其他化纤长丝交织。主要纺织产品有紧身衣、运动衣、护腿袜、外科用绷带和袜口、袖口等。

(2)包芯纱。包芯纱是以聚氨酯弹性纤维为芯纱,外包一种或几种非强力短纤维(棉、毛、聚丙烯腈纤维、聚酯纤维等)纺成的纱线(图 6-14)。芯层提供优良的弹性,外围纤维提供所需的表面特征。例如,棉包芯纱,除了弹性好以外,还保持了一般棉纱的手感和外观,其织物具有棉布的风格、手感和性能,可以制成多种棉型织物;毛包芯纱的服装面料不仅具有一般毛织

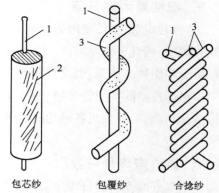

图 6-14　三种弹力纱线的结构示意图

1—氨纶丝　2—短纤维　3—长丝或短纤维

物的外观和良好保暖性，而且织物的回弹性好，穿着时伸缩自如，增强了舒适感，并能显现优美的体型。

包芯纱与其他弹力纱线相比有一个显著特点，即纱线在紧张拉伸的状态下芯丝不易外露，因此染色效果好，宜作包括深色在内的各种颜色的产品。但其强力比其他弹力丝低。包芯纱是聚氨酯弹性纤维中应用最广泛的纱线品种。

（3）包覆纱。包覆纱又称包缠纱，是以聚氨酯弹性纤维为芯，用合成纤维长丝或纱线以螺旋形的方式对其予以包覆而形成的弹力纱（图 6-14）。包覆纱的手感比较硬挺，纱线较粗，织造的面料比较厚实。包覆纱的强度就是外包层长丝或纱线的强度，因此比同规格包芯纱的强度高。包覆纱又可分为单包覆纱和双包覆纱。单包覆纱是在聚氨酯弹性纤维外层包上一层长丝或纱线，由于施加于芯纱上的包覆圈数较少，在高伸长的弹性织物上有时会出现露芯现象，不宜制作深色产品，主要用于袜子、纬编内衣等弹力织物；双包覆纱是在聚氨酯弹性纤维外层包覆两层长丝或纱线，且两层包裹方向相反，由于外层纤维以相反的螺旋角对称包裹，纱线不用再加捻就可以达到成纱弹力的平衡。双包覆纱的加工费用较高，主要用于护腿、弹力带、袜子口、连袜裤等弹力织物。

（4）合捻纱。合捻纱又称合股纱，是在对聚氨酯弹性纤维牵伸的同时，与其他无弹性的两根纱并合加捻而成（图 6-14）。如果使这种纱线退捻，在使张力减弱的同时对整个纱线施加较轻的冲击，使各纱线间相对移动达到稳定状态，最后导致弹性纤维进入纱芯中，其他无弹性的纱成为外包层，合捻纱结构得以稳定。利用这种方法可以生产各种花式捻线或三合一的合捻纱。合捻纱多用于织造粗厚织物，如弹力劳动布、弹力单面华达呢等。其优点是条干均匀，产品洁净；缺点是手感稍硬，弹性纤维有的露在外面，使染色时容易造成色差，故一般不用于深色织物。

二、聚氨酯弹性纤维的生产原理

先取过量的二元醇（可以是乙二醇和丙二醇的混合物）与己二酸反应，生成相对分子质量为 1 000～5 000，端基为羟基的聚酯：

$$n\text{HOOC(CH}_2)_4\text{COOH}+(n+1)\text{HOCH}_2\text{CH}_2\text{OH}\longrightarrow$$
$$\text{HOCH}_2\text{CH}_2\text{O}\text{\textbardbl}\text{OC(CH}_2)_4\text{COOCH}_2\text{CH}_2\text{O}\text{\textbardbl}_n\text{H}+2n\text{H}_2\text{O} \tag{6-21}$$

也可以用脂肪族聚醚作为聚氨酯弹性纤维的软链段，聚醚可以是聚氧乙烯、聚氧丙烯或由四氢呋喃开环聚合，制成相对分子质量为 1 500～3 500 的聚醚。然后是聚酯或聚醚与芳香二异氰酸酯反应，生成具有异氰酸酯端基的预聚物。最后，这种预聚物再和扩链剂——具有活泼氢原子的双官能团化合物反应，生成嵌段共聚物。合成的嵌段共聚体可用干纺、湿纺或熔融纺制成纤维。

三、聚氨酯弹性纤维的结构与弹性

1. 聚氨酯弹性纤维的结构　聚氨酯弹性纤维是软硬链嵌段共聚高分子物，其结构组成如下：

$$R-O-\overset{\overset{\text{O}}{\|}}{C}NHR'NH\overset{\overset{\text{O}}{\|}}{C}NHR''NH\overset{\overset{\text{O}}{\|}}{C}NHR'NH\overset{\overset{\text{O}}{\|}}{C}-O-R$$

式中:R 为脂肪族聚酯二醇或脂肪族聚酯二醚,R′为芳香族基,R″为脂肪族基。

2. 聚氨酯弹性纤维的弹性结构模型 聚氨酯弹性纤维的基本结构是按照橡胶的经典弹性理论来设计的。其分子是采用二步法形成聚氨酯嵌段共聚物,软链段(聚醚类或聚酯类多元醇组成)在常温下受力后可以自由移动,分子链间作用力很弱,类似于液体分子的相互作用。

聚醚类的软链段是聚氧乙烯、聚氧丙烯和聚四氢呋喃的聚醚链段:

$$-\!\!\left[\!O-R\right]_{n}$$

式中:R 为—CH₂CH₂—、—CH(CH₃)CH₂—、—CH₂CH₂CH₂CH₂—等,它们之间的作用力主要是范德瓦尔斯力,不能形成氢键,作用很弱。

聚酯类的软链段主要是混合二元醇的聚己二酸酯,形成聚酯链段:

$$\left[\!\!\begin{array}{c}\overset{}{C}(CH_2)_m\overset{}{C}-O-R-O\\ \underset{O}{\|}\qquad\underset{O}{\|}\end{array}\!\!\right]_{n}$$

式中:m=4;R 为—CH₂CH₂—和—CH(CH₃)CH₂—、—CH₂CH₂—和—CH₂CH₂CH₂CH₂—等。

和聚醚类相比,聚酯类分子链中存在较多的酯基,作用力比聚醚要强一些,但也不存在可相互形成氢键的基团,作用力仍不强。

二步法形成的硬链段则是易结晶的氨基甲酸乙酯和脲基结构,分子链间的亚氨基和羰基以及亚氨基之间都可形成较强的氢键结合:

$$\overset{}{\diagdown}NH\cdots O=\overset{}{C}\overset{}{\diagdown}\ ,\quad \overset{}{\diagdown}N-H\cdots NH\overset{}{\diagup}$$

在硬链段区还存在异氰酸的苯环,它也使分子链柔顺性降低并易于结晶,因此硬链段易于形成短的晶区,起结点作用,这些结晶结点相当于橡胶的化学交联,这种交联是属于物理性的。另外,在凝固浴中过量的二异氰酸预聚体也会在大分子间形成交联,它具有物理和化学两种交联结点。

由此可见,聚氨酯弹性纤维是软硬链嵌段共聚物。软链段是不具结晶性、相对分子质量较大的低熔点(熔点在 50℃ 以下)聚酯或聚醚长链,组成纤维的无定形区段,相对分子质量 2 000~4 000,T_g 较低($-70\sim-50$℃),常温下处于高弹态,分子链卷曲,应力作用下很容易产生形变,纤维容易被拉长;硬链段因能形成氢键、易生成结晶结构或能产生横向交联的芳香族二异氰酸酯和链增长剂组成,具有高度对称性,通过相邻分子链中的氢键构成纤维的结晶区段,硬段长度较短,相对分子质量为 500~700,熔点和 T_g 较高,软化与熔融范围为 230~260℃,应力作用下基本不发生形变,防止了大分子链间发生滑移,为软链段的大幅度伸长和回弹提供了必要的结点条件,使纤维具有一定的强度,并保证弹性纤维的热性能。正是这种高熔点硬段与低熔点长链软段嵌段共聚的特殊结构,使聚氨酯弹性纤维具有优良的弹性和较大的强度。

按照这种弹性理论,一般认为聚氨酯弹性纤维的弹性结构模型可用图6-15表示。图中,分子链中的硬链段相互整齐排列,形成晶区;软链段的分子链未受到外力作用的部分呈松弛状态(弯曲或卷曲)。在受到外力作用后,纤维伸长,直至纤维伸长200%的状态下,部分软链段分子链被拉伸,也整齐排列,甚至发生结晶。当外力消除后,由于分子链间作用力弱,被拉伸的分子链又会自由滑动变成松弛状,回缩到应力最小的状态,表现出高弹性。结晶状态的硬链段一般不发生滑动,起结点作用。

按聚氨酯弹性纤维链结构中的软链段是聚醚还是聚酯,分为聚醚型聚氨酯弹性纤维和聚酯型聚氨酯弹性纤维。如杜邦公司的Lycra,我国烟台和连云港氨纶厂的产品均属聚醚型,而德国的Dorlastan、美国橡胶公司的Vyrene和日本东泽纺的ESPA则属聚酯型。

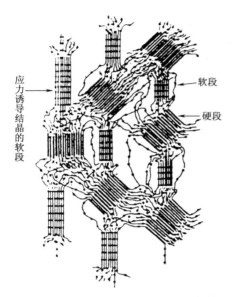

图6-15　聚氨酯弹性纤维的弹性结构模型
（伸长200%）

图中标注：应力诱导结晶的软段；软段；硬段

四、聚氨酯弹性纤维的性能

1. 密度和线密度　聚氨酯弹性纤维的密度为$1.1\sim1.2\text{g/cm}^3$,虽略高于橡胶丝,但在化学纤维中仍属较轻的纤维。聚氨酯弹性纤维的线密度为22~4778dtex,最小可达11dtex;而最细的橡胶丝线密度约为156dtex,是前者的10余倍。

2. 吸湿性　在20℃、相对湿度为65%条件下,聚氨酯弹性纤维的回潮率为1.1%,虽较棉纤维、羊毛及锦纶等小,但优于涤纶、丙纶和橡胶丝。

3. 力学性能　聚氨酯弹性纤维的湿态断裂强度为0.35~0.88dN/tex,干态断裂强度为0.5~0.9dN/tex,是橡胶丝的2~4倍。聚氨酯弹性纤维的伸长率达500%~800%,瞬时弹性回复率为90%以上,与橡胶丝相差无几,比一般加弹处理的高弹聚酰胺纤维(弹性伸长大于300%)还大。它的形变回复率也比聚酰胺弹力丝高。另外,聚氨酯弹性纤维还具有良好的耐挠曲、耐磨性能等。

4. 耐热性　聚氨酯弹性纤维的软化温度约200℃,熔点或分解温度约270℃,优于橡胶丝,在化学纤维中属耐热性较好的品种。

5. 化学稳定性　聚氨酯弹性纤维对次氯酸钠型漂白剂的稳定性较差,推荐使用过硼酸钠、过硫酸钠等含氧型漂白剂。聚醚型聚氨酯弹性纤维的耐水解性好,而聚酯型聚氨酯弹性纤维的耐碱、耐水解性稍差。

6. 染色性　聚氨酯弹性纤维的染色性能尚可,染锦纶的染料皆可使用,通常采用分散染料、酸性染料等染色。

五、高吸放湿聚氨酯纤维

日本旭化成公司首创的高吸放湿聚氨酯纤维,其特点是吸湿量大,且放湿速度快。它主要用于连裤袜、短裤等贴身衣着,能迅速将蒸汽和汗液向外释放,保持穿着舒适感。其吸湿性能几乎与棉纤维在同一水平上,如棉纤维的放湿是吸湿的50%,这种聚氨酯纤维几乎100%放湿,而且放湿速度极快。也就是说,在运动或高湿度环境下纤维从皮肤吸收水分,在静止或低湿度环境下纤维可以迅速放湿,又能重新发挥吸湿性能。因此,这种纤维也被称为"能呼吸的纤维"。

第七节 聚乙烯醇缩醛化纤维

一、概述

聚乙烯醇缩醛化纤维(polyvinyl acetals,vinylon,Vinal)是合成纤维的重要品种之一,其性能接近棉花,有"合成棉花"之称。其常规产品是聚乙烯醇缩甲醛纤维,我国的商品名为维纶,日本称维尼龙。其基本组成物质是聚乙烯醇(PVA)。

早在1924年,人们就发现了聚乙烯醇,但由于其具有水溶性,不适宜用作纺织纤维。直到1939年研究成功了聚乙烯醇纤维的热处理和缩醛化处理技术,使纤维具有良好的耐热水性能和力学性能,于1950年投入工业化生产。

聚乙烯醇缩甲醛纤维主要为短纤维,由于其形状很像棉纤维,所以大量用于与棉纤维混纺,织成各种棉纺织物。另外,也可与其他纤维混纺或纯纺,织造各类机织或针织物。其长丝的性能和外观与天然蚕丝非常相似,但其弹性差,不易染色,故不能作高级衣料。

由于聚乙烯醇缩醛化纤维染色性差、弹性低等缺点不易克服,近年来其在服用领域不断萎缩,但在工农业、渔业等方面的应用却有所增加,另外在装饰用材、包装材料、产业用纤维、非织造布滤材、土工布和功能性纤维等方面的比例也在逐年增大,主要用途如下:

(1)纤维增强材料。利用维纶强度高、抗冲击性好、成型加工中分散性好等特点,可以作为塑料以及水泥、陶瓷等的增强材料。特别是作为致癌物质——石棉的代用品,制成相关的建筑用材,受到建筑业的极大重视。

(2)渔具。利用维纶断裂强度高、耐冲击强度高和耐海水腐蚀等优点,可制造各种类型的渔网、渔线。

(3)绳缆。维纶制作的绳缆质轻、耐磨、不易扭结,具有良好的抗冲击强度、耐气候性和耐海水腐蚀,在水产车辆、船舶运输等方面有较多应用。

(4)帆布。维纶制作的帆布强度好、质轻、耐摩擦和耐气候性好,在运输、仓储、船舶、建筑、农林等方面有较多应用。

二、聚乙烯醇缩醛化纤维的生产原理

1. 聚乙烯醇的制备 聚乙烯醇通常以醋酸乙烯酯为单体进行聚合,然后进行醇解而制得

聚乙烯醇(PVA),反应如下:

$$nCH_2{=}CH\text{—}OCOCH_3 \xrightarrow{\text{cat.}} {+}CH_2{-}CH{+}_n\text{—}OCOCH_3$$

$${+}CH_2{-}CH{+}_n\text{—}OCOCH_3 + nCH_3OH \xrightarrow{\text{NaOH}} {+}CH_2{-}CH{+}_n\text{—}OH + nCH_3COOCH_3 \qquad (6-22)$$

聚醋酸乙烯酯醇解时,采用氢氧化钠作催化剂,供纺丝用的聚乙烯醇聚合度为 1750 ± 50,要求残存的醋酸基在 0.2% 以下。

2. 聚乙烯醇缩醛化纤维的制备　聚乙烯醇在分解之前,无明显的熔融状态,故采用溶液纺丝法,并且多采用以水为溶剂的湿法纺丝。聚乙烯醇缩醛化纤维的制备过程包括纺丝液的制备、纺丝及后处理。

(1)纺丝液的制备。将经过水洗精制后的聚乙烯醇溶解在 $80\sim98℃$ 的热水中,制成浓度为 $15\%\sim16\%$ 的纺丝液。

(2)纺丝。纺丝液从喷丝孔压出后在凝固浴中凝固成纤维。凝固剂常用脱水能力较强的硫酸铵等电解质溶液。

(3)后处理。其处理工序包括后拉伸→热处理→切断(短纤维)→缩醛化处理→水洗→上油→干燥等。

凝固后的纤维经过拉伸和热处理,机械强度、结晶度获得很大提高,为缩醛化工序创造了条件。缩醛化处理主要是利用甲醛适当封闭纤维无定形区内的部分羟基,以降低其亲水性,提高其耐热水性,使原来在水中的软化点($90℃$)提高到 $110℃$ 以上。缩醛化处理以硫酸为催化剂、甲醛为醛化剂,主要在分子内构成相邻羟基的内缩合,极少一部分也发生分子间缩合。反应如下:

$$\cdots\text{—}CH_2\text{—}CH\text{—}CH_2\text{—}CH\text{—}\cdots\underset{OH\quad\quad OH}{} + HCHO \xrightarrow{H^+} \cdots\text{—}CH_2\text{—}CH\text{—}CH_2\text{—}CH\text{—}\cdots\underset{O\text{—}CH_2\text{—}O}{} + H_2O$$

分子内缩合

$$\cdots\text{—}CH_2\text{—}CH\text{—}\cdots + HCHO \xrightarrow{H^+} \text{分子间缩合} + H_2O \qquad (6-23)$$

分子间缩合

在缩醛化反应中,除发生化学反应外,纤维还发生溶胀和松弛,使其物理性能有所降低,染色性能也有所变化。缩醛化反应的程度常以缩醛化度来表示,即参与反应的羟基占全部羟基的比例(摩尔分数)。一般缩醛化度为 30%～36%,如低于 25% 时,溶胀起主要作用,能破坏湿法成型纤维的表皮结构,释放出部分自由羟基而使染色性改善;如高于 25%,封闭羟基起主导作用,使染色性下降。

三、聚乙烯醇缩醛化纤维的结构

用硫酸钠为凝固浴成形的聚乙烯醇缩醛化纤维,截面是腰圆形的,有明显的皮芯结构,皮层结构紧密,而芯层有很多空隙(图 6-16),空隙与成型条件有关。

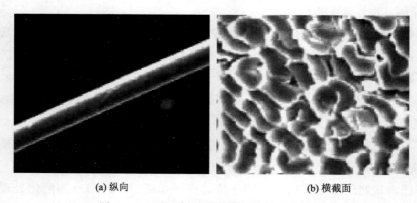

(a) 纵向   (b) 横截面

图 6-16 聚乙烯醇缩醛化纤维的形态结构

一般经热处理后,纤维的结晶度为 60%～70%,经缩醛化后纤维的 X 射线衍射图基本不变,说明缩醛化主要发生在无定形区及晶区的表面。

聚乙烯醇大分子链大部分都是头—尾结构,但也含少量头—头结构或尾—尾结构。羟基的分布影响聚乙烯醇的结晶性能,而羟基分布与醋酸乙烯酯聚合温度有关,欲提高聚乙烯醇结构的规整度,醋酸乙烯酯聚合的温度不宜过高。

聚乙烯醇晶胞为单斜晶系,$a=0.781\text{nm}$,$b=0.252\text{nm}$,$c=0.551\text{nm}$,$\beta=91°42'$。

四、聚乙烯醇缩醛化纤维的性能

1. 密度 聚乙烯醇缩醛化纤维的密度为 $1.28\sim1.30\text{g/cm}^3$,约比棉纤维轻 20%,用同样质量的纤维可以纺织成较多相同厚度的织物。

2. 回潮率 聚乙烯醇缩醛化纤维在标准状态下的回潮率为 4.5%～5.0%,在几大合成纤维品种中名列前茅。导热性差,具有良好的蓄热保暖性。

3. 力学性能 聚乙烯醇短纤维外观形状接近棉纤维,但强度和耐磨性都优于棉纤维(表 6-10)。棉/维(50/50)织物,其强度比纯棉织物高 60%,耐磨性可以提高 50%～100%。聚乙烯醇缩醛化纤维的弹性不如聚酯纤维等其他合成纤维,其织物不够挺括,在服用过程中易产生折皱。

表 6－10　聚乙烯醇缩醛化纤维的主要力学性能指标

性　　能		短 纤 维		长 纤 维	
		普通	强力	普通	强力
强度/dN·tex^{-1}	干态	4～4.4	6～8.8	2.6～3.5	5.3～8.4
	湿态	2.8～4.6	4.7～7.5	1.8～2.8	4.4～7.5
伸长率/%	干态	12～26	9～17	17～22	8～22
	湿态	13～27	10～18	17～25	8～26
弹性模量/dN·tex^{-1}		22～62	62～114	53～79	62～220
弹性回复率/%(伸长3%)		70～85	72～85	70～90	70～90
钩结强度/dN·tex^{-1}		2.6～4.6	4.4～5.1	4～5.3	6.1～11.5
结节强度/dN·tex^{-1}		2.1～3.5	4.0～4.6	1.9～2.6	2.2～4.4

4. 耐热水性　聚乙烯醇缩醛化纤维的耐热水性能与缩醛化度有关,随着缩醛化度的提高,耐热水性能明显提高。在水中软化温度高于 115℃的聚乙烯醇缩醛化纤维,在沸水中尺寸稳定性良好,如在沸水中松弛处理 1h,纤维收缩仅为 1%～2%。

5. 耐干热性　聚乙烯醇缩醛化纤维的耐干热性能较好。普通的棉型聚乙烯醇缩醛化纤维短纤维纱在 40～180℃,温度升高,纱线收缩略有增加;超过 180℃时,收缩为 2%;超过 200℃时,收缩增加较快;220℃时收缩达 6%;240℃后收缩直线上升;260℃时达到最高值,见图 6－17。

聚乙烯醇缩醛化纤维在高温处理时,纤维发黄,有人认为是发生氧化脱水后分子链上形成双键的缘故,反应如下:

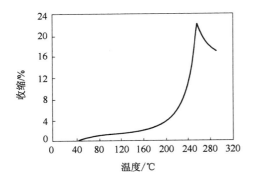

图 6－17　聚乙烯醇缩醛化短纤维的温度—收缩曲线

$$-CH_2-CH-CH_2-CH-CH_2-CH- \xrightarrow{[O]} -CH_2-CH-CH_2-C-CH_2-CH- +H_2O$$
$$\ \ \ \ \ \ \ \ \ \ \ \ \ \ \ \ OH\ \ \ \ \ \ \ \ \ \ OH\ \ \ \ \ \ \ \ \ \ OH\ OH\ \ \ \ \ \ \ \ \ \ O\ \ \ \ \ \ \ \ \ \ OH$$

$$-CH_2-CH-CH_2-C-CH_2-CH- \longrightarrow -CH_2-CH=CH-C-CH=CH- +2H_2O \qquad (6-24)$$
$$\ \ \ \ \ \ \ \ \ \ OH\ \ \ \ \ \ \ \ \ \ O\ \ \ \ \ \ \ \ \ \ OH\ O$$

6. 化学稳定性　聚乙烯醇缩醛化纤维的耐酸性能良好,能经受 20℃、20%硫酸或 60℃、5%硫酸的作用。在 50%烧碱和浓氨水中,聚乙烯醇缩醛化纤维仅发黄,而强度变化较小。

7. 染色性　未经缩醛化处理的聚乙烯醇纤维,无定形区存在大量的羟基,其染色性能与纤维素纤维相似,可以采用直接、硫化、还原、不溶性偶氮染料染色,而且吸附染料的量比棉纤维大;缩醛化处理后,无定形区的羟基与甲醛反应,生成亚甲醚键,使其具有类似醋酯、聚酯等纤维的染色性能。

聚乙烯醇缩醛化纤维的染色性能较差,存在上染速度慢、染料吸收量低和色泽不鲜艳等问题,原因是其采用湿法纺丝,使纤维存在着皮层和芯层结构,皮层结构紧密,影响染料扩散。纤维经热处理后结晶度提高达 60%～70%,缩醛化处理后无定形区的游离羟基有一部分被封闭,也影响了对染料的吸附。

8. 耐日晒性能　将棉帆布和维纶帆布同时放在日光下暴晒六个月,棉帆布强度损失 48%,而维纶帆布强度仅下降 25%,故维纶适合于制作帐篷或运输用帆布。

9. 耐溶剂性　聚乙烯醇缩醛化纤维不溶解于一般的有机溶剂,如乙醇、乙醚、苯、丙酮、汽油、四氯乙烯等,但可在热的吡啶、酚、甲酸中溶胀或溶解。

10. 耐海水性能　将棉纤维和聚乙烯醇缩醛化纤维同时浸在海水中 20 天,棉纤维的强度降低为零(即强度损失 100%),而聚乙烯醇缩醛化纤维强度损失为 12%,故适合于制作渔网。

第八节　聚氯乙烯纤维

一、概述

聚氯乙烯(polyvinyl chloride,PVC)纤维是最早的合成纤维之一,我国的商品名为氯纶。1913 年,Klatte P 用热塑挤压法制得第一批聚氯乙烯纤维,但此工艺后来并未得到应用。1930 年,Hubert 和 Pabst、Necht 把聚氯乙烯溶于环己酮中,再在含 30% 醋酸的水溶液中用湿法纺丝制得了服用聚氯乙烯纤维,随后,正式以商品名 Pece Fasern 开始生产。在当时的技术条件下,这种生产方法的难度较大,故发展很慢。到 20 世纪 50 年代初,聚氯乙烯纤维才作为一种工业产品出现。由于聚氯乙烯纤维耐热性差,对有机溶剂的稳定性和染色性差,从而影响其生产发展,与其他合成纤维相比,一直处于落后状态。近年来,出现了第二代聚氯乙烯纤维,其耐热性比传统的聚氯乙烯纤维有很大提高。聚氯乙烯的形态见图 6-18。

聚氯乙烯纤维的产品有长丝、短纤维以及鬃丝等,以短纤维和鬃丝为主。聚氯乙烯纤维的主要用途有:在民用方面,主要用于制作各种针织内衣、毛线、毯子和家用装饰织物等。由聚氯乙烯纤维制作的针织内衣、毛衣、毛裤等,不仅保暖性好,而且具有阻燃性,另外由于静电作用,对关节炎有一定的辅助疗效。在工业应用方面,聚氯乙烯纤维可用于制作各种在常温下使用的滤布、工作服、绝缘布、覆盖材料等。用聚氯乙烯纤维制作的防尘口罩,因其静电效应,吸尘性特别好。聚氯乙烯鬃丝主要用于编织窗纱、筛网、绳索等。

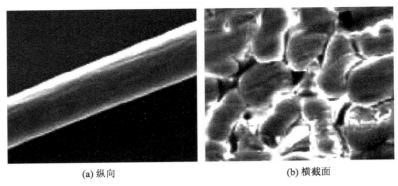

(a) 纵向　　　　　　　　　(b) 横截面

图 6 - 18　聚氯乙烯的形态结构

二、氯纶的结构

采用游离基型聚合制取聚氯乙烯,由于分子的极性效应,一般都以头—尾连接,因而氯原子在长链分子上的分布主要在 1、3 位置,如式(6 - 25)所示:

$$—CH_2—CH—CH_2—CH—CH_2—CH—CH_2—CH— \atop \quad\ \ |Cl \qquad\quad |Cl \qquad\quad |Cl \qquad\quad |Cl$$
$$(6 - 25)$$

当然,也可能夹杂有少量头—头(尾—尾)连接的,氯原子处于 1、2 位置,如式(6 - 26)所示:

$$—CH_2—CH—CH—CH_2—CH_2—CH—CH—CH_2— \atop \qquad\ \ |Cl\ \ |Cl \qquad\qquad\quad |Cl\ \ |Cl$$
$$(6 - 26)$$

用一般方法生产的聚氯乙烯均属无规立构体,很少有结晶性,但有时能显示出在某些很小的区段上形成结晶区。在这些区段里,分子链上的氯原子按交替方式排列,所以在按头—尾连接的聚氯乙烯中,在其有规则的区段里,只有第 5、第 9、第 13 个……碳原子与第 1 个碳原子相同,即:

$$(6 - 27)$$

这说明每一个—CH₂Cl 原子团对于相邻同一原子团有错位。

随着聚合条件的改变,可以改变所得聚合物的立体规整性。随着聚合温度的降低,可使所得聚氯乙烯的立体规整性提高,使其纤维的结晶度也随之提高,纤维的耐热性和其他一系列力学性能也可获得不同程度的改善。

三、聚氯乙烯纤维的性能

1. 密度　聚氯乙烯结晶区的密度为 $1.44g/cm^3$,非晶区的密度为 $1.389 \sim 1.390g/cm^3$,聚

氯乙烯的密度为 $1.39\sim1.41g/cm^3$。

2. 力学性能 聚氯乙烯纤维的主要力学性能见表6-11。

表6-11 聚氯乙烯纤维的一些力学性能

性　　能	普通短纤维	强力短纤维	长　纤　维
杨氏模量/dN·tex⁻¹	17～28	34～57	34～51
断裂强度/dN·tex⁻¹	2.3～3.2	3.8～4.5	3.1～4.2
干湿强度比/%	100	100	100
伸长率/%	79～90	15～23	20～25
弹性回复率/%(伸长3%)	70～85	80～85	80～90
钩结强度/dN·tex⁻¹	3.4～4.5	2.3～4.5	4.3～5.7
结节强度/dN·tex⁻¹	2.0～2.8	2.3～2.8	2.0～3.1

3. 耐热性 聚氯乙烯纤维的耐热性极低,只适宜于45℃以下使用,75～85℃即软化,并产生明显的收缩。其流动温度约为175℃,而分解温度为150～155℃。

4. 燃烧性 聚氯乙烯纤维的独特性能就在于其难燃性。聚氯乙烯纤维的LOI值为37.1%,在明火中发生收缩并碳化,离开火源便自行熄灭,其产品特别适用于易燃场所。

5. 保暖性 聚氯乙烯大分子结构中具有不对称因素,所以具有很强的偶极矩,这就使聚氯乙烯纤维具有保暖性和抗静电性,其保暖性比棉纤维、羊毛还要好。

6. 化学稳定性 聚氯乙烯纤维对各种无机试剂的稳定性很好,对酸、碱、还原剂或氧化剂,都有相当好的稳定性。

7. 耐溶剂性 聚氯乙烯纤维的耐有机溶剂性差,它和有机溶剂之间不发生化学反应,但有很多有机溶剂能使它发生有限溶胀。

8. 染色性和耐光性 一般常用的染料很难使聚氯乙烯纤维上色,所以生产中多数采用原液着色。聚氯乙烯纤维易发生光老化,当其长时间受到光照时,大分子会发生氧化裂解。

☞ **复习指导**

合成纤维在服用和产业领域均有广泛的应用。通过本章学习,主要掌握以下内容:

1. 了解合成纤维的基础知识。

2. 熟悉聚酯纤维的化学组成、结构和性能。

3. 熟悉聚酰胺纤维的化学组成、结构和性能。

4. 熟悉聚丙烯腈纤维的化学组成、结构和性能。

5. 了解聚丙烯纤维、聚氨酯纤维、聚乙烯醇缩醛化纤维、聚氯乙烯纤维的化学组成、结构和性能。

☞ **思考题**

1. 解释下列术语和名词：

长丝、单丝、复丝、帘线丝、短纤维、棉型短纤维、毛型短纤维、中长型短纤维、粗细节丝、弹力丝、膨体纱、差别化纤维、异形纤维、复合纤维、常规纤维、细旦纤维、超细纤维、极细纤维、新合纤、高性能纤维、Kevlar、Nomex、蕴晶、裸丝、包芯纱、包覆纱、合捻纱、聚乙烯纤维、高强聚乙烯、聚乳酸(PLA)纤维、聚四氟乙烯纤维。

2. 与普通圆形纤维相比,异形纤维有什么特性?

3. 试述合成纤维的几种纺丝方法。

4. 简述合成纤维生成过程中牵伸(拉伸)和热定型的作用。

5. 简述涤纶的优缺点。

6. 试述涤纶的分子结构特点及其基本组成物质的合成方法。

7. 说明涤纶的形态结构和聚集态结构。

8. 试述涤纶热收缩的原因及热对纤维结构和性能的影响。

9. 比较普通涤纶与棉纤维的拉伸性能。

10. 涤纶的弹性和耐磨性如何?

11. 涤纶为什么染色比较困难? 可采用哪些有效方法?

12. 试述涤纶对碱、酸、氧化剂和有机溶剂作用的稳定性。

13. 低聚物对涤纶的染色性能有什么影响?

14. 涤纶经烧碱溶液处理后会发生怎样的变化?

15. 写出锦纶66和锦纶6的分子结构,并说明它们的基本合成反应。

16. 简要说明锦纶66的形态结构和聚集态结构。

17. 试阐述下列聚酰胺纤维的熔点高低的原因。

聚酰胺纤维	聚氨基己酸 (锦纶6)	聚氨基庚酸 (锦纶7)	聚己二酸己 二胺(锦纶66)	聚庚二酸庚 二胺(锦纶77)
熔点/℃	215～220	225～230	250～265	190～200

18. 聚酰胺纤维经高温处理,在没有空气与氧气条件下和有氧气与水存在的条件下纤维分子结构发生什么变化? 对纤维性能有什么影响?

19. 分析说明聚酰胺纤维的力学性能。

20. 试说明水、酸、碱对聚酰胺纤维的作用。

21. 说明氧化剂对聚酰胺纤维的作用,聚酰胺纤维织物漂白时应该选择哪一类漂白剂?

22. 试述聚酰胺纤维的光氧化反应及其对纤维性能的影响。

23. 联系聚酰胺纤维的分子结构和聚集态结构说明聚酰胺纤维可以采用哪些染料染色。

24. 试述芳纶1313和芳纶1414的结构与性能。

25. 试写出聚丙烯腈纤维(三元高聚物)的分子结构、常用的第二、第三单体的名称以及它们在共聚物中的含量。

26. 试说明聚丙烯腈均聚物中加入第二、第三单体对纤维性能有哪些改进。

27. 侧序度的定义是什么? 试用侧序度分布描述聚丙烯腈纤维的聚集态结构。

28. 说明聚丙烯腈的热弹性。

29. 试解释升高温度时聚丙烯腈拉伸性能的影响,聚丙烯腈纤维湿热加工时应该注意控制哪些条件。

30. 腈纶纺织品在服用中熨烫温度过高,纤维立即发黄。试解释纤维发黄的原因。

31. 比较腈纶、锦纶和涤纶的弹性性质,并说明弹性对腈纶纺织品服用性能的影响。

32. 为什么聚丙烯腈纤维具有优异的耐日晒及耐气候性能?

33. 与锦纶比较,试说明腈纶的耐酸、耐碱性对氧化剂的抵抗能力。

34. 简述聚丙烯纤维形态结构和聚集态结构。

35. 丙纶的力学性能有什么特点?

36. 试说明丙纶的耐酸、耐碱性和对氧化剂的抵抗能力。

37. 丙纶的染色性能如何?

38. 试分析氨纶结构和弹性间的关系。

39. 简述维纶的制备原理和生产过程。

40. 试述维纶的结构特点和性能。

41. 试述聚氯乙烯纤维的结构和性能。

42. 试述各种特种合成纤维的化学组成、结构特征和使用特性。

43. 简述腈纶基、沥青基和纤维素基碳纤维的生产原理。举例说明碳纤维的用途。

参考文献

[1]蔡再生. 纤维化学与物理[M]. 北京:中国纺织出版社,2004.

[2]王菊生,孙铠. 染整工艺原理:第一册[M]. 北京:纺织工业出版社,1982.

[3]AKIRA N. Raw Material of Fiber[M]. New Hampshire: Science Publishers, Inc. ,2000.

[4]MARK H F. Encyclopedia of Polymer Science and Engineering[M]. 2nd ed. New York:John Wiley & Sons,Inc. ,1985.

[5]GUPTA V B,KOTHARI V K. Manufacture Fiber Technology[M]. London: Chapman & Hall,1997.

[6]肖长发,尹翠玉,张华,等. 化学纤维概论[M]. 北京:中国纺织出版社,1997.

[7]Kim T S. Low Temperature Disperse Dyeing of Polyester and Nylon 6 Fibers in the Presence of Didodecyl-dimethl-ammonium Bromide[J]. Textile Research Journal,1997,67(8).

[8]董纪震,赵耀明,陈雪英,等. 合成纤维生产工艺学[M]. 2版. 北京:中国纺织出版社,1994.

[9]成晓旭,杨浩之. 合成纤维新品种和用途[M]. 北京:纺织工业出版社,1988.

[10]Van K. Properties of Polymer[M]. 5th ed. Elsevier Scientific Publishing Company,1992.

[11]Betty F S,Ira B. Textile in Perspective[M]. New Jersey:Prentice Hall, Inc. Englewood Cliffs,1982.

[12]陶乃杰. 染整工程:第一册[M]. 北京:中国纺织出版社,1996.

[13]张树钧．改性纤维与特种纤维[M]．北京:中国石化出版社,1995.

[14]张一心,朱进忠,袁传刚．纺织材料[M]．北京:中国纺织出版社,2005.

[15]陈稀,黄象安．化学纤维实验教程[M]．北京:纺织工业出版社,1988.

[16]Shukla S R,Mathur M R. Alkaline Weight Reduction of Polyester Fibers[J]. American Dyestuff Reporter,1997,86(10):48 − 56.

[17]邢声远．纺织纤维鉴别方法[M]．北京:中国纺织出版社,2004.

[18]宋心远,沈煜如．分散染料染色新工艺及理论[J]．染整技术,1999,21(1):1 − 5.

[19]Joseph M L. Introductory Textile Science[M]. 4th ed. New York:Holt, Rinehart and Winston, 1981.

[20]Lye D S. Morden Textiles[M]. New York:John Wiley & Sons Inc. , 1976.

[21]滑钧凯．纺织产品开发学[M]．北京:中国纺织出版社,1997.

[22]吴震世．新型面料开发[M]．北京:中国纺织出版社,1999.

[23]Sara J K,Anna L L. Textiles[M]. 9th ed. New Jersey:Pearson Education, Inc. , 2002.

[24]陈兆良．国内外聚酯和涤纶生产技术发展[J]．合成纤维工业,2000,23(3):30 − 34.

[25]Warner S B. Fiber Science[M]. New Jersey:Prentice Hall, Inc. ,1995.

[26]Allen S G, Bevington J C. Comprehensive Polymer science[M]. Oxford:Pergamon Press,1989.

[27]任铃于．丙烯腈聚合及原液制备[M]．北京:纺织工业出版社,1981.

[28]Greaves P H, Saville B P. Microscopy of Textile Fibers[M]. Oxford:BIOS Scientific Publishers Ltd. , 1995.

[29]Datye K V. Chemical Processing of Synthetic Fibers and Blends[M]. New York:John Wiley & Sons Inc. , 1984.

[30]高启源．高性能芳纶纤维的国内外发展现状[J]．化纤与纺织技术,2007(3):31 − 36.

[31]王曙中,王庆瑞,刘兆峰．高科技纤维概论[M]．上海:中国纺织大学出版社,1999.

[32]刘晓艳,张华鹏．PBI:耐热纤维的发展[J]．国外纺织技术,2003(8):25 − 27.